主要污染物总量减排核查核算
参考手册

主　编：赵华林

副主编：汪冬青　刘长根　刘炳江　陈亚林

中国环境科学出版社・北京

本书编委会

主　编：赵华林

副主编：汪冬青　刘长根　刘炳江　陈亚林

编　委：（按姓氏笔画排序）

弋红卫　马国林　王一鸥　宁　炳　田金平

刘长根　刘　杰　刘炳江　吴险峰　吴舜泽

张　军　张常林　汪冬青　陈亚林　陈吕军

周宇娟　赵华林　顾　莉　黄小赠

技术组组长：陈亚林

技术组成员：（按姓氏笔画排序）

弋红卫　马国林　田金平　吴国瑞　武长锋

顾　莉　樊江泉

参加编写人员：（按姓氏笔画排序）

马红旗　王汉伟　王迎春　邓代举　付亚妮

叶长青　何　军　李　刚　李静铖　杨　波

杨　涛　陈孟增　郑刘锁　金　平　赵　远

常　龙　曹晓锐　梁惠斌　韩海龙　解　荣

序

主要污染物总量减排，是贯彻落实党中央、国务院科学发展观重要思想的切入点和抓手，是促进我国经济增长方式转变的战略措施，也是“十一五”乃至今后一个时期我国环境保护的重要工作任务之一。

为了保障主要污染物总量减排取得实效，国家出台了一系列重要政策措施。对各地主要污染物总量减排工作进行督查核查，通过对主要污染物总量减排的核查和核算，如实反映各地主要污染物总量减排、环境质量改善等工作进展情况，根本目的在于督促地方各级人民政府贯彻落实科学发展观，切实履行主要污染物总量减排的主体责任，保障社会经济又好又快地持续发展。

按照党中央、国务院的要求，国家环境保护行政主管部门近年来陆续发布了《“十一五”主要污染物总量减排核查办法（试行）》、《主要污染物总量减排核算细则（试行）》等重要文件，使污染减排核查核算工作有了指导和依据。

主要污染物总量减排的核查核算，是一项政策性、专业性很强的工作。通过两年多来核查核算的工作实践和大规模的业务培训，各地对这项工作有了一定的了解和掌握。但在实际工作中，一些地方仍然存在对国家污染减排相关政策、核查方法以及核算办法的认识和理解不够准确等问题。

为了进一步规范主要污染物总量减排核查核算工作，环境保护部总量控制司组织西北环境保护督查中心等单位，在总结以往工作实践经验的基础上，对国家有关主要污染物减排核查核算政策进行了深入研究，从规范和方便核查核算的具体操作的角度，编制了《主要污染物总量减排核查核算参考手册》，告诉大家现场核查查什么、怎么查，减排核算如何核、如何算等等。《手册》对主要污染物总量减排核查核算工作中常见的生产工艺、治理技术、排污系数、核查核算参数等作了介绍，并编发了核算核查 Excel 表格计算软件，是一本简明实用的工具书，可供各地环保部门、企事业单位在主要污染物总量减排核查核算工作中参阅。

我相信，《主要污染物总量减排核查核算参考手册》的出版发行，将会对广大从事这项工作的环保工作者带来方便和帮助，同时也将对推动主要污染物总量减排工作发挥积极的作用。

二〇〇八年十二月十八日

目 录

第一篇 主要污染物总量减排总论

第一章 概论……2
第二章 主要污染物总量减排指标……4
第三章 主要污染物总量减排计划……5
第四章 主要污染物总量减排措施……7
第五章 主要污染物总量减排三大体系……9
第一节 主要污染物总量减排统计办法……9
第二节 主要污染物总量减排监测办法……11
第三节 主要污染物总量减排考核办法……12
第六章 主要污染物总量减排核查核算……14
第一节 主要污染物总量减排核查……14
第二节 主要污染物总量减排核算……17
第三节 主要污染物总量减排监察系数……18

第二篇 COD 总量减排

第七章 COD 减排核查……20
第一节 COD 削减量核查……20
第二节 污水处理厂现场核查要点……22
第三节 典型工业行业现场核查要点……24
第八章 COD 减排核算……27
第一节 COD 排放量核算……27
第二节 新增 COD 排放量核算……27
一、新增工业 COD 排放量核算……28
二、新增生活 COD 排放量核算……31
第三节 新增 COD 削减量核算……32
一、工程减排新增 COD 削减量核算……33
二、结构减排新增 COD 削减量核算……45
三、加强监督管理新增 COD 削减量核算……47
第九章 COD 减排基础知识……48
第一节 污水处理原理及方法……48
第二节 城镇污水处理厂基础知识……50

一、城镇污水……50
二、城市污水处理系统……51
三、城镇污水管网……52
四、城镇污水处理方法……53
五、城镇污水生物处理技术……53
六、城镇污水处理厂关键设备及排放标准……58
第三节　典型工业行业基础知识……60
一、造纸工业……60
二、纺织印染行业……65
三、化工行业……73
四、医药行业……83
五、发酵、酿造工业……85
六、食品加工工业……91
七、皮革工业……99

第三篇　二氧化硫总量减排

第十章　二氧化硫总量减排核查……102
第一节　二氧化硫削减量核查……102
第二节　火电厂脱硫设施现场核查要点……104
第三节　非电行业脱硫设施现场核查要点……107
第十一章　二氧化硫总量减排核算……109
第一节　二氧化硫排放量核算……109
第二节　新增二氧化硫排放量核算……109
一、新增火电二氧化硫排放量核算……109
二、新增非电二氧化硫排放量核算……115
三、脱硫设施不正常运行的新增二氧化硫排放量核算……117
第三节　新增二氧化硫削减量核算……118
一、新增治理工程二氧化硫削减量核算……118
二、结构调整新增二氧化硫削减量核算……130
第四节　加强监督管理新增二氧化硫削减量……135
第五节　火电行业二氧化硫排放量的校核……136
第十二章　二氧化硫总量减排基础知识……141
第一节　火电厂相关知识……141
第二节　燃煤电厂脱硫工艺及关键设备……143
一、燃煤电厂脱硫技术方法概述……143
二、燃煤电厂典型脱硫工艺与关键设备……144

第三节　脱硫电价及节能发电调度……170
一、脱硫电价……170
二、节能发电调度……170
第四节　非电行业脱硫基础知识……171
一、黑色冶炼烧结行业……171
二、工业燃煤锅（窑）炉……180
三、有色金属冶炼炉……180
四、炼焦炉煤气脱硫……183
五、非电煤改气……185
六、石化产品脱硫及硫黄回收……186

第四篇　减排核算表

第十三章　核算表格说明……188
第一节　表格使用对象……188
第二节　表格设计原则……188
第三节　表格组成……189
一、核算表表格分类……189
二、COD 核算表格……189
三、二氧化硫核算表格……192
第四节　表格功能……195
第五节　其他说明……199
第六节　填表说明举例……202
一、以 COD-表 6-工程减排-城镇污水处理厂新增削减量（2-13）为例说明 COD 表格填写……202
二、以 SO_2-表 6-工程减排-新投运现役机组脱硫设施新增削减量（3-14a）为例说明 SO_2 表格填写……203
第十四章　COD 减排核算表……205
第一节　环保部发布表格……205
第二节　本手册 COD 核算表……214
第十五章　二氧化硫减排核算表……229
第一节　环保部发布表格……229
第二节　本手册二氧化硫核算表……238

第五篇　附录

“十一五”主要污染物总量减排核查办法（试行）……272
主要污染物总量减排核算细则（试行）……301

索　引

第一篇　主要污染物总量减排总论　1

第一章　概论　2

主要污染物总量减排　2
主要污染物　2
化学需氧量（COD）　2
二氧化硫（SO_2）　2
确定 COD 和 SO_2 为总量减排主要污染物的原因　3
约束性指标　3
预期性指标　3

第二章　主要污染物总量减排指标　4

主要污染物排放总量　4
减排指标　4
各省(区、市)主要污染物总量减排目标　4
减排时限　4

第三章　主要污染物总量减排计划　5

主要污染物总量减排计划　5
减排计划编制内容　5
减排目标　5
同口径比较　5
减排项目清单　6
编制主要污染物总量减排计划属地原则　6
减排计划的可达性分析　6
减排计划的保障措施　6
主要污染物排放量　6
主要污染物新增排放量　6
主要污染物新增削减量　6
主要污染物静态削减量　6
主要污染物动态削减量　6

第四章　主要污染物总量减排措施　7

主要污染物总量减排措施　7
工程治理减排　7
结构调整减排　7
监督管理减排　7
清洁生产　7
清洁生产审核　8

第五章　主要污染物总量减排三大体系　9

主要污染物总量减排三大体系　9

第一节　主要污染物总量减排统计办法　9

主要污染物排放量统计制度　9
环境统计污染物排放量　9
环境统计调查属地原则　10
年报重点调查单位　10
年报非重点调查单位　10
环境统计数据库　10
监测数据法　10
物料衡算法　10
排放系数法　10
比率估算法　11
产污系数　11
排污系数　11
污染物排放数据统计方法选用原则　11
主要污染物统计数据发布原则　11

第二节　主要污染物总量减排监测办法　11

主要污染物减排监测　11
减排监测实施部门　11
国控重点污染源　12
污染源自动监测　12
污染源监督性监测数据核定　12
污染源监测频次　12
污染源监测质量控制　12

第三节　主要污染物总量减排考核办法　12
主要污染物总量减排考核办法适用范围 12
省级政府减排职责 12
减排考核内容 13
减排考核实施部门 13
减排考核方式 13
未通过年度考核的认定 13
减排考核结果使用与处理 13

第六章　主要污染物总量减排核查核算　14

第一节　主要污染物总量减排核查　14
主要污染物总量减排核查 14
减排核查方式与实施部门 14
减排核查内容 14
日常督查 14
日常督查方式 14
日常督查范围 14
定期核查 15
省级主要污染物减排工作报告报送时限 15
定期核查方式 15
定期核查程序 15
被核查省、自治区、直辖市准备资料 15
核查组准备资料 16
资料审核 16
现场核查 16
核查核算报告 16
环境保护部审定 16

第二节　主要污染物总量减排核算　17
主要污染物总量减排核算工作 17
减排量核算 17
减排核算依据 17
减排核算原则 17
减排核算实施部门 17
省级环保部门核算方式与工作程序 17
环境保护部各督查中心核算方式与工作程序 17

第三节　主要污染物总量减排监察系数　18
主要污染物总量减排监察系数 18
监察系数的核算范围 18
现场监察频次 18
监察系数的核算 18
监察系数上报审核 18
监察系数信息报送 18

第二篇　COD 总量减排 19

第七章　COD 减排核查　20

第一节　COD 削减量核查　20
COD 削减量核查 20
城镇污水处理厂新增的 COD 削减量的核查范围 20
城镇污水处理厂新增的 COD 削减量的核查内容 20
污染减排现场核查笔录 21
工业废水治理工程新增 COD 削减量的核查范围 21
工业废水治理工程新增 COD 削减量的核查内容 21
产业结构调整新增 COD 削减量的核查范围 22
产业结构调整新增 COD 削减量的核查内容 22

第二节　污水处理厂现场核查要点　22
污水处理厂核查 22
实际处理水量情况检查 22
正常运行情况检查 22
不正常运行的认定 23
进出水浓度检查 23
自动在线监测数据有效性判别 23
环保部门日常监测检查 24
其他情况检查 24

第三节　典型工业行业现场核查要点　24
造纸工业核查要点 24
纺织印染行业核查要点 24
合成氨、氮肥工业核查要点 24
采油和炼油工业核查要点 25
其他化工行业核查要点 25
制药工业废水核查要点 25
啤酒工业核查要点 26
酒精工业核查要点 26
白酒工业核查要点 26

味精生产核查要点 26
油脂工业核查要点 26
皮革工业核查要点 26

第八章 COD 减排核算 27

第一节 COD 排放量核算 27
核算期 COD 排放量 27
上年（半年）COD 排放量 27

第二节 新增 COD 排放量核算 27
新增 COD 排放量 27
一、新增工业 COD 排放量核算 28
新增工业 COD 排放量 28
2005 年 COD 排放强度 28
上年（半年）GDP 28
GDP 增量 28
计算用 GDP 增长率 28
当年 GDP 增长率 28
COD 监测与监察系数 28
监测与监察达标率 29
监察企业总数与监察达标企业数 29
监测企业总数与监测达标企业数 29
监测和监察频次 29
低 COD 排放行业 30
低 COD 排放行业工业增加值 30
低 COD 排放行业工业增加值增量 30
低 COD 排放行业贡献率 30
新增工业 COD 数据校核 30
行业上年排放强度 30
二、新增生活 COD 排放量核算 31
新增生活 COD 排放量 31
产生系数法 31
新增生活 COD 排放量核算 31
城镇常住人口数 31
新增城镇常住人口 31
上年城镇常住人口数 31
非农业人口 31
城镇人口增长率 31
各地人均 COD 产生系数 32
计算天数 32

第三节 新增 COD 削减量核算 32
新增 COD 削减量 32
治理工程新增 COD 削减量 32
结构调整新增 COD 削减量 32
监督管理减排新增 COD 削减量 32
一、工程减排新增 COD 削减量核算 33
（一）工业企业治理工程新增 COD 削减量核算 33
治理工程新增削减量的核算 33
工业企业新增治污设施增加的 COD 削减量 33
建设污水集中处理设施增加的 COD 削减量 33
核算工业企业治理工程新增削减量的原则 33
深度治理 34
废水排放量没有明显变化的企业，经过深度治理后，新增削减量的核算 34
因生产能力提高等导致废水排放量明显增加的企业，废水经过深度治理的新增削减量的核算 35
因生产能力减少等导致废水排放量明显减少的工业企业，废水经过深度治理的新增削减量的核算 36
经过深度治理，工业企业因用水效率提高，生产能力不变甚至提高，而废水排放量明显减少的新增削减量的核算 37
（二）城镇污水处理设施新增 COD 削减量核算 38
城镇污水处理设施新增 COD 削减量 38
城镇污水处理设施新增削减量数据采用原则 38
城镇污水处理设施新增削减量时间计算原则 38
城镇污水处理设施进水浓度采用原则 38
城镇污水处理设施处理水量采用原则 38
新建污水处理设施新增削减量 39
原有污水处理厂新建设施提高处理水量，进、出水浓度无明显变化的新增削减量 41
原有污水处理厂新建深度治理设施后降低了出口浓度，处理水量变化量小于 10%的新增削减量 41
原有污水处理厂新建再生水回用工程新增削减量 42
原有污水处理设施处理水量和进出口浓度都发生变化，且处理的污水由工业废水与生活污水共同构成的新增削减量 43
集中处理设施新增削减量 44
二、结构减排新增 COD 削减量核算 45
结构调整新增 COD 削减量 45
结构调整新增 COD 削减量核算原则 45
关停实证性证明材料 45
自然关停企业 46

关停环境统计重点调查企业新增削减量 46
关停重点调查企业新增削减量核算原则 46
关停重点调查企业部分生产线或淘汰部分设备新增削减量核算原则 46
关停环境统计中企业群或畜禽养殖群新增削减量核算原则 46
关停重点调查企业新增削减量的核算 47
关停环境统计非重点调查企业新增削减量的核算 47
三、加强监督管理新增 COD 削减量核算 47
加强监督管理新增 COD 削减量 47
加强监督管理新增 COD 削减量核算原则 47

第九章 COD 减排基础知识 48

第一节 污水处理原理及方法 48
污水处理 48
污水处理的分级 48
污水处理的方法 48
污水处理方法选择 50

第二节 城镇污水处理厂基础知识 50
一、城镇污水 50
城镇污水 50
城镇污水的分类 50
生活污水 50
工业废水 50
部分地表径流 51
二、城市污水处理系统 51
城市污水处理系统组成 51
城市排水管道系统 51
污水无害化处理系统 51
城市污水一级处理系统的组成 51
城市污水二级处理系统的组成 51
污水深度处理和再利用系统 52
三、城镇污水管网 52
城镇排水管网系统 52
城镇排水管网排水方式 52
四、城镇污水处理方法 53
城镇污水处理技术 53
城镇污水物理处理技术 53
城镇污水化学处理技术 53
城镇污水生物处理技术 53
五、城镇污水生物处理技术 53
活性污泥 53
活性污泥法 53
氧化沟法 54
AB 法 54
SBR 法 55
生物转盘法 55
生物滤池法 55
生物接触氧化法 56
生物流化床 56
UASB 法 56
A/O 工艺 57
六、城镇污水处理厂关键设备及排放标准 58
城镇污水处理厂 58
超越管（溢流管/旁通管） 58
格栅 59
沉砂池 59
沉淀池 59
曝气系统 59
污泥处置 59
城镇污水处理厂排放标准（GB18918-2002） 59

第三节 典型工业行业基础知识 60
一、造纸工业 60
造纸生产工艺流程 60
草浆造纸生产工艺 61
制浆工艺类别 61
黑液 62
绿液 62
白液 62
蒸煮液 62
ECF 62
TCF 62
洗涤、筛选废水 63
漂白废水 63
抄纸废水 63
再生浆造纸废水 63
碱回收 63
碱回收率 63
碱回收炉 64
制浆废水的生物处理法 64
制浆废水的物化处理法 64

中段水 64
风干浆 64
AOX 64
制浆造纸工业水污染物排放标准 64

二、纺织印染行业 65

纺织工业 65
天然纤维 66
化学纤维 66
人造纤维 66
合成纤维 66
纺织工艺 66
印染工艺 66
棉纺织印染工业废水 66
麻纺织工业废水 67
毛纺织工业废水 67
丝绸纺织工业废水 67
黏胶纤维工业废水 67
合成纤维纺织工业废水 68
印染废水处理 68
纺织染整工业水污染物排放标准 68
百米排水量 68
纺织行业产排污系数及经验系数 68
表 1 棉、化纤纺织加工行业产排污系数及经验系数 68
表 2 毛条加工行业产排污系数及经验系数 70
表 3 毛纺织行业产排污系数及经验系数 70
表 4 毛染整精加工行业产排污系数及经验系数 71
表 5 麻纺织行业产排污系数及经验系数 71
表 6 缫丝加工行业产排污系数及经验系数 72
表 7 绢纺和丝织加工行业（织造）产排污系数及经验系数 72
表 8 绢纺和丝织加工行业（印染）产排污系数及经验系数 72
表 9 棉及化纤制品制造行业产排污系数及经验系数 73
表 10 毛制品制造行业产排污系数及经验系数 73

三、化工行业 73

煤头合成氨生产工艺 73
气头合成氨生产工艺 74
油头合成氨生产工艺 74
合成氨废水 74
合成氨造气废水治理 74
尿素生产工艺 75
尿素生产废水 75
硫酸生产工艺 75
硫酸生产废水 76
硫酸行业产排污系数 76
烧碱生产工艺 77
烧碱行业产排污系数 77
硝酸生产工艺 78
盐酸工业废水 78
纯碱生产工艺 78
纯碱行业产排污系数 78
磷酸湿法（二水物法）合成工艺 79
磷酸行业产排污系数 79
石油化工废水 80
石油化工废水治理 80
炼油厂废水来源 80
炼油厂主要工段废水 81
炼油废水预处理方法 81
化纤工业废水 81
丙烯腈生产废水 81
腈纶生产废水 82
聚氯乙烯行业产排污系数 82
皂素生产废水 82
磷肥工业水污染物排放标准 82
烧碱、聚氯乙烯工业水污染物排放标准 82
合成氨工业水污染物排放标准 82
皂素工业水污染物排放标准 83

四、医药行业 83

生物发酵法制药废水 83
化学合成制药废水 83
中成药生产废水 83
混装制剂类制药工业水污染物排放标准 83
生物工程类制药工业水污染物排放标准 84
中药类制药工业水污染物排放标准 84
提取类制药工业水污染物排放标准 84
化学合成类制药工业水污染物排放标准 84
发酵类制药工业水污染物排放标准 84
杂环类农药工业水污染物排放标准 85

五、发酵、酿造工业 85

啤酒生产工艺 85
啤酒生产废水 86
啤酒废水治理 86

酒精废醪 86
白酒工业废水 86
白酒工业废水治理 87
酒精工业生产工艺 87
酒精工业废水污染及其治理 87
味精生产工艺 87
味精生产废水 88
味精废水治理 88
味精行业产排污系数 88
柠檬酸生产工艺 88
柠檬酸工业废水 89
柠檬酸工业废水治理 89
抗菌素生产工艺 89
抗菌素生产废水 90
抗菌素废水处理 90
啤酒工业污染物排放标准 90
味精工业污染物排放标准 90
柠檬酸工业污染物排放标准 90
六、食品加工工业 91
（一）制糖工业 91
甘蔗制糖工艺 91
甜菜制糖工艺 91
制糖工业废水 92
废粕 92
废蜜糖 92
甘蔗制糖综合废水治理 92
（二）食用油脂工业 92
天然植物油脂加工工艺 92
油脂工业废水 93
（三）肉禽加工业 93
肉禽加工工艺 93
肉禽加工废水 93
肉禽加工废水处理 93
（四）水产品加工业 94
水产品加工的生产工艺 94
水产品的宰杀与冷冻加工 94
水产品的腌制加工 94
水产品的干制加工 94
水产品肉糜加工 94
琼脂的加工 94
水产罐头加工 94
水产品加工废水 94
水产品加工废水的处理 94
（五）淀粉工业 95
淀粉加工生产工艺 95
淀粉糖生产工艺 96
变性淀粉生产工艺 96
玉米淀粉废水 96
薯类淀粉废水 96
淀粉糖加工的废水 97
变性淀粉的废水 97
粉坊加工废水 97
（六）乳制品加工业 97
乳制品加工废水 97
（七）豆制品加工业 97
豆制品生产废水 97
（八）饮料加工 98
饮料加工生产废水 98
（九）罐头加工 98
肉类和水产品罐头加工生产废水 98
水果与蔬菜罐头生产废水 98
制糖工业水污染物排放标准 98
肉类加工工业水污染物排放标准 98
七、皮革工业 99
制革生产工艺 99
制革工业废水 99
制革废水处理 100
制革业污染物排放适用标准 100

第三篇　二氧化硫总量减排 101

第十章　二氧化硫总量减排核查 102

第一节　二氧化硫削减量核查 102
SO_2削减量核查 102
燃煤电厂新增SO_2削减量的核查范围 102
燃煤电厂新增SO_2削减量的核查内容 102
污染减排现场核查笔录 103
非电工业企业新增SO_2削减量的核查范围 103
非电工业企业新增SO_2削减量的核查内容 103
产业结构调整项目新增SO_2削减量的核查范围 104
产业结构调整项目新增SO_2削减量的核查内容 104

第二节　火电厂脱硫设施现场核查要点 104
火电厂脱硫设施现场核查要点 104
DCS（集散式控制系统） 104
CEMS监测数据的核查 104
石灰石—石膏湿法脱硫系统旁路挡板的核查 105
石灰石—石膏湿法脱硫系统增压风机的核查 105
石灰石—石膏湿法脱硫系统吸收塔浆液循环泵核查 106
石灰石—石膏湿法脱硫系统辅助参数的检查 106
脱硫石灰石用量及产生副产品石膏的核查 106
石灰石—石膏湿法脱硫系统历史数据的核查 107

第三节　非电行业脱硫设施现场核查要点 107
黑色冶炼行业核查要点 107
有色金属冶炼炉烟气脱硫工程核查要点 107
炼焦炉烟气脱硫工程核查要点 107
工业燃煤锅（窑）炉烟气脱硫工程核查要点 107
非电煤改气工程核查要点 108
石化企业产品脱硫及硫黄回收工程核查要点 108

第十一章　二氧化硫总量减排核算 109

第一节　二氧化硫排放量核算 109
核算期SO_2排放量 109

第二节　新增二氧化硫排放量核算 109
新增SO_2排放量 109

一、新增火电二氧化硫排放量核算 109
当年投产燃煤机（油）组 109
上年投运接转燃煤（油）机组 110
新增火电SO_2排放量 110
新增火力发电量、供热量导致的SO_2产生量 111
SO_2释放系数 111
新增发电、供热用煤平均硫分 111
当年新投产(上年接转)第i个燃煤机组燃煤量 112
当年新投产（上年接转）第i个燃煤机组消耗煤炭硫分的平均值 112
发电、供热新增煤炭消耗量 113
新增火力发电用煤消耗量 113
新增火力发电量 113
新增燃气发电量 113
发电标准煤耗 113
燃料与标煤转换系数 114
新增供热量用煤消耗量 114
新增供热量 114
火力发电量增长速度 114
当年新投产和上年接转燃煤机组配套脱硫设施新增SO_2削减量 114
当年新投产和上年接转第i个燃煤脱硫机组的综合脱硫效率 114
脱硫设施投运率 115
烟气在线监测脱硫效率 115

二、新增非电二氧化硫排放量核算 115
新增非电SO_2排放量 115
新增非电SO_2排放量的校核 115
主要耗能产品 116
上年非电排放强度 116
全社会煤炭消耗量 116
万元GDP能耗 116
万元GDP能耗下降比例 116
一次能源消费结构中煤炭占的比例 117
一次能源与二次能源 117
全口径电力煤炭消耗量 117

三、脱硫设施不正常运行的新增二氧化硫排放量核算 117
脱硫设施不正常运行 117
烟气旁路 117
脱硫设施不正常运行的新增SO_2排放量 117
非正常运行脱硫设施的年（半年）SO_2产生量 118
非正常运行企业的监察系数 118

索引

第三节　新增二氧化硫削减量核算 118
一、新增治理工程二氧化硫削减量核算 118
治理工程新增 SO_2 削减量 118
（一）现役燃煤（油）火电机组烟气脱硫工程新增削减量 119
现役燃煤（油）机组烟气脱硫工程新增削减量 119
现役燃煤（油）机组 119
现役燃煤（油）机组烟气脱硫工程核算原则 119
调峰 120
新投运现役机组脱硫设施新增削减量 120
新投运现役机组脱硫设施 120
新投运现役机组脱硫设施的煤炭消耗量 120
新投运现役机组脱硫设施的煤炭平均硫分 120
新投运现役机组脱硫设施的综合脱硫效率 121
上年接转现役机组脱硫设施新增削减量 121
上年接转现役机组脱硫设施 121
上年接转现役机组脱硫设施的煤炭消耗量 121
上年接转现役机组脱硫设施的煤炭平均硫分 121
上年接转现役机组脱硫设施的综合脱硫效率 121
因发电量增加而形成的新增削减量 121
发电量稳定变化且脱硫设施已运行满一年的机组的煤炭消耗量 122
发电量稳定变化且脱硫设施已运行满一年的机组的煤炭平均硫分 122
发电量稳定变化且脱硫设施已运行满一年的机组的综合脱硫效率 122
脱硫设施改造新增削减量 122
脱硫设施改造 123
简易脱硫 123
NID 工艺技术改造 123
新改造投运脱硫机组改造前脱硫设施的削减量 123
新改造投运脱硫机组煤炭消耗量 123
新改造投运脱硫机组煤炭平均硫分 123
新改造投运脱硫机组综合脱硫效率 123
燃气替代煤炭新增削减量 123
气体燃料 124
燃气替代锅炉（机组）的煤炭（重油）消耗量 124
替代气体燃料发热值 124
燃气替代锅炉（机组）燃用煤炭的平均硫分 124
燃气替代锅炉（机组）气体燃料硫分 124
（二）新增非电治理工程二氧化硫削减量 125
1．黑色冶炼行业烧结机等烟气脱硫工程 125
黑色冶炼行业烧结机等烟气脱硫工程 125
黑色冶炼行业烧结机等烟气脱硫工程核算范围 125
黑色冶炼行业烧结机等烟气脱硫工程核算时间 125
黑色冶炼行业烧结机等烟气脱硫工程核算参数取值 125
黑色冶炼行业烧结机等烟气脱硫工程新增削减量 125
2．工业燃煤锅（窑）炉烟气脱硫工程 126
工业燃煤锅（窑）炉烟气脱硫工程 126
工业燃煤锅（窑）炉烟气脱硫工程核算范围 126
工业燃煤锅（窑）炉烟气脱硫工程核算时间 126
工业燃煤锅（窑）炉烟气脱硫工程新增削减量 126
3．有色金属冶炼炉烟气脱硫工程 126
有色金属冶炼炉烟气脱硫工程 126
有色金属冶炼炉烟气脱硫工程核算范围 126
有色金属冶炼炉烟气脱硫工程核算时间 127
有色金属冶炼炉烟气脱硫工程核算参数取值 127
有色金属冶炼炉烟气脱硫工程新增削减量 127
4．炼焦炉煤气脱硫工程 127
炼焦炉煤气脱硫工程 127
炼焦炉煤气脱硫工程核算范围 127
炼焦炉煤气脱硫工程核算时间 127
炼焦炉煤气脱硫工程新增削减量 127
核算期新投运炼焦炉煤气脱硫工程新增削减量 128
接转炼焦炉煤气脱硫设施新增削减量 128
炼焦炉煤气脱硫工程新增削减量校核 128
5．非电煤改气工程 129
非电煤改气工程 129
非电煤改气工程核算原则 129
非电煤改气工程新增削减量 129
6．石化企业产品脱硫及硫黄回收工程 129
石化企业产品脱硫及硫黄回收工程 129
石化企业产品脱硫及硫黄回收工程核算范围 130
石化企业产品脱硫及硫黄回收工程核算参数取值 130
石化企业产品脱硫及硫黄回收工程新增削减量 130
7．其他脱硫工程 130
其他脱硫工程 130
其他脱硫工程新增削减量 130

二、结构调整新增二氧化硫削减量核算 130
结构调整新增 SO_2 削减量 130
结构调整新增削减量的核算原则 131
涉水企业 132
（一）关停小火电机组新增削减量 132
关停小火电机组 132
关停小火电机组原则 132
关停小火电机组新增削减量 132
关停机组核算期当年和上年的燃料消耗量 132
（二）发电量交易新增削减量 133
发电量交易新增削减量 133
发电量交易新增削减量核算原则 133
（三）关停小钢铁新增削减量 133
小钢铁 133
关停小钢铁新增削减量核算原则 134
关停小钢铁新增削减量 134
烧结料产量校核 134
（四）关停涉水企业同步拆毁燃煤设施新增削减量 135
关停涉水企业同步拆毁燃煤设施新增削减量 135
（五）淘汰其他落后产能新增削减量 135
淘汰其他落后产能新增削减量 135
第四节 加强监督管理新增二氧化硫削减量 135
加强监督管理新增 SO_2 削减量 135
循环流化床锅炉内脱硫实施在线监测确认的新增削减量 135
在线监测确认 136
脱硫设施提高运行率新增削减量 136
实施清洁生产审核方案形成的新增削减量 136
第五节 火电行业二氧化硫排放量的校核 136
火电行业 SO_2 排放量的校核 136
火电行业二氧化硫排放量校核的原则 136
火电行业二氧化硫排放量 137
无脱硫设施的发电（供热）机组 SO_2 排放量 137
脱硫设施上年已经运行的机组 SO_2 排放量 138
脱硫设施当年投运的机组 SO_2 排放量 138
脱硫设施当年投运的现役机组 SO_2 排放量 138
发电主体设备和脱硫设施均当年投产但脱硫滞后的机组 SO_2 排放量 139
脱硫设施与发电机组同步运行的机组 SO_2 排放量 139
炉内脱硫的循环流化床发电机组 SO_2 排放量 140
当年关闭的小火电机组 SO_2 排放量 140
第十二章 二氧化硫总量减排基础知识 141
第一节 火电厂相关知识 141
火电 141
全口径火力发电厂 141
自备电厂 141
热电联产 141
设计煤种 141
校核煤种 141
入炉煤质数据 142
标准煤 142
燃料发热值 142
168 小时 142
烟气在线监测系统（CEMS） 142
第二节 燃煤电厂脱硫工艺及关键设备 143
一、燃煤电厂脱硫技术方法概述 143
脱硫 143
燃烧前脱硫 143
燃烧中脱硫 143
燃烧后脱硫 143
烟气脱硫技术分类 143
湿法烟气脱硫技术 143
干法烟气脱硫技术 143
半干法烟气脱硫技术 144
二、燃煤电厂典型脱硫工艺与关键设备 144
石灰石－石膏湿法烟气脱硫 144
石灰石－石膏湿法烟气脱硫系统 144
石灰石－石膏湿法烟气系统 145
烟气挡板门 145
增压风机 145
烟气换热器 146
石灰石－石膏湿法吸收系统 146
喷淋塔 146
液柱塔 146
填料塔 147
喷射鼓泡塔 148
双回路塔 149
除雾器 150
搅拌器 150

石灰石－石膏湿法浆液制备系统 150
石灰石－石膏湿法石膏脱水系统 152
石灰石－石膏湿法公用系统 152
石灰石－石膏湿法控制系统 153
双碱法烟气脱硫 153
钠钙双碱法烟气脱硫 154
钠钙双碱法吸收剂制备及补充系统 154
钠钙双碱法烟气系统 155
钠钙双碱法吸收系统 155
钠钙双碱法脱硫产物处理系统 155
钠钙双碱法工艺特点 155
氨法烟气脱硫 155
氨－硫铵法烟气脱硫 155
氨－硫铵法烟气脱硫工艺流程 156
氨－硫铵法烟气脱硫工艺特点 156
新氨法（NADS）烟气脱硫 157
新氨法（NADS）烟气脱硫工艺流程 157
新氨法（NADS）烟气脱硫工艺特点 157
海水法烟气脱硫 157
海水法烟气脱硫工艺流程 158
海水法烟气脱硫供排海水系统 159
海水法烟气脱硫烟气系统 159
海水法烟气脱硫二氧化硫吸收系统 159
海水法烟气脱硫海水恢复系统 159
海水法烟气脱硫工艺特点 159
氧化镁法烟气脱硫 159
氧化镁法烟气脱硫工艺流程 160
氧化镁法烟气脱硫预除尘系统 160
氧化镁法烟气脱硫二氧化硫吸收系统 160
氧化镁法烟气脱硫浆液的浓缩和干燥系统 160
氧化镁法烟气脱硫脱硫剂再生系统 160
氢氧化镁法烟气脱硫 160
氢氧化镁法烟气脱硫工艺流程 161
镁法烟气脱硫工艺特点 161
喷雾干燥法脱硫 161
喷雾干燥法脱硫工艺流程 162
喷雾干燥法脱硫吸收剂制备系统 163
喷雾干燥法脱硫吸收塔系统 163
喷雾干燥法脱硫灰渣再循环系统 163
喷雾干燥法脱硫工艺特点 163
炉内喷钙尾部增湿脱硫（LIFAC） 163
炉内喷钙尾部增湿脱硫（LIFAC）工艺流程 163
炉内喷钙尾部增湿脱硫（LIFAC）工艺特点 164
循环流化床烟气脱硫 164
鲁奇型烟气循环流化床脱硫（CFB） 165
鲁奇型烟气循环流化床脱硫（CFB）工艺特点 165
回流式烟气循环流化床脱硫（RCFB） 165
回流式烟气循环流化床脱硫（RCFB）工艺特点 166
气体悬浮吸收烟气脱硫（GSA） 166
气体悬浮吸收烟气脱硫（GSA）工艺特点 167
循环流化床烟气脱硫工艺特点 167
炭法烟气脱硫 167
炭法烟气脱硫工艺流程 168
炭法烟气脱硫吸收剂 168
活性炭 168
改性活性炭 169
活性焦 169
活性炭纤维 169
炭法烟气脱硫工艺特点 169
电子束法烟气脱硫 169

第三节　脱硫电价及节能发电调度 170

一、脱硫电价 170

脱硫电价 170
燃煤机组脱硫标杆上网电价 170
脱硫加价政策 170

二、节能发电调度 170

节能发电调度 170
机组发电排序的序位表 170
电量交易 171

第四节　非电行业脱硫基础知识 171

一、黑色冶炼烧结行业 171

黑色冶炼行业 171
钢铁工业体系 171
烧结工艺 172
烧结机利用系数 172
烧结机作业率 172
烧结工艺废气 173
烧结烟气中 SO_2 的来源 173
烧结原辅料、燃料的含硫情况 173
烧结烟气的特点 173
球团工艺 173
球团工艺废气 174
钢铁烧结烟气脱硫技术分类 174

循环流化床法钢铁烧结烟气脱硫 174
MEROS 工艺钢铁烧结烟气脱硫 175
NID 法钢铁烧结烟气脱硫 176
石灰石—石膏法钢铁烧结烟气脱硫 176
氨—硫铵法钢铁烧结烟气脱硫 177
活性炭吸附法钢铁烧结烟气脱硫 178
有机胺法钢铁烧结烟气脱硫 179
二、工业燃煤锅（窑）炉 180
工业炉窑 180
工业燃煤锅（窑）炉烟气脱硫工艺 180
三、有色金属冶炼炉 180
有色金属 180
闪速炉 180
电炉 181
反射炉 181
白银炉 181
鼓风炉 181
有色金属冶炼副产品 181
烟气混配 182
有色金属冶炼炉烟气脱硫工艺 182
一转一吸 182
两转两吸 182
铅冶炼行业产排污系数 182
锌冶炼行业产排污系数 182
镍冶炼行业产排污系数 183
四、炼焦炉煤气脱硫 183
炼焦生产工艺 183
炼焦炉煤气脱硫工艺 183
HPF 法 183
PDS 法 183
AS 法 184
改良 A.D.A 法 184
塔-希法 184
FRC 法 184
真空碳酸盐法 184
热装热出清洁型焦炉 184
五、非电煤改气 185
天然气 185
煤层气 185
沼气 185
炼厂干气 185
煤气 185
高炉煤气 185
六、石化产品脱硫及硫黄回收 186
硫黄回收工艺 186
重油 186
石油焦 186

第四篇 减排核算表 187

第十三章 核算表格说明 188
第一节 表格使用对象 188
第二节 表格设计原则 188
第三节 表格组成 189
一、核算表表格分类 189
二、COD 核算表格 189
（一）排放量总表 1 张 191
（二）历年排放量表 1 张 191
（三）新增量计算表 2 张 191
（四）新增削减量计算表 16 张 191
（五）环保部发布核查核算表 4 张 191
三、二氧化硫核算表格 192
（一）排放量总表 1 张 194
（二）历年排放量表 1 张 194

索引

（三）新增量计算表 4 张 194
（四）新增削减量计算表 29 张 194
（五）分机组二氧化硫排放量计算表 7 张 194
（六）环保部发布核查核算表 4 张 195
第四节 表格功能 195
第五节 其他说明 199
第六节 填表说明举例 202
一、以 COD-表 6-工程减排-城镇污水处理厂新增削减量（2-13）为例说明 COD 表格填写 202
二、以 SO_2-表 6-工程减排-新投运现役机组脱硫设施新增削减量（3-14a）为例说明 SO_2 表格填写 203

第十四章 COD 减排核算表 205

第一节 环保部发布表格 205
表一 城镇污水处理厂总量减排核查核算表 206－207
表二 工业企业治理工程总量减排核查核算表 208－209
表三 结构调整总量减排核查核算表 210－211
表四 2007 年已核定减排量的城镇污水处理厂抽查复核表 212－213
第二节 本手册 COD 核算表 214
COD-汇总表 1 COD 排放量 215
COD-汇总表 2 历年 COD 排放量 216
COD-汇总表 3 新增工业 COD 排放量 217
COD-汇总表 4 新增生活 COD 排放量 217
COD-表 1-工程减排-工业企业-(2-8) 工业企业新增削减量 218－219
COD-表 2-工程减排-工业企业-(2-9) 工业企业新增削减量 218－219
COD-表 3-工程减排-工业企业-(2-10) 工业企业新增削减量 218－219
COD-表 4-工程减排-工业企业-(2-11) 工业企业新增削减量 218－219
COD-表 5-工程减排-城镇污水处理厂-(2-12) 城镇污水处理厂新增削减量 220－221
COD-表 6-工程减排-城镇污水处理厂-(2-13) 城镇污水处理厂新增削减量 220－221
COD-表 7-工程减排-城镇污水处理厂-(2-16) 城镇污水处理厂新增削减量 220－221
COD-表 8-工程减排-城镇污水处理厂-(2-17) 城镇污水处理厂新增削减量 222－223
COD-表 9-工程减排-城镇污水处理厂-(2-18) 城镇污水处理厂新增削减量 222－223
COD-表 10-所有企业进水浓度变化对应 COD 削减量（2-19）之最后一项 223
COD-表 11-工程减排-城镇污水处理厂-(2-19) 城镇污水处理厂新增削减量 224－225
COD-表 12-工程减排-集中污水处理设施-(2-20) 集中处理设施新增削减量 224－225
COD-表 13-工程减排-集中污水处理设施-(2-21) 集中处理设施新增削减量 224－225
COD-表 14-结构减排-环统当年关停（2-22） 结构减排新增削减量 226－227
COD-表 15-结构减排-环统非重点（2-22） 结构减排新增削减量 226－227
COD-表 16-管理减排 管理减排新增削减量 228

第十五章 二氧化硫减排核算表 229

第一节 环保部发布表格 229
表一 电力行业工程减排核查核算表 230－231
表二 非电行业工程减排核查核算表 232－233

表三 电力行业结构调整减排核查核算表 234－235
表四 非电行业结构调整减排核查核算表 236－237
第二节 本手册二氧化硫核算表 238
SO_2-汇总表1 二氧化硫排放量 240
SO_2-汇总表2 历年二氧化硫排放量 241
SO_2-表 1-火电供热新增量-(3-3)(3-4) 新增火电二氧化硫排放量 242
SO_2-表 2-加权平均硫分-(3-5) 燃煤加权平均硫分 243
SO_2-表 3-($R_{脱硫}$) 当年新投产和上年投运接转燃煤机组配套脱硫设施新增 SO_2 削减量 244－245
SO_2-表 4-非电新增-(3-6)(3-7)(3-8) 新增非电二氧化硫排放量 246
SO_2-表 5-脱硫设施不正常新增-(3-10) 脱硫设施不正常运行新增排放量 247
SO_2-表 6-工程减排-(3-14a) 新投运现役机组脱硫设施新增削减量 248－249
SO_2-表 7-工程减排-(3-14b) 新投运热电联供现役机组脱硫设施新增削减量 248－249
SO_2-表 8-工程减排-(3-15a) 火电机组上年接转新增削减量 250－251
SO_2-表 9-工程减排-(3-15b) 热电联供机组上年接转新增削减量 250－251
SO_2-表 10-工程减排-(3-16) 发电量增加新增削减量 250－251
SO_2-表 11-工程减排-(3-17) 脱硫设施改造新增削减量 252－253
SO_2-表 12-工程减排-(3-18) 燃气替代煤炭新增削减量 252－253
SO_2-表 13-工程减排-(3-20a) 烧结机烟气脱硫新增削减量 252－253
SO_2-表 14 工程减排-(3-20b) 球团炉烧结机烟气脱硫新增削减量 254－255
SO_2-表 15 工程减排-(3-20c) 机械铸造烧结机烟气脱硫新增削减量 254－255
SO_2-表 16 工程减排-(3-21) 工业燃煤锅炉烟气脱硫新增削减量 254－255
SO_2-表 17 工程减排-(3-22) 有色金属冶炼烟气脱硫新增削减量 256－257
SO_2-表 18 工程减排-(3-24) 新投运焦炉煤气脱硫新增削减量 256－257
SO_2-表 19 工程减排-(3-25) 接转焦炉煤气脱硫新增削减量 256－257
SO_2-表 20-工程减排-(3-27) 非电煤改气新增削减量 258－259
SO_2-表 21-工程减排-(3-28) 石化企业产品脱硫及硫黄回收工程新增削减量 258－259
SO_2-表 22-工程减排 其他工程减排新增削减量 258
SO_2-表 23-结构减排-小火电-(3-30) 接转关停小火电新增削减量 260－261
SO_2-表 24-结构减排-小火电-(3-31) 当年关停小火电新增削减量 260－261
SO_2-表 25-结构减排-小火电-(3-32) 当年关停小火电新增削减量 260－261
SO_2-表 26-结构减排-发电量交易-(3-33) 发电量交易新增削减量 260－261
SO_2-表 27-结构减排-小钢铁-(3-34a) 关停小钢铁新增削减 262－263
SO_2-表 28-结构减排-小钢铁-(3-34b) 当年关停小钢铁新增削减量 262－263
SO_2-表 29-结构减排-涉水同步-(3-35) 关停涉水企业同步拆毁燃煤设施新增削减量 262－263
SO_2-表 30-结构减排-其他-(3-34c) 其他结构减排新增削减量 262－263
SO_2-表 31-结构减排-非环统 未纳入环统非重点企业结构减排新增削减量 264－265
SO_2-表 32-管理减排-循环流化床-(3-36)循环流化床锅炉内脱硫实施在线监测确认的新增削减量 264－265
SO_2-表 33-管理减排 脱硫设施提高运行效率新增削减量 264－265
SO_2-表 34-管理减排-清洁生产 清洁生产新增减排量 264
SO_2-表 35-分机组 SO_2 排放量校核-无脱硫-(3-37)(3-38) 266－267
SO_2-表 36-分机组 SO_2 排放量校核-脱硫上年投运-(3-39) 266－267
SO_2-表 37-分机组 SO_2 排放量校核-脱硫当年投运-(3-40) 266－267

SO_2-表 38-分机组 SO_2 排放量校核-机组＆脱硫当年-脱硫滞后-(3-41) 268－269
SO_2-表 39-分机组 SO_2 排放量校核-机组＆脱硫当年同步投运-(3-42) 268－269
SO_2-表 40-分机组 SO_2 排放量校核-当年关闭小火电-纯发电-(3-37) 268－269
SO_2-表 41-分机组 SO_2 排放量校核-当年关闭小火电-保留供热-(3-38) 268－269

第五篇 附录 271

"十一五"主要污染物总量减排核查办法（试行） 272

第一章 总则 272
第二章 日常督查 273
第三章 定期核查 273
第四章 COD 削减量核查（督查） 274
第五章 二氧化硫削减量核查（督查） 278
第六章 附则 281
附："十一五"主要污染物总量减排现场核查（督查）笔录 283
附表 1：城市污水处理厂污染减排现场核查（督查）表 284
附表 2：企事业单位工业废水治理 COD 减排现场核查（督查）表 286
附表 3：取缔关停企业 COD 污染减排现场核查（督查）表 288
附表 4：燃煤电厂二氧化硫减排现场核查（督查）表 289
附表 5：非电企业二氧化硫减排现场核查（督查）表 290
附表 6：取缔关停企业二氧化硫污染减排现场核查（督查）表 291
附表 7：污染减排核查及计划完成情况一览表 292
附表 8：城市污水处理厂工程项目一览表 293
附表 9：企业事业单位工业废水治理 COD 削减项目一览表 294
附表 10：结构调整 COD 减排项目一览表 295
附表 11：燃煤电厂脱硫工程项目一览表 296
附表 12：非电企业二氧化硫废气治理减排工程项目一览表 297
附表 13：关停小火电机组二氧化硫削减项目一览表 298
附表 14：非电企业结构调整二氧化硫减排项目一览表 299
附表 15：管理减排核查表 300

主要污染物总量减排核算细则（试行） 301

第一章 总 则 301
一、适用范围 301
二、核算原则 301
三、核算方式 301
第二章 COD 总量减排量的核算 302
第一节 新增 COD 排放量的核算 302
一、新增工业 COD 排放量的核算 302
二、新增生活 COD 排放量的核算 304
第二节 新增 COD 削减量的核算 304
一、治理工程新增 COD 削减量的核算 304

（一）工业企业治理工程新增削减量的核算 305
1. 核算工业企业治理工程新增削减量的原则 305
2. 工业企业治理工程新增削减量的核算 305
（二）城镇污水处理设施新增 COD 削减量的核算 307
1. 城镇污水处理设施新增削减量计算原则 307
2. 城镇污水处理设施新增削减量的核算 307
二、结构调整新增 COD 削减量的核算 310
（一）结构减排新增削减量核算原则 310
（二）关停环境统计重点调查企业新增削减量的核算 311
1. 关停重点调查企业削减量的核算原则 311
2. 关停重点调查企业削减量的核算 311
（三）环境统计非重点调查企业新增削减量的核算 311
三、加强监督管理新增 COD 削减量的核算 312
第三章　二氧化硫总量减排量的核算 312
第一节　新增二氧化硫排放量的核算 312
一、新增火电二氧化硫排放量 313
二、新增非电二氧化硫排放量 314
三、脱硫设施不正常运行的新增二氧化硫排放量 316
第二节　新增二氧化硫削减量的核算 316
一、治理工程新增二氧化硫削减量 317
（一）现役燃煤（油）机组烟气脱硫工程新增削减量 317
1. 核算新增削减量的原则 317
2. 新增削减量核算公式 318
3. 应特别注意的问题 320
（二）烧结机等烟气脱硫工程新增削减量 321
1. 核算新增削减量的原则 321
2. 新增削减量的核算公式 321
（三）工业燃煤锅（窑）炉烟气脱硫工程新增削减量 321
1. 核算新增削减量的原则 321
2. 新增削减量的公式 322
（四）有色金属冶炼炉烟气脱硫工程新增削减量 322
1. 核算新增削减量的原则 322
2. 核算新增削减量公式 322
（五）炼焦炉煤气脱硫工程新增削减量 323
1. 核算新增削减量的原则 323
2. 核算新增削减量公式 323
（六）非电煤改气工程新增削减量 324
1. 核算新增削减量原则 324
2. 核算新增削减量公式 325
（七）石化企业产品脱硫及硫黄回收工程新增削减量 325
1. 核算新增削减量的原则 325
2. 核算新增削减量公式 325

（八）其他工程新增削减量 325
二、结构调整新增二氧化硫削减量 325
1. 核算新增削减量的原则 326
2. 新增削减量核算公式 326
（一）关停小火电机组新增削减量 327
（二）发电量交易新增削减量 327
（三）关停小钢铁新增削减量 328
（四）关停涉水企业同步拆毁燃煤设施新增削减量 328
（五）淘汰其他落后产能新增削减量 329
三、加强监督管理新增二氧化硫削减量 329
（一）循环流化床锅炉内脱硫实施在线监测确认的新增削减量 329
（二）脱硫设施提高运行率新增削减量 329
（三）进行清洁生产审核并实施其方案形成的新增削减量 329
第三节 火电行业二氧化硫排放量的校核 330
一、分机组二氧化硫排放量校核原则 330
二、分机组二氧化硫排放量校核公式 331
1. 无脱硫设施的发电（供热）机组 331
2. 脱硫设施上年已经运行的机组 331
3. 脱硫设施当年投运的机组 331
4. 炉内脱硫的循环流化床发电机组 332
5. 当年关闭的小火电机组 332

附表 1：各省、自治区、直辖市 2005 年工业 COD 排放量等有关参数 333
附表 2：主要工业行业 COD 排放系数参考表 334
附表 3：2005 年分省电力行业经济指标以及燃料消耗情况 335
附表 4：2006 年分省电力行业经济指标以及燃料消耗情况 337
附表 5：淘汰落后工业设施的二氧化硫排放系数表 339
附表 6：几种常见煤改气燃料的热值 340

第一篇

主要污染物总量减排总论

第一章　概论

主要污染物总量减排

即“十一五”期间国家对化学需氧量、二氧化硫两项主要污染物实行排放总量控制计划管理。两项污染物排放总量控制指标是依据《国民经济和社会发展第十一个五年规划纲要》确定的约束性指标。

减排工作的主要特点：

❶减排的主要污染物：化学需氧量（COD）和二氧化硫（SO_2）；

❷减排的时限：第十一个五年规划期间，即从2006年至2010年；

❸减排的责任主体：地方各级人民政府；

❹减排的主要措施：工程治理减排、结构调整减排、监督管理减排；

❺减排数据的核算原则：“淡化基数、算清增量、核实减量”；

❻减排成效的评判标准：环境保护从宏观和战略层面上参与综合决策的机制是否建立；环境质量是否得到改善；经济发展方式是否得到转变；环境监管能力是否得到加强。

主要污染物

指《国民经济和社会发展第十一个五年规划纲要》确定的实施排放总量控制的两项污染物，即化学需氧量（COD）和二氧化硫（SO_2）。

化学需氧量（COD）

又称化学好氧量，简称COD（chemical oxygen demand）。在规定条件下，使水样中可氧化物质氧化分解所需耗用氧化剂的量，以每升水消耗氧的毫克数表示。计算单位为毫克/升（mg/L）。它是表示水体污染程度的重要综合性指标之一。

COD的测定，根据所用氧化剂不同，有高锰酸钾法（简称锰法，记为COD_{Mn}）和重铬酸钾法（简称铬法，记为COD_{Cr}）。锰法适用于污染较轻的水质分析；铬法对有机物反应较完全，适用于分析污染较严重的水样。我国地面水水质标准规定，地表淡水统用铬法测定COD值。

为明确区分COD_{Mn}和COD_{Cr}，国际标准化组织（ISO）规定，化学需氧量指COD_{Cr}，而称COD_{Mn}为高锰酸盐指数。

二氧化硫（SO_2）

是一种常见的和危害较大的大气污染物。SO_2在大气中适当气象条件下易氧化而成硫酸雾或硫酸盐气溶胶，是环境酸化的重要前驱物，也是我国酸雨的主要成分。SO_2对人体健康有直接影响，大气中SO_2会使土壤和湖泊酸化，对动物、植物和建筑物等产生危害。

SO_2 主要来自含硫燃料的燃烧、金属冶炼、石油炼制、硫酸生产和硅酸盐制品焙烧等过程。我国化石燃料燃烧产生的 SO_2 占总排放量的负荷最大。

计算单位为毫克/标准立方米($mg/m^3(N)$)或 ppm。

确定 COD 和 SO_2 为总量减排主要污染物的原因

COD 是反映水体有机污染程度和评价污染源有机污染物排放状况的综合性指标，具有流域的普遍性；SO_2 是反映大气环境质量和评价燃烧与工艺过程污染物排放状况的控制性指标，也是造成酸雨的主要因子，具有跨区域长距离传输的特性。

这两项污染物都具有跨行政区域流动的特性，只有通过国家强化监督、严格管理、统一控制，才能减少排放总量，改善环境质量。

同时这两项污染物排放量管理和统计已积累了大量的经验与数据，实施总量控制的科学性、系统性和可行性较强。

约束性指标

是在预期性基础上进一步明确并强化了政府责任的指标，是中央政府在公共服务和涉及公众利益领域对地方政府和中央政府有关部门提出的工作要求。政府要通过合理配置公共资源和有效运用行政力量，确保实现。

主要污染物减排纳入约束性指标，是针对资源环境压力日益加大的突出问题提出来的，体现了建设资源节约型、环境友好型社会的要求，是现实和长远利益的需要，具有明确的政策导向，是考核各地经济社会发展的硬指标。

预期性指标

是国家期望的发展目标，主要依靠市场主体的自主行为实现。政府要创造良好的宏观环境、制度环境和市场环境，并适时调整宏观调控方向和力度，综合运用各种政策引导社会资源配置，努力争取实现。“十一五”GDP 增长率属于预期性指标。

第二章 主要污染物总量减排指标

主要污染物排放总量

指“十一五”期间实施排放总量控制的两项污染物，即化学需氧量（COD）和二氧化硫（SO_2）的排放总量，包括工业源和生活源污染物排放量（不含面源）。2005 年主要污染物排放总量按照2005 年环境统计结果确定。“十一五”期间分年度各地主要污染物排放总量，由环境保护部会同有关部门按照主要污染物总量减排统计办法的规定审核确定。

减排指标

根据“十一五”规划，计划到2010 年，全国主要污染物排放总量比 2005 年减少10%。具体是：COD 由 1 414 万吨减少到 1 273 万吨；SO_2 由 2 549 万吨减少到 2 294 万吨。

减排指标的主要特征：

❶是在消化新增量基础上的减排；

❷相当于节能指标而言，减排指标是绝对量；

❸各项措施的减排量要通过核查确定。

各省（区、市）主要污染物总量减排目标

即为实现全国主要污染物排放总量控制目标，国家向各省、自治区、直辖市批复下达的“十一五”期间主要污染物排放总量控制计划指标，包括到 2010 年的控制量及与2005 年相比的增减比例。

这个比例和指标是在确保实现全国总量控制目标的前提下，综合考虑各省、自治区、直辖市环境质量状况、环境容量、排放基数、经济发展水平和削减能力以及各污染防治专项规划的要求而确定的，并对东、中、西部地区实行区别对待。各省、自治区、直辖市按照主要污染物总量减排目标将控制指标分解落实到基层和排污单位。

减排时限

为“十一五”期间的 5 年，即从 2006 年至 2010 年。基准年为 2005 年。

第三章　主要污染物总量减排计划

主要污染物总量减排计划

指地方各级政府为确保实现“十一五”主要污染物总量减排目标，根据国家有关规定制定的5年和分年度减排工作方案或计划，是各地污染减排工作的行动指南，也是落实“十一五”污染物总量削减目标责任书的具体体现。

各地必须将主要污染物总量减排计划纳入本地区经济社会发展“十一五”规划统筹实施，相关要求应分解落实到具体减排项目，落实到基层和重点排污单位，严格执行，确保实现计划目标。

减排计划编制内容

主要包括：总量减排目标、经济与环境现状分析、污染物新增排放量预测、产业结构减排实施方案、工程治理减排实施方案、监督管理减排实施方案、综合辅助方案、减排目标可达性分析、减排计划实施保障措施等。

注意：在制订主要污染物总量减排计划时，所确定的减排目标必须与所采取的工程治理减排、结构调整减排、监督管理减排措施相吻合，要求所确定实施的工程治理减排项目和结构调整减排项目能够实现的总削减量，必须大于或等于减排目标数量。

减排目标

在坚持同口径比较的前提下，减排目标表达为绝对量和相对量两种形式。绝对量包括减排能力规模和实际减排量，以及新增排放量、控制排放量和相对于2005年的削减量；相对量则包括相对于2005年的削减比例和相对于上年的削减比例，用于表示不同年份间污染物排放量之间的变化率。

注意：制定总量减排目标必须考虑动态削减量需求，而不能只按照静态削减量设定指标。

各级政府要按照“十一五”期间5年总量控制目标要求，统筹考虑，做好年际削减目标的平衡，以5年期间每年计划的减排项目和减排措施实际形成的各年度削减效果，合理推算确定每年减排目标。

同口径比较

指在制定主要污染物总量减排计划时，以与2005年相同的COD和SO_2统计基数、口径、范围来编制计划。而对未纳入总量统计口径的污染物排放量则不作为减排计划编制重点（如面源、农村生活源），对不削减COD和SO_2排放量的工程措施不将其纳入项目清单（如生活垃圾处理厂）。

排放总量基数分为环境统计发表调查工

业企业，非发表调查的一般测算工业企业，以及生活源三部分，要求现状分析和减排措施均按照同口径分类并进行归纳。

减排项目清单

即总量减排计划中必须列出的所有能够发挥持续稳定减排效果的项目明细单。

分为 3 种类型：

——工程治理减排项目；

——结构调整减排项目；

——监督管理减排项目。

编制主要污染物总量减排计划属地原则

总量减排计划编制实行以县区为基础的属地原则，即区域内的污染物排放不论企业隶属，均应包括在计划内，有关项目安排、治理计划等要做好与有关主管部门的衔接。

减排计划的可达性分析

通过方案或计划减排措施预计实现的污染物总量减排情况，对比总量减排目标责任书，做出新增量、存量、减排量三者之间的平衡分析，并保留一定的预留和工程实际，对总量减排目标完成情况所进行的可达性分析。

同时，分析可能存在的问题及影响目标实现的主要因素和环节。

减排计划的保障措施

包括产业结构优化、生态环境功能区划、环境准入、减排工作机制、减排目标责任制、减排三大体系建设、减排投入、环境经济政策、减排激励政策、环保科技支撑、社会舆论监督、公众参与等。

主要污染物排放量

为上年（半年）度的排放量与本年（半年）度新增排放量之和减去本年（半年）度新增削减量。

核算期主要污染物排放量＝（上年排放量＋核算期新增排放量）－核算期新增削减量

主要污染物新增排放量

是指核算期与上年同期相比，由于工业生产活动、城镇人口和居民生活等增加导致的 COD 和 SO_2 排放增加量。

主要污染物新增削减量

指核算期与上年同期相比，通过实施工程减排、结构调整减排和加强监督管理减排等措施，而形成新增的连续稳定的 COD 和 SO_2 削减量。

主要污染物静态削减量

指当地 GDP 零增长情况下相对于基准年的污染物削减量。

主要污染物动态削减量

指当地 GDP 在一定增长速度的情况下，污染物新增排放量与静态削减量的总和。

“十一五”期间，在全国 5 年 GDP 增速 10%的情况下，COD、SO_2 相应的动态削减量分别需要削减 570 万吨和 673 万吨，才能完成 COD、SO_2 分别下降 10%的减排目标。

第四章　主要污染物总量减排措施

主要污染物总量减排措施

指为完成主要污染物总量减排任务、实现减排目标而实施的各类能够稳定发挥减排作用的项目，包括工程治理减排项目、结构调整减排项目、监督管理减排措施等。

工程治理减排

简称工程减排，即因采取污染治理工程而实现主要污染物总量减排的一项减排措施。主要包括水污染治理工程建设和 SO_2 治理工程建设。

在“十一五”期间，减少 COD 排放总量的主要工程措施是加快和强化城市污水处理设施建设与运行管理，减少 SO_2 排放总量的主要工程措施是加快和强化现役及新建燃煤电厂脱硫设施建设与运行管理。

结构调整减排

简称结构减排，即通过调整产业结构、淘汰落后产能而实现主要污染物总量减排的一项减排措施。主要以电力、钢铁、建材、电解铝、铁合金、电石、焦炭、化工、煤炭、造纸、食品等行业中工艺落后、能耗高、污染严重的企业及产能为对象。

调整产业结构、淘汰落后产能的名单和时限由国家公布。结构调整减排项目必须是能够永久性关闭淘汰、拆除设备、不可恢复生产的企业和项目。

监督管理减排

简称管理减排，即通过严格环境执法监管、实现污染物稳定达标排放，以及提高重点污染行业排放标准、实行清洁生产等环境管理手段而实现主要污染物总量减排的一项减排措施。

注意：监督管理减排必须通过具体的企业和项目来体现，而且要求完全可以核算并确实能够产生持续稳定的减排效果。对于清洁生产减排项目，只包括实施清洁生产审核报告中的中高费方案而形成的稳定减排能力。

清洁生产

是用环境保护理念指导的一种新型生产方式。其特点是不断采取改进设计，使用清洁能源和原料，采用先进的工艺技术与设备并改善管理，实施原材料和废物综合利用等措施，从源头削减污染，提高资源利用效率，减少或者避免生产、服务和产品使用过程中污染物的产生和排放，以减轻或者消除对人类健康和环境的危害。

清洁生产审核

指生产经营企业按照一定程序，对生产和服务过程进行调查和诊断，找出能耗高、物耗高、污染重的原因，提出减少有毒有害物料的使用、降低能耗物耗以及废物产生的方案，进而选定技术经济及环境可行的清洁生产方案的过程。清洁生产审核方案应经省级环保部门或者清洁生产相关主管部门评审，方案完成后应经原评审部门验收。

第五章　主要污染物总量减排三大体系

主要污染物总量减排三大体系

是指国家为促进主要污染物总量减排工作而建立的减排统计体系、监测体系和考核体系。

减排统计体系是指建立一套科学的、系统的和符合国情的主要污染物排放总量统计分析、数据核定、信息传输系统，能够及时、准确、全面反映主要污染物排放状况和变化趋势。

减排监测体系是指建立一套污染源监督性监测和重点污染源自动在线监测相结合的环境监测系统，能够及时跟踪测定各地区和重点企业主要污染物排放变化情况。

减排考核体系是指建立一套严格的、操作性强的和符合实际的污染减排成效考核和责任追究制度，真正做到“权责明确、监督有力、程序适当、奖罚分明”。

为此，原国家环保总局主持制定了《主要污染物总量减排统计办法》《主要污染物总量减排监测办法》和《主要污染物总量减排考核办法》，已由国务院批转全国各地贯彻执行。

第一节　主要污染物总量减排统计办法

主要污染物排放量统计制度

包括主要污染物排放量统计年报和季报，分别统计报告期内的污染物排放数据及治理情况。

年报报告期为 1—12 月，各省级环保部门应于次年 1 月 31 日前向环境保护部上报年报快报数据。

季报报告期为 1 个季度，各省级环保部门应于每个季度结束后 15 日内将上季度数据上报环境保护部。

环境统计污染物排放量

包括工业源和生活源污染物排放量，COD 和 SO_2 排放量的考核是基于工业源和生活源污染物排放量的总和。

工业源污染物排放量根据重点调查单位发表调查和非重点调查单位比率估算。生活源污染物排放量根据城镇常住人口数（或非农业人口数，以 2005 年口径为准）、燃料煤消耗量等社会统计数据测算。

在统计核算 COD 和 SO_2 排放量时，应使用监察系数进行校正。

环境统计调查属地原则

即污染物排放统计调查由县级环保主管部门负责完成，省、市（地）级环境监测部门的监测数据应及时反馈给县级环保主管部门。县级环保主管部门将本区域工业源和生活源污染物排放量数据审核、汇总后，逐级上报上一级环保主管部门审核，最终上报至环境保护部。

年报重点调查单位

指主要污染物排放量占各地区（以县级为基本单位）排污总量（指该地区排污申报登记中全部工业企业的排污量，或者将上年环境统计数据库进行动态调整）85%以上的工业企业单位。

重点调查单位的筛选工作应在排污申报登记数据变化的基础上逐年进行。对重点调查单位的污染物排放量可采用监测数据法、物料衡算法、排放系数法进行统计。

年报非重点调查单位

指主要污染物排放量（不含重点调查单位排放量）占各地区（以县级为基本单位）排污总量（指该地区排污申报登记中全部工业企业的排污量，或者将上年环境统计数据库进行动态调整）15%左右的工业企业单位。对非重点调查单位的污染物排放量按照比率估算法进行统计。

环境统计数据库

即收录存储历年来环境保护领域主要统计数据的资料库，能够系统反映全国和各地环境保护各项事业的发展情况。环境统计数据库包括全国环境统计数据、地区环境统计数据、重点城市环境统计数据和工业行业环境统计数据。

环境统计数据库数据实行年度更新。1990 年前“三废”排放的统计范围为县及县以上企、事业单位；1991—1996 年修改为县及县以上有污染的工业企业单位；1997 年以后则包括县以上工业企业和乡镇工业。

监测数据法

指通过对排污单位外排废气、废水（流）量及其各项污染物浓度进行实际监测，计算出废气、废水排放量及其各项污染物排放量的方法。

对重点调查单位原则上都应采用监测数据法计算排污量。其中对新纳入的企业不论试生产还是已通过验收，凡造成事实排污超过 1 个月以上的企业均应纳入统计范围；对当年关停企业按其当年实际排污天数计算排污量。

物料衡算法

指用资源（原材料、水源、能源）消耗量或者产品产量计算工业企业污染物排放量的一种方法。

在主要污染物总量减排统计中，物料衡算法主要适用于火电厂 SO_2 排放量的测算。

测算公式为：

燃料燃烧 SO_2 排放量＝燃料煤消费量×含硫率×0.8×2×(1－脱硫率)

排放系数法

指在正常技术经济和管理条件下，用生产单位产品所产生（或排放）污染物数量的统计平均值作为系数来大致计算工业企业污染物排放量的方法。

在主要污染物总量减排统计中，排放系

数法主要适用于化学原料及化学品制造、造纸、金属冶炼、纺织等行业排污量的估算。

比率估算法

指在计算非重点调查单位的排放量时，按重点调查单位总排污量变化的趋势（指与上年相比，排污量增加或减少的比率），等比或将比率略做调整，估算出非重点调查单位的污染物排放量的方法。

产污系数

指在正常技术经济和管理条件下生产单位产品所产生的原始污染物的量，即生产单位产品时污染物的产生量。

排污系数

指在正常技术经济和管理条件下生产某种单位产品所排放的污染物数量的统计平均值或计算值。排污系数是在采用实测、物料衡算和经验估算三种方法所获得的原始产污和排污系数的基础上，采用加权法计算得出的。

污染物排放数据统计方法选用原则

在监测数据法、物料衡算法和排放系数法三种方法中，应优先使用监测数据法计算排放量。若无监测数据或监测频次不足时，可对燃煤电厂选用物料衡算法，对钢铁、化工、造纸、建材、有色金属、纺织等行业企业选用排放系数法。

监测数据法计算所得的排放量数据必须与物料衡算法或排放系数法计算所得的排放量数据相互对照验证。对两种方法得出的排放量差距较大的，须分析原因。对无法解释的，按“取大数”的原则统计其污染物的排放量。

主要污染物统计数据发布原则

由环境保护部、国家统计局、发改委每半年向社会公布各省（区、市）主要污染物排放总量情况，公布的主要污染物排放总量指标以国家有关部门核定的数据为准。各地区在国家有关部门核定并正式发布公报以前，不得公布本地区主要污染物的排放总量及削减量等数据。

第二节 主要污染物总量减排监测办法

主要污染物减排监测

指为对污染源排放的主要污染物数量进行核定，并为主要污染物减排工作提供数据的环境监测活动。

对污染源COD和SO_2排放量的监测技术采用自动监测技术与污染源监督性监测技术（包括手工监测和实验室比对监测）相结合的方式，掌握其排放的浓度和数量。

减排监测实施部门

对污染源的监督性监测工作由县级环保主管部门负责。县级环保主管部门监测能力不足时，由市（地）级以上环保主管部门监测。

其中对国控重点污染源的监督性监测工作由市（地）级环保主管部门负责，对装机容量30万千瓦以上火电厂的污染源的监督性监测工作由省级政府环境保护主管部门负责。

注意：国控重点污染源监督性监测数据共享使用，不重复监测。

国控重点污染源

指国家监控的占全国主要污染物工业排放负荷 65%以上的工业污染源和城市污水处理厂。国控重点污染源名单由环境保护部公布，每年动态调整。

污染源自动监测

指在固定污染源排放口安装自动监控和监测设备，对排放污染物进行连续、实时的跟踪测定。

排污单位安装的自动监控系统必须经环境保护部门检查合格并正常运行，其数据方可作为环保部门进行排污申报核定、排污许可证发放、总量控制、环境统计、排污费征收和现场环境执法等环境监督管理的依据，并按照有关规定向社会公开。

环保主管部门负责对污染源自动监测系统的监测设备，定期进行实验室比对监测和自动监测数据的有效性审核。

污染源监督性监测数据核定

指当地环保主管部门对排污单位每月申报的 COD 和 SO_2 排放量进行审核确定，并将核定结果告知排污单位的过程。

对安装自动监测设备的排污单位，监测设备必须与环保主管部门直接联网，实时传输数据，环保主管部门据此数据进行核定。

对未安装自动监测设备或自动监测设备没有与环保主管部门联网的污染源，环保主管部门定期对其实施手工监测并进行核定。

污染源监测频次

对国控重点污染源的监测频次应每季度不少于一次。

对自动监测设备的实验室比对监测与自动监测设备同步现场采样，监测频次为每季度一次。

污染源监测质量控制

环境监测部门的监测方法必须采用国家标准方法或环保行业标准方法，并按照国家和地方技术规范要求实行质量保证和质量控制。

第三节　主要污染物总量减排考核办法

主要污染物总量减排考核办法适用范围

适用于对各省、自治区、直辖市人民政府"十一五"期间主要污染物总量减排完成情况的考核。

省级政府减排职责

主要包括：

❶将主要污染物排放总量控制指标层层分解落实到本地区各级人民政府，并将其纳入本地区经济社会发展"十一五"规划，确保实现主要污染物减排目标。

❷确定主要污染物年度削减目标，制订年度削减计划。年度削减计划应于当年 3 月底前报环境保护部备案。

❸负责建立本地区的主要污染物总量减排统计体系、监测体系和考核体系。

减排考核内容

主要包括：

❶主要污染物总量减排目标完成情况和环境质量变化情况。其中环境质量变化情况依据原国家环保总局受国务院委托与各省、自治区、直辖市人民政府签订的“十一五”主要污染物总量削减目标责任书的要求核定。

❷主要污染物总量减排统计体系、监测体系和考核体系的建设和运行情况。

❸各项主要污染物总量减排措施的落实情况。

减排考核实施部门

由环境保护部会同国家发改委、国家统计局和监察部，对各省、自治区、直辖市人民政府上一年度主要污染物总量减排情况进行考核。环境保护部于每年 5 月底前将全国考核结果向国务院报告，经国务院审定后，向社会公告。

减排考核方式

采用现场核查和重点抽查相结合的方式进行。

未通过年度考核的认定

对主要污染物总量减排统计体系、监测体系和考核体系建设运行情况较差，或减排工程措施未落实，或未实现年度主要污染物总量减排计划目标的省、自治区、直辖市，认定为未通过年度考核。

未通过年度考核的省、自治区、直辖市人民政府应在 1 个月内向国务院做出书面报告，提出限期整改工作措施，并抄送环境保护部。

减排考核结果使用与处理

考核结果在报经国务院审定后，交由干部主管部门，作为对各省、自治区、直辖市人民政府领导班子和领导干部综合考核评价的重要依据，实行“问责制”和“一票否决”制。

对考核结果为通过的，由环境保护部会同国家发展改革委、财政部优先加大对该地区污染治理和环保能力建设的支持力度，并结合全国减排表彰活动进行表彰奖励。

对考核结果为未通过的，由环境保护部暂停该地区所有新增主要污染物排放建设项目的环评审批，撤消国家授予该地区的环境保护或环境治理方面的荣誉称号，领导干部不得参加年度评奖、授予荣誉称号等。

对考核未通过且整改不到位或因工作不力造成重大社会影响的，由监察部门按照《环境保护违法违纪行为处分暂行规定》追究该地区有关责任人员的责任。

第六章 主要污染物总量减排核查核算

第一节 主要污染物总量减排核查

主要污染物总量减排核查

指国家对各省、自治区、直辖市减排工作开展情况、年度减排计划制订、各项减排措施落实及减排目标完成情况所进行的检查核实工作。

减排核查方式与实施部门

核查采用资料审核与现场核查相结合的方式。包括日常督查和定期核查。定期核查分为半年核查和年度核查。

环境保护部各督查中心具体负责对监管范围内各省、自治区、直辖市主要污染物总量减排情况的核查工作。

减排核查内容

❶减排工作开展情况，包括成立主要污染物总量减排领导机构、制订减排计划以及“三大体系”建设和运行情况等；

❷各项减排措施落实情况，包括城市污水处理厂工程、重点废水污染源治理工程、燃煤电厂脱硫工程、非电工业企业脱硫工程等建设与运行情况，淘汰关停落后产能情况，以及加强环境管理减排措施实施情况等。

❸减排目标完成情况。

日常督查

是指环境保护部各督查中心对各省、自治区、直辖市制定的减排措施的落实情况和减排计划的完成情况所进行的日常督促检查。

日常督查方式

采用明查与暗查相结合的方式。由环境保护部各督查中心会同省、自治区、直辖市环保部门联合开展，或者由各督查中心独立开展。日常督查每上、下半年至少各进行一次。

日常督查范围

环境保护部各督查中心会同省、自治区、直辖市环保部门联合开展的日常督查，对核查期内新建和上年度接转的城市污水处理厂和燃煤电厂脱硫工程建设及运行情况的检查率应为100%；对原有城市污水处理厂和燃煤电厂脱硫工程运行情况的检查率不低于20%；对其他企事业单位的工业废水、SO_2废气治理工程检查率不低于 30%；对取缔关停企业、生产线、设施的检查率不低于 20%。

环境保护部各督查中心独立开展的日常督查，对核查期内新建和上年度接转的城市污水处理厂和燃煤电厂脱硫工程建设及运行情况的检查率应为 30%；对原有城市污水处理厂和燃煤电厂脱硫工程运行情况的检查率不低于 10%；对其他企事业单位的工业废水、SO_2废气治理工程检查率不低于 15%；对取缔关停企业、生产线、设施的检查率不低于10%。

定期核查

指环境保护部各督查中心定期对各省、自治区、直辖市上报的半年或年度污染减排计划执行情况，各项减排措施落实情况，以及完成的COD和SO_2削减量数据的真实性和一致性所进行的检查、核算与核实。

省级主要污染物减排工作报告报送时限

各省、自治区、直辖市环保部门应于每年 7 月 10 日前和次年 1 月 15 日前，向环境保护部报送辖区半年和年度污染物减排工作报告，并抄送所在区域的环境保护部督查中心。

定期核查方式

采用资料审核和现场抽查相结合的方式进行。

资料审核主要是对各省、自治区、直辖市报送的核查期主要污染物总量减排工作报告，主要污染物总量减排三大措施项目清单，及其核算的主要污染物新增量、削减量和排放量等进行检查、核算与核实验证。

现场抽查主要是对资料审核中发现有问题的企业和项目进行重点抽查，并对其他减排措施实施情况进行抽查。

定期核查程序

主要污染物总量减排定期核查工作程序见下图。

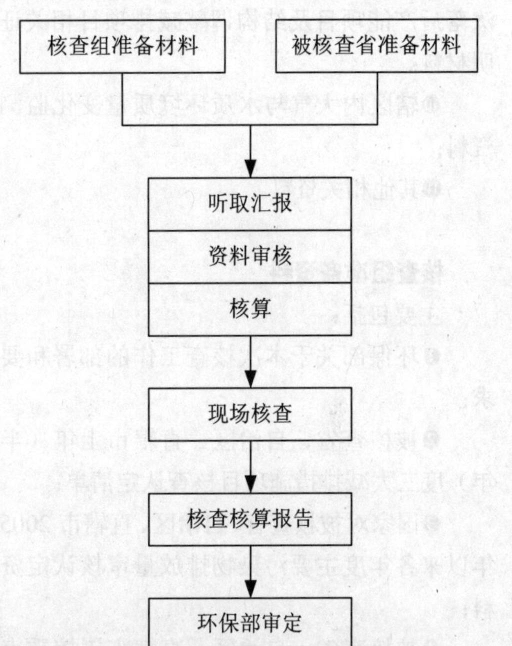

被核查省、自治区、直辖市准备资料

主要包括：

❶核查期主要污染物总量减排工作报告；

❷上一年政府工作报告；

❸核查期主要污染物总量减排计划文件；

❹核查期三大减排措施项目核算清单（按《核查办法》附表分类填写）；

❺核查期统计快报数据和上年统计年鉴；

❻2005 年以来各年度环境统计数据库；

❼核查期和上年 7 个低 COD 行业工业增

第六章 主要污染物总量减排核查核算

加值增量统计资料；

❽核查期COD和SO_2工程减排项目在线监测或监督性监测资料、日常现场检查笔录及运行或竣工验收等文件资料；

❾核查期和上年发展改革部门公告的淘汰落后产能项目及结构调整减排项目相关证明材料；

❿辖区内大气与水质环境质量变化监测资料；

⓫其他相关资料。

核查组准备资料

主要包括：

❶环保部关于本次核查工作的部署和要求；

❷被核查省、自治区、直辖市上年（半年）度三大减排措施项目核查认定清单；

❸国家对被核查省、自治区、直辖市2005年以来各年度主要污染物排放量审核认定资料；

❹被核查省、自治区、直辖市国控重点污染源资料。

资料审核

包括：

❶核查期主要污染物总量减排工作报告，主要污染物总量减排三大措施项目档案，主要污染物新增量、削减量和排放量核算及相关验证文件资料等。

❷审核重点：主要污染物新增排放量、新增削减量。

❸审核步骤

——新增排放量核算复核：依据相关统计资料和《核算细则》，对新增排放量核算情况进行复核。其中注意对关键参数的来源、可靠性、准确性、取值原则及计算结果进行复核验证。

——新增削减量核算复核：依据所提交的核查期三大减排措施项目核算清单和相关证明资料以及《核算细则》，对新增削减量核算情况进行复核。其中注意对关键参数的来源、可靠性、准确性、取值原则及计算结果进行复核。

现场核查

现场核查对象为重点减排项目及资料审核中的存疑者。

核查核算报告

应包括以下方面：

❶对被核查地区主要污染物总量减排目标计划的评价分析；

❷完成"十一五"环境保护目标责任书进展情况的评价分析；

❸主要污染物总量减排的核查结果及其分析；

❹环境质量改善情况分析；

❺污染减排三大体系建设进展情况的评价分析；

❻根据核查发现的问题提出下一步工作意见和建议。

环境保护部审定

环境保护部对督查中心核查组提交的核查报告进行审核，最终认定各省、自治区、直辖市等的排放量。

第二节　主要污染物总量减排核算

主要污染物总量减排核算工作

❶各省、自治区、直辖市对本行政区域内核算期（年、半年度）主要污染物新增排放量、新增削减量和排放量的核算。

❷国家对各省、自治区、直辖市上报的核算期（年、半年度）主要污染物新增排放量、新增削减量和排放量的核算。

减排量核算

指对一定时间、一定区域范围内污染减排相关数据、污染减排项目进行核实和确认的基础上，依据统一确定的计算原则和方法，计算核定 COD、SO_2 总量减排量的过程。核算的重点为核实采用的相关数据和甄选上报的减排项目，包括新增 COD、SO_2 排放量的核算和新增 COD、SO_2 削减量的核算。

核算应充分考虑由于工业生产活动和城镇人口增加导致的 COD 排放增加量，以及因煤炭消耗增长而导致的 SO_2 排放基数的动态变化。

减排核算依据

依据原国家环保总局印发的《主要污染物总量减排核算细则(试行)》执行，做到统一核算范围，统一计算方法，统一认定尺度，统一取值标准。

减排核算原则

❶坚持实事求是，反对弄虚作假，要使核算数据准确反映各地区核算期主要污染物排放情况。

❷坚持与环境统计制度相结合，认真做好核算数据与“十一五”统计报表的衔接，确保数据的真实性和可比性。

❸坚持现场核查与资料审核相结合，重点核算各地区核算期主要污染物排放量的变化情况。

减排核算实施部门

各省、自治区、直辖市环保部门负责对本区域内的主要污染物总量减排情况进行核算；环境保护部各督查中心负责通过日常督查和定期核查对各省、自治区、直辖市主要污染物总量减排情况进行核算和初步认定；环境保护部负责对各省、自治区、直辖市污染物排放量的最终审核与认定。

省级环保部门核算方式与工作程序

❶协调督促市、县环保部门做好主要污染物排放总量减排核算的基础性工作，并收集核算工作所需要的相关资料。包括用于主要污染物新增量核算的基础资料、2005 年以来历年环境统计数据库和减排项目台帐、核算期三大减排措施项目详细清单及相关验证文件等。

❷对本区域内的主要污染物新增排放量、新增削减量和排放量进行逐项核算。

❸将核算结果及其主要参数的取值依据一并上报环境保护部，同时抄送所在区域的环境保护部督查中心。

环境保护部各督查中心核算方式与工作程序

❶开展对监管范围内各省、自治区、直辖市主要污染物排放总量减排情况的日常督

查，现场检查和掌握重点企业污染物排放达标情况、主要污染物减排工程建设与运行情况。

❷开展对各省、自治区、直辖市主要污染物总量减排情况的定期核查，收集主要污染物总量减排核算的相关资料和数据，对所上报的主要污染物新增排放量、新增削减量和排放量的真实性与准确性进行核算验证。

❸将经日常督查和定期核查所审核和初步认定的主要污染物减排项目清单、减排数据、核算结果及其主要参数的取值依据等一并上报环境保护部。

第三节　主要污染物总量减排监察系数

主要污染物总量减排监察系数

即依据实施环境监察监测的实际情况对主要污染物总量减排核算结果进行校正所采用的参数。其中，各省、自治区、直辖市进行半年和年度主要污染物总量减排核算时，在排放强度法中使用GDP核算COD排放量时，用监测与监察系数对计算结果进行校正；在排放强度法中使用耗煤量核算 SO_2 排放量时，用监察系数对计算结果进行校正。

校正的意义，一是真实反映污染减排的实际情况；二是体现对污染减排中遵守环保法规行为的奖励和对违法超标排污和不正常运行污染防治设施行为的惩罚。

监察系数的核算范围

❶省、市两级环保部门对国控重点污染源企业和列入总量减排核算期内的COD和 SO_2 治理工程减排项目的实际现场监察监测情况。

❷环保部各督查中心对省、自治区、直辖市总量减排日常督查和其他有关督查工作实际现场检查和监测的企业和项目情况。

❸环保部环境监察局对各省、自治区、直辖市开展的环境执法检查的情况。

现场监察频次

对国控重点污染源企业以及列入COD和 SO_2 总量减排治理工程项目的污染防治设施，现场监察每月不少于1次。各级环保部门可根据企业排污情况、环境敏感程度、企业守法情况等因素，增加现场监察频次。

监察系数的核算

详见本书COD和 SO_2 核算部分。

监察系数上报审核

各省、自治区、直辖市半年和年度减排监察系数核算情况由各省、自治区、直辖市环保部门上报，环保部各督查中心进行审核，环保部环境监察局最后核定。

监察系数信息报送

采用电子信息方式向国家环保部环境监察局报送。

各省、自治区、直辖市环保部门和环保部各督查中心应于每季度结束后10个工作日内通过“www.12369.gov.cn”网站，填报主要污染物总量减排监察系数的有关信息。

第二篇

COD总量减排

第七章 COD减排核查

第一节 COD削减量核查

COD削减量核查

是指对核查期内各省、自治区、直辖市新增的COD实际削减量的核查。核查期内新增COD削减量主要包括：

❶城镇污水处理厂新增的COD削减量；

❷企事业单位工业废水治理工程新增的COD削减量；

❸取缔关停企业、生产线、设施新增的COD削减量；

❹因执行新的排放标准新增的COD削减量等。

城镇污水处理厂新增的COD削减量的核查范围

❶当年新建并投入运行的城镇污水处理厂COD削减量；

❷上年建成投入运行但运行不满全年的城市污水处理厂当年新增COD削减量；

❸原有城镇污水处理厂通过改建、扩建增加污水处理能力（如新增管网、扩容、污水回用等）和提高治理效果（如降低排放浓度）而形成的新增COD削减量。

城镇污水处理厂新增的COD削减量的核查内容

❶核查城镇污水处理厂的基本情况，包括设计处理能力、处理工艺、建成投运时间等。需要检查的资料包括项目设计文件、环境影响评价报告及批复、工程竣工环保验收报告等。

❷核查城镇污水处理厂的实际处理情况，包括：

——实际运行时间、处理水量和处理效果。需要审核的资料包括污水处理厂自动在线监测的进出口流量和COD浓度数据，并现场随机抽调、查阅10天自动在线监测装置纪录的进出口水量和COD浓度，各级环保部门对污水处理厂的日常监督性监测数据和监察报告，污水处理厂内部日常测定的进出口水量和COD浓度数据，查阅生产用电纪录、污泥产生量纪录，拍摄主要设施照片等。

——对实际处理水量和处理效果，按照以下顺序采用数据：自动在线监测的进出口流量和COD浓度数据（必须是与当地环保部门监控平台联网或通过数据有效性校核的数据）；各级环保部门对污水处理厂的日常监督性监测数据和监察报告；污水处理厂日常生产中进出口水量和COD浓度监测的有效纪录，以及生产用电纪录、污泥产生量纪录等辅助说明材料。

——对原有城镇污水处理厂通过改建、扩建等增加污水处理能力和提高治理效果的，必须提供新增管网长度、扩容能力、污水回用量以及回用工程运行纪录等相关文件、资料。

无上述数据和文件资料或者弄虚作假的，视为该污水处理厂不运行，不计COD削减量。

❸对污水处理厂各处理工序进行现场检查。

❹制作现场核查笔录（283页）。

污染减排现场核查笔录

是环境保护执法文书的一种，是指环保部门在执行法律、法规活动中，依照特定的格式，经过一定处理程序制成和使用的书面文字材料。是环境保护执法行为的具体表现，是污染减排现场检查的真实纪录，并有被检查企业单位负责人签字。具体格式见《核查办法》附："十一五"主要污染物总量减排现场核查（督查）笔录（283页）。

工业废水治理工程新增 COD 削减量的核查范围

❶当年新、改、扩建投入运行的污水治理工程COD削减量；

❷上年建成投入运行但运行不满全年的污染治理工程新增COD削减量；

❸原有污水治理设施经过深度处理、改进工艺和再生水利用等新增的COD削减量；

❹通过实施清洁生产审核方案达标排放或完成削减污染物排放量协议，并通过省级环保行政主管部门或清洁生产相关行政主管部门评审、验收而形成的新增COD削减量。

工业废水治理工程新增 COD 削减量的核查内容

❶核实污染治理工程的基本情况，包括设计能力、处理工艺、建成投运时间等。对于实施工艺改进、清洁生产、再生水利用的，还应当了解具体实施情况。需要检查的资料包括设计文件、环境影响评价报告及批复、工程竣工环保验收报告、清洁生产审核报告及生产调度纪录、再生水利用设施运行纪录等。

❷核查污染治理工程实际处理情况，包括：

——实际处理时间、处理水量和处理效果。需要审核的资料包括：污染治理设施自动在线监测的污水流量和COD浓度数据，各级环保部门对污染治理工程的日常监督性监测数据和监察报告，企事业单位内部污染治理工程日常运行纪录、监测数据和用电纪录、主要设施照片等。

——对实际处理量和处理效果，按照以下顺序采用数据：自动在线监测的排放口流量和COD浓度数据（必须是与当地环保部门监控平台联网并通过数据有效性校核的）；各级环保部门对污水处理工程的日常监督性监测数据和监察报告；企业内部污水治理工程日常运行和监测的有效纪录。还可参考污水治理工程用电纪录等。

——对企事业单位实施工艺改进、再生水利用的，必须提供相关资料和监测数据等文件资料。

——企业实施清洁生产削减COD的，必

须提供清洁生产审核报告、方案实施情况说明、达标排放前后情况、削减污染物排放量协议及完成情况，省级环保行政主管部门或清洁生产相关行政主管部门的评审、验收报告。

无上述数据和文件资料或者弄虚作假的，认定该单位污水治理工程不运行，不计COD削减量。

❸对污染治理工程各处理工序进行现场检查。

❹制作现场核查笔录。

产业结构调整新增 COD 削减量的核查范围

包括：纳入上年环境统计的核查期年度或上年度已经取缔关停的工业企业、设施等。

产业结构调整新增 COD 削减量的核查内容

❶核实取缔关停企业、生产线、设施的基本情况，包括厂址，取缔关停生产设施的规模及其主要设备名称和数量，取缔关停时间，营业执照是否吊销等。

❷检查企业被取缔关停的相关资料，主要是当地政府取缔关停的文件，工商部门出具的营业执照吊销证明，供电部门下发的停电通知或出具的断电证明，环保部门现场检查取缔关停的纪录、照片等。

❸对取缔关停企业、生产线、设施进行现场核查，检查是否拆除主要生产设备，是否断水断电，是否存有生产原料和产品等。

❹制作现场核查笔录。企业关闭，无法找到相关人员时，可采取行政主管部门或企业上级单位的笔录。

第二节 污水处理厂现场核查要点

污水处理厂核查

主要是对污水处理厂关键设备（部位）运行情况进行检查和生产运行台帐等资料进行核查。通过对污水处理厂各个处理环节的检查和有关资料的核查，得出对污水处理厂实际处理水量、进出水浓度以及是否正常运行的结论。

实际处理水量情况检查

主要通过对超越管、格栅、污水提升泵房等部位进行检查，判定是否进水以及实际处理水量情况。

超越管检查：主要查看超越管阀门在非正常情况下是否打开；阀门虽未打开，但可从超越管阀门后部是否有污水以及污水痕迹进行判定，也可从阀门手柄以及阀门的开启情况进行判定。

格栅检查：主要通过查看格栅能否转动、现场检查是否转动，查看有无栅渣存放工具，查看有无栅渣洒落痕迹等进行判定。

污水提升泵房检查：主要查看水泵的流量、扬程，大致判断进水量；查看工作台账和运行纪录来判断实际进水量。

正常运行情况检查

主要通过对曝气系统、污泥脱水车间、排污口等部位进行检查，判定其是否正常运行。

曝气系统检查：主要通过查看曝气池是否曝气、曝气池曝气是否正常、曝气运行的各项参数是否能达到设计要求等来判断曝气系统运行情况。

污泥脱水车间检查：主要查看污泥脱水机是否运转、能否运转、是否刚开始运转；污泥脱水机出泥口是否有污泥、污泥是否新鲜等判断污泥处理车间运行情况。

排污口检查：主要从排污口排放水质的颜色、气味、浊度以及在线监测仪器显示浓度等情况判断污水处理厂运行情况。

不正常运行的认定

根据《“十一五”主要污染物总量减排核查办法（试行）》（环发〔2007〕124号）和《关于“不正常使用”污染物处理设施违法认定和处罚的意见》（环发〔2003〕177号）的有关规定，城市污水处理厂和排放COD企事业单位污染防治设施不正常运行的认定范围为：

❶城市污水处理厂整体不运行或者部分关键设备不运行的；

❷城市污水处理厂排放污水COD浓度超过规定标准30%的；

❸城市污水处理厂建成后一年内实际处理水量达不到设计能力的60%的；

❹将部分或全部污水或者其他污染物不经过处理设施，直接排入环境的；

❺通过埋设暗管或者其他隐蔽排放的方式，将污水或者其他污染物不经处理而排入环境的；

❻非紧急情况下开启污染物处理设施的应急排放阀门，将部分或全部污水或者其他污染物直接排入环境（包括城市污水处理厂通过超越管线排放污水）的；

❼将未经处理的污水或者处理不达标及其他污染物从污染物处理设施的中间工序引出直接排入环境；

❽将部分污染物处理设施短期或者长期停止运行；

❾违反操作规程使用污染物处理设施，致使处理设施不能正常发挥处理作用；

❿污染物处理设施发生故障后，排污单位不及时或者不按规程进行检查和维修，致使处理设施不能正常发挥处理作用；

⓫自动在线监测系统未保存原始监测纪录至少1年的；

⓬违反污染物处理设施正常运行所需的条件，致使处理设施不能正常运行的其他情形。

进出水浓度检查

主要通过排污口在线监测仪检查情况、厂内化验室和环保部门日常监测以及现场随机采样监测情况等得出。

排污口在线监测仪检查：主要查看在线监测仪能否显示瞬时浓度数据，显示的浓度数据是否超标，查阅历史浓度数据和曲线，判定超标情况和频次，进而得出进出水浓度。

自动在线监测数据有效性判别

自动在线监测数据必须通过数据有效性校核并与当地环保部门监控平台联网，国家重点监控企业自动监测设备的监测数据必须与省级环保部门联网，并直接传输上报环保部。

自动在线监测数据有效性判别按照《水污染源在线监测系统数据有效性判别技术规范（试行）》（HJ/T356—2007）的规定执行。

环保部门日常监测检查

主要查看环保部门日常监督性监测纪录，查阅超标情况以及频次。

厂内化验室检查：主要查看厂内化验室进出水监测报表、原始化验纪录等，并与在线监测仪数据和环保部门监测数据进行比较，作为判定进出水浓度的参考依据。

现场随机采样监测情况：主要根据现场检查情况随机采样监测，送有资质的监测部门进行监测，从而判定进出水浓度。

其他情况检查

主要通过查阅用电量、污泥产生量和生产运行台帐综合判定实际处理水量、进出水浓度以及不正常运行情况

❶用电量推算处理水量：通过厂内财务部门提供的电费缴纳发票判定其实际用电量，通过用电量反推实际处理水量，并与厂内提供的处理水量进行对比，从而得出实际处理水量。

反推公式为：

实际处理水量＝用电量 / 单位处理水量耗电量

单位处理水量耗电量通常取 0.2～0.35 千瓦时/吨。

❷污泥产生量推算处理水量：通过厂内财务部门提供的购药发票、脱水污泥的运输费和填埋费发票以及污水处理车间的运行纪录判定污泥产生量，通过污泥产生量反推实际处理水量，并与厂内提供的处理水量进行对比，从而得出实际处理水量。

反推公式为：

处理水量＝干泥产生量 / 污泥产生系数

污泥产生系数通常取 0.000 1～0.000 12。

第三节　典型工业行业现场核查要点

造纸工业核查要点

❶掌握国家对造纸产业的政策，1.7 万吨/年以下的化学制浆生产线和 3.4 万吨/年以下的草浆生产装置必须予以取缔；

❷化学制浆企业查看有无常规碱回收装置，无常规碱回收装置的一般不能做到稳定达标排放。

纺织印染行业核查要点

❶核查是否属于应当取缔的“土法漂染”。

❷按照不同的纺织印染行业类型的水污染特点，结合其废水治理工艺进行现场核查。

合成氨、氮肥工业核查要点

❶核查工艺、生产规模。不同工艺和生产规模的合成氨企业在污染物产生和排放方面的差异较大，执行的 COD 排放标准也有差异。年合成氨规模在 6 万吨以下的是小型企业，6 万吨以上和 30 万吨以下的是中型企业，30 万吨以上的是大型企业。

一般来讲天然气造气废水污染负荷较轻，煤造气废水总氰化物浓度较高，油造气废水炭黑和石油类浓度较高。

❷核查循环用水系统。合成氨间接冷却水和经过处理的造气废水原则上循环使用。通过核算循环用水率，大体可以掌握污染治理情况。一般循环用水率在 80%以上的，其

废水处理设施较为完备、污染物去除率较高，容易实现达标排放。

❸关键点的跑冒滴漏核查。检查造气洗涤、空气压缩机冷却、合成氨分离、碳化、尿素和硝铵蒸发器等生产环节有没有因为物料和工艺水流失造成氨氮、COD、石油类等污染物混入排水系统的情形。

采油和炼油工业核查要点

❶判定是否为淘汰工艺和设备。采油方面，国家在2005年前已明令取缔没有取得采矿许可证的油气田、不符合国家油气资源整体开发规划的油气田和安全环保达不到国家标准的成品油生产装置。炼油方面，国家分别从1996年9月和2005年起取缔、淘汰土法炼油和100万吨/年及以下生产气煤柴油的小炼油生产装置。

❷核查压缩污染源和排污量措施。重点检查二次加工环节采用加氢精制的比重、循环冷却水比重、洗涤水循环利用率、冷凝器的类型、油水分离方式、加氢脱硫方式、泵轴套冷却水处理是否采取了符合环保要求的措施。

❸核查清污分流情况。采油废渣和钻、洗井废水、含盐废水、含油废水、工艺废水和生活废水能否采用分流制，并进行相应的预处理。

❹核查防范冲击性污染源措施。对底泥清洗、溢油事故、油水分离器及油罐切水跑油、酸碱渣排放等容易造成含高浓度有机废水排放的生产过程是否有适当的预防手段和治理措施。

其他化工行业核查要点

❶判定是否为落后工艺和设备。

❷检查生产工艺类型。

石油化工、合成化工、精细化工涉及的原料、工艺、产品和排放的废水污染物种类极其复杂，工艺差异大，其污染排放形式和强度都有明显不同。需详细检查企业的生产工艺情况，重点掌握主要的污染物产生、排放的环节和主要污染物种类，并在此基础上对企业采用的COD削减具体措施和污染防治设施运行管理的关键参数进行核查。

❸废水收集和预处理系统检查。

化工企业各生产系统、环节废水水质差异性较大，处理难度较高。通常的废水处理技术路线是清污分流、酸碱废水中和、同一性状或某一生产系统废水单独预处理和经预处理废水汇集后再进行二级生物法和三级深度处理。

在现场核查中，首先要对给排水系统进行检查，确定有无故意偷排、暗排和无组织排放情况，其次对各废水预处理系统的运行情况开展检查，重点检查处理后水质能否达到二级处理进水要求。

制药工业废水核查要点

判定是否为淘汰落后工艺和设备：

国家在2005年前已要求淘汰取缔手工胶囊填充工艺、软木塞烫腊包装药品工艺、不符合GMP要求的安瓿拉丝灌封机、塔式重蒸馏水器、无净化设施的热风干燥箱，并从2006年起淘汰劳动保护、三废治理不能达到国家标准的原料药生产装置。

皂素生产方面，国家分别从2006年、2007年起，取缔淘汰盐酸酸解法皂素生产工艺及污染物排放不能达标的皂素生产装置和100吨/年以下皂素（含水解物）生产装置。

啤酒工业核查要点

❶重点检查麦汁工序洗槽废水发酵工序洗酵母废水的去向，是否全部进入废水治理设施。

❷调查询问酒损率。酒损率越高，造成的污染越严重。一般来说，设备和管理水平先进的啤酒企业的酒损率在6%～8%，而落后的企业的酒损率可高18%以上。

❸了解企业生产用水量，是否实现清污分流，检查循环水去向和用量。

❹调查啤酒废酵母的回收利用情况，防止其连同残留啤酒直接外排。

酒精工业核查要点

主要核查酒精废醪的排放去向和处理工艺及运行情况。

白酒工业核查要点

重点检查高浓度废水是否有直接外排现象，高浓度废水与低浓度废水是否分质处理。若未分质处理，要检查废水处理工艺和废水能否经处理后做到达标排放。

味精生产核查要点

核查发酵废母液、离子交换尾液的排放去向和治理措施。

油脂工业核查要点

❶核查磷脂和皂角的分离效率，若分离效率不高，产生的废水中 COD 浓度可达 20 000～30 000 mg/L。油浓度可达 8 000～15 000 mg/L。

❷核查油脂回收装置是否正常运行。

❸核查生产废水是否分质处理。

皮革工业核查要点

❶生产规模检查，重点检查是否属于 3 万标张皮以下的小型制革企业。如属于，则应当彻底取缔关闭。

❷废水处理重点检查是否对含硫化物废水、脱脂废水和含铬废水采用预处理工艺，以及对综合废水是否采用二级生化法处理工艺。没有采用预处理工艺和二级生化法处理工艺的，其废水一定不能达标排放。

❸排污口及在线监测数据主要检查 COD 和有毒污染物是否达标排放，并根据排放水量和排放浓度核算其 COD 削减量。

第八章　COD减排核算

第一节　COD 排放量核算

核算期 COD 排放量

指核算期实际排放 COD 的数量，即上年（半年）度的排放量与本年（半年）度新增排放量之和减去本年（半年）度新增削减量。计算公式为：

$$E = E_0 + E_1 - R \qquad (2\text{-}1)$$

式中：E —— COD 排放量，万 t；

E_0 —— 上年（半年）COD 排放量，万 t；

E_1 —— 核算期新增 COD 排放量，万 t；

R —— 核算期新增 COD 削减量，万 t。

备注：各公式后编号与《核算细则》同，以方便使用。

上年（半年）COD 排放量

指上年（半年）度通过核算并经过上一级环保部门核查认定的实际排放 COD 的数量。

其中各省、自治区、直辖市的上年（半年）度 COD 排放量须经环保部会同国家发改委、统计局和监察部考核认定，并由环保部向国务院报告，经国务院审定后，向社会公告。

第二节　新增 COD 排放量核算

新增 COD 排放量

指核算期与上年同期相比，由于工业生产发展新增加的 COD 排放量与城镇人口增长新增加的 COD 排放量之和。但不包括面源以及其他不在环境统计口径内的因素导致增加的 COD 排放量。

计算公式为：

$$E_1 = E_{工业} + E_{生活} \qquad (2\text{-}2)$$

式中：E_1 —— 核算期新增 COD 排放量，万 t；

$E_{工业}$ —— 新增工业 COD 排放量，万 t；

$E_{生活}$ —— 新增生活 COD 排放量，万 t。

新增工业 COD 排放量

指核算期内工业发展、工业产值增长导致工业废水排放量增加而比上年同期新增加的 COD 排放量，采用强度法进行核算。

计算公式为：

$$E_{工业} = I_{2005} \times GDP_{上} \times r \quad (2\text{-}3)$$

式中：$E_{工业}$—— 新增工业 COD 排放量，万 t；

I_{2005}—— 2005 年 COD 排放强度，万 t/亿元；

$GDP_{上}$——上年（半年）GDP，亿元；

r—— 扣除低 COD 排放行业贡献率和监测与监察系数后的 GDP 增长率，%，即：

r=[1－（低 COD 排放行业工业增加值的增量(亿元) / GDP 的增量(亿元)]×计算用 GDP 增长率（%）

2005 年 COD 排放强度

即基准年排放强度，为 2005 年工业 COD 排放量与 2005 年 GDP 之比，亦即 2005 年单位 GDP 所排放 COD 的数量。

计算公式：

I_{2005}=2005 年工业 COD 排放量(万 t)/ 2005 年 GDP（亿元）

其中，2005 年工业 COD 排放量是指经过企业治理设施但没有经过城市污水处理厂等集中处理设施进一步削减的 COD 排放量。

上年（半年）GDP

指核算期的上一年同期（全年或上半年）的 GDP（亿元），应使用国家统计局公布的数据。

GDP 增量

指核算期与上年同期相比较新增加的 GDP（亿元），计算公式：

GDP 增量＝核算期 GDP（亿元）－上一年同期 GDP（亿元）

或者：

GDP 增量＝上年（半年）GDP（亿元）×核算期 GDP 增长率

注意：GDP 增量应使用国家统计局和当地统计局数据。如无数据时，可用核算年政府工作报告中确定的 GDP 增长率或者上半年增长率数值进行计算，待国家统计局公布新的数据后，统一调整。

计算用 GDP 增长率

指核算新增工业 COD 排放量时所需要使用的扣除监测与监察系数后的 GDP 增长率，计算公式为：

计算用 GDP 增长率（%）＝当年 GDP 增长率(%)－监测与监察系数(%)

当年 GDP 增长率

即核算年度 GDP 比较上年 GDP 的增长幅度（%）。核算时应使用国家统计局和当地统计局数据，如暂无数据时，可取核算年政府工作报告中确定的 GDP 增长率或者上半年增长率数值，待国家统计局公布新的数据后，统一调整。

COD 监测与监察系数

是国家规定在应用排放强度法核算新增工业 COD 排放量时，对核算所采用的 GDP

数据按照工业企业污染治理设施运行达标率情况进行校正而设计的系数体系。

监测与监察系数取决于监测与监察达标率，对应取值见下表：

监测与监察达标率	监测与监察系数
100%	2%
90%及以上	1.8%
80%及以上	1.6%
70%及以上	1.4%
60%及以上	1.2%
50%及以上	1%
低于 50%	0

各省、自治区、直辖市半年和年度监测与监察系数核算情况由省级环保部门在当年6月15日前和12月15日前向环保部环境监察局报告，并抄报所在区域的环保部督查中心，经所在区域的环保部督查中心审核，由环保部环境监察局最终核定。

监测与监察达标率

指核算期内各级环保部门按照规定的监测和监察频次对排放COD企业和COD减排工程项目实施监督性监测和现场执法监察中，监测和监察达标企业数分别占监测和监察企业数的比例的和。计算公式为：

监测与监察达标率＝

监测达标企业数 / 监测企业总数×0.5＋

监察达标企业数 / 监察企业总数×0.5

监察企业总数与监察达标企业数

监察企业总数是指省、市、县（区）三级环保部门在核算期内进行环保现场执法检查的COD国控重点污染源企业数与减排项目数的总和，二者不重复计算；而监察达标企业数则是指在这些现场执法检查的国控企业与减排项目总数中所有污染防治设施正常运行的企业数总和。

环境保护部各督查中心在对辖区各省、市、自治区进行污染减排日常督查和定期核查中所检查的企业和COD治理工程减排项目，以及在辖区开展其他有关督查检查的所有排污单位，环境保护部环境监察局在各省、自治区、直辖市开展的环境执法检查和案件办理的所有排污单位，均累加计算监察企业总数与监察达标企业数，但与省级环保部门联合检查的企业和减排项目不重复计算。

监测企业总数与监测达标企业数

监测企业总数是指省、市、县（区）三级环保部门在核算期内对实施在线监测与监督性监测的COD国控重点污染源企业数与减排项目数的总和，二者不重复计算；而监测达标企业数则是指在这些国控企业和减排项目总数中所有达标排放的企业数。

环境保护部各督查中心和环境保护部环境监察局累加计算监测企业总数与监测达标企业数的范围和方法与上述监察企业总数与监察达标企业数相同。

监测和监察频次

COD减排监测频次按照《主要污染物总量减排监测办法》（国发〔2007〕36号）和《水污染源在线监测系统运行与考核技术规范（试行）》（HJ/T355—2007）的规定执行，监督性监测每季度不少于1次。自动在线监测数据必须通过数据有效性校核并与当地环保部门监控平台联网，国家重点监控企业自动监测设备的监测数据必须与省级环保部门联网，并直接传输上报环境保护部。

现场监察频次按照原国家环保总局《关于做好2008年主要污染物总量减排监察系数工作的通知》的要求，对国家重点监控企业以及各省、自治区、直辖市列入COD和SO_2总量减排治理工程减排项目的污染防治设施，现场监察每月不少于1次。各级环保部门可根据企业排污情况、环境敏感程度、企业守法情况等因素，增加现场监察频次。

低COD排放行业

指工业行业中排放生产废水及COD比较少的行业，包括电力业（火力发电）、黑色金属冶炼业（钢铁）、非金属矿物制品业（建材）、有色金属冶炼业、电器机械及器材制造业、仪器仪表及文化办公用品机械制造业和通讯计算机及其他电子设备制造业7个行业。情况特殊的个别省份可以根据排放强度适当调整1到2个行业，但行业总数不得超过7个。

低COD排放行业工业增加值

指低COD排放行业在核算期内以货币形式表现的工业生产活动的最终成果。核算时应使用国家统计局和当地统计局数据。

低COD排放行业工业增加值增量

指核算期内低COD排放行业工业增加值与上年同期低COD排放行业工业增加值之差（亿元）。计算公式为：

低COD排放行业工业增加值增量＝核算期低COD排放行业工业增加值（亿元）－上一年同期低COD排放行业工业增加值（亿元）

注意：电力、黑色金属冶炼等7个低COD排放行业的工业增加值的增量可使用当地统计局数据。如核算时暂无数据，可按上年7个行业工业增加值增量对上年GDP增量的贡献率作为核算年贡献率进行计算。

低COD排放行业贡献率

指核算期低COD排放行业工业增加值的增量对同期GDP增量的贡献率，即核算期低COD排放行业工业增加值的增量占同期GDP增量的比率。计算公式为：

低COD排放行业贡献率＝低COD排放行业工业增加值增量（亿元）/同期GDP增量（亿元）

新增工业COD数据校核

指为了更准确地反映新增工业COD排放量，采用工业行业排放强度法对核算结果进行校核的方法。省级可参照以下计算公式对各市新增工业COD排放量数据进行校核：

$$E_{\text{工业}}=\sum_{i=1}^{n}(X_i\times Y_i) \quad (2\text{-}4)$$

式中：X_i——第i行业上年排放强度，万t/亿元；

Y_i——当年第i行业新增工业增加值，亿元；

n——行业总数。

行业上年排放强度

指某工业行业在核算期的上一年度排放COD总量与该行业上一年度工业增加值的比率，即单位工业增加值所排放COD的量。

计算公式为：

第i行业上年排放强度＝上年第i行业COD排放量（万t）/上年第i行业工业增加值（亿元）

二、新增生活 COD 排放量核算

新增生活 COD 排放量

指核算期内城镇化发展、城镇人口增长导致城镇生活污水排放量增加而比上年同期新增加的 COD 排放量，采用产污系数法进行核算。

产生系数法

指利用产生系数计算产生量的一种方法。产生系数指在正常技术经济和管理等条件下生产单位产品或产生污染活动的单位强度所产生的原始污染物的量。在污染减排的新增生活 COD 排放量核算时，产生系数是指各地人均 COD 产生系数。

新增生活 COD 排放量核算

指核算期内城镇化发展、城镇人口增长导致城镇生活污水排放量增加而比上年同期新增加的 COD 排放量，采用人均 COD 产生系数进行核算。

其计算公式为：

$$E_{生活}=P_N\times e\times d\times 10^{-6} \quad (2\text{-}5)$$

式中：$E_{生活}$—— 新增生活 COD 排放量，万 t；

P_N—— 新增城镇常住人口，万人；

e—— 各地人均 COD 产生系数，g/(人·d)；

d—— 计算天数，d；全年核算为 365，半年核算为 183。

城镇常住人口数

指在城镇有固定的居所、有固定的职业和稳定的收入及生活来源并且户口落户在城镇的人员；或者户口虽然未在城镇落户，但是其已经在城镇居住、工作、生活并且达到一定期限的人员。

新增城镇常住人口

指核算期内新增加的城镇常住人口数。由当地统计部门提供，或由新增城镇常住人口数＝上年城镇常住人口数×城镇人口增长率计算。

上年城镇常住人口数

指核算期的前一年的城镇常住人口数。该数据为非农业人口的，可仍采用非农业人口数计算。

非农业人口

从事非农业生产活动的劳动人口及其家庭被抚养人口。非农业劳动人口包括：

❶各类专业、技术人员；

❷国家机关、党群组织、企业单位负责人、办事人员和有关人员；

❸商业工作人员；

❹服务性工作人员；

❺生产工人、运输工人和有关人员；

❻不易分类的其他劳动者。

城镇人口增长率

反映某一地区一年内由城镇人口自然变动和迁移变动引起的人口增长程度的相对比率。人口增长率是人口增长量同与其相应的人口总体之比。

具体计算时，根据所采用的人口总体不同，分为以年初人口数为基数计算的人口增长率和以年平均人口数为基数计算的人口增长率两种计算方法。

城镇人口增长率暂时使用当地统计局数据，待国家统计局公布新数据后统一调整。

各地人均 COD 产生系数

指核算期内本地区城镇常住人口每人每天产生 COD 的量，也称城镇生活 COD 产生系数。

在核算时，按照《主要污染物总量减排核算细则(试行)》，该系数优先采用各地区实测的 COD 产生系数（实测的 COD 产生系数须经国家相关部门予以认可），没有实测 COD 产生系数的，按以下取值：

全国平均取值为 75 克/(人·天)；

北方城市平均值为 65 克/(人·天)；

北方特大城市为 70 克/(人·天)；

北方其他城市为 60 克/(人·天)；

南方城市平均值为 90 克/(人·天)。

计算天数

指计算新增生活 COD 排放量时的天数，全年核算为 365，半年核算为 183。

第三节 新增 COD 削减量核算

新增 COD 削减量

指核算期与上年同期相比，通过实施工程减排、结构调整减排和加强监督管理减排等措施，而形成新增的连续稳定的 COD 削减量。公式表示为：

$$R=R_{工程}+R_{结构}+R_{管理} \quad (2\text{-}6)$$

式中：R—— 核算期新增 COD 削减量，万 t；

$R_{工程}$—— 工程减排新增 COD 削减量，万 t；

$R_{结构}$—— 结构调整减排新增 COD 削减量，万 t；

$R_{管理}$—— 监督管理减排新增 COD 削减量，万 t。

治理工程新增 COD 削减量

包括工业企业新增治污设施增加的 COD 削减量和建设城镇污水集中处理设施增加的 COD 削减量。公式表示为：

$$R_{工程}=R_{企业}+R_{污水处理厂} \quad (2\text{-}7)$$

式中：$R_{工程}$—— 工程减排新增 COD 削减量，万 t；

$R_{企业}$——工业企业新增治污设施增加的 COD 削减量，万 t；

$R_{污水处理厂}$——建设污水集中处理设施增加的 COD 削减量，万 t。

结构调整新增 COD 削减量

主要是指关停工业企业或其生产设施形成的削减量。分为两种类型：

第一类是纳入上年环境统计重点调查单位名录的企业；

第二类是环境统计非重点调查单位。

监督管理减排新增 COD 削减量

主要是强化污染源达标排放，加强企业环境管理，提高重点污染行业排放标准等形成的新增加 COD 削减量。工作重点是加强对 6 000 多家国控重点污染源，提高国控重点企业的排放达标率。

一、工程减排新增 COD 削减量核算

（一）工业企业治理工程新增COD削减量核算

治理工程新增削减量的核算

为工业企业新增治污设施增加的 COD 削减量与建设污水集中处理设施增加的 COD 削减量之和。其计算公式为：

$$R_{工程}=R_{企业}+R_{污水处理厂} \quad (2\text{-}7)$$

式中：$R_{工程}$——工程减排新增 COD 削减量，万 t；

$R_{企业}$——工业企业新增治污设施增加的 COD 削减量，万 t；

$R_{污水处理厂}$——建设污水集中处理设施增加的 COD 削减量，万 t。

工业企业新增治污设施增加的 COD 削减量

简称工业企业治理工程新增削减量。指核算期内，工业企业因新增加污水治理设施而增加的 COD 削减量。

建设污水集中处理设施增加的 COD 削减量

也称城镇污水处理设施新增 COD 削减量。为核算期城镇污水处理设施 COD 去除量减去上年同期设施去除量。

核算工业企业治理工程新增削减量的原则

❶纳入上年环境统计重点调查单位名录的工业企业新增治污设施，予以核算新增削减量。计算得出的削减量原则上不能超过该企业上年环境统计排放量与当年实际排放量的差值。

❷削减量核算按照以下顺序采用数据，第一是与当地环保部门监控平台联网并通过数据有效性校核的自动在线监测数据；第二是各级环保部门对污水处理工程的日常监督性监测数据和监察报告。企业自身监测数据作为参考。

❸工业企业核算期新建的污水治理工程和原有污水治理工程进行深度处理，通过调试期后并连续稳定运行的，从其通过调试期的第二个月起，按照实际运行时间、处理水量和处理效率核算新增削减量。

❹下列情况不计新增削减量：未纳入上年环境统计重点调查单位名录的企业；自 2007 年起新建项目“三同时”治理工程去除量；企业废水直接排入城镇污水处理厂或工业园区集中处理设施的企业，其新增 COD 削减量在城镇污水处理厂和园区集中处理设施中进行核算。

深度治理

指核算期内在原有污水处理设施的基础上进一步采取的 COD 工程治理措施。

废水排放量没有明显变化的企业，经过深度治理后，新增削减量的核算

为核查期污水处理设施的去除量与上一年污水处理设施的去除量之差，再乘以核查期处理设施运行月数与上年处理设施运行月数的差占核查期月数的比例。计算公式为：

$$R_{企业} = WQ_{上年} \times \frac{(m_{核查期运} - m_{上年运})}{m_{核查期}}\left[\left(c_{i当年} - c_{o当年}\right) - \left(c_{i上年} - c_{o上年}\right)\right] \times 10^{-6} \quad (2\text{-}8)$$

式中：$R_{企业}$ ——治理工程新增削减量，万 t；

$WQ_{上年}$ —— 上年同期污水处理量，万 t；

$c_{i当年}$ —— 当年处理设施进水浓度，mg/L；

$c_{o当年}$ —— 当年处理设施出水浓度，mg/L；

$c_{i上年}$ —— 上年同期处理设施进水浓度，mg/L；

$c_{o上年}$ —— 上年同期处理设施出水浓度，mg/L；

$m_{上年运}$ —— 上年处理设施运行月数；

$m_{核查期运}$ —— 核查期处理设施运行月数；

$m_{核查期}$ —— 核查期月数。

举例说明：

某企业原建有一污水治理设施，日平均处理水量 1 000t/d，进水 COD 浓度为 500 mg/L，出水 COD 浓度为 200 mg/L，纳入环境统计重点调查企业。2007 年 5 月 31 日，该企业新建深度治理设施建成开始调试运行，2007 年 6 月 30 日开始连续稳定运行，日平均处理水量 1 000t/d，进水 COD 浓度为 500 mg/L，出水 COD 浓度为 100 mg/L。2008 年污水治理设施全年正常运行，现对 2008 年度减排量进行核查。

该企业的削减量计算方法如下：

因废水排放量无变化，且经核查经过深度治理，应按上述公式计算，其中：

上年同期（2007 年）污水处理量 $WQ_{上年}$ = 日平均污水处理量（1 000t/d）× 365d = 365 000t = 36.5 万 t

当年（2008 年）处理设施进水浓度 $c_{i当年}$ = 500 mg/L

当年（2008 年）处理设施出水浓度 $c_{o当年}$ = 100 mg/L

上年同期（2007 年）处理设施进水浓度 $c_{i上年}$ = 500 mg/L

上年同期（2007 年）处理设施出水浓度 $c_{o上年}$ = 200 mg/L

上年处理设施运行月数 $m_{上年运}$ = 6 个月，为 2007 年 7-12 月，其削减量已在 2007 年的核查中计算。

核查期处理设施运行月数 $m_{核查期运}$ = 12 个月，为 2008 年 12 个月

核查期月数 $m_{核查期}$ = 12 个月

则该企业2008年削减量：

$$R_{企业}=WQ_{上年}\times(m_{核查期运}\ m_{上年运})/m_{核查期}\times[(c_{i当年}-c_{o当年})-(c_{i上年}-c_{o上年})]\times10^{-6}$$

$$=36.5\times(12-6)/12\times[(500-100)-(500-200)]\times10^{-6}$$

$$=0.001\,825\ 万t$$

因生产能力提高等导致废水排放量明显增加的企业，废水经过深度治理的新增削减量的核算为上年同期处理设施出水浓度与当年处理设施出水浓度之差，乘以当年污水处理量，再乘以核查期处理设施运行月数与上年处理设施运行月数的差占核查期月数的比例。计算公式为：

$$R_{企业}=WQ_{当年}\times\frac{m_{核查期运}-m_{上年运}}{m_{核查期}}\times(c_{o上年}-c_{o当年})\times10^{-6} \tag{2-9}$$

式中：$R_{企业}$——治理工程新增削减量，万t；

$WQ_{当年}$——当年污水处理量，万t；

$c_{o上年}$——上年同期处理设施出水浓度，mg/L；

$c_{o当年}$——当年处理设施出水浓度，mg/L；

$m_{上年运}$——上年处理设施运行月数；

$m_{核查期运}$——核查期处理设施运行月数；

$m_{核查期}$——核查期月数。

举例说明：

某企业原建有污水治理设施，共有3条生产线，2007年因市场原因仅开工1条生产线，另外2条生产线停产，2007年日平均处理水量1 000t/d，处理设施进水COD浓度为500 mg/L，出水COD浓度为200 mg/L，纳入环境统计重点调查企业。2008年该企业3条生产线均投入运行，2008年5月31日，该企业新建深度治理设施建成开始调试运行，2008年6月30日开始连续稳定运行，日处理水量为2 500t/d，进水COD浓度为500 mg/L，出水COD浓度为100 mg/L。现对2008年度减排量进行核查，该企业的削减量计算方法如下：

因该企业生产能力提高导致废水排放量明显增加，且废水经过深度治理，故应按上述公式计算，其中当年（2008年）污水处理量：

$WQ_{当年}$=当年日平均污水处理量（2 500t/d）×365d=912 500t=91.25万t

上年同期（2007年）处理设施出水浓度$c_{o上年}$=200 mg/L

当年（2008年）处理设施出水浓度$c_{o当年}$=100 mg/L

上年（2007年）处理设施运行月数$m_{上年运}$=0个月，因新建深度处理设施于2008年5月31日建成投运，故上年处理设施运行月数为0。

核查期处理设施运行月数$m_{核查期运}$=6个月，为2008年的7－12月

核查期月数$m_{核查期}$=12个月

则该企业2008年削减量：

$$R_{企业} = WQ_{当年} \times (m_{核查期运} - m_{上年运}) / m_{核查期} \times (c_{o上年} - c_{o当年}) \times 10^{-6}$$

$$= 91.25 \times (6-0) / 12 \times (200-100) \times 10^{-6} = 0.0046\ (万\ t)$$

因生产能力减少等导致废水排放量明显减少的工业企业，废水经过深度治理的新增削减量的核算

为核查期污水处理设施的去除量与上一年污水处理设施在与核查期同等污水处理量情况下的去除量之差，再乘以核查期处理设施运行月数与上年处理设施运行月数的差占核查期月数的比例。计算公式为：

$$R_{企业} = WQ_{当年} \times \frac{m_{核查期运} - m_{上年运}}{m_{核查期}} \times \left[\left(c_{i当年} - c_{o当年}\right) - \left(c_{i上年} - c_{o上年}\right)\right] \times 10^{-6} \qquad (2\text{-}10)$$

式中：$R_{企业}$—— 治理工程新增削减量，万 t；

$WQ_{当年}$—— 当年污水处理量，万 t；

$c_{i当年}$—— 当年处理设施进水浓度，mg/L；

$c_{o当年}$—— 当年处理设施出水浓度，mg/L；

$c_{i上年}$—— 上年*同期*处理设施进水浓度，mg/L；

$c_{o上年}$—— 上年*同期*处理设施出水浓度，mg/L；

$m_{上年运}$—— 上年*处理*设施运行月数；

$m_{核查期运}$—— 核查期处理设施运行月数；

$m_{核查期}$—— 核查*期月*数。

举例说明：

某企业原建有污水治理设施，共有 3 条生产线，2007 年开工 3 条生产线，2007 年 COD 排放量 300t，日平均处理水量 3 000t/d，进水 COD 浓度为 500 mg/L，出水 COD 浓度为 200 mg/L，纳入环境统计重点调查企业。2008 年由于市场原因 2 条生产线停产，只运行 1 条生产线，并于 2008 年 5 月 15 日建成了深度处理设施并开始调试，7 月 31 日开始连续稳定运行至 2008 年 12 月 31 日，日平均处理水量 1 000t/d，进水 COD 浓度为 500 mg/L，出水 COD 浓度为 100 mg/L，现对 2008 年度减排量进行核查，该企业的削减量计算方法如下：

因该企业生产能力减少导致废水排放量明显减少，且废水经过深度治理，应按上述公式计算，其中当年（2008 年）污水处理量：

$WQ_{当年}$ = 当年日平均污水处理量（1 000t/d）× 365d = 365 000t = 36.5 万 t

当年（2008 年）处理设施进水浓度 $c_{i当年}$ = 500 mg/L

当年（2008 年）处理设施出水浓度 $c_{o当年}$ = 100 mg/L

上年同期（2007 年）处理设施进水浓度 $c_{i上年}$ = 500 mg/L

上年同期（2007 年）处理设施出水浓度 $c_{o上年}$ = 200 mg/L

上年处理设施运行月数 $m_{上年运}$ = 0 个月，因新建深度处理设施于 2008 年 5 月 15 日建成投运，故上年处理设施运行月数为 0。

核查期处理设施运行月数 $m_{核查期运}$ = 5 个月，为 2008 年的 8—12 月。

核查期月数 $m_{核查期}$ = 12 个月

则该企业 2008 年削减量：

$$R_{企业} = WQ_{当年} \times (m_{核查期运} - m_{上年运}) / m_{核查期} \times [(c_{i当年} - c_{o当年}) - (c_{i上年} - c_{o上年})] \times 10^{-6}$$

$$= 36.5 \times (5-0) / 12 \times [(500-100) - (500-200)] \times 10^{-6} = 0.001\,521 \text{（万 t）}$$

经过深度治理，工业企业因用水效率提高，生产能力不变甚至提高，而废水排放量明显减少的新增削减量的核算

为上年同期环统排放量减去当年同期污水处理量与当年处理设施出水浓度之积。

计算公式为：

$$R_{企业} = E_0 - WQ_{当年} \times c_{o当年} \times 10^{-6} \quad (2\text{-}11)$$

式中：$R_{企业}$—— 治理工程新增削减量，万 t；

E_0—— 上年同期环统排放量，万 t；

$WQ_{当年}$—— 当年同期污水处理量，万 t；

$c_{o当年}$—— 当年处理设施出水浓度，mg/L。

举例说明：

某企业原建有污水治理设施，2007 年 COD 排放量 328.5 t，日平均处理水量 3 000 t/d，进水 COD 浓度为 500 mg/L，出水 COD 浓度为 200 mg/L，纳入环境统计重点调查企业。该企业生产能力不变，于 2008 年 6 月实施完成节水工程，建成了深度处理设施并开始调试，7 月 31 日开始连续稳定运行至 2008 年 12 月 31 日，降低了工业用水量和废水排放量与浓度，日平均废水排放量 1 000 t/d，进水 COD 浓度为 500 mg/L，出水 COD 浓度为 100 mg/L，现对 2007 年度减排量进行核查，该企业的削减量计算方法如下：

因该企业经过深度治理，实施节水工程导致用水效率提高，而生产能力不变，废水排放量明显减少，应按上述公式计算，其中上年同期（2007 年 8 至 12 月）环统排放量：

E_0 = 328.5 t/365 d × 2008 年 8 至 12 月的运行天数（153 d）

= 137.7t = 0.01377 万 t

当年同期（2008 年 8－12 月）污水处理量：

$WQ_{当年}$ = 当年日平均污水处理量（1 000 t/d）×2008 年 8 至 12 月的运行天数（153 d）

= 153 000 t = 15.3 万 t

当年处理设施出水浓度 $c_{o当年}$ = 100 mg/L

则该企业 2008 年削减量：$R_{企业} = E_0 - WQ_{当年} \times c_{o当年} \times 10^{-6}$

$= 0.01377 - 15.3 \times 100 \times 10^{-6} = 0.0122$（万 t）

（二）城镇污水处理设施新增COD削减量核算

城镇污水处理设施新增 COD 削减量

指核算期城镇污水处理设施 COD 去除量减去上年同期城镇污水处理设施 COD 去除量。分以下 6 种情形分别核算：

❶新建污水处理设施的新增削减量；

❷原有污水处理厂新建设施处理水量，进出口浓度无明显变化的新增削减量；

❸原有污水处理厂新建深度治理设施后降低了出口浓度，处理水量变化率小于 10%的新增削减量；

❹原有污水处理厂新建再生水回用工程的新增削减量；

❺原有污水处理设施处理水量和进出口浓度都发生变化，且处理的污水由工业废水与生活污水共同构成的新增削减量；

❻集中处理设施新增削减量。

城镇污水处理设施新增削减量数据采用原则

第一是与当地环保部门监控平台联网并通过数据有效性校核的自动在线监测数据；第二是各级环保部门对污水处理工程的日常监督性监测数据和监察报告。企业生产运行台帐和自身监测数据作为参考。没有监测数据的不予核算新增削减量。

城镇污水处理设施新增削减量时间计算原则

当年新建运行的城镇污水处理设施通过调试的，从其通过调试期的第二个月起计算 COD 削减量；上年建成投入运行但运行不满一年的城市污水处理设施，按照上年未运行时间计算当年同期增加的 COD 削减量。

城镇污水处理设施进水浓度采用原则

城镇污水处理厂进水浓度年际波动不能过大。如当年进水浓度与上年相比明显升高且无充分理由的，按照上年环统中相应区域污水浓度数据核算 COD 削减量。

城镇污水处理设施处理水量采用原则

城镇污水处理设施处理水量超过设计能力导致的新增处理水量，要对水量数据进行详细核实。城镇污水处理设施新增处理水量增长量较大时，也需要对水量数据进行验证。

验证方法如下：

❶通过干泥产生量来反算污水处理设施处理水量。

处理水量＝干泥产生量 / 污泥产生系数（污泥产生系数通常取 0.000 1～0.000 12）

干泥产生量通过查阅城镇污水处理设施的生产运行台帐以及污泥车间的运行记录获得。

❷通过用电量来反算污水处理设施处理水量。

处理水量＝用电量／单位耗电量之比（单位处理水量耗电量通常取 0.2～0.35 kW·h/t）

用电量通过查阅城镇污水处理设施的生产运行台帐以及电费缴纳发票获得。

❸通过增加管网来反算污水处理设施处理水量。

处理水量＝管网服务人口×人均综合排水量（人均综合排水量通常取 80～180 L/d）

管网服务人口通过查阅城镇污水处理设施的生产运行台帐以及增加管网新增的服务人口获得。

新建污水处理设施新增削减量

为新建成的城镇污水处理设施形成的 COD 去除量。分为以下两种情况进行核算：

❶城镇污水处理设施处理生活污水量达到或超过总处理水量 90%的，所有污水均视为生活污水进行计算。城镇污水处理设施新增 COD 削减量为当年污水处理量与污水进出水浓度之差的乘积。公式表示为：

$$R_{污水处理厂}=Q_{当年}\times D\times(c_{i当年}-c_{o当年})\times 10^{-6} \tag{2-12}$$

式中：$R_{污水处理厂}$—— 城镇污水处理设施新增 COD 削减量，万 t；

$Q_{当年}$—— 当年城镇污水处理厂日污水处理量，万 t/d；

D—— 污水处理厂实际运行天数，d；

$c_{i当年}$—— 当年污水处理厂进水浓度，mg/L；

$c_{o当年}$—— 当年污水处理厂出水浓度，mg/L。

举例说明：

某市于 2007 年 3 月 20 日投运一座 8 万 t/d 污水处理厂。该厂投运后实际处理污水量 6 万 t/d，其中生活污水 5.5 万 t/d。污水进厂平均浓度 280 mg/L，处理后出口浓度 80 mg/L，现对 2007 年度减排量进行核查。

该污水处理厂的削减量计算方法如下：

因生活污水量／总处理水量＝5.5／6＞90%，可全部计为生活污水

故当年城镇污水处理厂日污水处理量 $Q_{当年}$＝6 万 t/d

污水处理厂实际运行天数 D＝275 天（从其通过调试期的第二个月起计算，即 4 至 12 月的所有天数；若 2008 年计算接转量，则运行天数按 90 天计）

则 2007 年该工程 COD 削减量 $R_{污水处理厂}=6\times275\times(280-80)\times10^{-6}=0.33$（万 t）

❷生活污水量低于总处理水量 90%，其余为工业废水的。城镇污水处理设施新增 COD 削减量为城镇污水处理厂处理生活污水新增 COD 削减量与城镇污水处理厂处理工业废水新增 COD 削减量之和。公式表示为：

$$R_{污水处理厂}=R_{生活}+R_{工业} \tag{2-13}$$

式中：$R_{污水处理厂}$—— 城镇污水处理设施新增 COD 削减量，万 t；

$R_{生活}$—— 城镇污水处理厂处理生活污水新增 COD 削减量，万 t;

$R_{工业}$—— 城镇污水处理厂处理工业废水新增 COD 削减量，万 t。

其中：

$$R_{生活}=Q_{当年}\times D\times(c_{i当年}-c_{o当年})\times 10^{-6} \tag{2-14}$$

式中：$R_{生活}$—— 城镇污水处理厂处理生活污水 COD 削减量，万 t;

$Q_{当年}$—— 当年城镇污水处理厂日生活污水处理量，万 t/d;

D—— 当年污水处理厂实际运行天数，d;

$c_{i当年}$—— 当年污水处理厂进水浓度，mg/L;

$c_{o当年}$—— 当年污水处理厂出水浓度，mg/L。

$$R_{工业}=\sum_{i=1}^{n}E_{企业i}\times\frac{D}{365}-WQ_{工业}\times c_{0当年}\times 10^{-6} \tag{2-15}$$

式中：$R_{工业}$—— 城镇污水处理厂处理工业废水 COD 削减量，万 t;

$E_{企业i}$—— 进入污水处理厂的第 i 个企业上年环境统计数据库 COD 排放量，万 t;

D—— 污水处理厂实际运行天数，d;

$WQ_{工业}$—— 进入城市污水处理设施中的工业废水量，万 t;

$c_{o当年}$—— 当年污水处理厂出水浓度，mg/L。

注意：未纳入环境统计重点调查单位名录的企业，不在核算范围。

举例说明：

某市 2007 年 11 月 29 日投运了一座日处理能力 10 万 t 的污水处理厂，实际接纳污水 8 万 t/d，其中生活污水 6 万 t/d，3 家企业排放的工业废水 2 万 t/d。污水处理厂进水 COD 浓度为 280 mg/L，污水处理厂出水 COD 浓度为 80 mg/L。3 家企业上年环境统计库中 COD 排放量分别为 1 000t、900t、500t。对 2007 年度减排量进行核查。

该污水处理厂的削减量计算方法如下：

因生活污水量／总处理水量 = 6／8 < 90%，故应分为生活污水新增 COD 削减量和工业废水新增 COD 削减量分别计算。

生活污水新增 COD 削减量 $R_{生活}$计算如下：

当年城镇污水处理厂日生活污水处理量 $Q_{当年}$ = 6 万 t/d

当年污水处理厂实际运行天数 D= 31 天（若 2008 年计算接转量则运行天数为 334 天）

则生活污水新增 COD 削减量 $R_{生活}=6\times 31\times(280-80)\times 10^{-6}=0.0372$ 万 t

工业废水新增 COD 削减量计算如下：

进入污水处理厂的 3 家企业上年环境统计数据库 COD 排放量之和：

$$\sum_{i=1}^{n}E_{企业i}=1\,000+900+500=2\,400\text{t}=0.24\text{ 万 t}$$

进入城市污水处理设施中的工业废水量 $WQ_{工业}$ = 2 万 t

则工业废水新增 COD 削减量

$$R_{工业}=0.24\times31/365-2\times80\times31\times10^{-6}=0.0154（万\ t）$$

2007 年该工程 COD 削减量:

$$R_{污水处理厂}=R_{生活}+R_{工业}$$
$$=0.0372+0.0154=0.0526（万\ t）$$

原有污水处理厂新建设施提高处理水量，进、出水浓度无明显变化的新增削减量

为当年新增污水处理量与污水进出水浓度之差的乘积。公式表示为：

$$R_{污水处理厂}=Q_{新增}\times D\times(c_i-c_o)\times10^{-6} \tag{2-16}$$

式中：$R_{污水处理厂}$—— 城镇污水处理设施新增 COD 削减量，万 t;

$Q_{新增}$—— 新增日污水处理量，万 t/d;

D—— 当年污水处理厂实际运行天数，d;

c_i—— 当年污水处理厂进水浓度，mg/L;

c_o—— 当年污水处理厂出水浓度，mg/L。

注意：原有城市污水处理厂及配套设施通过改、扩建等增加处理水量的，必须提供新增管网长度、扩容能力等相关文件、资料。

举例说明：

某污水处理厂设计日处理能力 10 万 t，原处理污水 6 万 t/d，进水 COD 浓度 280 mg/L，出口浓度为 80 mg/L。2007 年 6 月 26 日处理量提高到 8 万 t，进水 COD 浓度 280 mg/L，出口浓度为 80 mg/L，现对 2007 年度减排量进行核查。

该污水处理厂的削减量计算方法如下：

新增日污水处理量 $Q_{新增}=8-6=2$ 万 t

当年污水处理厂实际运行天数 $D=184$ 天（若 2008 年计算接转量则运行天数为 181 天）

则 2007 年该工程 COD 削减量 $R_{污水处理厂}=(8-6)\times184\times(280-80)\times10^{-6}=0.0736$（万 t）

原有污水处理厂新建深度治理设施后降低了出口浓度，处理水量变化量小于 10%的新增削减量

为当年污水处理量与新建深度治理设施后进出水浓度之差减去新建深度治理设施前进出水浓度之差的乘积。公式表述为：

$$R_{污水处理厂}=Q_{当年}\times D\times[(c_{i现}-c_{0现})-(c_{i原}-c_{0原})]\times10^{-6} \tag{2-17}$$

式中：$R_{污水处理厂}$—— 城镇污水处理设施新增 COD 削减量，万 t;

$Q_{当年}$—— 城镇污水处理厂当年日处理污水量，万 t/d;

D—— 新建深度治理设施后污水处理厂实际运行天数，d;

$c_{i现}$—— 新建深度治理设施后进水浓度，mg/L;

$c_{0现}$—— 新建深度治理设施后出水浓度，mg/L;

$c_{i原}$—— 新建深度治理设施前进水浓度，mg/L；

$c_{0原}$—— 新建深度治理设施前出水浓度，mg/L。

举例说明：

某污水处理厂原处理污水 6 万 t/d，2006 年出水 COD 浓度为 80 mg/L，由于新建深度治理设施并加强管理，2006 年 12 月起，处理水量依然为 6 万 t/d，出水浓度降至 50 mg/L，污水处理量未发生变化，进水污染物浓度为 280 mg/L，与深度治理前无变化，现对 2007 年度减排量进行核查。

该污水处理厂的削减量计算方法如下：

污水处理厂当年日处理污水量 $Q_{当年} = 6$ 万 t/d

新建深度治理设施后污水处理厂实际运行天数 $D = 365$ 天

新建深度治理设施后进水浓度 $c_{i现} = 280$ mg/L

新建深度治理设施后出水浓度 $c_{o现} = 50$ mg/L

新建深度治理设施前进水浓度 $c_{i原} = 280$ mg/L

新建深度治理设施前出水浓度 $c_{o原} = 80$ mg/L

则 2007 年该污水处理厂新增 COD 削减量 $R_{污水处理厂} = 6 \times 365 \times [(280 - 50) - (280 - 80)] \times 10^{-6}$

$= 6 \times 365 \times 30 \times 10^{-6}$

$= 0.0657$（万 t）

原有污水处理厂新建再生水回用工程新增削减量

为原有污水处理厂新增再生水回用量与污水处理厂出口浓度之积。公式表示为：

$$R_{污水处理厂} = WQ_{中水} \times c_0 \times 10^{-6} \tag{2-18}$$

式中：$R_{污水处理厂}$—— 城镇污水处理设施新增 COD 削减量，万 t；

$WQ_{中水}$—— 污水处理厂较上年新增再生水回用量，万 t；

C_o—— 污水处理厂外排水出口浓度，mg/L。

注意：污水处理后再生利用的削减量计算，要有详实的污水再生利用水量数据资料，包括再生利用水量的深度处理设施运行台帐、监测数据；再生水用途、水费收据等证明材料。

举例说明：

某污水处理厂日处理污水 10 万 t，出口浓度为 50 mg/L。2007 年 10 月 26 日，该厂又建成投运了 2 万 t/d 中水回用工程，现对 2007 年度减排量进行核查。

该污水处理厂的削减量计算方法如下：

污水处理厂较上年新增再生水回用量 $WQ_{中水} = 2 \times 61 = 122$ 万 t

污水处理厂外排水出口浓度 $c_o = 50$ mg/L

则 2007 年该工程 COD 削减量 $R_{污水处理厂} = 122 \times 50 \times 10^{-6}$

$= 0.0061$ 万 t

原有污水处理设施处理水量和进出口浓度都发生变化，且处理的污水由工业废水与生活污水共同构成的新增削减量

为污水处理设施当年处理水量减去当年非环统重点企业新增的排入水量与当年污水处理设施进出水浓度差的乘积，减去污水处理设施上年处理水量与上年同期进出水浓度差的乘积，再减去企业排入污水处理设施水量与企业当年排入浓度减去上年企业环统废水排放浓度之差的乘积的所有企业的总和。公式表示为：

$$R_{污水处理厂}=\left(Q_{当年}-Q'_{当年}\right)\times D_{当年}\times\left(c_{i当年}-c_{o当年}\right)\times10^{-6}-Q_{上年}\times D_{上年}\times\left(c_{i上年}-c_{o上年}\right)\times10^{-6}-\sum_{j=1}^{n}\left[WQ_j\times\left(c_{0j当年}-c_{0j上年}\right)\times10^{-6}\right] \tag{2-19}$$

式中：$R_{污水处理厂}$—— 城镇污水处理设施新增 COD 削减量，万 t；

$Q_{当年}$—— 当年城镇污水处理厂日污水处理量，万 t/d；

$Q'_{当年}$—— 当年非环统重点企业新增的日排入污水处理厂污水量，万 t/d；

$D_{当年}$—— 当年污水处理厂实际运行天数，d；

$c_{i当年}$—— 当年污水处理厂进水浓度，mg/L；

$c_{o当年}$—— 当年污水处理厂出水浓度，mg/L；

$Q_{上年}$—— 上年同期城镇污水处理厂日污水处理量，万 t/d；

$D_{上年}$—— 上年同期污水处理厂实际运行天数，d；

$c_{i上年}$—— 上年同期污水处理厂进水浓度，mg/L；

$c_{o当年}$—— 上年同期污水处理厂出水浓度，mg/L；

WQ_j—— 第 j 个企业排入污水处理厂水量，万 t；

$c_{0j当年}$—— 第 j 个企业当年排入污水处理厂的污水浓度，mg/L；

$c_{0j上年}$—— 第 j 个企业上年环统废水排放浓度，mg/L；当年新建企业按上年环统该类企业平均排放浓度计算。

举例说明：

某污水处理厂设计日处理能力 10 万 t，原处理污水 6 万 t/d，其中工业废水 2 万 t/d，生活废水 4 万 t/d，进水 COD 浓度 380 mg/L，出水浓度为 80 mg/L。2007 年 6 月 15 日处理水量提高到 8 万 t，其中工业废水 3 万 t/d（非环统重点企业的工业废水量为 0.5 万 t，上年环统重点企业废水排放平均浓度为 280 mg/L，当年环统重点企业废水排入污水处理厂浓度为 580 mg/L），生活废水 5 万 t/d，进水 COD 浓度 390 mg/L，出水浓度为 60 mg/L，现对 2007 年度减排量进行核查。

该污水处理厂的削减量计算方法如下：

当年城镇污水处理厂日污水处理量 $Q_{当年}=8$ 万 t/d

当年非环统重点企业新增的日排入污水处理厂污水量 $Q'_{当年}=0.5$ 万 t

当年污水处理厂实际运行天数 $D_{当年}=184$ 天

当年污水处理厂进水浓度 $c_{i当年}=390$ mg/L

当年污水处理厂出水浓度 $c_{o当年}=60$ mg/L

上年同期城镇污水处理厂日污水处理量 $Q_{上年}$ = 6 万 t/d

上年同期污水处理厂实际运行天数 $D_{上年}$ = 184 天

上年同期污水处理厂进水浓度 $c_{i上年}$ = 380 mg/L

上年同期污水处理厂出水浓度 $c_{o上年}$ = 80 mg/L

环统重点企业当年日排入污水处理厂水量之和 = 3 - 2 - 0.5 = 0.5 万 t/d

环统重点企业当年排入污水处理厂的污水浓度 $c_{0j当年}$ = 580 mg/L

环统重点企业上年环统废水排放浓度 $C_{0j上年}$ = 280 mg/L

则 2007 年该工程新增 COD 削减量 $R_{污水处理厂}$ =

$(8-0.5)\times184\times(390-60)\times10^{-6}-6\times184\times(380-80)\times10^{-6}-0.5\times184\times(580-280)\times10^{-6}$

= 0.096 6（万 t）

集中处理设施新增削减量

主要针对工业园区内若干家企业共用 1 个或多个污水集中处理设施的情况。分为两种情况：一是新建工业企业排入新建污水集中处理设施；二是原有企业排入新建污水集中处理设施。

❶新建工业排入新建污水集中处理设施，新增削减量为当年污水处理量与当年工业平均排放浓度减去新建污水集中处理设施出水浓度之差的乘积。公式表示为：

$$R_{污水处理厂}=Q\times D\times(\overline{c}_{o工业}-c_o)\times10^{-6} \quad (2\text{-}20)$$

式中：$R_{污水处理厂}$—— 集中处理设施新增 COD 削减量，万 t；

Q—— 日污水处理量，万 t/d；

D—— 污水处理厂实际运行天数，d；

$\overline{c}_{o工业}$ —— 当年工业平均排放浓度，mg/L；

c_o—— 新建污水处理设施出水浓度，mg/L。

举例说明：

某市高新技术园区 2007 年 11 月 3 日建成了一座日处理能力 6 万 t 的污水处理厂，实际接收 8 家新建企业废水共 5 万 t/d，污水处理设施进口 COD 浓度为 580 mg/L（用于计算时不能用此数据进行计算，而应采用企业做到达标排放的加权平均浓度或该地区工业废水平均排放浓度计算），出口浓度为 80 mg/L，地区工业废水平均排放浓度为 280 mg/L，现对 2007 年度减排量进行核查。该污水处理厂的削减量计算方法如下：

日污水处理量 Q = 5 万 t/d

污水处理厂实际运行天数 D = 31 天

当年工业平均排放浓度 $\overline{c}_{o工业}$ = 280 mg/L

污水处理设施出水 COD 浓度 c_o = 80 mg/L

则该工程 2007 年新增 COD 削减量 $R_{污水处理厂}$ = 5 × 31 ×（280 - 80）× 10^{-6} = 0.031（万 t）

❷原有企业排入新建污水集中处理设施，新增削减量为原有企业排入污水处理厂水量与企业上年环统废水排放浓度减去污水处理设施出水浓度之差的乘积的所有企业的总和。公式表示为：

$$R_{\text{污水处理厂}} = \sum_{j=1}^{n}\left[WQ_j \times \left(C_{oj\text{上年}} - C_o\right) \times 10^{-6}\right] \tag{2-21}$$

式中：$R_{\text{污水处理厂}}$—— 集中处理设施新增 COD 削减量，万 t；

WQ_j—— 第 j 个企业排入污水处理厂水量，万 t；

$c_{0j\text{上年}}$—— 第 j 个企业上年环统废水排放浓度，mg/L；

c_o—— 污水处理设施出水浓度，mg/L。

注意：未纳入上年环境统计重点调查企业的废水排放量不能计入削减量。

举例说明：

某市经济技术开发区 2007 年 10 月 16 日建成了一座日处理能力 5 万 t 的污水处理厂，实际接收 3 家原有企业（均为环统重点调查企业）废水共 3 万 t/d，其中每个企业废水排放量分别为 1.5 万 t/d、0.6 万 t/d、0.9 万 t/d，上年环统排放浓度分别为 500 mg/L、300 mg/L、350 mg/L。污水处理设施出口 COD 浓度为 80 mg/L，现对 2007 年度减排量进行核查。该污水处理厂的削减量计算方法如下：

3 家企业排入污水处理厂水量分别为：1.5 万 t/d、0.6 万 t/d、0.9 万 t/d

污水处理厂实际运行天数 = 61 天

3 家企业企业上年环统废水排放浓度 $c_{0j\text{上年}}$ 分别为：500 mg/L、300 mg/L、350 mg/L

污水处理设施出水浓度 c_o = 80 mg/L

则该工程 2007 年新增 COD 削减量：

$R_{\text{污水处理厂}} = 1.5 \times 61 \times (500-80) \times 10^{-6} + 0.6 \times 61 \times (300-80) \times 10^{-6} + 0.9 \times 61 \times (350-80) \times 10^{-6}$

$= 0.03843 + 0.008052 + 0.014823 = 0.0613$（万 t）

二、结构减排新增 COD 削减量核算

结构调整新增 COD 削减量

指淘汰、取缔、关停工业企业或其生产设施之后形成的 COD 削减量。分为两种核算类型：第一类是纳入上年环境统计重点调查单位名录的企业；第二类是环境统计非重点调查单位的企业。

结构调整新增 COD 削减量核算原则

淘汰、取缔、关停企业（含破产企业）的认定要有实证性的证明材料，表明企业工艺和设备必须是永久性关停并有具体时间。自然关停企业不能笼统地认定为淘汰关闭企业，应根据其不同情况区别对待。实施停产治理、限期治理的企业或其生产设施一律不计算 COD 削减量。

关停实证性证明材料

指能够证明淘汰、取缔和关停企业工艺和设备的有效文件、记录、报告、照片、录像等文字和影像证据。其具备两要素：一是要有法定机构依其职责依法作出的决定；二

是要有证明拆除生产设备具体时间的有效证明材料。具体包括：

❶当地政府及其相关职能部门依法做出的关闭文件、破产文件；

❷工商管理部门吊销营业执照的文件；

❸自来水公司或水资源管理部门停止工业用水的文件和记录，拆除或封闭供水设施的照片和录像；

❹供电部门停止工业用电的文件和记录，拆除供电设备的照片和录像；

❺环保部门环境监察机构现场监察生产设备拆除的记录和照片、录像；

❻主要生产设备灭失和生产能力丧失的有效证据。

自然关停企业

指因不可抗力或生产经营等原因无法生产或不能进行生产的企业及其生产设施。自然关停企业不能等同于淘汰关闭企业核算削减量，如无明确的能够认定企业无法恢复生产的有效证据（如主要生产设备拆除、缺失、淹没等），不计算其COD削减量。

举例说明：

❶某企业因遭遇地震厂房和生产设备被埋，大部分生产设备损坏，不能恢复生产。此类自然关停情况应认定为与淘汰关闭企业性质类似，计算其COD削减量。

❷某厂因为资金周转发生困难，产品销售价格下跌等原因停止生产，属于因生产、经营等原因，被迫停产的企业，此类自然关停情况不能认定为淘汰关闭企业，因其还存在继续恢复生产的可能性，不应计算其COD削减量。

关停环境统计重点调查企业新增削减量

指淘汰、取缔、关停纳入上年环境统计重点调查单位名录的企业或设施而减少的COD排放量。关停环境统计重点调查企业形成的削减量按上年环境统计数据库中的排放量，从实际关停的第二个月起计算。

关停重点调查企业新增削减量核算原则

关停导致的当年削减量须小于或等于该企业上年环统排放量；核算期当年关停的，按照上年同期纳入环境统计的排放量减去当年核算期实际排放量计算其COD削减量；核算期上年关停但不满一年的，COD削减量为上年同期环境统计排放量。

关停重点调查企业部分生产线或淘汰部分设备新增削减量核算原则

不能将企业上年环境统计排放量视为关停部分生产线的削减量。应按照物料衡算或产生系数法单独计算削减量，但不能超过企业上年环统排放量。

关停环境统计中企业群或畜禽养殖群新增削减量核算原则

对原来纳入环境统计中的企业群或者畜禽养殖群的淘汰关停，不能笼统计算整个企业群的关停削减量，应分别对每个单独企业的COD削减量进行核算。从2007年开始，环境统计中不再存在企业群，原企业群中的企业，分别单独对每个企业统计其排放量。单独企业淘汰关停的，按照关停重点调查企业新增削减量的核算原则进行核算。

注意：打开企业群的所有企业排放量之和不能超过企业群的排放量。

关停重点调查企业新增削减量的核算

分以下两种情形：

❶在环统中且为上年关停的企业削减量核算方法：

某企业当年新增削减量按上年环境统计库中 COD 排放量取值。

❷在环统中且为当年关停的企业削减量的核算方法：

当年削减量按上年环境统计库中COD排放量与月份折算。计算公式如下：

$$R_{结构}=(12-m_{关})/12\times E_{上年} \quad (2\text{-}22)$$

式中：$R_{结构}$—— 当年削减量，万 t；

$m_{关}$—— 核查期关停的月份；

$E_{上年}$—— 上年环境统计数据库中的 COD 排放量，万 t。

关停环境统计非重点调查企业新增削减量的核算

对环境统计非重点调查企业的关停核算部分削减量。对于此类取缔关停企业、设施，其 COD 实际排放量按照监测数据、物料衡算、产污系数等方法进行核算。但该类企业削减量合计不能高于本地区上年度非重点污染源排放量（按照工业 COD 排放量的 15%计）的 20%。

三、加强监督管理新增 COD 削减量核算

加强监督管理新增 COD 削减量

指纳入上年度环境统计重点调查单位名录的企业，通过加强对原有治污设施的治理或监督管理使 COD 排放浓度降低而新增的 COD 削减量。必须是对治污设施实施了工程治理或清洁生产等方可进行计算，其计算方法参照工程减排计算公式，但不得重复计算。

加强监督管理新增 COD 削减量核算原则

分以下四种情况：

❶采用当地环境监测部门对该企业每月环境监测的数据，取平均值计算核算期该企业的废水排放浓度。

❷加强监督管理减排认定包括提高排放标准或排放水平、实施清洁生产等情况下企业新增 COD 削减量，对其它情况不予认定。

❸清洁生产形成的减排部分，仅包括因实施清洁生产审核报告中提出的中高费方案而形成的稳定减排能力。其原材料消耗、废水处理量、进出口浓度、效率等主要参数，采用清洁生产审核方案实施前后的差值。各项参数取值以省级环保部门或清洁生产相关行政主管部门的评审、验收报告为依据，强制性清洁生产审核部分以达标排放为核算依据，并按照《“十一五”主要污染物总量减排核查办法（试行）》的程序现场核查后的数据为准。

❹企业提高排放标准的COD减排项目只包括上年环境统计范围内执行旧排放标准的企业，新建企业不计算新增削减量。

第九章 COD减排基础知识

第一节 污水处理原理及方法

污水处理

是利用各种不同的方法，将污水中所含污染物质分离或将其转化为无害物质，从而使污水得到净化的过程。

污水处理的分级

按净化程度，分为一级处理、二级处理、三级处理。

一级处理主要是采用物理法，去除悬浮物及部分有机物，一般悬浮物去除率为60%，BOD_5去除率为35%，但水质一般还不能达到标准，需进行二级处理。

二级处理是在一级处理的基础上，进一步采用生物法或化学法或物化法去除污水中的胶体及溶解性物质，对有机物的去除率可达80%～90%，水质一般可达标排放。但对某些难降解的有机物，如氮、磷以及重金属等还不能有效地去除。

三级处理即深度处理。三级处理是在一级、二级处理的基础上，进一步采用活性炭、离子交换、电渗析、臭氧等方法进行的净化处理。目的是为了进一步去除难降解的物质及氮、磷，可作为回用水。

污水处理的方法

按原理可分为物理法、化学法、物化法及生物法四大类。常见污水处理方法见下表。

类别	方法名称		处理机理及去除的污染物
一、物理法	1. 调节法	调节池	调节均衡水量与水质
	2. 重力分离法	沉砂池	下沉去除砂粒等
		沉淀池	下沉去除相对密度大于1的悬浮物
		除油池	上浮去除油类
	3. 筛滤法	格栅	截留去除大块固形物
		筛网	截留去除细小悬浮物
		滤池	截留去除细小悬浮物及胶体物质

类别	方法名称		处理机理及去除的污染物
	4. 离心分离法	离心分离机	利用离心机的离心力去除悬浮物质
		旋流分离器	利用水力离心力去除悬浮物质
	5. 磁性分离法	磁性分离	利用磁场力的作用，分离带有磁性的污染物的方法
二、化学法	1. 中和处理		应用化学中和反应，调节酸碱废水的 pH 值，使其达到中性状态的过程。主要是对酸性废水或碱性废水进行处理
	2. 化学氧化		利用氧化剂氧化分解废水中的污染物。可去除废水中溶解性的无机物及有机物
	3. 化学还原		投加还原剂，将废水中的污染物还原出来或转变为无毒或低毒物质的方法。主要是先去除废水中的重金属离子
	4. 化学沉淀		投加化学药剂，使之与废水中的污染物生成难溶性的沉淀而去除的方法，主要是去除废水中的重金属离子等
	5. 电解		利用电解原理，使废水中的污染物转变为无毒无害物质的过程。主要可去除各种离子状态的物质及有机耗氧物质
	6. 消毒		利用物理或化学的方法，杀灭水中病原体和其他有毒有害微生物的方法
三、物化法	1. 混凝		先向水体投加混凝剂，使细小的悬浮物和胶体微粒聚集成较大絮凝体而去除分离
	2. 澄清		利用设在池中的悬浮泥渣层作为接触介质，当原水通过时，其中的悬浮物被吸附而去除分离
	3. 吸附		利用多孔固体物质，吸附污水中呈分子或离子状态的污染物
	4. 离子交换		利用离子交换剂，交换去除废水中污染物的离子
	5. 气浮		向水中通入微细气流，使其黏附在微细的污染物絮粒上，使絮粒相对密度小于 1 而上浮分离
	6. 萃取		向水中投加溶剂，使污染物溶解在溶剂中而分离去除
	7. 蒸发		将废水蒸发汽化，使废水中的溶质浓缩而分离
	8. 结晶		通过降温冷却或蒸发浓缩，使废水中具有结晶性能的污染物结晶析出分离
	9. 吹脱		把空气通入废水中，使溶解于废水的气体传递到气相而分离去除
	10. 汽提		把水蒸气通入废水中，使废水中挥发性物质传递到气相而分离去除
	11. 扩散渗析		使高浓度溶液中的溶质分子，通过半渗透膜向低浓度溶液迁移，主要用于酸、碱的回收
	12. 电渗析		在直流电的作用下，使溶液中的溶质与水通过阳膜或阴膜面分离，主要用于海水淡化等
	13. 反渗透		加压力使溶液中的水通过反渗透膜而浓缩溶液，回收溶质
	14. 超滤		加压使溶液中的水及低分子物质通过膜，而溶液中的高分子物质、胶体物质等被凝固而分离

类别	方法名称			处理机理及去除的污染物
四、生物法	1. 好氧法	人工强化好氧法	❶活性污泥法	活性污泥是由细菌、真菌、原生动物、后生动物等组成，在供氧的条件下，通过微生物的代谢作用，将污水的有机物氧化分解为 CO_2、H_2O 等无机物的处理方法
			❷生物膜法	使污水连续流经填料层，在填料上形成生物膜，在生物膜上繁殖着大量的微生物，通过吸附、氧化分解污水中的有机物的方法
		自然好氧法	❸稳定塘（氧化塘）	利用洼地或经过人工适当修整的池塘等，依靠塘内的自然生物净化功能，使污水得到处理的方法
			❹土地处理	将污水投放到土地上，通过土壤-植物的氧化分解功能，使污水得到净化的方法
	2. 厌氧法			在无氧的状态下，通过厌氧菌及兼性菌的作用，将污水中复杂的有机物分解为 CH_4、CO_2 的处理方法

污水处理方法选择

污水处理一般不可能期望采用单一的处理方法达到要求，通常是采用几种处理方法组合成为一个处理系统。至于采用哪几种方法组合成何种处理系统，则要根据污水的流量、水质、污水回收利用的可能性、处理后的排向、要求处理的程度，进行技术经济比较后方能确定。

污水处理是一项系统工程，一般应先易后难，先简后繁，即首先去除大块杂物，然后再依次去除悬浮固体、胶体物质及溶解物质。先采用物理方法，然后再使用化学法或生物法。

第二节　城镇污水处理厂基础知识

一、城镇污水

城镇污水

指城镇居民生活污水，机关、学校、医院、商业服务机构及各种公共设施排水，以及允许排入城镇污水收集系统的工业废水和初期雨水等。

城镇污水的分类

根据来源不同，分为生活污水、工业废水、部分地表径流三类。

生活污水

包括居民家庭、宾馆饭店、机关单位、学校、商场等排放的污水，如洗菜、做饭、淋浴、冲厕污水等。这类污水的水质特点是往往含有较高的有机物，如淀粉、蛋白质、油脂等以及氮、磷等有机物，此外，还含有病原微生物和较多的悬浮物。

工业废水

包括生产工艺废水、循环冷却水、冲洗废水以及综合废水。由于生产行业不同，其产生的废水水质也不相同。特点是废水排放量较大、污染物含量高、较难进行处理、对环境危害大。有的工业企业由于生产的周期性，一天之中排放的废水水量变化也较大。

部分地表径流

包括城市降水和受污染的地表水，在城市污水中所占比例不大，这类污水水量水质差别较大，常受气候、时间、地理位置及周边环境的影响。

二、城市污水处理系统

城市污水处理系统组成

由收集和输送城市污雨水的排水管道系统、污水无害化处理系统、污水深度处理和再利用系统三部分组成。

城市排水管道系统

指收集和输送城市污水、雨水和雪水到泵站、处理厂或排放点的管道系统。根据功能不同，城市排水管道系统可分为污水管道系统、雨水管道系统和合流制管道系统。

污水无害化处理系统

指通过物理、化学和生物处理方法，将城市污水中的主要污染物质去除或转化为无害的物质，从而达到相关的污水排放标准。包括一级处理系统、二级处理系统和污泥处理系统。

城市污水一级处理系统的组成

主要由格栅、筛网、沉砂池、沉淀池等组成。格栅和沉砂池也常作为城市污水的预处理系统。城市污水常挟带大量悬浮物和漂浮物，通过一级处理系统可以拦截和沉淀体积和密度较大的污染物，以保护后续处理设施，保证处理出水效果达标，是污水处理工艺前必不可少的组成部分。典型城市污水一级处理流程如下图所示。

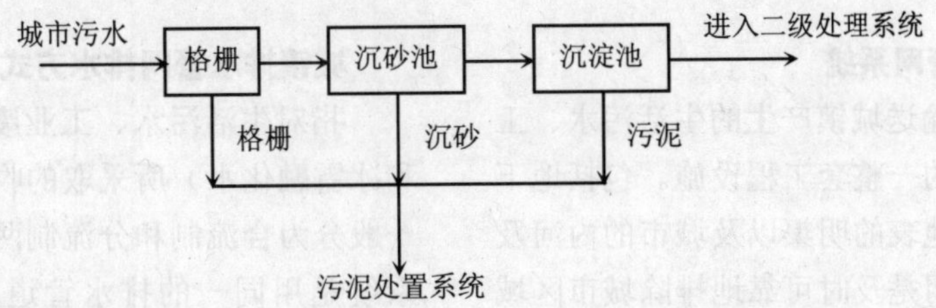

城市污水二级处理系统的组成

主要为生物处理系统，以生物处理技术为主体。城市二级处理系统可以大幅度去除污水中呈胶体和溶解状态的有机污染物，BOD_5去除率达85%～95%，而一级处理只能去除BOD_5 20%～

30%。城市二级处理技术主要有活性污泥法、AB 法、氧化沟法、SBR 法、生物膜法等。

污水深度处理和再利用系统

一般以污水二级处理系统出水作为原水，通过混凝沉淀、过滤、生物脱氮除磷等深度处理工艺，进一步去除污水残存的污染物质，也称为三级处理系统。随着城市与工业生产的不断发展、供水需求与供水实际能力之间矛盾的逐渐扩大，在缺水城市，大力推广城市污水深度处理和再生回用技术，对节约水资源、解决供水矛盾、缓解供水压力作用显著。

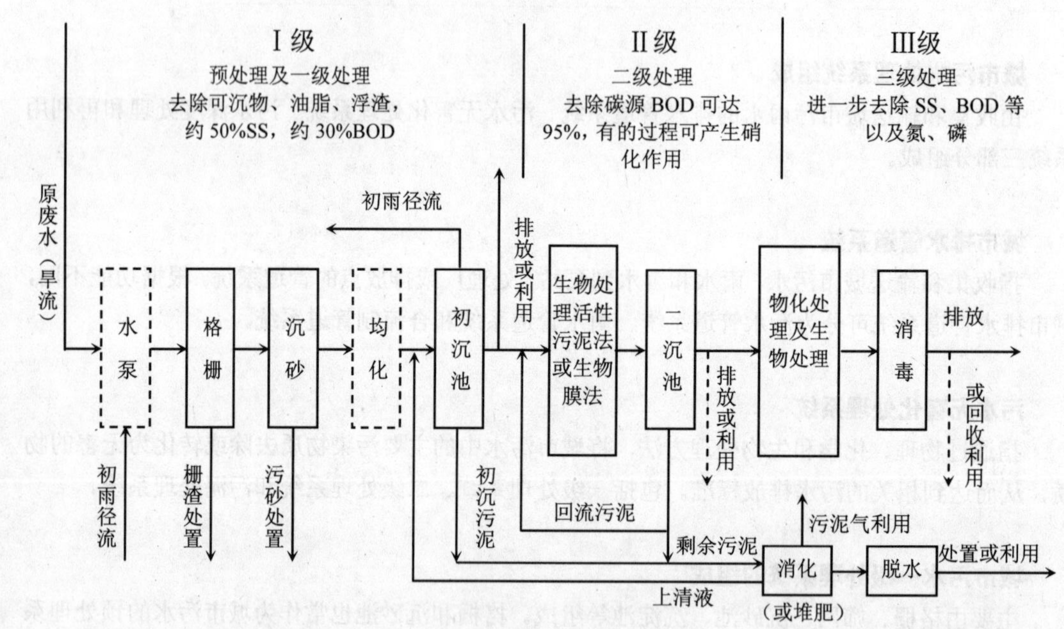

城市污水处理系统

三、城镇污水管网

城镇排水管网系统

是收集、输送城镇产生的生活污水、工业废水和降水的一整套工程设施。包括地下管道、暗渠与地表的明渠以及城市的内河及防洪设施。作用是及时可靠地排除城市区域内产生的生活污水、工业废水和降水，使城市生态系统的能量流动和物质循环正常进行，维持生态平衡，保证可持续发展。

城镇排水管网排水方式

指对生活污水、工业废水和降水（雨水和冰雪融化水）所采取的收集和排除方式，一般分为合流制和分流制两种系统。合流制系统是用同一的排水管道系统收集生活污水、工业废水与降水并加以排除的排水方式；而分流制系统则是用两条管道系统分别接纳生活污水、工业废水和降水并加以排除的排水方式，需进行处理的生活污水、工业废水由废水管道系统接纳，而不需处理的则由雨水系统接纳。

四、城镇污水处理方法

城镇污水处理技术

指通过各种相应措施，使污水中所含的污染物质得以分离或转化，从而起到减轻污染、保护环境的作用。根据各种技术手段处理原理的不同，可将城市污水处理技术分为物理法、化学法和生物法。

城镇污水物理处理技术

指在不改变污染物质化学性质的条件下利用过滤、重力分离、离心分离等方法去除污水中污染物质。物理处理技术使用的设备和构筑物主要包括格栅、筛网、沉砂池、沉淀池、气浮装置、离心机、旋流分离器等。

城镇污水化学处理技术

指通过向污水中投加某些化学物质，通过化学的作用分离、转化、破坏或回收污水中的污染物质，使其得到处理或成为无害物质。化学处理技术主要包括混凝、中和、氧化还原、吸附、电渗析等。

城镇污水生物处理技术

是以污水中含有的污染物作为营养源，利用微生物的代谢作用使污染物降解。是城市污水处理的主要处理手段。

常用的生物处理技术有活性污泥法、氧化沟法、生物膜法、SBR 法、AB 法、UASB 法等。

五、城镇污水生物处理技术

活性污泥

是微生物群体及它们所依附的有机物质和无机物质的总称。

活性污泥的性能指标包括：混合液悬浮固体（MLSS），污泥沉降比（SV），污泥指数[污泥体积指数（SVI），污泥密度指数（SDI）]。

影响活性污泥性能的环境因素：

溶解氧浓度以不低于 2 mg/L 为宜（2～4 mg/L）。

水温维持在 15～25℃，低于 5℃微生物生长缓慢。

活性污泥法

活性污泥法是应用最为广泛的生物处理技术，主要是由曝气池、二次沉淀池、曝气系统以及污泥回流系统等组成。

污水经初次沉淀池后与二次沉淀池底部回流的活性污泥同时进入曝气池。通过曝气，活性污泥与污水得到充分接触。污水中溶解性的有机污染物被活性污泥吸附和分解，被微生物代谢和利用。经过处理后的污水与活性污泥分离，处理出水排放，活性污泥经过分离浓缩回流到曝气池，部分污泥作为剩余污泥排出。工艺流程图如下。

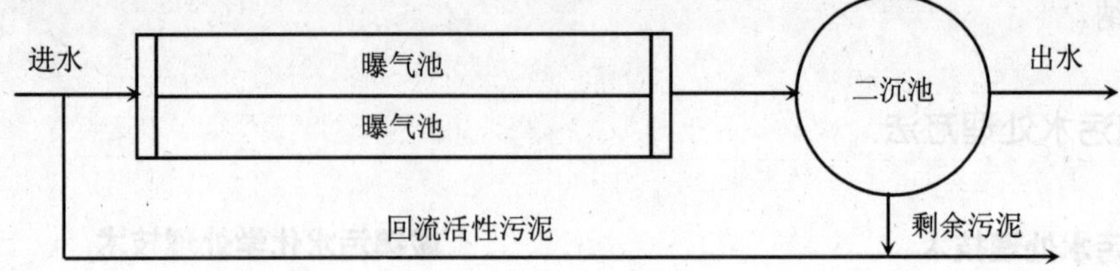

氧化沟法

是一种活性污泥法工艺，其曝气池呈封闭的沟渠形，污水和活性污泥混合液在其中循环流动，因此被称为“氧化沟”，又称“环形曝气池”。工艺流程图如下。

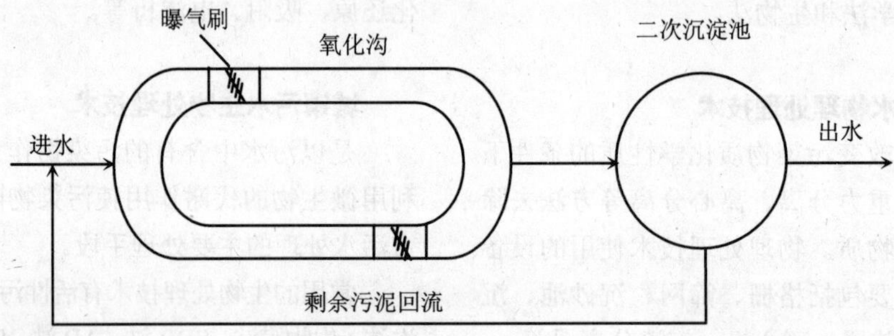

AB 法

吸附—生物降解工艺的简称。该工艺将曝气池分为高低负荷两段，各有独立的沉淀和污泥回流系统。高负荷段（A 段）停留时间 20～40 分钟，以生物絮凝吸附作用为主，同时发生不完全氧化反应，生物主要为短世代的细菌群落，去除 BOD 达 50%以上。B 段与常规活性污泥法相似，负荷较低，泥龄较长。

AB 法 A 段效率很高，并有较强的缓冲能力。B 段起到出水把关作用，处理稳定性较好。对于高浓度的污水处理，AB 法适用性好、节能。

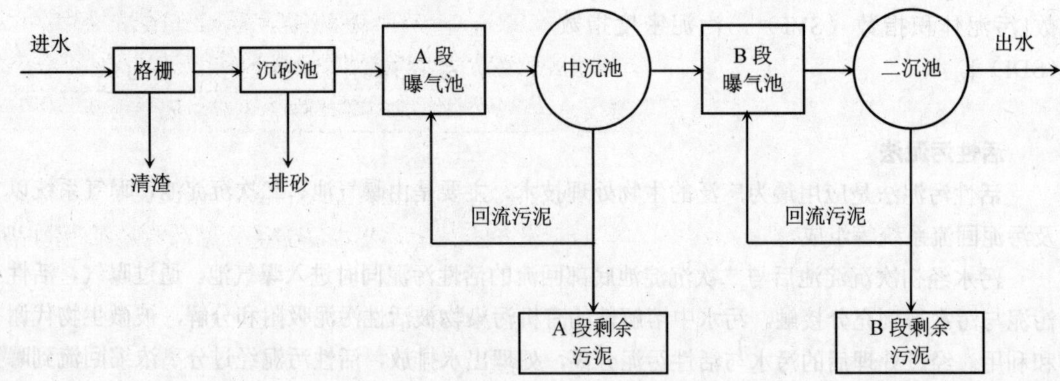

SBR 法

序批式间歇性活性污泥法的简称。是一种集调节池、初沉池、曝气池、二沉池为一池，连续进水、间歇排水，工艺流程简单，布局紧凑合理的好氧微生物污水处理技术。曝气池的运行是由流入、反应、沉淀、排放、闲置五个工序组成。

生物转盘法

是废水处于半静止状态，微生物生长在转盘的盘面上，转盘在废水中不断缓慢地转动使其互相接触的处理方法。盘体与废水和空气交替接触，微生物从空气中摄取必要的氧，并对废水中污染物质进行生物氧化分解。

生物转盘法与其他好氧生物处理法相同，具有对有机物的氧化分解（BOD 去除）、硝化和脱氮功能。工艺流程如下：

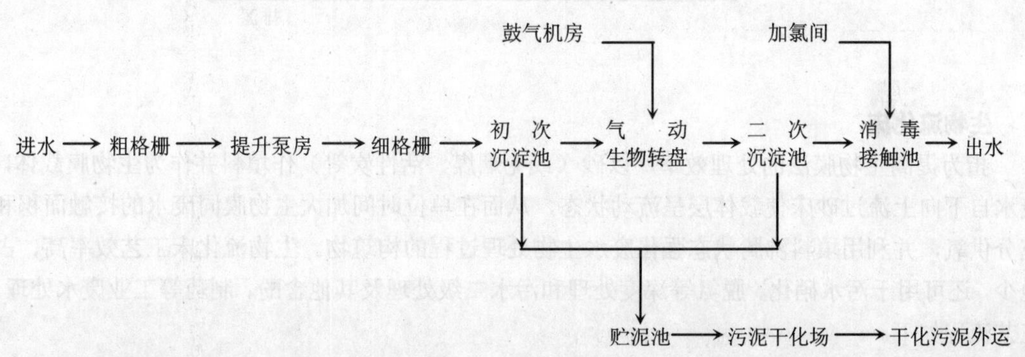

生物滤池法

是利用需氧微生物对污水或有机废水进行生物氧化处理的方法。以淬石、焦炭、矿渣或人工滤衬等作为先填层，然后将污水以点滴状喷洒在上面，充分供给氧气和营养，在滤材表面生成一层凝胶状生物膜（细菌类、原生动物、藻类、菌类等），当污水沿此膜流下时，污水中的可溶性、胶性和悬浮性物质就吸附在生物膜上从而被微生物氧化分解。生物滤池可分为普通生物滤池（低负荷生物滤池）、高负荷生物滤池、塔式生物滤池以及活性生物滤池等。

下图所示为传统的普通生物滤池的流程。

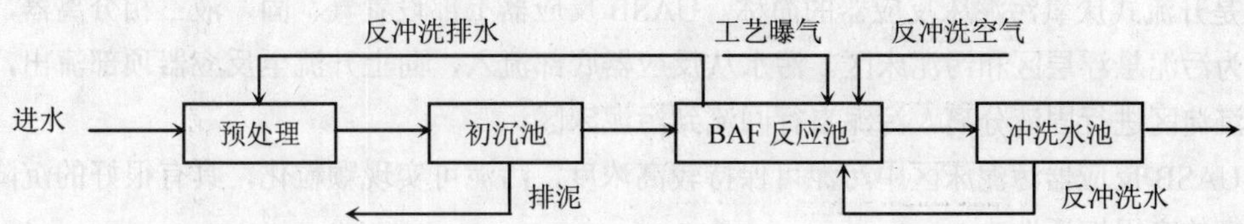

生物接触氧化法

是以附着在载体（俗称填料）上的生物膜为主，净化有机废水的一种高效水处理工艺。兼有活性污泥法和生物膜法的优点。在可生化条件下，广泛应用于工业废水、养殖污水、生活污水的处理。具有高效节能、占地面积小、耐冲击负荷、运行管理方便等特点。

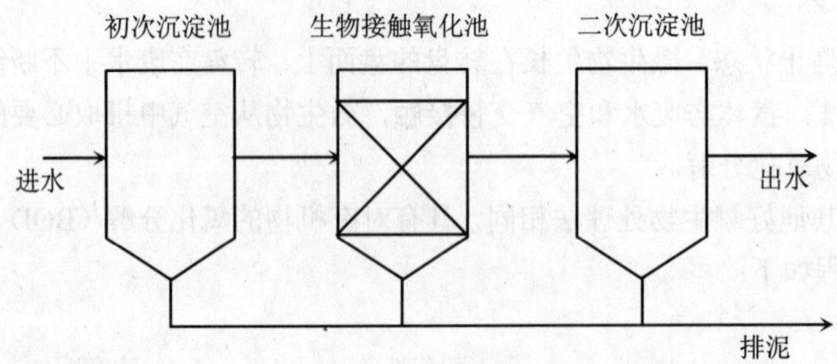

生物流化床

指为提高生物膜法的处理效率，以砂（或无烟煤、活性炭等）作填料并作为生物膜载体，废水自下向上流过砂床使载体层呈流动状态，从而在单位时间加大生物膜同废水的接触面积和充分供氧，并利用填料沸腾状态强化废水生物处理过程的构筑物。生物流化床工艺效率高、占地少，还可用于污水硝化、脱氮等深度处理和污水二级处理及其他含酚、制药等工业废水处理。工艺流程如下。

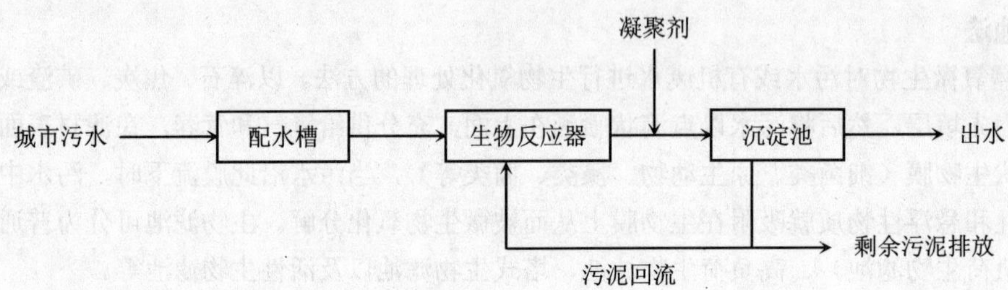

UASB 法

是升流式厌氧污泥床反应器的简称。UASB 反应器上部设置气、固、液三相分离器，下部设置为污泥悬浮层区和污泥床区。污水从反应器底部流入，向上升流至反应器顶部流出，混合液在沉淀区进行固液分离，污泥自行回流到污泥床区。

UASB 反应器污泥床区中污泥可保持较高浓度，污泥可实现颗粒化，具有很好的沉降性能和很高的产甲烷活性。

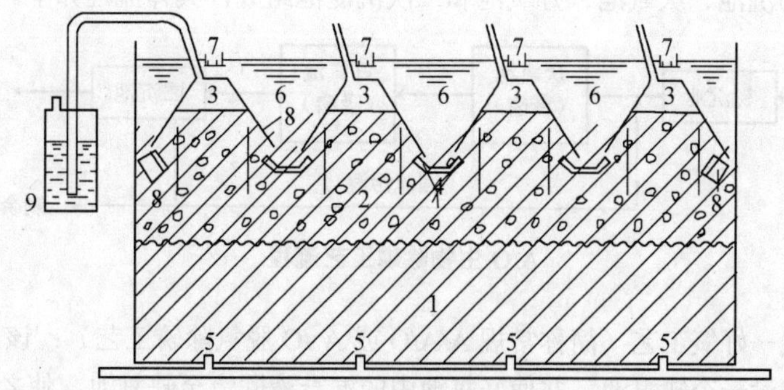

1．污泥床；2．污泥悬浮层；3．气室；4．气体挡板；5．配水系统；6．沉降区；7．集气罩；8．出水槽；9．水封

A/O 工艺

可分为两类：一类是厌氧/好氧工艺；另一类是缺氧/好氧工艺。厌氧状态和缺氧状态之间存在着根本的差别：在厌氧状态下既无分子态氧，也没有化合态氧，而在缺氧状态下则存在微量的分子态氧（DO 浓度<0.5 mg/L），同时还存在化合态的氧，如硝酸盐。主要是对水中的氮、磷有较好的去除作用。

❶缺氧—好氧工艺（简称 A/O 生物脱氮工艺）：主要作用是在去除有机物的同时，取得良好的脱氮效果。又称前置反硝化脱氮工艺，其最显著的工艺特征是将脱氮池设置在除碳过程的前部，先将废水引入缺氧池，回流污泥中的反硝化菌利用原污水中的有机物作为碳源，将回流混合液中大量硝态氮（NO_x-N）还原成 N_2，从而达到脱氮的目的。然后进入后续的好氧池，好氧池段后设沉淀池，部分沉淀污泥回流缺氧池段，以提供充足的微生物，同时还将好氧池段内混合液回流至缺氧池段，以保证缺氧池段有足够的硝酸盐。

具体流程如下。

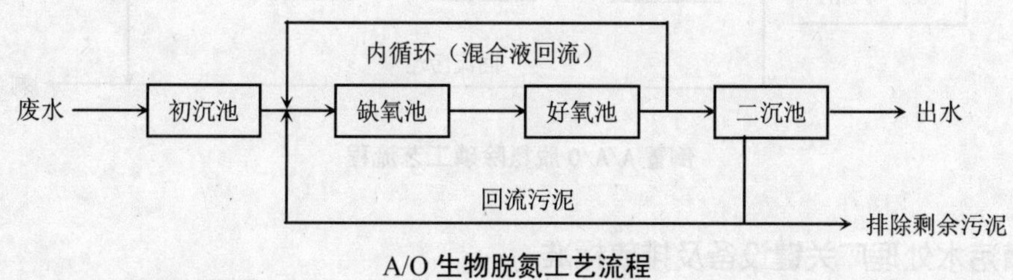

A/O 生物脱氮工艺流程

❷厌氧—好氧工艺（简称 A/O 生物除磷工艺）：主要作用是在去除有机物的同时去除污水中的磷。城市污水和回流污泥进入厌氧池，并借助水下推进式搅拌器的作用使其混合。回流污泥中聚磷菌在厌氧池可吸收去除一部分有机物，同时释放出大量磷。然后混合液流入后段好氧池，污水中的有机物在其中得到氧化分解，同时聚磷菌从污水中吸收更多的磷，然后通过排放富磷剩余污泥而使污水中的磷得到去除。

整个流程由初沉池、厌氧池、好氧池和二次沉淀池组成，具体流程如下。

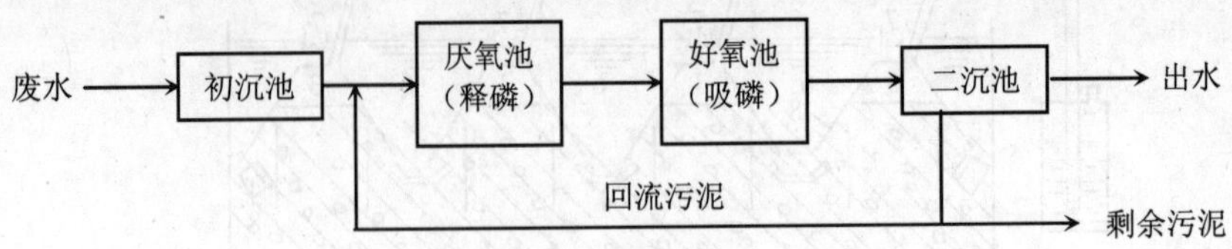

A/O 生物除磷工艺流程

❸厌氧—缺氧—好氧工艺（简称常规 A/A/O 或 A^2/O 脱氮除磷工艺）：该工艺是在 A/O 除磷工艺的基础上增设一个缺氧池，并使好氧池中的混合液回流至缺氧池，使之反硝化脱氮。这样就构成了具有同时除磷去氮功能的工艺系统。具体流程图如下。

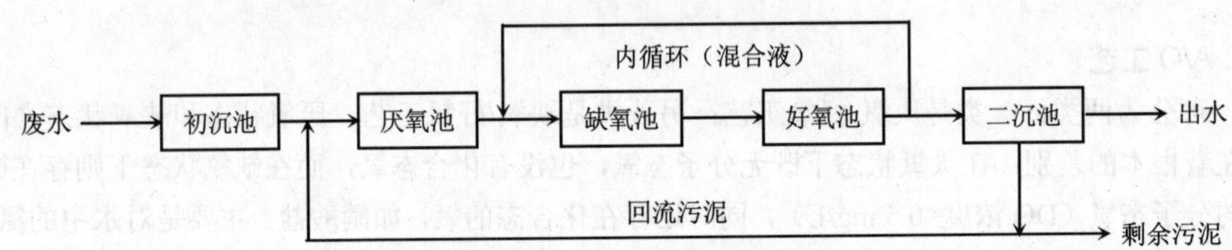

常规 A/A/O 脱氮除磷工艺流程

❹缺氧—厌氧—好氧工艺（简称倒置 A/A/O 或 A^2/O 脱氮除磷工艺）：是在常规 A/A/O 或 A^2/O 脱氮除磷工艺基础上发展而来的。同时利用高浓度活性污泥法的特点，使之在脱氮除磷方面具有较高的去除率。具体工艺流程如下。

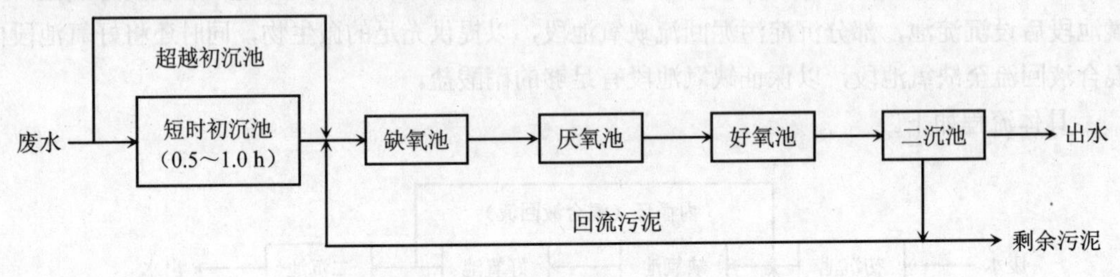

倒置 A/A/O 脱氮除磷工艺流程

六、城镇污水处理厂关键设备及排放标准

城镇污水处理厂

指对进入城镇污水收集系统的污水进行净化处理的污水处理厂。

超越管（溢流管/旁通管）

指当阀门或设备有故障或者出现暴雨以及紧急事故时，污水不经过处理直接排放的管道。

格栅

一种简单的过滤设备，由一组平行的金属栅条制成的框架，斜置于废水流经的渠道上。实际应用中，可分为粗格栅和细格栅。一般格栅设于污水处理厂所有处理构筑物之前，或设在泵站前，用于截留废水中粗大的悬浮物或漂浮物，防止其后续处理构筑物的管道阀门或水泵堵塞。

沉砂池

主要去除污水中密度比较大的固体颗粒。废水在池内流速降低，固体物质靠自身重力作用沉积，与水分离，保护水泵和管道免受磨损。

沉淀池

主要去除污水中颗粒状的悬浮固体。去除机理是依靠悬浮固体自身的重力沉降。沉淀池分为平流式沉淀池和辐流式沉淀池。

曝气系统

主要由风机、输送管路及水下曝气器组成，是将空气中的氧气转移到水中供微生物呼吸使用的系统。

污泥处置

包括四个处理或处置阶段。第一阶段为污泥浓缩，主要目的是使污泥初步减容，缩小后续处理构筑物的容积或设备容量；第二阶段为污泥消化，使污泥中的有机物分解；第三阶段为污泥脱水，使污泥进一步减容；第四阶段为污泥处置，采用某种途径将最终的污泥予以消纳。以上各阶段产生的清液或滤液中仍含有大量的污染物质，需送回到污水处理系统中加以处理。

典型工艺如下图所示。

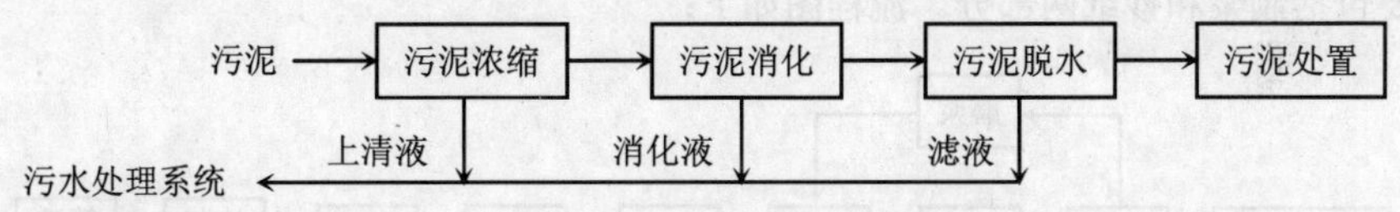

污泥浓缩常采用的工艺有重力浓缩、离心浓缩和气浮浓缩等。污泥消化可分成厌氧消化和好氧消化两大类。污泥脱水可分为自然干化和机械脱水两大类。常用的机械脱水工艺有带式压滤脱水、离心脱水等。污泥处置的途径很多，主要有农林使用、卫生填埋、焚烧和生产建筑材料等。

城镇污水处理厂排放标准（GB 18918—2002）

2003 年 7 月 1 日起实施，规定了城镇污水处理厂出水、废气排放和污泥处置（控制）的污染物限值。以下仅限于城镇污水处理厂 COD 出水的有关规定。

标准分级：

根据城镇污水处理厂排入地表水域的环境功能和保护目标，以及污水处理厂的处理工艺，将基本控制项目的常规污染物标准值分为一级标准、二级标准、三级标准。一级标准分为 A 标准和 B 标准。一类重金属污染物和选择控制项目不分级。

一级标准的 A 标准是城镇污水处理厂出水作为回用水的基本要求。当污水处理厂出水引入稀释能力较小的河湖作为城镇景观用水和一般回用水等用途时，执行一级标准的 A 标准（COD 50 mg/L）。

城镇污水处理厂出水排入国家和省确定的重点流域及湖泊、水库等封闭、半封闭水域时，执行一级标准的 A 标准（COD 50 mg/L），排入 GB 3838 地表水 III 类功能水域（划定的饮用水源保护区和游泳区除外）、GB 3097 海水二类功能水域时，执行一级标准的 B 标准（COD 60 mg/L）。

城镇污水处理厂出水排入 GB 3838 地表水Ⅳ、Ⅴ类功能水域或 GB3097 海水三、四类功能海域，执行二级标准（COD 100 mg/L）。

非重点控制流域和非水源保护区的建制镇的污水处理厂，根据当地经济条件和水污染控制要求，采用一级强化处理工艺时，执行三级标准（COD 120 mg/L，当进水 COD 大于 350 mg/L 时，去除率应大于 60%）。但必须预留二级处理设施的位置，分期达到二级标准。

第三节 典型工业行业基础知识

一、造纸工业

造纸生产工艺流程

主要包括制浆和抄纸两部分。流程图如下：

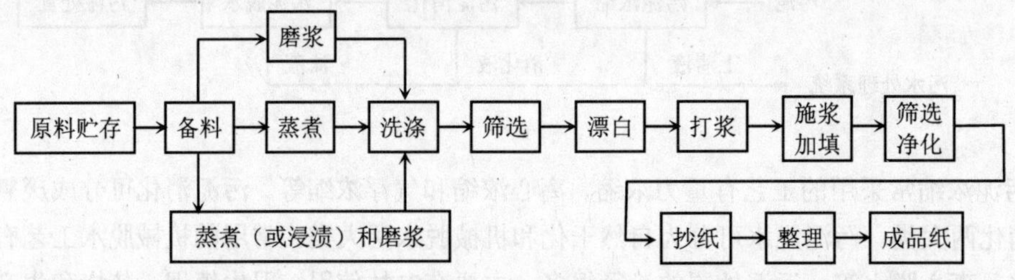

制浆是利用化学方法或机械方法、半化学半机械方法，将植物原料中的纤维与木质素分开解离出来制成纸浆的生产过程。

抄纸是将纸浆经打浆处理、加色料胶料、加填料助剂，经抄纸机抄造成纸产品的生产过程。

草浆造纸生产工艺

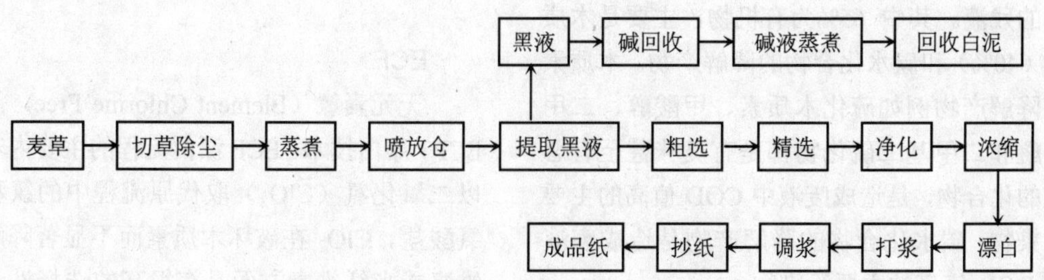

制浆工艺类别

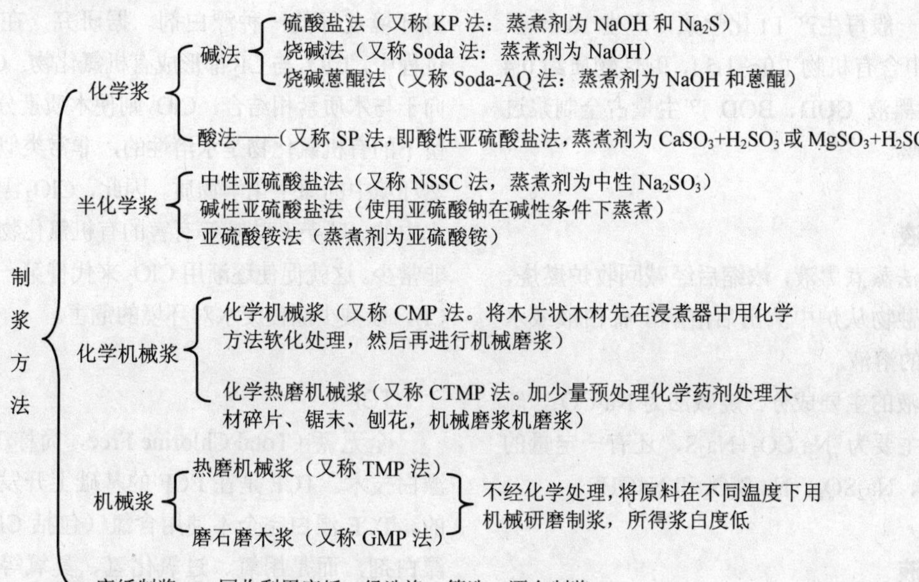

化学浆是用化学法（而不是机械法）分离固态木质素而制得的纸浆。化学制浆方法有各种碱法和亚硫酸盐法。

半化学浆指采用与化学法相同的蒸煮液进行较轻微的化学处理然后再加以机械磨浆生产的纸浆。

化学机械浆是用更轻微的化学处理然后或同时再加以机械磨浆生产的纸浆。

机械浆是不用化学处理，而应用各种机械法生产的纸浆。

废纸制浆是利用废纸生产纸浆的过程，包括废纸的碎解与疏解、净化与筛选、浓缩、热熔物处理和脱墨等工序。

黑液

原料经碱法蒸煮以后，从纸浆中分离出来的残液。其中 65%为有机物，主要是木质素（40%）和碳水化合物的降解产物。木质素的降解产物例如硫化木质素、甲酸醇、二甲硫醚和二甲基二硫化物都是有臭味甚至有恶臭的化合物，是造成废液中 COD 值高的主要污染物；碳水化合物的降解产物是造成废液中 BOD 值高的主要污染物。

黑液 COD 浓度 5 000～40 000 mg/L，COD 产生量在 1 300 kg/t 浆，BOD≥5 万 mg/L。一般每生产 1 t 化学浆，产生 10 m^3 黑液，其中含有机物 1.0～1.5 t，碱性物质约 0.4 t。蒸煮黑液 COD、BOD 产生量占全制浆过程的 80%。

绿液

碱法蒸煮黑液，浓缩后经碱回收炉燃烧，所得熔融物从炉中流出后溶解于稀白液或水中所得的溶液。

绿液的主要成分，烧碱法为 Na_2CO_3，硫酸盐法主要为 Na_2CO_3+Na_2S，还有一定量的 Na_2SO_4、Na_2SO_3、$Na_2S_2O_3$ 和 NaOH。

白液

绿液经 $Ca(OH)_2$ 苛化后的溶液。其成分为 NaOH（烧碱法）或 NaOH+Na_2S（硫酸盐法），还可能存在着未反应的 Na_2CO_3、Na_2SO_4、Na_2SO_3、$Na_2S_2O_3$ 等。

白液是供蒸煮用的原始药液，浓度较高，有浓白液之称，以与稀白液（用来溶解熔融物的白液）相区别。

蒸煮液

通常是由浓白液和黑液或水混合而成。没有碱回收的纸厂，则用购进的烧碱（NaOH）和硫化碱（Na_2S）配制成所需的蒸煮液。

ECF

无元素氯（Element Chlorine Free，简称 ECF）漂白技术。ECF 漂白流程的主要内容是以二氧化氯（ClO_2）取代原流程中的氯和次氯酸盐。ClO_2 在破坏木质素而不显著降解纤维素或半纤维素方面具有很高的选择性，从而在获得稳定白度的同时保护了纸浆的强度。ClO_2 不仅是一种优良的漂白剂，而且是对环境友好的一种漂白剂。据研究，在漂白过程中，ClO_2 与 Cl_2 都形成有机氯化物。Cl_2 倾向于与木质素相结合，ClO_2 则使木质素分裂，留下的有机氯化物是水溶性的，非常类似于自然环境中的原生化学物质。因此，ClO_2 漂白废水中的二噁英和呋喃等有害的有机氯化物含量非常少。这就促使逐渐用 ClO_2 来代替第一段的 Cl_2，以减少漂白废水对环境的危害。

TCF

全无氯（Total Chlorine Free，简称 TCF）漂白技术。TCF 是在 ECF 的基础上开发出来的。TCF 漂白完全不使用含氯（包括 ClO_2）漂白剂，而是用氧、过氧化氢、臭氧等含氧漂白剂进行漂白。

TCF 的优点是漂白废水中不含有机氯化物，废水可以循环使用，并可进入碱回收系统燃烧回收，从而减少或消除了漂白废水的污染，有望实现漂白硫酸盐浆厂的零排放。缺点是漂白浆成本较高，且由于臭氧的选择性较差，漂白浆的强度也较低。ECF 和 TCF 是杜绝产生含氯废水污染源，使漂白工段实现清洁生产，减少和消灭漂白废水污染的根本出路。

洗涤、筛选废水

洗涤、筛选工序产生的废水。1 t 浆耗水 250 m^3，经浓缩后排水量为 50～200 m^3/t 浆。COD 浓度在 1 000～1 500 mg/L，COD 产生量在 300～350 kg/t 浆。

漂白废水

漂白工序产生的废水。

传统的 CEH（氯化－碱处理－氯酸盐漂白）三段漂污染产生量较大，废液中不但含有 COD 和 BOD：COD 62～73 kg/t 浆，BOD 10～20 kg/t 浆，而且还含有其他剧毒物质，如 AOX 3.7～6.8 kg/t 浆。

ECF：COD 34～60 kg/t 浆，BOD 8～16 kg/t 浆，AOX 0.9～1.7 kg/t 浆。

TCF：COD 30～134 kg/t 浆，BOD 12～30 kg/t 浆，AOX 0 kg/t 浆。

抄纸废水

抄纸工序产生的废水，也称白水。白水中主要含细小纤维，少量填料、果胶、糖类、染料和助剂，都是有用的资源。

白水中主要污染物指标是 SS 和 COD，其中 pH 值 7～8、SS 500～800 mg/L、COD 300～600 mg/L、BOD_5 100～300 mg/L。

白水一般可根据其中固形物含量的不同，回用于系统的不同工段。剩余白水经过滤、气浮或沉淀等方法，回收纤维，出水再用于抄纸生产。可实现循环使用，乃至封闭循环。

再生浆造纸废水

利用废纸作为原料制浆产生的废水。废纸再生造纸产生的废水中主要含有半纤维素、木质素、无机酸盐、细小纤维、无机填料以及油墨、染料等污染物。木质素、半纤维素主要形成废水的 COD 及 BOD；细小纤维、无机填料等主要形成 SS；油墨、染料等主要形成色度及 COD。一般不脱墨废水中 COD 浓度为 1 200 mg/L、BOD 浓度 300 mg/L、SS 浓度 1 000 mg/L；脱墨废水中 COD 浓度为 1 200 mg/L、BOD 浓度 500 mg/L、SS 浓度 800 mg/L。不脱色再生纸的生产水若循环使用率很高，实际排水量就很少，可达 10～20 t/t 纸。再生造纸生产过程如果需要脱墨，则因洗涤脱墨工艺用水量大，每吨脱墨浆用水量可达 60～100 m^3。

目前我国中小废纸造纸企业吨纸排水量一般在 100～200 m^3，最低已达到 22 m^3，最高超过 250 m^3。国家对再生纸的排水量限制在 60 m^3/t。

碱回收

硫酸盐法（或烧碱法）制浆系统的组成部分，是一项重要的厂内治理工程，也是一项带有根本意义的环保工程。碱回收系统具体有三项功能：

❶回收和重新利用无机制浆化学品（如烧碱、硫化钠）；

❷除去和出售有用的有机化学副产品（如松节油）；

❸破坏留下来的有机物（如木质素），并以蒸汽和电能形式回收其能量。传统碱回收系统包括黑液蒸发、碱回收炉燃烧和苛化工序。

碱回收率

指经碱回收系统所回收的碱量（不包括由于补充芒硝还原所得的碱和补充的新鲜碱）占本期蒸煮所用总碱量（包括外来补充的新鲜碱）的百分比。

碱回收炉（Recovery furnace or boiler）

用于燃烧回收的蒸煮液，以生产蒸汽并回收蒸煮化学品的装置。

制浆废水的生物处理法

浓度较低的造纸废水一般采用好氧生物处理法，对降解有机物、减少生物毒性、降低发泡性效果较好，但对降低废水的色度效果不大。常见的好氧生物处理法有氧化塘系统、曝气稳定塘系统等，规模较小的造纸厂可采用接触氧化、生物转盘、生物过滤池等。

制浆废水的物化处理法

主要用于制浆造纸废水中SS（纤维、填料、碎屑、涂料等）的去除。物化处理法主要有重力沉降、气浮、筛滤。重力沉降和气浮是去除SS的主要方法。

中段水

中段水包括蒸煮的冷凝水、制浆的洗浆废水、筛选废水、漂白废水。其中废水量120～180 m^3/t纸浆、pH 10～12、SS 600～1 000 mg/L、COD 800～1 200 mg/L、BOD 300～600 mg/L。中段水用水量特别大，污染物与黑液基本相同，但浓度远低于黑液。

风干浆

指含水率为10%的纸浆。

AOX

指可吸附有机卤化物。

制浆造纸工业水污染物排放标准

2008年6月25日，环境保护部2008年第26号公告发布了《制浆造纸工业水污染物排放标准（GB 3544—2008）》。本标准规定的污染物的控制指标有pH值、色度、悬浮物、BOD_5、COD_{Cr}、氨氮、总氮、总磷、AOX。规定了单位产品基准排水量。

该标准将制浆造纸企业分为制浆企业、制浆和造纸联合生产企业、造纸企业。制浆企业指单纯进行制浆生产的企业，以及纸浆产量大于纸张产量，且销售纸浆量占总制浆量80%及以上的制浆造纸企业。制浆和造纸联合生产企业指除制浆企业和造纸企业以外、同时进行制浆和造纸生产的制浆造纸企业，包括废纸制浆和造纸企业、其他制浆和造纸企业，废纸制浆和造纸企业指自产废纸浆量占纸浆总用量80%及以上的制浆造纸企业。造纸企业指单纯进行造纸生产的企业，以及自产纸浆量占纸浆总用量20%及以下的制浆造纸企业。

自2009年5月1日起至2011年6月30日现有制浆造纸企业COD执行标准为：

企业生产类型		制浆企业	制浆和造纸联合生产企业		造纸企业	污染物排放监控位置
			废纸制浆和造纸企业	其他制浆和造纸企业		
排放限值	COD（COD_{Cr}，mg/L）	200	120	150	100	企业废水总排放口
单位产品基准排水量，t/t浆		80	20	60	20	排水量计量位置与污染物排放监控位置一致

自 2011 年 7 月 1 日起现有制浆造纸企业和自 2008 年 8 月 1 日起新建制浆造纸企业 COD 执行标准为：

企业生产类型		制浆企业	制浆和造纸联合生产企业	造纸企业	污染物排放监控位置
排放限值	COD（COD_{Cr}，mg/L）	100	90	80	企业废水总排放口
单位产品基准排水量，t/t 浆		50	40	20	排水量计量位置与污染物排放监控位置一致

执行水污染物特别排放限值的地域范围、时间，由国务院环境保护行政主管部门或省级人民政府规定。COD 执行标准为：

企业生产类型		制浆企业	制浆和造纸联合生产企业	造纸企业	污染物排放监控位置
排放限值	COD（COD_{Cr}，mg/L）	80	60	50	企业废水总排放口
单位产品基准排水量，t/t 浆		30	25	10	排水量计量位置与污染物排放监控位置一致

水污染物排放浓度限值适用于单位产品实际排水量不高于单位产品基准排水量的情况。若单位产品实际排水量超过单位产品基准排水量，须按以下公式将实测水污染物浓度换算为水污染物基准水量排放浓度，并以水污染物基准水量排放浓度作为判定排放是否达标的依据。产品产量和排水量统计周期为一个工作日。

在企业的生产设施同时生产两种以上产品、可适用不同排放控制要求或不同行业国家污染物排放标准，且生产设施产生的污水混合处理排放的情况下，应执行排放标准中规定的最严格的浓度限值，并按以下公式换算水污染物基准水量排放浓度：

$$c_{基}=\frac{Q_{总}}{\sum Y_i Q_{i基}}\times c_{实}$$

式中：$c_{基}$—— 水污染物基准水量排放浓度，mg/L；

$Q_{总}$—— 排水总量，t；

Y_i—— 第 i 种产品产量，t；

$Q_{i基}$—— 第 i 种产品的单位产品基准排水量，t/t；

$c_{实}$—— 实测水污染物浓度，mg/L。

若 $Q_{总}$与$\sum Y_i Q_{i基}$的比值小于 1，则以水污染物实测浓度作为判定排放是否达标的依据。

2009 年 5 月 1 日前，COD 执行标准按《造纸工业水污染物排放标准 GB 3544—2001》和原国家环境保护总局《关于修订〈造纸工业水污染物排放标准〉的公告》（环发[2003]152 号）的有关规定执行。

二、纺织印染行业

纺织工业

按行业主要分为纺织业、印染业、化学纤维制造业、服装业和纺织专用设备制造业。纺织工业使用的原料有天然纤维和化学纤维。根据原料对纺织业进行分类有棉纺织印染行业、毛纺织染整行业、丝绸印染行业、麻纺织染整行业、化学纤维纺织印染行业。化学纤维还可以与各种天然纤维按不同比例混合而加工成各种混纺产品。

天然纤维

包括棉、麻等植物性纤维和毛、丝等动物性纤维。

化学纤维

用天然的或合成的高分子化合物做原料，经过化学和物理方法加工而制得的纤维的统称。包括人造纤维（黏胶纤维、铜氨纤维等）和合成纤维（锦纶、涤纶、腈纶、维纶、丙纶等）两大类。

人造纤维

利用自然界中存在但不能直接纺织的纤维素（如木材、棉短绒），经过化学处理与机械加工制得的纤维，如人造丝、人造棉等。

合成纤维

是以石油、天然气为原料，由人工合成的高分子化合物经纺丝和后加工而制得的纤维，如腈纶、锦纶、涤纶等。根据化学组成，合成纤维可分为聚酰胺纤维（锦纶或尼龙）、聚酯纤维（涤纶）、聚丙烯腈纤维（腈纶）、聚丙烯纤维（丙纶）、聚乙烯醇纤维（维纶）等。此外，常见的合成纤维还有氯纶和氨纶。

纺织工艺

包括纺纱、织造。纺纱就是将各类纤维，逐步通过纵向顺序排列纺成纱线。

织造指将经、纬纱线在织机上相互交织成织物的工艺过程，主要设备有喷水织机和喷气织机。

印染工艺

指在生产过程中对各类纺织材料（纤维、纱线、织物）进行物理和化学处理的总称，包括对纺织材料的前处理、染色、印花和后整理过程。

染色是使染料与纤维之间发生化学或物理化学的结合，或用化学方法在纤维上生成颜料，使整个纺织品具有一定坚牢色泽的加工过程。印染过程根据不同的纤维材料和用途要使用各种不同的染料和助剂。

印花是把各种不同的染料或颜料印在织物上，从而获得彩色花纹图案的加工过程。印花主要是织物印花，其中多数是纤维织物及混纺织物的印花。根据印花工艺的不同，有直接印花、防染印花和拔染印花三种。根据不同的设备又可分为滚筒印花、筛网印花和转移印花。

后整理指漂炼、染色、印花以外的染整加工过程。织物整理一般分为物理机械方法、化学方法及机械化学联合方法。

棉纺织印染工业废水

主要集中于印染废水。纯棉印染综合废水中 COD 平均浓度为 800～1 200 mg/L，SS 约 300 mg/L，色度 500～700 和 pH 值在 10 左右。棉混纺印染废水中的 COD 浓度可达 2 000～3 000 mg/L，主要来自化学单体、PVA 浆料、化纤碱解物等难降解有机物。

棉纺印染废水主要包括（退浆）浆料废水、（煮炼、丝光）废碱液、（漂洗）染整废水等。

退浆废水中含大量浆料和少量植物有机

物质，其废水量约占总废水量的 15%，COD 浓度高达数千毫克每升，废水中的 COD 约占总 COD 的 45%；煮炼废水量约占总废水量的 18%，其中含大量烧碱和表面活性剂，废水显强碱性，含大量植物有机物，COD 浓度高达 5 000 mg/L 以上；漂白废水水量大，有机物含量低，污染较小。

从丝光工序排出的废液，经碱液回收后，COD 较低。

染漂废水和整理废水量约占总废水量的 60%。染漂废水包括染色和漂洗的废水，主要是流失的染料和助剂产生的色度和 COD，可生化性较差，色泽较深。

如果着色是印花工艺，则因印花废水含各种染料、添加剂和大量浆料，BOD、COD 值都较高，故印花工艺比染色工艺 COD、BOD 要高得多。

整理废水量小，对染整废水影响不大。

麻纺织工业废水

可分为脱胶废水和印染废水。其中，脱胶废水来自三个方面：

❶高浓度的煮炼残液，pH 值达 13～14，有机污染浓度高，COD 为 15 000 mg/L 以上，BOD 为 5 000 mg/L 以上；

❷洗麻、浸酸等中段废水，COD 浓度在 400 mg/L 左右，BOD 为 140 mg/L 左右，属中度污染废水，废水量较大；

❸漂酸废水，COD 浓度在 150 mg/L 左右。

各种废水混合后 COD 浓度为 2 500～3 000 mg/L，pH 值为 11 左右，色度在 500 左右。

毛纺织工业废水

包括染色残液及漂洗水、洗呢水、缩绒水等。毛纺织物染整主要使用酸性染料、阳离子染料和分散染料，废水污染物浓度不高，大多呈中性，可生化性较好。其水质一般为：COD 500～900 mg/L，BOD 250～400 mg/L，pH 值 6～9，色度 100～300。毛粗纺比毛精纺废水中 COD 浓度要高一些。纯毛染色废水生化性较好，BOD/COD 值在 0.40 左右。

丝绸纺织工业废水

主要来自缫丝脱胶废水、精炼废水、染印废水等。缫丝废水是含有一定量丝胶（蛋白质）的脱胶废水，其废水生物降解性好。精炼废水含一定量丝胶、浆料和有机物，废水显碱性，其排放的综合废水 COD 浓度约 700 mg/L。仿真丝废水的有机物浓度在 1 200～1 500 mg/L。绢丝废水分高浓度废水和低浓度废水，高浓度废水来自炼蛹废水、槽洗废水和煮炼废水，废水浓度达 4 000～5 000 mg/L；低浓度废水来自水洗机、脱水机废水和地面冲洗废水，浓度为 500 mg/L。

黏胶纤维工业废水

主要包括酸性和碱性废水两大类。

酸性废水主要来源于纺丝车间和酸站，包括塑化浴溢流水、洗纺丝机水、酸站过滤器洗涤水、洗丝水和后处理酸洗水等。

碱性废水主要来源于碱站排水、原液车间废水胶槽及设备洗涤水、滤布洗涤水、换喷丝头时的带出水和后处理的脱硫废水等。

黏胶纤维生产过程中，短纤维废水量约为 300 m^3/t，其中酸性废水占 60%，COD 200 mg/L 左右；长丝废水量约为 600 m^3/t，其中酸性废水占 60%，COD 150 mg/L 左右。混合废水中的特征污染物为硫酸、硫化物、锌盐和纤维素。

合成纤维纺织工业废水

1 t 合成纤维的印染排水量一般在 100 多 m^3，废水中的有机物浓度与棉纺相近，比毛纺要高一些。化纤产品废水主要是纤维中残存的化学单体产生的有机质，化纤印染废水的生化性能较差，一般 BOD/COD 比值低于 0.2。

印染废水处理

包括物理化学法、化学处理法、生物处理法和碱减量处理法四种。通常需采用复合技术处理。

纺织染整工业水污染物排放标准

1992 年 5 月 18 日原国家环境保护局和原国家技术监督局联合发布《纺织染整工业水污染物排放标准（GB 4287—92）》，于 1992 年 7 月 1 日实施。本标准规定 1989 年 1 月 1 日前立项的纺织染整工业建设项目及其建成后投产的企业 COD 最高排放浓度为：一级 180 mg/L，二级 240 mg/L，三级 500 mg/L；1989 年 1 月 1 日至 1992 年 6 月 30 日之间立项的及其建成后投产的 COD 最高排放浓度为：一级 100 mg/L，二级 180 mg/L，三级 500 mg/L；1992 年 7 月 1 日以后立项的及其建成后投产的 COD 最高排放浓度为一级 100 mg/L，二级 180 mg/L，三级 500 mg/L。

百米排水量

指每印染、漂染或染整 100 m 材料排出的废水量。棉布印染 3 m^3，棉布漂染 1.09 m^3，毛粗纺染整 25 m^3，毛精纺染整 30 m^3。

纺织行业产排污系数及经验参数

表 1　棉、化纤纺织加工行业产排污系数及经验参数

<table>
<tr><th>产品</th><th>原料</th><th>工艺</th><th>规模</th><th>指标</th><th>单位</th><th>产污系数/经验参数</th><th>变化幅度</th><th>末端治理技术</th><th>排污系数/经验参数</th><th>变化幅度</th></tr>
<tr><td rowspan="12">棉（化纤）未漂白机织物</td><td rowspan="6">棉花、化学纤维</td><td rowspan="6">纺纱—浆纱—织造</td><td rowspan="6">全部</td><td rowspan="3">工业废水量</td><td rowspan="3">t/t 产品</td><td rowspan="3">58</td><td rowspan="3">40～75</td><td>化学+生物</td><td>52</td><td>36～67</td></tr>
<tr><td>沉淀分离</td><td>55</td><td>38～71</td></tr>
<tr><td>直排</td><td>58</td><td>40～75</td></tr>
<tr><td rowspan="3">COD_{Cr}</td><td rowspan="3">mg/L</td><td rowspan="3">122</td><td rowspan="3">85～159</td><td>化学+生物</td><td>86</td><td>60～112</td></tr>
<tr><td>沉淀分离</td><td>100</td><td>70～130</td></tr>
<tr><td>直排</td><td>122</td><td>85～159</td></tr>
<tr><td rowspan="6">纱、线</td><td rowspan="6">浆纱—织造</td><td rowspan="6">全部</td><td rowspan="3">工业废水量</td><td rowspan="3">t/t 产品</td><td rowspan="3">33</td><td rowspan="3">23～43</td><td>厌氧/好氧生物组合工艺</td><td>31</td><td>22～40</td></tr>
<tr><td>化学+生物</td><td>30</td><td>21～39</td></tr>
<tr><td>直排</td><td>33</td><td>23～43</td></tr>
<tr><td rowspan="3">COD_{Cr}</td><td rowspan="3">mg/L</td><td rowspan="3">143</td><td rowspan="3">100～186</td><td>厌氧/好氧生物组合工艺</td><td>82</td><td>57～107</td></tr>
<tr><td>化学+生物</td><td>74</td><td>52～96</td></tr>
<tr><td>直排</td><td>143</td><td>100～186</td></tr>
<tr><td rowspan="2">纱、线（未染色）</td><td rowspan="2">棉花、化学纤维</td><td rowspan="2">纺纱</td><td rowspan="2">全部</td><td>工业废水量</td><td>t/t 产品</td><td>24</td><td>16～31</td><td>直排</td><td>24</td><td>16～31</td></tr>
<tr><td>COD_{Cr}</td><td>mg/L</td><td>49</td><td>34～64</td><td>直排</td><td>49</td><td>34～64</td></tr>
</table>

产品	原料	工艺	规模	指标	单位	产污系数/经验参数	变化幅度	末端治理技术	排污系数/经验参数	变化幅度
色织棉机织物	纱、线(未染色)	染纱—浆纱—织造—后整理	全部	工业废水量	t/t 产品	164	115～213	化学+生物	148	103～192
								物化+生物	144	101～187
								厌氧/好氧生物组合工艺	151	106～196
				COD_{Cr}	mg/L	767	537～997	化学+生物	128	90～166
								物化+生物	105	74～137
								厌氧/好氧生物组合工艺	162	113～211
纱、线(染色)	纱、线(未染色)	染色	全部	工业废水量	t/t 产品	84	59～109	厌氧/好氧生物组合工艺	77	54～101
								化学+生物	76	53～98
				COD_{Cr}	mg/L	518	363～673	厌氧/好氧生物组合工艺	169	118～220
								化学+生物	127	89～165
色织棉机织物	色织坯布	后整理	全部	工业废水量	t/t 产品	49	34～64	化学+生物	44	31～58
								厌氧/好氧生物组合工艺	45	32～59
				COD_{Cr}	mg/L	665	466～865	化学+生物	104	72～135
								厌氧/好氧生物组合工艺	167	117～217
牛仔布	线	染纱—浆纱—织布—后整理	全部	工业废水量	t/t 产品	64	45～83	化学+生物	55	39～72
								厌氧/好氧生物组合工艺	57	40～73
				COD_{Cr}	mg/L	709	496～922	化学+生物	91	63～118
								厌氧/好氧生物组合工艺	157	110～204
棉（化纤)印染机织物	棉（化纤）未漂白机织物	前处理—印染—后整理	大	工业废水量	t/t 产品	143	100～186	厌氧/好氧生物组合工艺	136	95～177
								物化+生物	126	88～163
								化学+生物	130	91～169
				COD_{Cr}	mg/L	1125	788～1 463	厌氧/好氧生物组合工艺	177	124～230
								物化+生物	107	75～139
								化学+生物	132	93～172
			中	工业废水量	t/t 产品	139	97～181	厌氧/好氧生物组合工艺	133	93～173
								物化+生物	107	75～139
								化学+生物	115	81～150
				COD_{Cr}	mg/L	1448	1 014～1 882	厌氧/好氧生物组合工艺	170	119～221
								物化+生物	145	102～189
								化学+生物	153	107～199

产品	原料	工艺	规模	指标	单位	产污系数/经验参数	变化幅度	末端治理技术	排污系数/经验参数	变化幅度
			小	工业废水量	t/t 产品	130	91～169	厌氧/好氧生物组合工艺	122	86～159
								物化+生物	112	78～145
								化学+生物	121	85～158
				COD_{Cr}	mg/L	1 771	1 240～2 302	厌氧/好氧生物组合工艺	170	119～221
								物化+生物	137	96～178
								化学+生物	153	107～199

表 2　毛条加工行业产排污系数及经验参数

产品	原料	工艺	规模	指标	单位	产污系数/经验参数	变化幅度	末端治理技术	排污系数/经验参数	变化幅度
洗净毛、羊毛毛条、其他动物毛条	羊毛、其他动物毛	洗毛—制条	大	工业废水量	t/t 产品	52	37～68	厌氧/好氧生物组合工艺	48	34～63
								化学+生物	47	33～61
				COD_{Cr}	mg/L	26 163	18 314～34 012	厌氧/好氧生物组合工艺	4 267	2 987～5 547
								化学+生物	2 909	2 036～3 782
			中、小	工业废水量	t/t 产品	47	33～61	厌氧/好氧生物组合工艺	44	31～57
								化学+生物	43	30～56
				COD_{Cr}	mg/L	32 347	22 643～42 051	厌氧/好氧生物组合工艺	5 217	3 652～6 783
								化学+生物	3 911	2 738～5 084

表 3　毛纺织行业产排污系数及经验参数

产品	原料	工艺	规模	指标	单位	产污系数/经验参数	变化幅度	末端治理技术	排污系数/经验参数	变化幅度
毛纱线	毛条	染条—纺纱	大	工业废水量	t/t 产品	387	271～503	物化+生物	340	238～442
								化学+生物	344	241～447
				COD_{Cr}	mg/L	611	428～794	物化+生物	109	76～142
								化学+生物	113	79～147
			中、小	工业废水量	t/t 产品	371	260～483	化学+生物	338	237～439
								物化+生物	331	231～430
				COD_{Cr}	mg/L	792	554～1030	化学+生物	115	81～150
								物化+生物	108	75～140

产品	原料	工艺	规模	指标	单位	产污系数/经验参数	变化幅度	末端治理技术	排污系数/经验参数	变化幅度
精梳毛机织物	毛条	染条—纺纱—织造—整理	全部	工业废水量	t/t 产品	481	337～626	物化+生物	430	301～558
								厌氧/好氧生物组合工艺	443	310～576
				COD_{Cr}	mg/L	632	442～822	物化+生物	56 540	40～74
								厌氧/好氧生物组合工艺	75 680	53～98
粗梳毛机织物	羊毛、毛型化学纤维	染毛—纺纱—织造—后整理	全部	工业废水量	t/t 产品	626	438～814	物化+生物	557	390～724
								厌氧/好氧生物组合工艺	576	173～748
				COD_{Cr}	mg/L	720	504～936	物化+生物	116	81～150
								厌氧/好氧生物组合工艺	157	110～203

表 4　毛染整精加工行业产排污系数及经验参数

产品	原料	工艺	规模	指标	单位	产污系数/经验参数	变化幅度	末端治理技术	排污系数/经验参数	变化幅度
精、粗梳毛机织物(印染呢绒)	精、粗梳毛机织物(白坯呢绒)	染整—后整理	全部	工业废水量	t/t 产品	368	257～478	化学+生物	334	234～435
								物化+生物	327	229～425
				CODcr	mg/L	669	468～870	化学+生物	128	89～166
								物化+生物	112	79～146

表 5　麻纺织行业产排污系数及经验参数

产品	原料	工艺	规模	指标	单位	产污系数/经验参数	变化幅度	末端治理技术	排污系数/经验参数	变化幅度
苎麻精干麻	苎麻	脱胶	大	工业废水量	t/t 产品	595	416～773	化学+生物	541	379～704
				COD_{Cr}	mg/L	954	668～1 240	化学+生物	115	81～150
			中、小	工业废水量	t/t 产品	585	410～761	化学+生物	527	369～684
				COD_{Cr}	mg/L	991	694～1 288	化学+生物	121	85～157
苎麻纱	苎麻精干麻	纺纱	全部	工业废水量	t/t 产品	23	16～30	化学+生物	22	15～28
				COD_{Cr}	mg/L	232	162～302	化学+生物	110	77～143
未漂白苎麻机织物	苎麻纱	织造	全部	工业废水量	t/t 产品	31	22～40	化学+生物	30	20～38
				COD_{Cr}	mg/L	200	140～260	化学+生物	93	65～120
亚麻打成麻	沤制亚麻	温水沤麻	全部	工业废水量	t/t 产品	21	15～27	物化+生物	19	13～25
				COD_{Cr}	mg/L	10 782	7 547～14 017	物化+生物	1 080	756～1 404
亚麻纱	亚麻打成麻	煮漂、纺纱	全部	工业废水量	t/t 产品	40	28～53	化学+生物	37	26～48
								物化+生物	36	25～46
				COD_{Cr}	mg/L	550	385～715	化学+生物	96	67～124
								物化+生物	31	22～40

表6　缫丝加工行业产排污系数及经验参数

产品	原料	工艺	规模	指标	单位	产污系数/经验参数	变化幅度	末端治理技术	排污系数/经验参数	变化幅度
生丝	蚕茧	煮茧—缫丝	全部	工业废水量	t/t 产品	532	372～692	化学+生物	415	291～540
				COD_{Cr}	mg/L	277	194～360	化学+生物	99	69～129
绢纺丝	绵球	纺丝	全部	工业废水量	t/t 产品	52	36～67	化学+生物	46	33～60
				COD_{Cr}	mg/L	340	238～442	化学+生物	90	63～117
	废蚕茧、废丝	腐化—精练—纺丝	全部	工业废水量	t/t 产品	660	462～857	化学+生物	600	420～780
				COD_{Cr}	mg/L	1820	1 274～2 366	化学+生物	169	118～220

表7　绢纺和丝织加工行业（织造）产排污系数及经验参数

产品	原料	工艺	规模	指标	单位	产污系数/经验参数	变化幅度	末端治理技术	排污系数/经验参数	变化幅度
未漂白丝机织物	生丝、绢纺丝	线准备—织造	全部	工业废水量	t/t 产品	59	41～77	化学+生物	52	37～68
								好氧生物处埋	56	39～73
				COD_{Cr}	mg/L	347	243～451	化学+生物	105	74～137
								好氧生物处理	146	102～190
未漂白化纤长丝机织物	化纤长丝	线准备—织造	全部	工业废水量	t/t 产品	53	37～69	化学+生物	48	341～62
				COD_{Cr}	mg/L	350	245～455	化学+生物	109	76～141

表8　绢纺和丝织加工行业（印染）产排污系数及经验参数

产品	原料	工艺	规模	指标	单位	产污系数/经验参数	变化幅度	末端治理技术	排污系数/经验参数	变化幅度
印染丝机织物	未漂白丝机织物	精练—印染—后整理	大	工业废水量	t/t 产品	254	178～254	化学+生物	228	160～297
								厌氧/好氧生物组合工艺	241	169～314
				COD_{Cr}	mg/L	864	605～1 123	化学+生物	144	101～187
								厌氧/好氧生物组合工艺	287	201～373
			中、小	工业废水量	t/t 产品	225.88	158～294	化学+生物	203	142～264
								厌氧/好氧生物组合工艺	212	148～276
				COD_{Cr}	mg/L	979	685～1 273	化学+生物	116	81～151
								厌氧/好氧生物组合工艺	322	225～418
印染化纤长丝机织物、印染丝交织机织物	未漂白丝交织机织物、未漂白合纤长丝机织物	前处理—印染—后整理	全部	工业废水量	t/t 产品	101	71～132	化学+生物	91	64～119
				COD_{Cr}	mg/L	879	615～1 143	化学+生物	118	83～154
印染合纤长丝机织物	未漂白机织物合纤长丝	碱减量前处理—印染—后整理	全部	工业废水量	t/t 产品	277	194～360	化学+生物	250	175～324
				COD_{Cr}	mg/L	1 595	1 117～2 074	化学+生物	178	124～231

表 9　棉及化纤制品制造行业产排污系数及经验参数

产品	原料	工艺	规模	指标	单位	产污系数/经验参数	变化幅度	末端治理技术	排污系数/经验参数	变化幅度
纺织制成品	本色纱线	染纱—织造—后处理（割绒）—裁剪缝制—后整理	全部	工业废水量	t/t 产品	166	117～216	物化+生物	147	103～191
								化学+生物	150	105～195
				COD_{Cr}	mg/L	1188	832～1 544	物化+生物	135	94～175
								化学+生物	158	111～206
		织造—精练后处理—染色/印花—后处理（割绒）—裁剪缝制—后整理	全部	工业废水量	t/t 产品	125	88～163	化学+生物	113	79～147
								厌氧/好氧生物组合工艺	119	83～155
				COD_{Cr}	mg/L	1026	718～1 334	化学+生物	125	88～163
								厌氧/好氧生物组合工艺	172	120～223
	染色纱线	织造—（割绒）—剪裁—缝纫—后整理	全部	工业废水量	t/t 产品	11	7～14	好氧生物处理	10	7～13
				COD_{Cr}	mg/L	306	214～398	好氧生物处理	112	79～146
纺织制成品	机织物（未染色）	印染—（割绒）—剪裁—缝纫—后整理	全部	工业废水量	t/t 产品	101	71～131	化学+生物	91	64～118
				COD_{Cr}	mg/L	937	656～1218	化学+生物	114	80～149
	机织物（染色）	剪裁—缝纫—后整理	全部	工业废水量	t/t 产品	5	3～6	好氧生物处理	4	3～6
								直排	5	3～6
				COD_{Cr}	mg/L	170	119～221	好氧生物处理	106	74～137
								直排	170	119～221

表 10　毛制品制造行业产排污系数及经验参数

产品	原料	工艺	规模	指标	单位	产污系数/经验参数	变化幅度	末端治理技术	排污系数/经验参数	变化幅度
化学纤维毯类	化纤纱、化学纤维长丝	染纱—织造—剪裁—缝纫—后整理	全部	工业废水量	t/t 产品	26	18～34	物化+生物	23	16～30
				COD_{Cr}	mg/L	973	681～1265	物化+生物	121	85～158
纯毛毯	毛纱	白纱—织造—印染—剪裁—缝纫—后整理	全部	工业废水量	t/t 产品	72	51～94	物化+生物	64	44～83
				COD_{Cr}	mg/L	700	490～910	物化+生物	105	74～137

三、化工行业

煤头合成氨生产工艺

将粉煤由贮斗经螺旋输送机送入沸腾层煤气发生炉的底部，将氧气、空气与水蒸气的混合气吹入炉内造气，经除尘、脱硫、CO 变换、脱除 CO_2 和 CO 等工序使气体净化后，按一份氮和三份氢在高压、高温和有催化剂存在的条件下进行合成，经冷却、分离和冷凝而成液氨。

气头合成氨生产工艺

将天然气或油田气压缩、洗涤和脱硫净化后，送至一段转化器用水蒸气将大部分 CH_4 转化。由于一段转化器出口含有 3%～4%的 CH_4，需进入二段转化器中，加入空气将残余的 CH_4 进行部分氧化。经过 CO 高温和低温变换、CO_2 吸收、甲烷化等工序后，按一份氮和三份氢的比例混合压缩，在中压及适当温度以及有催化剂存在的条件下进行合成，经冷却、分离和冷凝而成液氨。

油头合成氨生产工艺

以重油为原料制取合成氨的生产工艺。有热裂解法和部分氧化法两种，以部分氧化法为主。部分氧化法的工艺流程主要由原料的预热、重油气化、热能回收和炭黑消除等部分组成，有直接回收热量的急冷流程（也称德士古流程）和间接回收热量的废热锅炉流程（也称谢尔流程）两种流程。

合成氨废水

合成氨生产中危害大、污染物浓度高的废水主要来自造气工段，其中含有 COD、氰化物、挥发酚、硫化物、石油类和炭黑。在合成工段废水的污染因子主要是源于氨或氨水的无组织排放造成的 pH 值和氨氮。一般而言，合成氨厂总排污口 pH 值 5.5～10，SS 23～8 000 mg/L，COD 5～530 mg/L，NH_3-N 5～575 mg/L，硫化物 0～20 mg/L，氰化物 10～40 mg/L，挥发酚 0.01～500 mg/L，石油类 2～100 mg/L，其中 COD 多在 100 mg/L 左右。

合成氨吨产品排水量一般为 5～100 m^3，其中以油、天然气为原料的一般为 5～15 m^3，以煤、焦炭为原料的中型以上规模合成氨企业一般为 40 m^3 左右。

合成氨不同原料、工艺 COD 排污系数（kg/t 氨）

原料类型	规模	产污系数		
		个体	一次系数	二次系数
煤头	大	6.87	6.87	14.86
	中	5.58～28.56	9.99	
	小	0.69～69.86	16.78	
油头	大	0.35～0.67	0.46	0.86
	中	0.67～2.9	1.79	
气头	大	0.71～2.35	0.08	4.25
	中	0.25～36.18	18.57	

合成氨造气废水治理

包括曝气炉渣过滤法、凉水塔循环回用法和冷却型塔式生物滤池以及油萃取法处理炭黑水。

曝气炉渣过滤法：废水经过沉淀，除去煤屑等悬浮物，由泵送至曝气总管。从喷嘴将废水喷洒成小水滴与空气接触，溶解在水中的氰、酚、硫等污染物从水中逸入大气，水经过曝气总管下的炉渣层再净化，出水排放或回用。适用于远离居住区，排水量小的小型合成氨企业。

凉水塔循环回用法：废水经沉淀后用水泵抽送至凉水塔顶部，从上向下喷淋。水汇集于塔底集水池，用水泵送回造气车间循环使用。在喷淋过程中溶解在水中的氰、酚、硫等污染物从水中逸入大气。沉淀的悬浮物用活动泥浆泵送至干化池。

冷却型塔式生物滤池：是在强制通风冷却塔和生物滤池基础上发展起来的新型滤池。塔的顶部装有通风机，从塔下部进风口抽入空气，用于冷却降温和供应好氧微生物需要的氧气；塔上部为废气吸收初冷段，由清水喷淋装置和蜂窝填料组成。将微生物菌种接种在此段。塔上部的作用是使从废水中挥发上升的有害气体成分在这里生物降解，再用水喷淋吸收上升气流中残余的有害物质；塔中段为降温段，废水通过布水装置往上喷淋，清水喷雾装置使其得到初步降温；塔下部为降解终冷段，内装蜂窝填料，将微生物接种到表面，形成生物膜，起到生物滤池的作用。

油萃取法处理炭黑水：用重油造气时，烃类由于高温裂解反应生成炭黑，一般为入炉重油含碳量的3%左右。一般炭黑水中的炭黑含量为0.5%～1%，利用炭黑的亲油性大于它的亲水性，将油作为萃取剂，使得废水中的炭黑转入油相，变炭黑水为油炭浆，在分离器中使油炭浆与水分离。油炭浆送往锅炉作燃料或重返气化炉造气，萃取后的水循环使用。

尿素生产工艺

生产工艺有二氧化碳汽提法、水溶液全循环法（见下图）、氨汽提法和双气提法。工艺原理为将氨和CO_2在高温高压条件下反应生成氨基甲酸铵，再脱水生成尿素。现代尿素生产均采用全循环法。

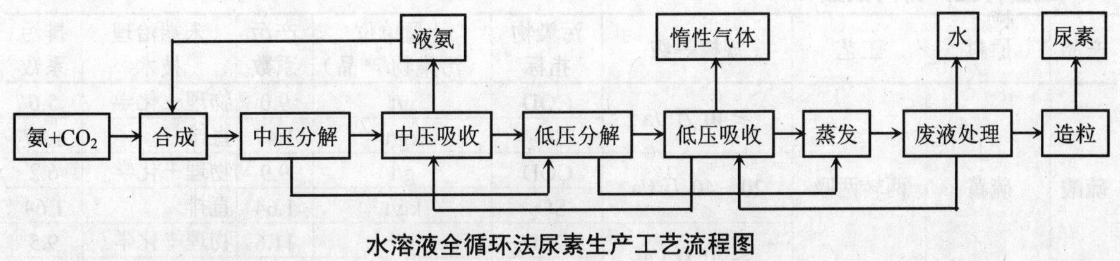

水溶液全循环法尿素生产工艺流程图

尿素生产废水

尿素生产废水主要来自蒸发过程的工艺冷凝液。其主要的污染因子为氨氮、COD和尿素。

尿素不同工艺排水量和COD排污系数（kg/t尿素）

工艺类型	规模	排水量（m^3）	排污系数		备注
			个体	一次系数	
二氧化碳汽提法	大	0.71～1.54	0.058～0.11	0.13	包括高中低技术水平
全循环法	大	2.02～3.49	—	—	包括高中低技术水平
	中		0.13	1.63	
	小		3.01		

硫酸生产工艺

将硫铁矿沸腾焙烧（氧化焙烧）产生的SO_2气体或有色金属冶炼SO_2尾气，水洗净化后，经转化器在催化剂的条件下氧化成SO_3，最后由水吸收，制成硫酸。

其工艺可分为一转一吸法和两转两吸法，后者比前者多一道转化和吸收工序，能有效地提高SO_2的利用率，大大减少SO_2尾气的排放量。

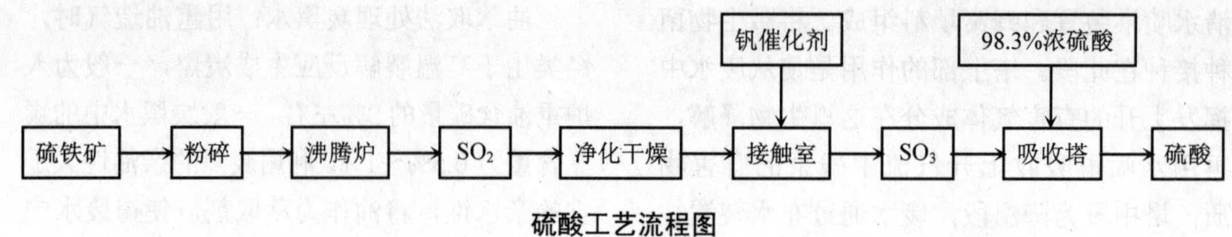

硫酸工艺流程图

硫酸生产废水

主要产生在焙烧气体洗涤净化工段，国内目前采取水洗净化，每吨产品排水量在 10～15 m^3。废水的主要污染因子是 pH 值、悬浮物和总砷、氟化物，根据原料的产地不同，还含有其他微量的重金属离子。一般采用石灰法处理硫酸生产废水。制备石灰乳中和硫酸生产废水，每吨废水的石灰用量在 2.5～3 kg，有条件的可用电石渣代替石灰。在中和酸性废水的同时，可以有效去除总砷、氟化物及易溶于水的其他重金属离子。

硫酸行业产排污系数

产品	原料	工艺	规模等级	污染物指标	计量单位（污染物/产品）	产污系数	末端治理技术	排污系数
硫酸	硫黄	两转两吸	≥40 万 t/a	COD	g/t	9.0	物理＋化学	5.6
				SO_2	kg/t	1.47	直排	1.47
			20～40 万 t/a	COD	g/t	9.9	物理＋化学	6.2
				SO_2	kg/t	1.64	直排	1.64
			≤20 万 t/a	COD	g/t	11.6	物理＋化学	9.5
				SO_2	kg/t	1.81	吸收法	1.81
硫酸	硫铁矿	酸洗	≥20 万 t/a	COD	g/t	16.0	物理＋化学	15.0
				SO_2	kg/t	1.99	直排	1.99
							吸收法	1.31
			10～20 万 t/a	COD	g/t	38.0	物理＋化学	25.2
				SO_2	kg/t	2.26	直排	2.26
							吸收法	1.51
			≤10 万 t/a	COD	g/t	97.0	物理＋化学	64.0
				SO_2	kg/t	2.59	直排	2.59
							吸收法	1.71
		水洗	≥10 万 t/a	COD	g/t	301.0	物理＋化学	255.6
				SO_2	kg/t	2.04	直排	2.04
							吸收法	1.59
			<10 万 t/a	COD	g/t	878.3	物理＋化学	377.8
				SO_2	kg/t	2.30	直排	2.30
							吸收法	1.62
		水洗半循环	所有规模	COD	g/t	360	物理＋化学	160
				SO_2	kg/t	2.09	直排	2.09
							吸收法	1.89

产品	原料	工艺	规模等级	污染物指标	计量单位（污染物/产品）	产污系数	末端治理技术	排污系数
硫酸	冶炼烟气	两转两吸	≥40 万 t/a	COD	g/t	279.5	物理＋化学	156.9
				SO_2	kg/t	1.73	直排	1.73
			20～40 万 t/a	COD	g/t	414.0	物理＋化学	240.0
				SO_2	kg/t	2.96	直排	2.96
							吸收法	1.18
			≤20 万 t/a	COD	g/t	662.4	物理＋化学	403.2
				SO_2	kg/t	3.99	直排	3.95
						456.7		2.11
						613.1		2.89
硫酸	磷石膏	两转两吸	所有规模	COD	g/t	291.0	物理＋化学	135.6
				SO_2	kg/t	1.67	吸收法	0.09

烧碱生产工艺

通常采用隔膜法电解和离子膜电解法。离子膜电解法较先进，工艺如图所示：经过两次精制的浓食盐水溶液连续进入阳极室（下图），钠离子在电场作用下透过阳离子交换膜向阴极室移动，进入阴极液的钠离子连同阴极上电解水而产生的氢氧离子生成氢氧化钠，同时在阴极上放出氢气。食盐水溶液中的氯离子受到膜的限制，基本上不能进入阴极室而在阳极上被氧化成为氯气。部分氯化钠电解后，剩余的淡盐水流出电解槽经脱除溶解氯，固体盐重饱和以及精制后，返回阳极室，构成与水银法类似的盐水环路。离开阴极室的氢氧化钠溶液一部分作为产品，一部分加入纯水后返回阴极室。

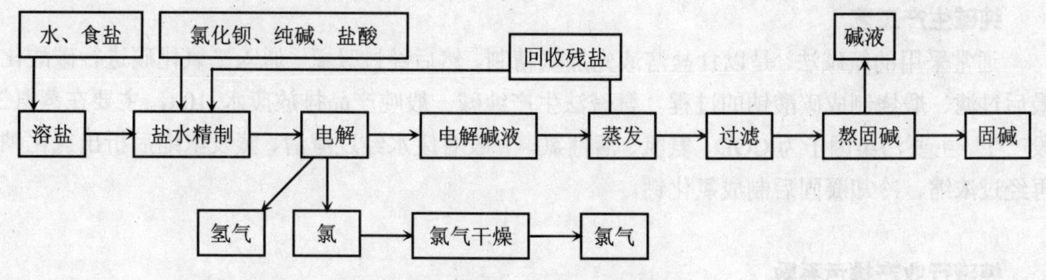

离子膜电解法制烧碱工艺流程图

烧碱行业产排污系数

产品名称	原料名称	工艺名称	规模等级	污染物指标	计量单位（污染物/产品）	产污系数	末端治理技术	排污系数
烧碱	工业盐、原料水、原料电	隔膜电解法	≥12 万 t/a	COD	g/t	13 080	化学混凝沉淀法	551
			6～12 万 t/a	COD	g/t	15 500	化学混凝沉淀法	680
			＜6 万 t/a	COD	g/t	15 810	化学混凝沉淀法	690

硝酸生产工艺

通常采用的氨的催化氧化法，是以氨为原料，通过铂铑合金作为催化剂将氨氮氧化成为NO，再进一步氧化成NO_2，用水吸收制成稀硝酸，将稀硝酸用脱水剂脱水进一步制成浓硝酸的过程。吨产品排水量37 m^3，主要污染因子为pH值、亚硝酸盐、硝酸盐。

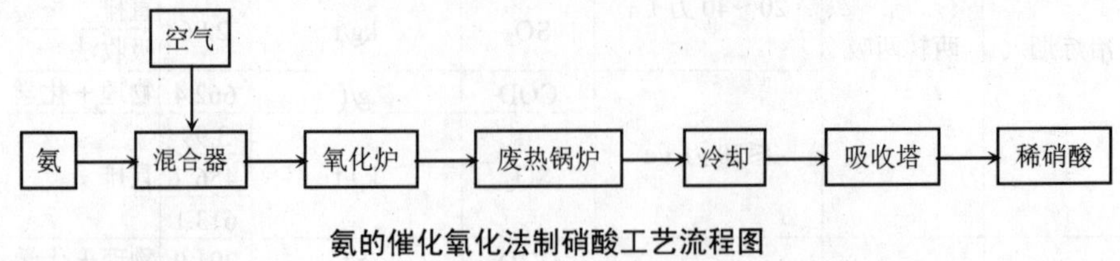

氨的催化氧化法制硝酸工艺流程图

盐酸工业废水

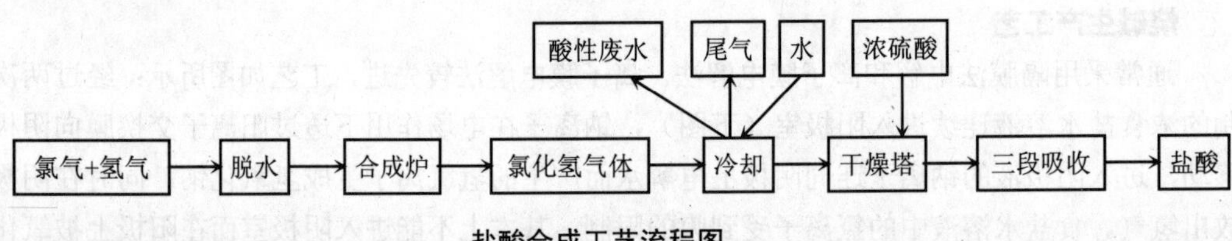

盐酸合成工艺流程图

盐酸合成是通常利用氯碱工业生产的Cl_2和H_2为原料，经燃烧生产HCl气体，然后用水吸收后再经过冷却、干燥和三段吸收，制成盐酸的过程。废水主要是水吸收后的冷却工段产生的酸性废水，吨产品排水量约30 m^3。

纯碱生产工艺

通常采用的氨碱法，是以食盐溶液先加氨精制，然后经过吸氯、通入二氧化碳进行碳酸化，最后过滤、煅烧制成碳酸钠的过程。氨碱法生产纯碱一般吨产品排放废水10 t，主要在蒸氨工段产生。主要污染因子为COD、氨氮、活性氯。一般对废水经过澄清、蒸发浓缩后析出氯化钠，再经过浓缩、冷却凝固后制成氯化钙。

纯碱行业产排污系数

产品	原料	工艺	规模等级	污染物指标	计量单位（污染物/产品）	产污系数	末端治理技术	排污系数
纯碱	原盐、氨、石灰石	氨碱法	≥80万t/a	COD	g/t	720	沉淀分离	680（无氯化钙）
				工业粉尘	kg/t	1.49	过滤式除尘	0.027
			40～80万t/a	COD	g/t	770	沉淀分离	730（无氯化钙）
				工业粉尘	kg/t	1.5	过滤式除尘	0.028
			≤40万t/a	COD	g/t	700	沉淀分离	660（无氯化钙）
				工业粉尘	kg/t	1.2	过滤式除尘	0.022

产品	原料	工艺	规模等级	污染物指标	计量单位（污染物/产品）	产污系数	末端治理技术	排污系数
	原盐、氨、二氧化碳	联碱法	≥40 万 t/a	COD	g/t	800	直排	800
				工业粉尘	kg/t	0.21	过滤式除尘	0.018
			20～40 万 t/a	COD	g/t	800	直排	800
				工业粉尘	kg/t	0.23	过滤式除尘	0.019
			≤20 万 t/a	COD	g/t	870	直排	870
				工业粉尘	kg/t	0.24	过滤式除尘	0.019
	天然碱矿	天然碱法	≥60 万 t/a	COD	g/t	600	全部回用	0
				工业粉尘	kg/t	0.85	过滤式除尘	0.043
			30～60 万 t/a	COD	g/t	600	全部回用	0
				工业粉尘	kg/t	0.81	过滤式除尘	0.033
			≤30 万 t/a	COD	g/t	600	全部回用	0
				工业粉尘	kg/t	0.84	过滤式除尘	0.038

磷酸湿法（二水物法）合成工艺

磷酸湿法合成通常将磷矿石制备成磷矿浆，在酸解槽中用硫酸解析，然后经过滤机，一方面析出稀磷酸，稀磷酸经过真空浓缩后制成浓磷酸；另一方面酸解物再通过石膏滤饼和三次逆流洗涤也可生产稀磷酸。

废水主要来源于石膏池溢流水、含氟废气洗涤器洗涤水和过滤机等设备冲洗水。污染因子主要为 pH 值（1～1.5）、氟化物（5 000 mg/L 左右）和磷酸盐（1 万 mg/L 左右）。

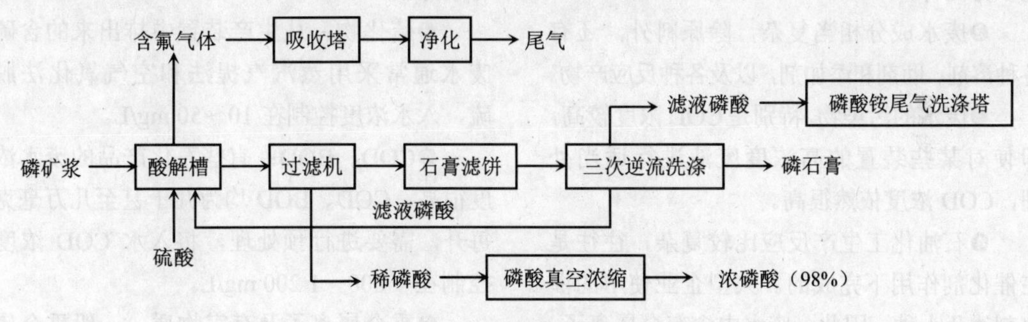

二水物法磷酸工艺流程图

磷肥行业产排污系数

产品	原料	工艺	规模等级	污染物指标	计量单位（污染物/产品）	产污系数	末端治理技术	排污系数
磷酸二铵	磷矿、合成氨、硫酸	传统法	≥40 万 t/a	COD	g/t	108.4	中和法＋沉淀分离	7.14
			12～40 万 t/a	COD	g/t	145.4	中和法＋沉淀分离	14.3
			≤12 万 t/a	COD	g/t	194.3	中和法＋沉淀分离	21.59

产品	原料	工艺	规模等级	污染物指标	计量单位（污染物/产品）	产污系数	末端治理技术	排污系数
磷酸一铵	磷矿、合成氨、硫酸	料浆法(粉状)	≥30 万 t/a	COD	g/t	145.1	中和法＋沉淀分离	13.23
			10～30 万 t/a	COD	g/t	185.9	中和法＋沉淀分离	14.53
			≤10 万 t/a	COD	g/t	205.3	中和法＋沉淀分离	16.73
		料浆法(粒状)	所有规模	COD	g/t	206.1	中和法＋沉淀分离	15.26
重过磷酸钙	硫酸、磷矿、	料浆法	所有规模	COD	g/t	158.5	中和法＋沉淀分离	11.92
		化成法	所有规模	COD	g/t	165.6	中和法＋沉淀分离	18.83
硝酸磷肥	磷矿、硝酸、合成氨	冷冻法	所有规模	COD	g/t	107	汽提脱氨	79.58

石油化工废水

石油化工是以天然气、炼厂气、直馏汽油、原油、重油、轻柴油等为原料，经裂解分离得到乙烯、丙烯、丁烯及芳香烃，再将这些产品进一步加工成为各种有机原料、合成材料以及其他各种用途的产品。

石油化工废水的主要特点是：

❶石油化工企业一般规模较大，日排水量以万吨计。

❷废水成分相当复杂，除原料外，还有各种溶剂、助剂和添加剂，以及各种反应产物。

❸废水的污染物，特别是COD浓度较高，即使对某些装置的高浓度废液进行适当处理，COD浓度依然很高。

❹石油化工生产反应比较复杂，往往是在催化剂作用下完成的。大型企业使用的催化剂达几十种，因此，废水中含有金属离子。

❺装置大型化，单位产品的废水量较小。

❻BOD 与 COD 的比值较高，一般在0.30～0.80，可生化性较好。

石油化工废水治理

石油化工各个生产装置的废水，除个别装置可以设计单独处理直接排放外，通常都是经过有针对性的预处理后再集中进行生物处理。主要有以下几个方面：

❶pH 值：石油化工生产装置，特别是碱洗、烃化、精馏等工段产生大量的酸碱废水。通常可以利用废酸水和废碱水相互中和，有时也添加中和剂。pH 值在进入生物处理装置之前控制在 6～9，一般在 8 左右较好。

❷石油类：采用隔油、溶气浮选等措施有效除油。

❸硫化物：从生产装置中排出来的含硫废水通常采用蒸汽汽提法和空气氧化法脱硫，入水浓度控制在 10～50 mg/L。

❹COD、BOD：有些石化产品的废水浓度很高，COD、BOD 均为几千甚至几万毫克每升，需要进行预处理，将入水 COD 浓度控制在 1 000～1 200 mg/L。

❺重金属离子及有害物质：一般重金属离子控制在 1～2 mg/L，总氰化物浓度控制在 20 mg/L 以下，苯控制在 100 mg/L 以下，酚控制在 300 mg/L 以下。

炼油厂废水来源

可以分为以下几种类型：

❶工艺废水：来自炼油装置的塔、罐、

油水分离器的排水，比如从常减压蒸馏装置和脱硫装置排出的含有较高浓度硫、氨、酚等污染物的汽提冷凝水。油品酸碱精制产生的高硫酚的废碱液。原油脱盐装置排除的高浓度含盐水。特点是量少（占总排水量的7%），但是污染负荷重（COD占总排水负荷的50%）。

❷含油废水：主要来自炼油装置的机泵冷却水，原油及重质油中间罐排水，地面冲洗水和含油雨水。废水中主要含油，水量占总排水量的14%。

❸假定净水：主要来自锅炉排污水、纯水制造装置的再生废液、循环冷却水场凉水塔的排污水。废水不含油，但含有酸碱等无机物以及微量有机物，水量占总排水量的50%。

❹生活污水。

炼油厂主要工段废水

❶常减压蒸馏工段。常压蒸馏装置排水来自汽提、蒸馏的冷凝器，主要含硫化氢和氨，还有少量的酚，呈碱性。减压蒸馏装置排水来自减压蒸馏的汽提、蒸馏冷凝器，主要含硫化氢、酚和油，水质呈乳浊状，COD在500 mg/L以上，BOD在100 mg/L以上。

❷催化裂化工段。在催化裂化反应塔中汽提法将油和催化剂分离时有蒸汽冷凝水排出。水中主要含有氨、硫化物和酚，在分馏塔回流罐产生酸性冷凝水，含酚类和氰化物，COD浓度在1 000 mg/L以上，BOD和氨氮在500 mg/L以上。

❸铂重整工段。废水量较小，主要含硫化物和油，COD在5 000 mg/L以上，BOD在1 000 mg/L以上。

❹加氢精制工段。废水主要含有高浓度的硫化氢、氨、酚，COD在1 000 mg/L以上，BOD在500 mg/L以上。

❺丙烷脱沥青工段。废水中含少量油、硫化物和氨。

❻延迟焦化工段。废水主要来自冷凝器，主要含油、硫化氢，氨氮，COD浓度在100 mg/L以上，BOD浓度在500 mg/L以上。

炼油废水预处理方法

❶含油废水。是炼油厂水量最多的一种废水，主要含油、悬浮物和其他有机物。浮油一般采用重力分离法，乳化油采用混凝、浮选、聚结、过滤等方法去除，溶解性油用吸附及生化法去除。

❷含硫废水。主要含硫化物、氨、油、挥发酚等物质，主要采用蒸汽汽提法、空气氧化法和催化法。

❸含酚废水。主要来源于各分馏塔塔顶油水分离器，采用烟道气或蒸汽汽提、溶剂萃取和吸附剂吸附。

❹废碱液。空气氧化处理、烟道气和硫酸中和处理。

化纤工业废水

❶水量大，每吨化纤织物产生20～60 t废水。

❷废水悬浮物不高，但有机物污染严重，COD很高，有一些是生物难以降解的物质，pH值差别较大。

丙烯腈生产废水

废水一般呈淡绿色或淡黄色，主要来源于解析塔和饱和塔，废水中含有丙烯腈、氢氰酸、乙腈、丙烯醛等物质，COD一般为200～2 000 mg/L。通常用生物法处理丙烯腈废水。一般包括三级生物处理：废水经蓄水调节池后进入塔式生物滤池脱去大部分 BOD、总氰和乙腈，然后进入曝气池或生物转盘进一步除去 BOD、总氰和乙腈，最后可以使用焦炭滤池过滤。

腈纶生产废水

主要为脱泡水、二效蒸发器冷凝水和萃取塔底部排除残液。一般萃取塔底残液为酸性废水，可单独排入中和池用碱中和；脱泡水、二效蒸发器冷凝水主要为含氰废水，可用生物法处理，与丙烯腈废水处理相似，用调节池、塔式生物滤池、生物转盘和沉淀池逐级处理。

聚氯乙烯行业产排污系数

产品	原料	工艺	规模等级	污染物指标	计量单位（污染物/产品）	产污系数	末端治理技术	排污系数
聚氯乙烯(PVC)	电石、氯化氢	电石法	≥16 万 t/a	COD	g/t	22 440	沉淀分离+生物氧化法	1 320
			8～16 万 t/a	COD	g/t	22 890	沉淀分离+普通活性污泥法	1 470
			＜8 万 t/a	COD	g/t	26 970	沉淀分离+普通活性污泥法	1 770
	乙烯、氧气、氯气	乙烯氧氯化法	≥40 万 t/a	COD	g/t	1 040	沉淀分离+生化处理	350
			30～40 万 t/a	COD	g/t	1 050	沉淀分离+生化处理	350
			30＜万 t/a	COD	g/t	1 120	沉淀分离+生化处理	430

皂素生产废水

一般使用酸水解法生产皂素，先将薯蓣原料粉碎浸泡后任其自然发酵数天，加入盐酸溶液加热水解，水洗至中性，滤渣经烘干后用汽油溶剂提取皂素。

生产 1t 皂素产生 500t 高浓度有机废水，COD 浓度 2 万 mg/L 左右，pH 值 2～3。

磷肥工业水污染物排放标准

原国家环保局和原国家技术监督局 1995 年 6 月 12 日发布了《磷肥工业水污染物排放标准（GB 15580—95）》，于 1996 年 7 月 1 日实施。控制的主要污染因子为氟化物、磷酸盐、悬浮物和 pH 值。磷肥工业 COD 执行《污水综合排放标准》（GB8978—1996）其他排污单位的规定，按一级、二级、三级排放标准分别执行 100 mg/L、150 mg/L 和 500 mg/L，无时段要求。

烧碱、聚氯乙烯工业水污染物排放标准

原国家环保局和原国家技术监督局 1995 年 6 月 12 日发布了《烧碱、聚氯乙烯工业水污染物排放标准（GB 15581—95）》，1996 年 7 月 1 日实施。主要控制的污染因子为总汞、石棉、活性氯和悬浮物，COD 执行《污水综合排放标准（GB 8978—1996）》其他排污单位的规定，按一级、二级、三级排放标准分别执行 100 mg/L、150 mg/L 和 500 mg/L，无时段要求。聚氯乙烯工业废水 COD 执行标准按不同生产工艺方法规定，其中电石法按一级、二级、三级排放标准分别执行 100 mg/L、150 mg/L 和 500 mg/L，乙烯氧氯化法按一级、二级、三级排放标准分别执行 80 mg/L、100 mg/L 和 500 mg/L，无时段要求。

合成氨工业水污染物排放标准

原国家环保总局和国家质量监督检验检

疫总局2001年11月12日发布《合成氨工业水污染物排放标准（GB 13458—2001）》，2002年1月1日实施。废水主要控制的污染因子为氨氮、COD、硫化物、石油类、氰化物、悬浮物、挥发酚和pH值。2000年12月31日前的项目COD按一、二级排放标准分别执行150 mg/L和200 mg/L，2001年1月1日起的项目，COD排放标准按项目规模分别执行，大型企业一律执行100 mg/L，中型企业一律执行150 mg/L。

皂素工业水污染物排放标准

原国家环保总局和国家质量监督检验检疫总局2006年9月1日发布了《皂素工业水污染物排放标准（GB 20425—2006）》，2007年1月1日实施。主要控制的污染因子有COD、BOD、悬浮物、氨氮、氯化物、总磷、pH值和色度。原有皂素工业在2007年1月1日至2008年12月31日期间，废水COD排放标准一律执行400 mg/L，从2009年1月1日起一律执行300 mg/L；2007年1月1日起的项目COD排放标准一律执行300 mg/L。

四、医药行业

生物发酵法制药废水

主要是提取废水（发酵残液）、洗涤废水（设备、发酵罐、地面等清洗废水）、其他废水（冷却和酸碱废水）。

其特点是有机物浓度很高，COD可高达5 000～8 000 mg/L，BOD可达2 500 mg/L，而且往往含有抑菌的抗生素物质，在大于100 mg/L时会抑制好氧污泥的活性。

化学合成制药废水

废水的水质和水量因使用的有机化工和无机化工的原料和中间体的不同，以及生产的药物种类繁多而导致变化较大，含有的污染物种类多，并含生物难以降解的物质和微生物生长抑制剂，如脂肪、苯类有机物，醇、酯，石油类，氨氮、硫化物及各种金属离子。

中成药生产废水

中成药生产将中草药和生物体经过洗、淘、漂等前处理工序，在提取车间进行配方、煎制后进行水提或醇提，得到提取液再生产各种剂型。

废水主要为原料的洗涤水、原药煎制残液、分离水、蒸发冷凝水和设备、地面清洗水，废水中含大量天然有机物，水质波动性大，一般COD 2 000～3 000 mg/L，BOD 1000～1 500 mg/L。

废水处理采用预处理和生化法处理，通常水解酸化后，再经生物接触氧化，最后用物理化学法絮凝沉淀。难点在于木质素的处理。

混装制剂类制药工业水污染物排放标准

环保部和国家质量监督检验检疫总局2008年6月25日发布《混装制剂类制药工业水污染物排放标准（GB 21908—2008）》，2008年8月1日实施。主要控制的污染因子有COD、BOD、悬浮物、总有机碳、氨氮、pH值、急性毒性。现有项目在2009年1月1日至2010年6月30日COD排放标准执行80 mg/L，2010年7月1日后执行60 mg/L，2008年8月1日起的项目COD排放标准一律执行60 mg/L。

生物工程类制药工业水污染物排放标准

环保部和国家质量监督检验检疫总局2008年6月25日发布《生物工程类制药工业水污染物排放标准（GB 21907—2008）》，2008年8月1日实施。主要控制的污染因子有COD、BOD、悬浮物、总有机碳、氨氮、色度、动植物油、挥发酚、总氮、总磷、pH值、总余氯、粪大肠杆菌群、急性毒性。现有项目在2009年1月1日至2010年6月30日COD排放标准执行100 mg/L，2010年7月1日后执行80 mg/L，2008年8月1日起的项目COD排放标准一律执行80 mg/L。

中药类制药工业水污染物排放标准

环保部和国家质量监督检验检疫总局2008年6月25日发布《中药类制药工业水污染物排放标准（GB 21906—2008）》，2008年8月1日实施。控制的主要污染因子有COD、BOD、悬浮物、总有机碳、氨氮、色度、总氮、总磷、总汞、总砷、pH值、动植物油、总氰化物、急性毒性。现有项目在2009年1月1日至2010年6月30日COD排放标准执行130 mg/L，2010年7月1日后执行100 mg/L，2008年8月1日起的项目COD排放标准一律执行100 mg/L。

提取类制药工业水污染物排放标准

环保部和国家质量监督检验检疫总局2008年6月25日发布《提取类制药工业水污染物排放标准（GB 21905—2008）》，2008年8月1日实施。控制的主要污染因子有COD、BOD、悬浮物、氨氮、色度、总氮、总磷、pH值、动植物油、总有机碳、急性毒性。现有项目在2009年1月1日至2010年6月30日COD排放标准执行150 mg/L，2010年7月1日后执行100 mg/L，2008年8月1日起的项目COD排放标准一律执行100 mg/L。

化学合成类制药工业水污染物排放标准

环保部和国家质量监督检验检疫总局2008年6月25日发布《化学合成类制药工业水污染物排放标准（GB 21904—2008）》，2008年8月1日实施。控制的主要污染因子有COD、BOD、悬浮物、氨氮、色度、总氮、总磷、pH值、动植物油、总有机碳、急性毒性、总铜、挥发酚、硫化物、硝基苯类、苯胺类、二氯甲烷、总锌、总氰化物、总汞、烷基汞、总镉、六价铬、总砷、总铅、总镍。现有项目在2009年1月1日至2010年6月30日COD排放标准执行200 mg/L（有混装药剂的执行180 mg/L），2010年7月1日后执行120 mg/L（有混装药剂的执行100 mg/L），2008年8月1日起的项目COD排放标准一律执行120 mg/L（有混装药剂的执行100 mg/L）。

发酵类制药工业水污染物排放标准

环保部和国家质量监督检验检疫总局2008年6月25日发布《发酵类制药工业水污染物排放标准（GB 21903—2008）》，2008年8月1日实施。控制的主要污染因子有COD、BOD、悬浮物、氨氮、色度、总氮、总磷、pH值、总有机碳、急性毒性、总锌、总氰化物。现有项目在2009年1月1日至2010年6月30日COD排放标准执行200 mg/L（有混装药剂的执行180 mg/L），2010年7月1日后执行120 mg/L（有混装药剂的执行100 mg/L），2008年8月1日起的项目COD排放标准一律执行120 mg/L（有混装药剂的执行100 mg/L）。

杂环类农药工业水污染物排放标准

环保部和国家质量监督检验检疫总局2008年4月2日发布《杂环类农药工业水污染物排放标准（GB 21523—2008）》，2008年7月1日实施。控制的主要污染因子有COD、BOD、悬浮物、氨氮、色度、pH值、总氰化物、氟化物、甲醛、甲苯、氯苯、可吸附有机卤化物、苯胺类等24项。现有项目在2008年7月1日至2009年6月30日COD排放标准执行 150 mg/L（氟虫腈原药企业执行100 mg/L），2009年7月1日后执行100 mg/L，2008年7月1日起的项目COD排放标准一律执行100 mg/L。

五、发酵、酿造工业

啤酒生产工艺

啤酒生产工艺包括：制麦芽、糖化、发酵、后处理四大工序。生产工艺流程如下图所示。

麦芽制备分为大麦贮存、筛选、浸渍、发芽、干燥和除根六个工序，用水主要包括浸麦用水和冷却用水两部分。浸麦的目的是使麦粒吸水和吸氧、洗涤除尘、除杂以及去除微生物，并使麦皮内的部分有害成分浸出，为麦芽提供条件；干燥是将绿麦芽干燥，目的是去除麦芽的生腥味，使酶停止活动；干燥过程分为烘干和焙焦两个过程；除根是利用除根机去掉麦根。麦芽制备工段每制成品酒1 t，产生COD污染物约2 kg。

麦汁制备过程俗称糖化，是将麦芽粉碎与温水混合，借助麦芽自身的多种水解酶，将淀粉和蛋白质等高分子物质进一步分解成可溶性低分子糖类、糊精、氨基酸、胨、肽等，麦芽内容物的浸出率可达80%。该过程每制成品酒1 t，产生COD污染物约7.24 kg。

发酵分为前发酵和后发酵。前发酵是酵母对以麦芽糖为主的麦汁进行发酵，产生乙醇和CO_2。后发酵是将前发酵得到的嫩酒送至后发酵罐，长期低温贮藏，以完成残糖的最后发酵，澄清啤酒，促进成熟。发酵工段每制成品酒1 t，产生COD污染物约8.3 kg。

后处理即用硅藻土过滤分离发酵罐底部残余的酵母和蛋白质的过程，也称成品酒工段，该工段每制啤酒1 t，产生COD污染物约7.5 kg。

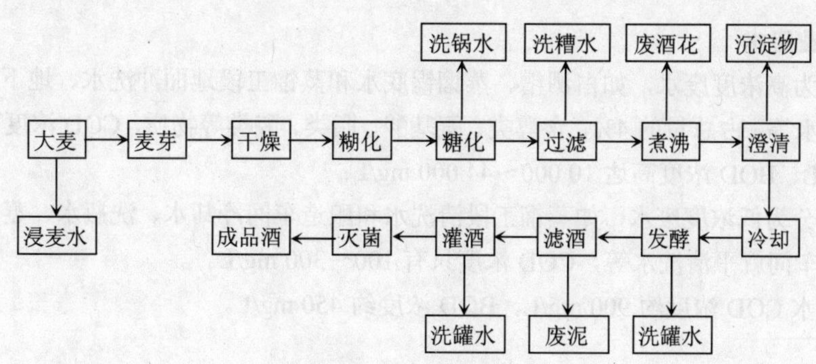

啤酒生产工艺流程

啤酒生产废水

目前国内啤酒的平均排水量为 10～20 m^3/t 酒，清洁生产水平较好的为 8～10 m^3/t 酒。

啤酒工业废水按其有机物含量可分为：

❶麦汁工序洗糟废水，属高浓度废水，占总排水量的 5%～10%，COD 浓度达 30 000 mg/L。

❷发酵工序洗酵母废水，属中浓度废水，占总排水量的 25%，COD 浓度约 2 500 mg/L。

❸装酒废水、制麦芽废水，占总排水量的 65%，废水含残酒、洗涤液、纸浆、染料、浆糊、泥沙等，COD 约 700 mg/L。

❹冷却水，基本未受污染。

啤酒厂产生的废水中主要污染物是 COD、BOD_5、SS 三项，综合废水 COD 浓度在 1 000～1 500 mg/L。

啤酒废水治理

有活性污泥法、厌氧发酵法、生物转盘法、射流曝气、生物接触氧化、生物滤池、生物塔滤、深井曝气、氧化塘等。

酒精废醪

根据发酵物料状态不同，分为固态发酵法、半固态发酵法、液态发酵法。

固态发酵法是以高粱等谷物为原料，经粉碎后加入大曲或麸曲，入窖糖化与发酵在固态的酒醅中同时进行，成熟后固态蒸馏取酒的过程。可分为续渣法、清渣法两种工艺。

半固态发酵法是以大米为原料、小曲为糖化发酵剂或采用先固态培菌糖化、再半固态半液态发酵和蒸馏的方法。

液态发酵法指发酵醪在液态中进行发酵制造酒精的生产工艺。

白酒固态发酵生产工艺如下图所示。

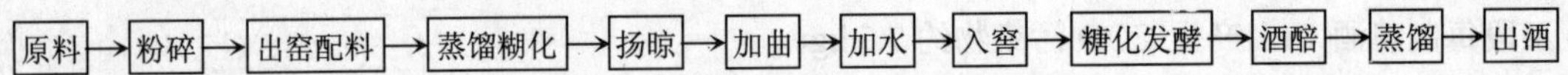

白酒工业废水

一部分为高浓度废水，如白酒糟、蒸馏锅底水和蒸馏工段地面冲洗水、地下酒库渗漏水、发酵池盲沟水等，占总量的 4%，含醇类、氨基酸、脂类、醛类等物质，COD 浓度高达 20 000～100 000 mg/L、BOD 浓度高达 10 000～44 000 mg/L；

另一部分为低浓度废水，如蒸馏工段清洗水和酿造车间冷却水、洗瓶水、蒸馏操作工具冲洗水、罐装车间就平清洗水等，COD 浓度只有 100～300 mg/L。

综合污水 COD 浓度约 900 mg/L、BOD 浓度约 450 mg/L。

白酒工业废水治理

白酒废水中污染物成分多为可生化降解有机物，但其组分中的低碳醇、脂肪酸含量较大，需要经过很好的驯化才能降解有机物。对高浓度白酒废水，可以利用厌氧—好氧—气浮三级工艺处理；对中浓度白酒废水，可以利用好氧—气浮二级工艺处理；对低浓度白酒废水，可以利用氧化沟工艺处理。

酒精工业生产工艺

酒精生产分为发酵法和化学合成法两种。发酵法是将淀粉质、糖质原料，在微生物作用下，经发酵生产酒精；化学合成法是以炼焦炭、裂解石油的废气为原料，经化学合成生产工业酒精（乙醇），生产方法又分为间接水合法和直接水合法两种。

酒精工业废水污染及其治理

发酵法蒸馏工序的粗馏塔底部排放的酒精废醪属高浓度废水，每生产 1t 酒精产生酒精废醪 12～15 t，主要含固体不溶物、油脂、蛋白质、淀粉、胶体、糖类和无机物，有机物占总量的94%，COD 浓度达 20 000～150 000 mg/L、BOD 在 13 000～40 000 mg/L、SS 高达 10 000～50 000 mg/L。

生产设备的冲洗水、洗涤水属中浓度废水，COD 浓度 600～2 000 mg/L，BOD 在 500～1 000 mg/L。

蒸煮、糖化、发酵、蒸馏工艺的冷却水属低浓度废水，COD 浓度低于 100 mg/L。

酒精工业废水主要污染物有 COD、BOD、SS。处理技术一般采用厌氧—好氧法。

味精生产工艺

主要为发酵法。以淀粉质作为原料时，将淀粉水解为葡萄糖，再以谷氨酸产生菌发酵而生成谷氨酸，再用碱中和生成谷氨酸单晶钠盐结晶。采用糖蜜为原料时，无需水解，但需进行其他处理以抑制或去除糖蜜中高生物素含量的影响，方可发酵积累谷氨酸。

国内目前以淀粉质和糖质作为原料生产。

以淀粉质作为原料工艺流程如下图所示。

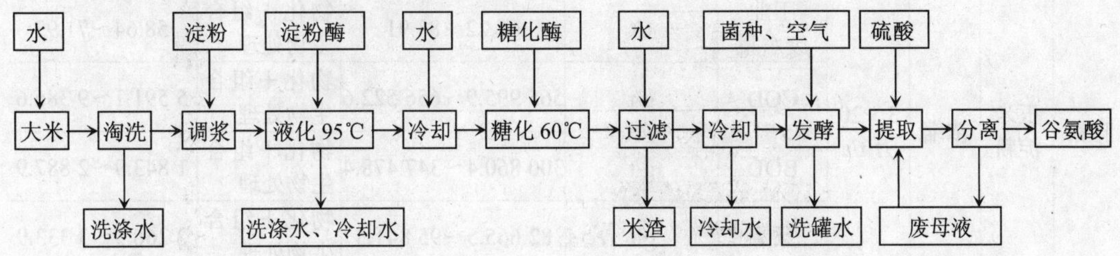

第九章 COD减排基础知识

味精生产废水

主要来源于发酵废液、遗弃的结晶母液及洗涤废水、消毒废水。废水分三类：

低浓度废水如冷却水、冷凝水，COD 浓度为 100～500 mg/L，废水排放量 100～200 m^3/t 味精。

中浓度废水如消毒废水、冲洗水，废水排放量 100～250 m^3/t 味精，COD 浓度达 1 000～2 000 mg/L。

高浓度废水如发酵废母液、离子交换尾液，COD 浓度平均 30 000～70 000 mg/L，氨氮浓度 10 000～15 000 mg/L，废水排放量 15～20 m^3/t 味精。

综合废水 COD 浓度 1 000～4 500 mg/L，BOD_5 浓度 500～3 500 mg/L，废水排放量 300～500 m^3/t 味精。

味精废水治理

高浓度废水综合利用包括发酵废母液生产饲料酵母、发酵废母液提取菌体蛋白、发酵母液浓缩干燥生产有机复合肥料等。

味精综合废水处理工艺一般采用厌氧处理和好氧处理相结合。

味精制造行业产排污系数

产品	原料	工艺	规模等级	指标	计量单位(污染物/产品)	产污系数	末端治理技术	排污系数
味精	大米	发酵提取	3～20 万 t/a	工业废水量	t/t	74.99～93.46	物化＋组合生物处理	67.21～79.91
				COD	g/t	656 817.7～714 975.5	物化＋组合生物处理	7 426.6～11 483.6
				BOD	g/t	355 286.8～360 769	物化＋组合生物处理	2 372.5～3 580.1
				氨氮	g/t	121 887.2～135 564.4	物化＋组合生物处理	2 449.8～3 807.7
味精	玉米淀粉	浓缩	3～20 万 t/a	工业废水量	t/t	67.22～83.91	物化＋组合生物处理	58.64～71.93
				COD	g/t	565 995.9～656 522.6	物化＋组合生物处理	5 591.1～9 386.6
				BOD	g/t	300 860.4～347 478.4	物化＋组合生物处理	1 843.9～2 887.9
				氨氮	g/t	82 665.5～95 841.3	物化＋组合生物处理	2 266.3～3 333.9

柠檬酸生产工艺

国内柠檬酸的生产主要以薯干、玉米等为原料。玉米柠檬酸的生产工艺主要包括糖化、发酵、提取和精制等。工艺按原料可分为粗淀粉发酵工艺和精淀粉发酵工艺，其中粗淀粉发酵工艺较为广泛。流程如下图所示。

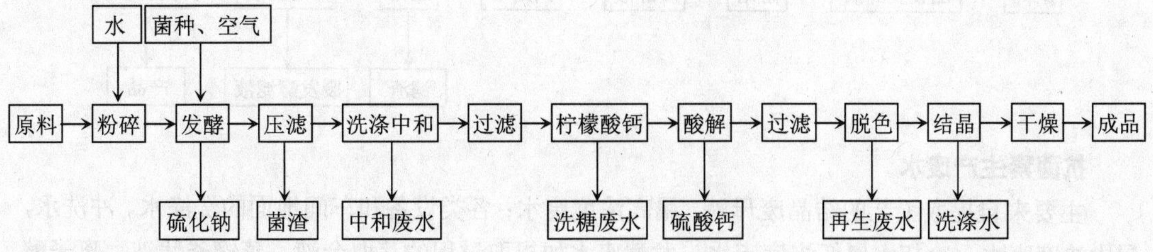

柠檬酸工业废水

主要来自原料处理、发酵、提取、精制等工序的废液，清洗生产设备和冲地废水及消毒废水。见下表。

柠檬酸生产废水水量及水质

	废水名称	废水量（t/t 产品）	COD（mg/L）	pH 值
1	糖化洗滤布水	1.80	3 962	5～6
2	二压洗滤布水	0.54	1 741	3
3	刷罐水	0.36	38 986	1～2
4	浓糖水	14.40	23 780	4.5～5.5
5	洗糖水	11.50	3 650	5～6
6	沙柱冲洗水	0.18	—	—
7	离子交换淡酸水	2.70	3 000～4 000	1～2
8	碳柱废碱水	0.15	1 000～3 000	10～12
9	阳柱废碱水	0.72	1 000～3 000	1～2
10	阴性废氨水	0.32	1 000～3 000	10～12
11	再生冲洗水	2.16	500～1 000	—

柠檬酸工业废水治理

柠檬酸工业废水属于高浓度有机废水，可生化性好，常用生化法；采用厌氧—好氧生物组合法。

抗菌素生产工艺

主要包括菌种制备及菌种保藏、培养基制备（培养基的种类与成分、培养基原材料的质量和控制）与灭菌及空气除菌、发酵工艺（温度与通气搅拌等）与设备、发酵液的预处理和过滤、提取工艺（沉淀法、溶剂萃取法、离子交换法）与设备、干燥工艺与设备。

以粮食或糖蜜为原料的抗生素生产工艺如下图所示。

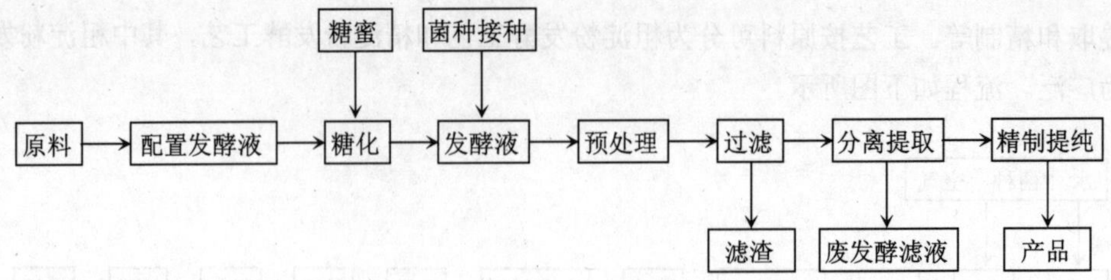

抗菌素生产废水

主要来自提取工艺的结晶废母液，属高浓度废水；各类设备和车间地面的洗涤水、冲洗水，属中浓度废水；冷却水属低浓度废水；发酵废水如提取过程的萃取余液、蒸馏釜残液、离子酵化过程的吸附废液、发酵滤液及染菌倒灌废液等 COD 浓度高达 15 000～40 000 mg/L，洗涤废水 BOD 约 1 000 mg/L 左右。

抗菌素废水处理

大部分采用好氧生物处理技术，此外还有厌氧消化、厌氧—好氧等处理技术。

啤酒工业污染物排放标准

原国家环保总局和国家质量监督检验检疫总局 2005 年 7 月 18 日发布《啤酒工业污染物排放标准（GB19821—2005）》，自 2006 年 1 月 1 日起实施。

主要控制的污染因子有 COD、BOD、SS、氨氮、总磷、pH 值。2006 年 1 月 1 日起新建、扩建、改建的啤酒生产企业和麦芽生产企业执行 COD 排放标准为 80 mg/L，2006 年 1 月 1 日前已投入生产和环境影响报告书已批准的啤酒生产企业和麦芽生产企业自 2006 年 1 月 1 日至 2008 年 4 月 30 日止 COD 按一、二、三级排放标准分别执行 100 mg/L、150 mg/L 和 500 mg/L，自 2008 年 5 月 1 日起，执行 COD 排放标准为 80 mg/L。

味精工业污染物排放标准

原国家环保总局和国家质量监督检验检疫总局 2004 年 1 月 8 日发布《味精工业污染物排放标准（GB19431—2004）》，自 2004 年 4 月 1 日起实施。

主要控制的污染因子有 COD、BOD、SS、氨氮、排水量、pH 值。2003 年 12 月 31 日前建设的项目，执行 COD 排放标准为 300 mg/L，从 2007 年 1 月 1 日起，执行 COD 排放标准为 200 mg/L，2004 年 1 月 1 日起建设、改建、扩建的项目，执行 COD 排放标准为 200 mg/L。

柠檬酸工业污染物排放标准

原国家环保总局和国家质量监督检验检疫总局 2004 年 1 月 18 日发布《柠檬酸工业污染物排放标准（GB 19430—2004）》，自 2004 年 4 月 1 日起实施。主要控制的污染因子有 COD、BOD、SS、氨氮、排水量、pH 值。2003 年 12 月 31 日前建设的项目，执行 COD 排放标准为

300 mg/L，从 2006 年 1 月 1 日起，执行 COD 排放标准为 150 mg/L，2004 年 1 月 1 日起建设、改建、扩建的项目，执行 COD 排放标准为 150 mg/L。

六、食品加工工业

（一）制糖工业

甘蔗制糖工艺

一般包括破碎、提汁、清净、蒸发、结晶成糖的过程。其中提汁方法包括压榨法、渗出法和磨压法等，清净过程根据清洗剂的不同分为亚硫酸法、石灰法、碳酸法、电澄清法和离子交换法等。

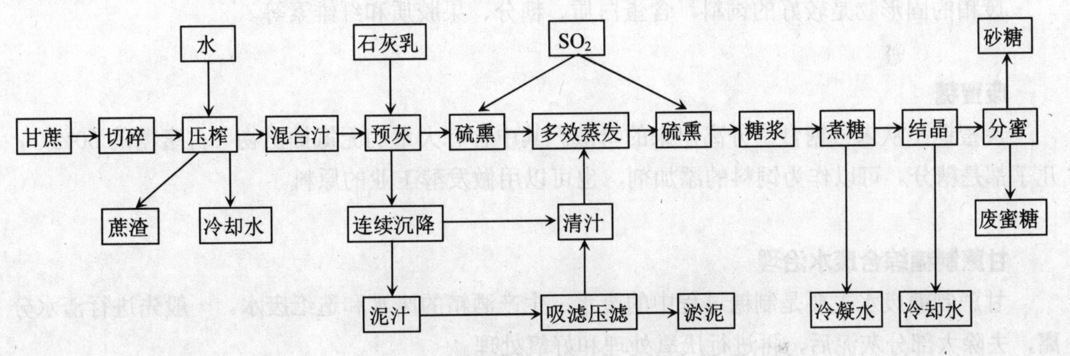

甘蔗制糖生产工艺流程

甜菜制糖工艺

主要包括预处理、切丝渗出、纯化蒸发和煮糖等工艺流程。

其中预处理包括甜菜的水力输送、沉砂和除草工艺；切丝渗出工艺使糖分扩散到水中，从而达到提汁的目的；纯化蒸发工艺使渗出汁浓缩成糖浆；煮糖工艺目的是将糖浆进一步浓缩和结晶。

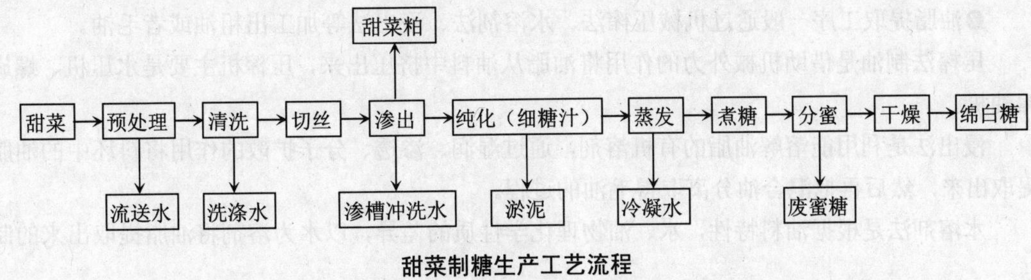

甜菜制糖生产工艺流程

制糖工业废水

主要污染物是COD、BOD和SS。

甘蔗制糖废水包括制糖车间蒸发、煮糖车间冷凝器排出的冷凝水和设备冷却水、真空吸滤机水喷射泵用水、压榨动力汽轮机和动力车间汽轮发电机排出的冷却水等低浓度废水，水量占总废水量的70%，COD 60 mg/L。

澄清压榨工序洗滤布废水，滤泥沉淀池溢流出水，洗灌水及锅炉湿法排灰、烟囱水膜除尘废水等中浓度废水，水量占总废水量的25%，COD浓度在2 000～5 000 mg/L。

碳酸法压滤排滤泥废水、蜜糖车间废液等高浓度废水，水量占总废水量的5%，COD浓度高达几万毫克每升。

废粕

指甜菜经渗出提取蔗糖后的废菜丝。其产量是加工甜菜量的90%。

废粕的固形物是较好的饲料，含蛋白质、糖分、果胶质和纤维素等。

废蜜糖

废蜜糖是从末号糖膏中分离出来的母液。其中含有大量的无氮抽出物（占蜜糖的60%），几乎都是糖分。可以作为饲料的添加剂，也可以用做发酵工业的原料。

甘蔗制糖综合废水治理

甘蔗制糖废水主要是制糖过程中的废水、生产酒精的废水和造纸废水。一般先进行渣水分离，去除大部分灰泥后，再进行厌氧处理和好氧处理。

（二）食用油脂工业

天然植物油脂加工工艺

包括预处理、提取和精炼等工序。

❶预处理工序是在植物油的加工工艺中，从原料开始到提取油脂前的所有准备工作。包括油料的清理去杂与制坯。清理去杂主要包括油料的储存、干燥、清理、脱蓉脱壳、去皮以及分离等工序。制坯的工序有破碎、软化、轧坯、蒸炒、成型等。预处理加工的产品是原料坯。

❷油脂提取工序一般通过机械压榨法、水溶剂法、浸出法等加工出粗油或者毛油。

压榨法制油是借助机械外力的作用将油脂从油料中挤压出来，压榨机主要是水压机、螺旋榨油机。

浸出法是利用能溶解油脂的有机溶剂，通过湿润、渗透、分子扩散的作用将料坯中的油脂提取出来，然后再把混合油分离取得毛油的过程。

水溶剂法是根据油料特性，水、油物理化学性质的差异，以水为溶剂将油脂提取出来的制油方法。

❸油脂精炼工序指采取必要的技术手段，将毛油去掉不需要的杂质，使之达到使用目的。精练的方法可分为机械法、化学法和物理化学法三种。

沉降、过滤、离心分离属于机械法；碱炼、酸炼和氧化还原属于化学法；水化、吸附以及蒸汽蒸馏属于物理化学法。目前碱炼法和物理精炼法较为广泛。

油脂工业废水

主要来自浸出、精炼等工艺。产生的废水，包括精炼车间水化脱胶废水、精练车间汽提脱臭冷却废水、各车间设备及地面的冲洗水、罐区地面冲洗水、循环冷却系统排水、锅炉软水制备系统再生废水、锅炉排污水、水膜除尘废水和生活污水。

油脂加工生产废水中的主要污染物为COD、BOD、油，含油量高，COD在2 000～7 000 mg/L，SS在1 000～1 500 mg/L。

（三）肉禽加工业

肉禽加工工艺

包括致昏、刺杀放血、褪毛或者剥皮、开膛解体、胴体修整、检验盖印等。

工艺流程见图。

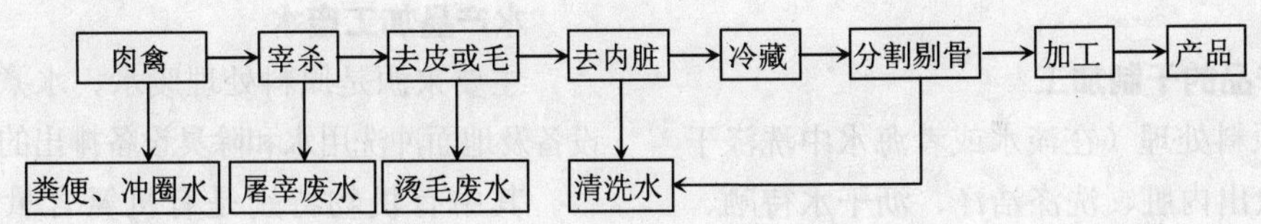

肉禽加工废水

主要为圈栏冲洗水、屠宰废水、清洗内脏的废水、烫毛废水、分割肉禽时的清洗水等。

综合废水COD可达1 500～2 500 mg/L。

肉禽加工废水处理

肉禽加工产生的废水属于易于生物降解的中浓度有机废水。治理技术有射流曝气活性污泥法、水力循环喷射活性污泥法、光合细菌处理法、好氧生物流化床、厌氧生物滤池、UASB—射流曝气工艺等技术。

水产品加工的生产工艺

水产品加工是渔业生产的延续。主要分为初步加工、二次加工精制两大类。

水产品的宰杀与冷冻加工

其工艺过程为：宰杀（包括去鳞、去内脏、清洗）、修整、盐液浸渍、－5℃冻结、－18℃冷藏。

主要废水是冲洗鱼体排出的废水，COD为3 000～5 000 mg/L，属于高浓度废水。

水产品的腌制加工

包括原料处理、用盐水冲洗（洗去鱼体表面附着的黏液）、剖割、洗涤（去除鱼体残留的血污和黏液）、腌制、包装储运。

主要污染物是原料处理和设备的洗涤废水。

水产品的干制加工

为原料处理（在淡水或者海水中洗涤干净）、取出内脏、洗涤洁净、沥干水待晒、烘晒、整形、分级，最后包装成产成品。

主要污染物是原料处理和设备的洗涤废水。

水产品肉糜加工

为冲洗原料、原料处理、冲洗全肉、挑选、漂白、脱水、磨碎、调制、成型、冷冻，最后包装出厂。

主要污染物是原料处理和洗涤设备的废水，含有纤维状蛋白质和水溶性蛋白质，其中BOD浓度约为几千毫克每升。

琼脂的加工

为原藻浸泡、冲洗、煮熟、过滤、凝固、冻结、注水解冻、脱水，最后干燥。

琼脂的原料为石花菜等海藻，浸泡和冲洗操作用水量很大，为原藻的10～20倍，注水解冻和脱水操作用水量为制品的2～3倍，产生废水的BOD为1 200 mg/L。

水产罐头加工

为原料冲洗、原料处理、装肉、称重、注液、真空脱气、蒸煮灭菌、冷却、制成产品。

用水量为原料的 2～3 倍，产生废水的BOD为3 000～7 000 mg/L。

水产品加工废水

主要来源是原料处理废水、水煮废水、设备及地面冲洗用水和除臭设备排出的水。

其中有机物特别是有机氮含量很高，COD可达5 000～50 000 mg/L，BOD 200～2 000 mg/L，SS 150～1 000 mg/L，pH值为6.5~8.5，还含有高浓度的盐类。

水产品加工废水的处理

主要处理方法有：沉淀、厌氧生物法、活性污泥法和生物膜法等。

淀粉加工生产工艺

包括玉米、木薯、红薯、马铃薯、小麦淀粉等生产工艺。

玉米淀粉一般采用湿磨法加工，是将淀粉和玉米油作为主要产品提出，再分离出副产品玉米浆、胚芽饼、玉米麸、蛋白粉等。

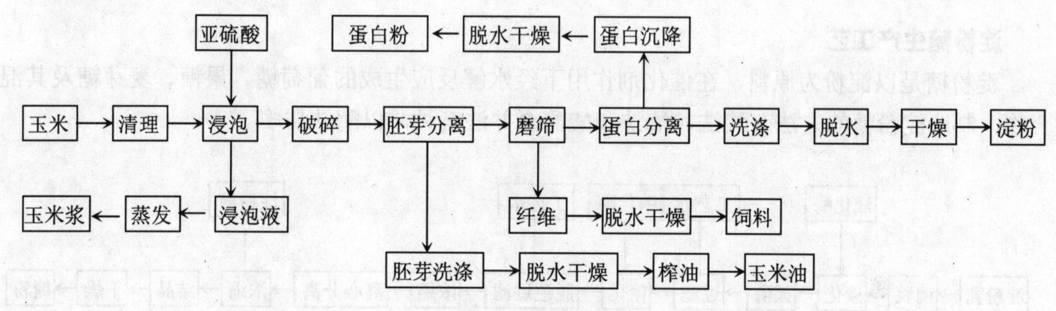

玉米淀粉生产工艺流程

木薯淀粉生产利用淀粉密度大于水且不易溶解于水的性质，用水将淀粉从薯类作物中分离，再将淀粉从水的悬浮液中分离出来。

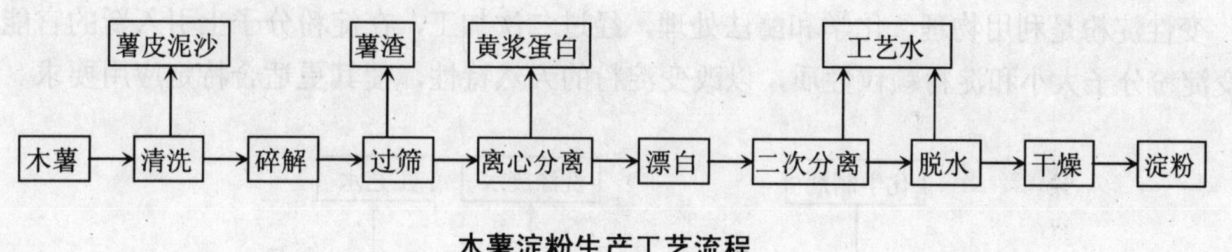

木薯淀粉生产工艺流程

红薯、马铃薯淀粉生产通过碎解、纤维分离、脱水等环节，将淀粉分离。主要产生洗涤废水和薯渣等污染物。

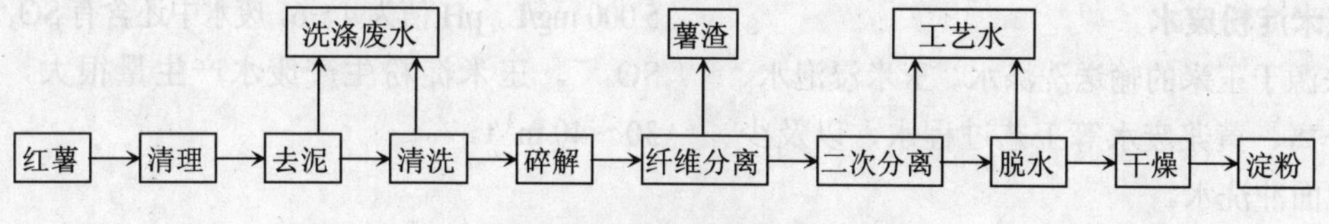

红薯、马铃薯淀粉生产工艺流程

小麦淀粉生产将面粉经过水洗形成淀粉浆，再经过沉淀工序形成淀粉浓浆，最后通过离心脱水和干燥产出淀粉。

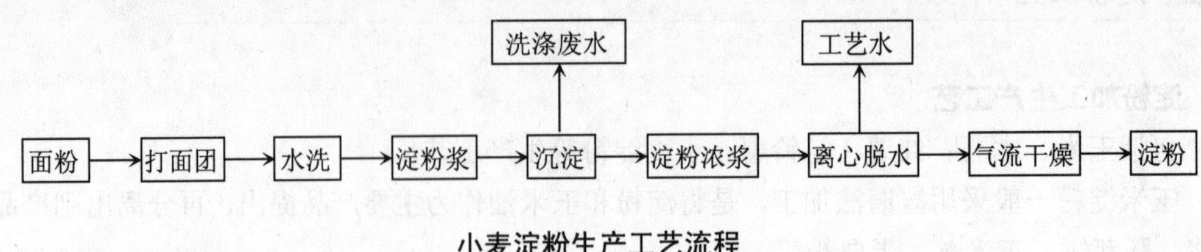

小麦淀粉生产工艺流程

淀粉糖生产工艺

淀粉糖是以淀粉为原料，在催化剂作用下经水解反应生成的葡萄糖、果糖、麦芽糖及其混合物。制造淀粉糖的方法有酸法、酶法和酸酶合并法三种，以酶法居多。

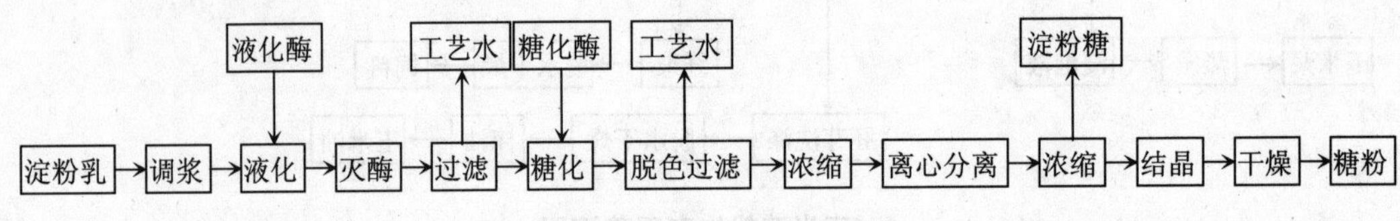

酶法淀粉糖生产工艺流程

变性淀粉生产工艺

变性淀粉是利用物理、化学和酶法处理，经过二次加工，在淀粉分子上引入新的官能团或改变淀粉分子大小和淀粉颗粒性质，以改变淀粉的天然特性，使其更适合特定应用要求。

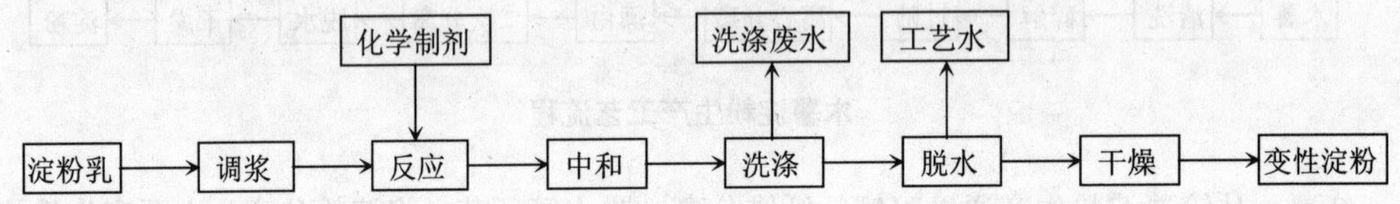

玉米淀粉废水

来源于玉米的输送洗涤水、玉米浸泡水、胚芽分离、黄浆废水等工艺过程水，以及少量的地面冲洗水。

废水中浸泡水和黄浆水是高浓度废水，分别含粉渣 5%和 2%，排放量达到原料的 30 倍，产品淀粉的 20 倍，含有大量的糖、蛋白质、氮、脂肪等，COD 为 8 000～30 000 mg/L，BOD 为 5 000～20 000 mg/L，SS 为 3 000～5 000 mg/L，pH 值为 4～6，废水中还含有 SO_3^{2-}、SO_4^{2-}。玉米淀粉生产废水产生量很大，为 30～40 m^3/t。

薯类淀粉废水

主要来源于薯类流送渠和洗涤水、从筛网或离心机提取淀粉后的薯浆废水、压榨机和沉淀池排出的蛋白质水、洗涤和精制中排出的蛋白质水、淀粉渣贮槽废水、冷凝器和真空干燥器的冷凝水、生产设备洗刷废水等。

其中分离废水为主，水量大，COD、BOD、SS 的浓度都较大，COD 可达 3 000～8 000 mg/L、BOD 2 000～4 000 mg/L、SS 2 000～3 000 mg/L。

洗涤废水和输送废水主要废物是薯皮、泥沙；淀粉渣贮槽废水酸度较高；冷凝水基本上是未污染的水。

淀粉糖加工的废水

包括葡萄糖加工的蒸发冷凝水、高转化麦芽糖浆加工的离子交换系统的再生废水，以及各种设备的冲洗水、洗涤水和冷却水。废水主要含糖类和有机酸、无机盐等。

一般水质情况为：COD 400～11 500 mg/L，BOD 2 000～6 000 mg/L，SS 150～6 000 mg/L，NH_3-N 30～250 mg/L，pH 值 4.5～6。

变性淀粉的废水

由于变性淀粉废水的性质与其生产工艺有很大关系，pH 值 5～6，COD 2000～4 000 mg/L。

粉坊加工废水

指以豆类和薯类为原料生产各类粉条、粉丝过程中排放的废水。产生的废水中 70%～80%是制取淀粉过程和制粉过程产生的高浓度废水，其余是洗豆和烫豆产生的低浓度废水。

粉坊废水属于高浓度废水，COD 在 2 500～15 000 mg/L，BOD 1 800～8 500 mg/L，SS 1 000～4 500 mg/L，pH 值 4.5～6.8。

（六）乳制品加工业

乳制品加工废水

乳制品主要包括灭菌乳、奶粉、酸乳、乳酸菌饮料、奶油、干酪、炼乳、冰淇淋、雪糕等。

主要废水来自容器、设备、场地的洗涤冲刷废水和大量冷凝冷却水，冷却水占废水总量的 80%。乳品厂的废水含大量乳脂肪、乳蛋白、乳糖、无机盐等含乳有机物，属有机废水；设备、容器洗涤水属高浓度废水，COD 为 5 000 mg/L 左右；冲洗场地废水和办公用水属低浓度废水，COD 几百毫克每升。

乳制品加工废水平均 COD 为 1 300 mg/L 左右。

（七）豆制品加工业

豆制品生产废水

豆制品分传统产品（豆腐、腐乳、豆豉、腐竹、豆芽、油炸豆制品、卤豆干等）和现代产品（豆乳粉、豆粉、大豆蛋白、大豆蛋白质品、酸豆奶）。

豆制品生产废水包括：泡豆水和压滤黄浆水，属高浓度废水，含大量蛋白质、脂类、氨基酸、氨氮，呈酸性，COD 为 10 000～20 000 mg/L；来自清洗场地设施的清洗废水属低浓度废水。

由于豆制品生产产生的废水浓度很高，目前大中型豆制品企业废水处理一般采用厌氧一好氧相结合的处理方法，小型豆制品厂采用膜生物反应器进行好氧处理。

（八）饮料加工

饮料加工生产废水

常见的饮料包括碳酸饮料、果蔬饮料、瓶装饮用水、茶饮料及特殊用途饮料（如保健饮料）等。

生产废水主要来自生产车间设备和地面的生产残液、冲洗废水、溢洒的废饮料、清瓶废水、清理过滤设备废水，其废水量约占总水量的 90%。饮料生产废水中糖分较高，综合废水 COD 浓度约为 2 000 mg/L，可采用厌氧预处理—生化曝气处理，或 AB 法二级处理工艺。

（九）罐头加工

肉类和水产品罐头加工生产废水

废水含有较多的 COD、BOD、SS、有机氮和脂肪类物质，SS 为 300 mg/L，脂肪浓度为 600 mg/L，BOD 为 1 200 mg/L，总氮为 150 mg/L。

水果与蔬菜罐头生产废水

主要来自原料洗净和设备、容器、工作面的清洗。冷却水产生量较大，一般可以循环利用。主要污染物为 SS 和 BOD，SS 100～700 mg/L，BOD 200～2 000 mg/L。

蔬菜罐头废水含氮多，含磷较少；水果罐头含磷多，含氮较少。水质 BOD/COD 比值较高，无论厌氧还是好氧处理，效果都比较好。

制糖工业水污染物排放标准

环境保护部 2008 年 6 月 25 日发布《制糖工业水污染物排放标准（GB 21909—2008）》，于 2008 年 8 月 1 日实施。

标准规定自 2009 年 5 月 1 日至 2010 年 6 月 30 日现有甘蔗制糖企业 COD 排放限值为 120 mg/L，现有甜菜制糖企业 COD 排放限值为 150 mg/L；2010 年 7 月 1 日起现有甘蔗制糖企业 COD 排放限值为 100 mg/L，现有甜菜制糖企业 COD 排放限值为 100 mg/L；2008 年 8 月 1 日起新建甘蔗制糖企业 COD 排放限值为 100 mg/L，新建甜菜制糖企业 COD 排放限值为 100 mg/L。

肉类加工工业水污染物排放标准

原国家环保总局和国家技术监督局 1992 年 5 月 18 日发布《肉类加工工业水污染物排放标准（GB 13457—92）》，自 1992 年 7 月 1 日起实施。

主要控制的污染因子有 COD、BOD、SS、氨氮、排水量、pH 值、动植物油、大肠菌群数。1989 年 1 月 1 日前立项的建设项目及其建成后投产的企业，COD 按一、二、三级排放标准分别执行 120、160 和 500 mg/L，1989 年 1 月 1 日至 1992 年 6 月 30 日之间立项的及其建成后投产的，COD 按一、二、三级排放标准分别执行 100 mg/L、120 mg/L 和 500 mg/L，1992 年 7 月 1 日起立项的及其建成后投产的，COD 按一、二、三级排放标准分别执行 80 mg/L、120 mg/L 和 500 mg/L。

七、皮革工业

制革生产工艺

分为三个工段，即准备、鞣制、整饰工段，前两者为湿操作。

准备工段包括从浸水到浸酸之前的操作，有浸水、去肉、脱毛、软化等工序，主要是去除原料革上的废肉、油脂、血污、泥沙、毛、粪便等杂物。准备工段的工艺流程如下图所示。

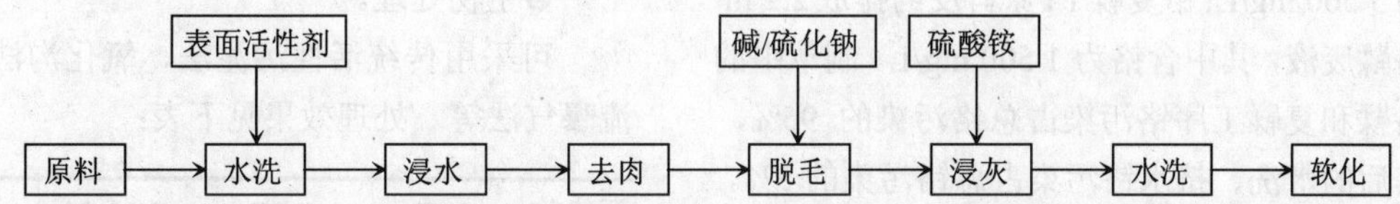

鞣制工段包括初鞣和鞣后湿处理。初鞣是将裸皮加工成革的质变过程，鞣制过程中通过鞣剂与皮质的结合，使蛋白质性质转变，从而使皮变成了革。鞣制一般采用的鞣剂或复鞣剂多数含有铬，目前也有研制应用无铬鞣剂的。经初鞣后的革称为蓝湿革，还需进行鞣后湿处理，进一步改善革的品质和外观。鞣制工段的工艺流程如下图所示。

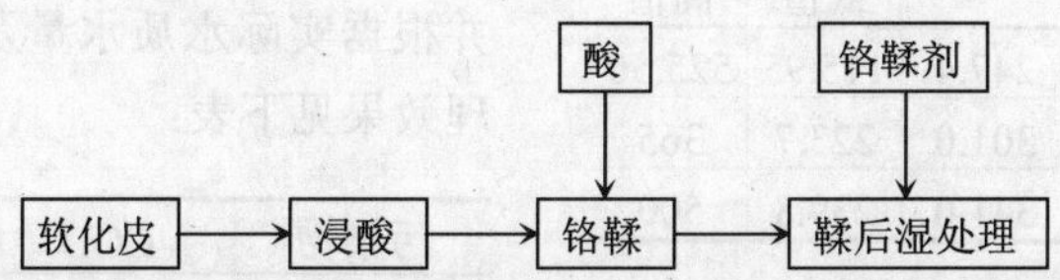

整饰工段包括革的整理和涂饰。将皮革进行干燥，使用涂饰剂进行涂饰，即在皮革表面涂施一层高分子薄膜（如丙烯酸树脂类），使革更具防水、防油、防污、耐光、耐溶剂、透明度高、有真皮感的特征。整饰工段的工艺流程如下图所示。

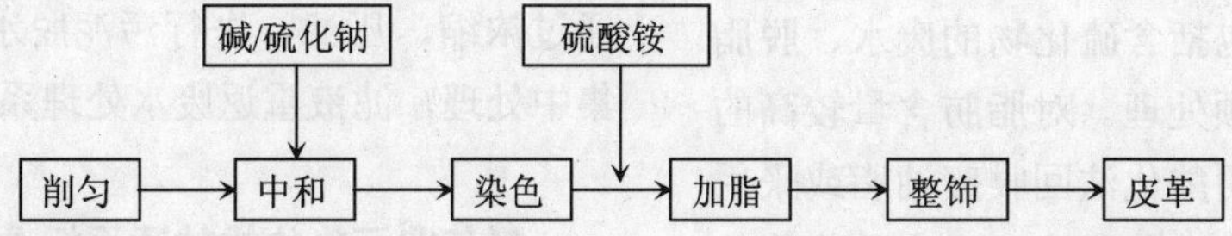

制革工业废水

包括准备工段废水、鞣制工段废水和整饰工段废水，含有高浓度硫化物和三价铬等毒性物质，COD、BOD、SS 等污染物浓度很高，污染严重。

鞣前准备工段在水洗、浸水、脱毛、浸灰、脱脂、软化等生产过程中产生大量废水，废水量占总水量的 70%以上，废水中含大量有机废物（污血、蛋白质、脂肪、泥沙等）、无机废物（酸、碱、硫化物、无机盐类）和有机化学物质（表面活性剂、脱脂剂等）。废水 COD、BOD、SS 等浓度很高，COD 高达 3 000 mg/L 左右、BOD 1 500 mg/L 左右、SS 3 000 mg/L、pH 值平均在 10 左右，显碱性。

鞣制工段在浸酸、鞣制、水洗过程中产生大量有毒废水，废水量占总水量的 8%左右，含有高浓度铬盐、COD 等。一般含铬 1 500～2 000 mg/L，COD 2 000 mg/L 左右、

SS 2 500 mg/L，色度也会严重超标。鞣后湿整饰工序在水洗、挤水、染色、加脂过程中产生的废水量占总水量的 20%左右，含有表面活性剂、酚类、有机溶剂等，COD 4 000 mg/L、SS 3 000 mg/L。目前铬鞣是广泛使用的鞣制方法，一般红矾用量为裸皮的 5%。铬鞣 1t 原料皮大约排放 1.8 m^3 铬鞣废水，其中含铬为 3 500 mg/L；铬复鞣 1 t 原料皮约排放 2.2 m^3 铬鞣废液，其中含铬为 1 500 mg/L。制革中的铬鞣和复鞣工序铬污染占总铬污染的 95%，其后的水洗、挤水铬污染占总铬污染的 5%。

整饰工段属于干操作，产生的污水很少。

制革业工艺排放 COD 有关参数如下表：

工艺名称	计量单位(污染物/产品)	产污系数		
		平均值	变化幅度	
			低值	高值
猪盐湿皮	kg/t 原皮	247.4	115.95	525.56
牛干皮	kg/t 原皮	301.0	223.7	365
羊干皮	kg/t 原皮	341.0	239.8	500

制革废水处理

包括预处理、初级处理、生物处理、化学处理、污泥处理等。

❶预处理，包括含硫化物的废水、脱脂废水和含铬废水预处理。对脂肪含量较高的脱脂废水，可采用酸化法回收废油脂或采用气浮法使油水分离去除脂肪。对含硫化物的脱毛废水，可采取酸化法回收硫化氢或催化氧化法氧化硫化物。对鞣制车间含铬量高的废水，可采用合适的碱性材料和工艺使铬生成氢氧化铬沉淀，经压滤分离回收后按危险废物处理。废灰液中蛋白质回收，可以采用直接沉淀法，如使用稀硫酸对蛋白质酸化沉淀、分离、碱化、回收；或者使用超滤法，通过人造膜进行超滤，浓缩蛋白污泥，超滤液可以循环使用。

❷初级处理，采用细格栅截留污水中大颗粒固体（毛发、皮边、烂肉等），曝气沉砂池去除颗粒物砂、石等。处理效果见下表：

污染物	COD	BOD	SS
去除率	20%左右	25%左右	30%左右

❸生物处理。

可采用传统活性污泥法、氧化沟法或射流曝气法等。处理效果见下表：

污染物	COD	BOD	NH_3-N	SS
去除率	90%左右	90%左右	50%左右	90%左右

❹化学处理。

投加絮凝剂，调整反应区 pH 值 6～8，并根据实际水质水量及时调整处理效果。处理效果见下表：

污染物	COD	BOD	SS
去除率	30%左右	40%左右	65%左右

❺污泥处理。

初沉污泥、剩余污泥和化学污泥汇集后通过浓缩、压滤，进行污泥脱水，滤饼外运集中处理，滤液重返废水处理系统。

制革业污染物排放适用标准

我国目前尚无专门的制革业污染物排放标准，现有制革业的污水处理设施可适用《污水综合排放标准》，一般应达到二级排放标准。其中，总铬不超过 1.5 mg/L，六价铬不超过 0.5 mg/L，pH 值 6～9，COD 不超过 150 mg/L，BOD 不超过 60 mg/L，硫化物不超过 1.0 mg/L，SS 不超过 200 mg/L，氨氮不超过 25 mg/L。

第三篇

二氧化硫总量减排

第十章　二氧化硫总量减排核查

第一节　二氧化硫削减量核查

SO_2削减量核查

指对核查期内各省、自治区、直辖市新增 SO_2 削减量的核查。核查期内新增 SO_2 削减量主要包括：

❶燃煤电厂脱硫工程新增的 SO_2 削减量（包括新建机组的“三同时”脱硫设施的削减量）；

❷非电工业企业二氧化硫治理工程新增的 SO_2 削减量（不包括“三同时”项目的削减量）；

❸产业结构调整新增的 SO_2 削减量。

燃煤电厂新增 SO_2 削减量的核查范围

包括：

❶当年新建投入运行的燃煤电厂脱硫工程 SO_2 削减量；

❷上年建成投入运行但运行不满全年的燃煤电厂脱硫工程当年新增的 SO_2 削减量；

❸当年新建和上年建成燃气机组在核查期内的发电量、燃气量。

燃煤电厂新增 SO_2 削减量的核查内容

包括：

❶核实燃煤电厂基本情况，包括分机组投产日期、核查期实际发电（供热量）、耗煤量、脱硫工程 168 小时的移交纪录、煤炭硫分、烟气排放连续监测系统运行纪录情况、脱硫电价等。

❷核查燃煤电厂脱硫工程的实际处理情况，包括：

——核查期脱硫效率或 SO_2 去除效率、排放浓度、SO_2 去除量。需要审核的资料包括燃煤电厂脱硫设施进出口烟气量和 SO_2 浓度自动在线监测数据，并现场随机抽调、查阅 10 天的自动在线监测数据，入炉煤质化验单，各级环保部门对燃煤电厂脱硫工程的日常监督性监测数据和监察报告，企业内部日常监测的脱硫装置进出口烟气量和 SO_2 浓度，查阅脱硫系统生产用电用水纪录、副产品产量纪录、脱硫设施检修纪录，以及拍摄主要设施照片等。

——实际脱硫效率，重点是脱硫设施的投运率和脱硫效果。按照以下顺序采用数据：进出口烟气量和 SO_2 浓度自动在线监测数据（必须是与当地环保部门监控平台联网并通过数据有效性校核的数据）；各级环保部门对燃煤电厂脱硫工程的日常监督性监测数据和监察报告；燃煤电厂日常生产中进出口烟气量和 SO_2 浓度监测的有效纪录以及生产运行纪录、发电量、耗煤量、煤的平均含硫量、脱硫工艺及脱硫效率、脱硫剂的使用量、副产品产量等辅助说明材料。

无上述数据和文件资料或者弄虚作假的，视为该脱硫工程不运行，不计 SO_2 削减量。

❸对燃煤电厂脱硫工程各处理工序进行现场检查。

❹制作现场核查笔录。

污染减排现场核查笔录

见 283 页。

非电工业企业新增 SO_2 削减量的核查范围

❶非电工业企业当年新、改、扩建投入运行的 SO_2 废气治理工程，包括钢铁企业烧结机脱硫工程、有色金属冶炼 SO_2 治理工程，其他企业工业锅炉脱硫工程（其中循环流化床脱硫工程必须有自动在线监测装置，且与当地环保部门监控平台联网并通过数据有效性校核），煤改气、煤改电工程等所形成的新增的 SO_2 削减量；

❷上年建成投入运行但运行不满全年的非电工业企业 SO_2 废气治理工程当年新增的 SO_2 削减量；

❸非电工业企业实施技术改造、SO_2 综合利用等形成核查期新增的 SO_2 削减量。

❹企业通过实施清洁生产审核方案达标排放或完成削减污染物排放量协议，并通过省级环保行政主管部门或清洁生产相关行政主管部门评审、验收的，形成的核查期新增 SO_2 削减量。

以上新增的 SO_2 削减量中不包括除尘一体化脱硫、脱硫添加剂、换烧型煤、换烧低硫煤和洗煤等脱硫工程。

非电工业企业新增 SO_2 削减量的核查内容

❶核实非电工业企业的基本情况，包括企业名称、设计处理能力、处理工艺、建成投运时间等。需要检查的资料包括脱硫工程试运行批复及环保验收的文件资料、日常的环境监察和监测纪录等；对于实施工艺改进、SO_2 综合利用等工程，需要检查的资料包括技改工程验收报告、生产调度纪录、SO_2 综合利用设施运行纪录，工艺改进、SO_2 综合利用前后 SO_2 去除或吸收效果等；对于实施清洁生产削减 SO_2 的非电工业企业，必须提供清洁生产审核报告、方案实施情况、达标排放前后情况、削减污染物排放量协议及完成情况说明，省级环保行政主管部门或清洁生产相关行政主管部门的评审、验收报告。

❷核查非电工业企业 SO_2 废气治理工程的实际处理情况，包括：

——实际 SO_2 削减量和 SO_2 去除率。需要审核的资料包括 SO_2 废气治理装置进出口废气量和 SO_2 浓度自动在线监控数据，各级环保部门对非电企业脱硫工程的日常监督性监测数据和监察报告，以及脱硫工程生产用电纪录、副产品产量纪录等。

——SO_2 去除率，重点是 SO_2 去除设施的投运率和效果。对实际 SO_2 削减量和去除效率，按照以下顺序采用数据：进出口废气量和 SO_2 浓度自动在线监测数据（必须是与当地环保部门监控平台联网并通过数据有效性校核）；各级环保部门对非电企业脱硫工程的日常监督性监测数据和监察报告；企业内部 SO_2 去除工程日常生产中进出口废气量和 SO_2 浓度监测的有效纪录。还可参考企业清洁生产审核验收报告、技术改造验收报告、脱硫工程验收报告；企业的产品产量、耗煤量、煤的平均含硫量、去除率、脱硫剂（吸收剂）的使用量、SO_2 副产品利用情况等。

无上述数据和文件资料或者弄虚作假的，视为该非电企业脱硫工程、SO_2 废气治理工程不运行，不计 SO_2 削减量。

❸对非电工业企业 SO_2 废气治理工程的各处理环节进行现场检查。

❹制作现场核查笔录。

产业结构调整项目新增 SO_2 削减量的核查范围

包括：纳入上年环境统计范围的核查期年度或上年度已经取缔关停的小火电、有烧结机的小钢铁等。

产业结构调整项目新增 SO_2 削减量的核查内容

❶核实取缔关停企业、生产线、设施的基本情况，包括厂址，取缔关停生产设施的规模、主要设备名称和数量，关停时间，营业执照是否吊销等。

❷检查企业被取缔关停的相关资料，主要包括当地政府取缔关停的文件，工商部门出具的营业执照吊销证明，供电部门下发的停电通知或者出具的断电证明，环保部门现场检查取缔关停的纪录等。

❸对取缔关停企业、生产线、设施进行现场核查，检查是否拆除主要设备、断水断电，是否存有生产原料和产品等。

❹制作现场核查笔录。企业关闭，无法找到相关人员时，可采取行政主管部门或企业上级单位的笔录。

第二节 火电厂脱硫设施现场核查要点

火电厂脱硫设施现场核查要点

本部分以石灰石—石膏湿法为重点介绍烟气脱硫设施现场核查，核查中相关参数和数据来源为 DCS 系统。主要包括 CEMS 监测数据的核查、旁路挡板的核查、增压风机的核查、吸收塔浆液循环泵核查、辅助参数的检查、脱硫石灰石用量及产生副产品石膏的核查和历史数据的核查。

DCS（集散式控制系统）

指基于计算机、控制技术、通讯技术、和图形显示技术等，通过通信网络将分布在工业现场（附近）的现场控制站、检测站和操作站等控制中心的操作管理站、控制管理站及工程师站等连接起来，共同完成分散控制和集中操作、管理和综合控制。对于火电厂，CEMS 与 DCS 联结，CEMS 瞬时数据和历史数据通过 DCS 显示和储存。

CEMS 监测数据的核查

每套脱硫装置，在脱硫入口和出口分别设置一套在线烟气分析仪（CEMS）用于脱硫 SO_2、O_2 浓度等参数监测。为了能判断出口污染物排放和判断旁路挡板的工况，一般要求出口的安装位置应在烟囱入口烟道处。有条件的应安装在烟囱上，距离地面高度 30～50 米，用于全面监测烟气。如确实不具备条件，应要求在烟囱入口处安装温度表，用来判断污染物的排放情况。

需注意的是DCS显示数据SO_2为mg/m³，CEMS 显示数据为 ppm。SO_2换算公式：

1 ppm＝2.86 mg/m³

1 mg/m³＝0.35 ppm

举例说明：

某机组自 7～11 月一直发电未停运，机组提供的 CEMS 数据表显示，7～11 月数据为连续数据且符合排放标准要求。但从其向环保局提出的脱硫停运申请及运行纪录显示：该时间段装置每月停运次数较多，9 月多达 7 次以上。由此可见该 CEMS 数据表全部为假数据。

石灰石—石膏湿法脱硫系统旁路挡板的核查

旁路设计初衷为脱硫系统事故状态下应急开启使用，但部分火电厂为偷排 SO_2 而将旁路故意开启，泄漏烟气，从而不正常运行或者停运脱硫设施。现场核查主要从以下几个方面判断旁路挡板是否开启：

❶增压风机入口负压，一般应在－300～－150 Pa；（一般情况下锅炉引风机出口压差在 0～150 Pa、烟囱入口在－250～－200 Pa）

❷挡板门密封风机的电流和出口压力、温度。进出口烟道挡板和旁路挡板均采用双挡板，烟气挡板在设计压力和设计温度下具有 100%的严密性。双挡板的密封空气由密封空气风机提供，挡板门密封空气采用电加热器加热。密封风机的参数在 DCS 上有的只有启动、停运的工况。通过对密封风机出口温度、压力参数的分析，可以判断挡板门是否全关。挡板门的密封空气系统包括一台密封风机和一台备用风机。密封气压力至少比烟气最大压力高 0.5 kPa，挡板门密封空气站应配有电加热器，将密封空气加热至一定温度，目的是减小双层挡板之间的温差变形和热变形应力，提高密封可靠性。

❸吸收塔出口温度和烟囱入口温度，一般要求不大于 30℃（有换热器的，出口温度应低于 80℃；无换热器的，出口温度应低于 50℃）。

❹FGD 入口烟气量和烟囱入口烟气量对比，由于温度变化和含水量变化，烟囱入口烟气量比 FGD 入口大 3%～5%。脱硫效率越低差值越大。

❺查看烟囱排放，无 GGH 的烟囱旁路全关时应冒水蒸气。有 GGH 的温度低时冒水蒸气。

❻通过机组负荷产生理论烟气量与增压风机实际迎风量对比，若迎风量差异过大，则旁路可能开启。

火电机组满负荷运行时烟气量经验数据为（与当地海拔、大气压强有一定关系，略有差别）：

200 MW 机组：88 万 m³(N)/h；

300 MW 机组：110 万 m³(N)/h；

600 MW 机组：220 万 m³(N)/h；

1 000 MW 机组：355 万 m³(N)/h。

石灰石—石膏湿法脱硫系统增压风机的核查

在旁路挡板关闭的情况下，增压风机动（静）叶片开度与锅炉引风机平均开度基本一致。核查时主要从以下方面判断增压风机是否正常：

❶增压风机在满负荷时电流应达到额定电流。

❷增压风机的导叶角度一般应大于50%。

❸通过调整增压风机导叶角度和入口压力，控制旁路挡板的压差近似为 0 Pa。但在实际操作中很难实现和控制。

石灰石—石膏湿法脱硫系统吸收塔浆液循环泵核查

增加浆液循环泵的投用数量和使用高扬程浆液循环泵，将液气比维持在一定的范围，可使脱硫效率明显提高。核查要点为：

❶当机组满负荷运行时浆液循环泵应当全部运行。

❷通过查阅浆液循环泵运行参数、运行台数、电机电流的变化和机组负荷的关系等可以判断是否全烟气脱硫。

石灰石—石膏湿法脱硫系统辅助参数的检查

核查中主要要关注 pH 和浆液密度。

❶吸收塔中浆液的 pH 运行范围为 5.0～5.8。在石灰石品质一定的情况下，随 pH 的增加，脱硫效率将有所增加；

❷浆液密度控制着吸收塔生成物石膏品质，从而影响脱硫效率。石膏浆液浓度一般在 15%（对液柱塔技术石膏浆液浓度为 30%），浆液密度在 1 050～1 100 kg/m^3 视为正常稳定。

脱硫石灰石用量及产生副产品石膏的核查

石灰石—石膏湿法脱硫时，已知燃煤耗量、煤质中的硫含量、脱硫率，则可对通过石灰石耗量、石灰石中 $CaCO_3$ 的含量、石膏产量来判断脱硫系统是否正常运行。

具体为：

当含硫率＝1%时：

燃烧 1 吨煤，产生 16 千克的 SO_2

处理 1 吨 SO_2，耗用 1.56 吨石灰石

耗用 1 吨石灰石，产生 1.72 吨石膏

举例说明：

❶辅料消耗和副产品产生量核查实例。

某电厂提供的燃煤数据为 500 t/h，煤质中含硫率为 1%，脱硫率：95%。

根据测算公式可知：

SO_2削减量 = 500 × 1% × 0.8 × 2 × 95%

= 7.6（t/h）

纯石灰石耗量 = 7.6 ÷ 64 × 100

= 11.875（t/h）

考虑石灰石纯度为 92%，Ca/S 比为 1.03，

则石灰石耗量 = 11.875 × 1.03 ÷ 92%

= 13.29（t/h）

折算到浆液时为每小时消耗 38.5m^3/h（30%浆液浓度）。

石膏产量 = 7.6 ÷ 64 × 172

= 20.425（t/h）

而该厂提供的石灰石耗量数据显示在该时段为 30 m^3/h，折算到石灰石时约 10.57 t，明显低于实际需要。因此可判断出该脱硫系统没有对全烟气量进行全部脱硫。

❷机组燃煤数据核查实例。

某 33 万 kW 电厂 2007 年 6 月 1#机组运行发电量为 1 161 万 kWh，2#机组运行发电量为 1 115 万 kWh，1#机组比 2#机组多发 46 万 kWh，而 330MW 机组发电 46 万 kWh 只需要消耗标准煤 170 吨。但数据统计中显示 1#机组却比 2#机组多消耗标准煤 4 200 吨，煤的硫含量为 2%。因此，燃煤数据不准确。

石灰石—石膏湿法脱硫系统历史数据的核查

DCS 控制系统中有一个重要组成部分：DAS 数据收集系统，主要的脱硫率、烟气流量、风机电流、循环泵电流等重要参数在 DAS 系统都有纪录，同时这些数据都有一定时间的历史纪录，几乎所有的脱硫装置都有历史纪录数据，只是这些数据有长有短。长时间的历史纪录数据可以纪录完整的 1 年数据；短时间的历史纪录数据仅仅 48 小时。现场核查时可查阅以上一个参数或多个参数的历史数据曲线，综合判断脱硫设施在一个时间段内的运行情况。

举例说明：

某电厂在 2007 年 1 月的数据中，机组负荷为 600 MW，BUF 风机电流 366 A；而到了 2007 年 6 月时，该机组同样带 600 MW 负荷，BUF 风机电流变成 212 A，带同样的负荷，同一台电机电流为什么相差 154 A？通过这个数据对比可知，该脱硫装置运行存在问题：可能是旁路挡板没有关闭，BUF 风机没有带上满负荷，没有进行全烟气脱硫。

第三节　非电行业脱硫设施现场核查要点

黑色冶炼行业核查要点

❶是否符合国家产业政策。国家发改委 2005 年发布的《产业结构调整指导目录（2005 年本）》（第 40 号令）中明确要求“土烧结矿、热烧结矿、30 平方米以下烧结机（2005 年）”为淘汰类项目，180 平方米以下烧结机项目为限制类项目。

❷是否采取脱硫措施，是否只处理部分烟气，烟气量为多少。

❸了解矿粉产地，是否采取低硫矿粉。

有色金属冶炼炉烟气脱硫工程核查要点

❶查看制酸系统中控系统的有关监测数据，包括进入转化器的烟气流量、转化器烟气进、出口 SO_2 浓度、转化器运行时间；吸收塔煤气进出 H_2S 浓度，吸收塔运行时间等运行参数；

❷核查制酸系统类型（一转一吸还是两转两吸）、吸收率和转化率。

❸核查脱硫工程是否为高低浓度烟气混配制酸情形。

❹核查核查期及上年同期副产品硫酸的产量、产品产量。

炼焦炉烟气脱硫工程核查要点

❶了解焦炉的炉型，是否有热装热出清洁型焦炉，了解脱硫方法。

❷查看脱硫中控系统的监测数据，包括进入吸收塔的煤气处理量、吸收塔煤气进出 H_2S 浓度，吸收塔运行时间等运行参数；

❸核查副产品硫黄或硫酸的产量。

工业燃煤锅（窑）炉烟气脱硫工程核查要点

❶查看在线监测系统和市级以上环保部门的联网情况，如没有联网则不计算削减量。

❷查看脱硫工艺的种类和运行情况，如采用水膜除尘器、除尘脱硫一体化，换烧低硫煤等无法连续稳定去除 SO_2 的工艺，也不计算削减量。

非电煤改气工程核查要点

❶实地检查煤改气工程及运行情况。

❷了解核实清洁燃料的类型（天然气、煤层气、沼气、炼厂干气、煤气或高炉煤气）和实际消耗量。

❸了解核实煤改气工程前所用煤炭的平均硫分和年消耗燃煤量。

石化企业产品脱硫及硫黄回收工程核查要点

❶核查该工程是否安装在线监控设施，并与市级以上环保部门联网。

❷了解核实脱硫及硫黄回收工程使用的重油和石油焦用于替代本厂燃煤（重油、石油焦）的量。

❸核查硫黄的产生量。

第十一章　二氧化硫总量减排核算

第一节　二氧化硫排放量核算

核算期 SO_2 排放量

核算期 SO_2 排放量（E）为上年（半年）度的排放量（E_0）与本年（半年）度新增排放量（E_1）之和减去本年（半年）度新增 SO_2 削减量（R）。

公式表示为：

$$E = E_0 + E_1 - R \qquad (3\text{-}1)$$

式中：E—— 核算期 SO_2 排放量，万 t；

E_0—— 上年（半年）SO_2 排放量，万 t；

E_1—— 核算期新增 SO_2 排放量，万 t，包括脱硫设施不正常运行的新增排放量，万 t；

R—— 核算期新增 SO_2 削减量，万 t。

备注：各公式后编号与《核算细则》同，以方便使用。

第二节　新增二氧化硫排放量核算

新增 SO_2 排放量

指核算期与上年同期相比，由于工业生产活动和居民生活导致 SO_2 排放的增加量（$E_{新}$），为火电新增 SO_2 排放量（$E_{电}$）和除电力以外的其他排放量即非电 SO_2 排放量（$E_{非电}$）之和。

公式表示为：

$$E_{新} = E_{电} + E_{非电} \qquad (3\text{-}2)$$

式中：$E_{新}$—— 核算期新增 SO_2 排放量，万 t；

$E_{电}$—— 新增火电 SO_2 排放量，万 t；

$E_{非电}$—— 新增非电 SO_2 排放量，万 t。

一、新增火电二氧化硫排放量核算

当年投产燃煤（油）机组

指在 2005 年 12 月 31 日之后新建并在核算期年份投入运行，或在核算期之前投运但在核算期才满足核算的相关要求的燃煤（油）发电机组。

举例说明：

❶某公司于 2007 年 5 月新投用 2×300 MW 燃煤发电机组，并严格执行“三同时”，同期配套建成投运脱硫设施。因此，在 2007 年度上报工程减排项目中被认可，则为“2007 年度当年投产燃煤机组”。

❷某公司于 2007 年 4 月新投用 2×200 MW 燃煤矸石循环流化床锅炉发电机组，并严格执行“三同时”，同期配套建成投运脱硫设施。在 2007 年度上报工程减排项目中，由于脱硫设施未按要求安装在线监测装置并与省级环保部门联网，在 2007 年度核查中未予认可。该公司在 2008 年 8 月安装了在线监测装置并与省级环保部门联网，因此在 2008 年度核查中，被认可为“2008 年度当年投产燃煤机组”。

简而言之，核查中认定的“当年投产燃煤机组”中的“当年”不全是机组投运年份，关键在于是否满足核查的相关要求后开始认可核算的年份。

上年投运接转燃煤（油）机组

指在 2005 年 12 月 31 日之后新建并在核算期的上一年份或上一年份之前投入运行，且该机组配套的脱硫削减项目在上年新增量核算时予以认可的燃煤（油）机组。

举例说明：

❶某公司于 2007 年 5 月建成并投用 2×300 MW 燃煤发电机组，并严格执行“三同时”，同期配套建成投运脱硫设施。在 2007 年度上报工程减排项目中，符合要求并被认可，在 2008 年度上报工程减排项目中，继续被认可，视为“上年投运接转燃煤机组”。

❷某公司于 2007 年 4 月新投用 2×200 MW 燃煤矸石循环流化床锅炉发电机组，并严格执行“三同时”，同期配套建成投运脱硫设施。在 2007 年度上报工程减排项目中，由于脱硫设施未按要求安装在线监测装置并与省级环保部门联网，未予认可。该公司在 2008 年 8 月安装了在线监测装置并与省级环保部门联网，因此在 2008 年度上报工程减排项目中被认可，在 2009 年度核查时继续核算该工程，视为“上年投运接转燃煤机组”。

新增火电 SO_2 排放量

指由于全口径电厂发电量、供热量增加而导致 SO_2 排放增加的量，为新增火力发电量、供热量导致的 SO_2 产生量与当年新投产和上年投运接转燃煤机组配套脱硫设施新增 SO_2 削减量的差值。用公式表示为：

$$E_{电} = E_{产} - R_{脱硫} = M_{煤} \times S \times \alpha \times 10^{-2} - \sum_{i=1}^{n} M_i \times S_i \times \alpha \times \eta_i \times 10^{-2} \quad (3\text{-}3)$$

式中：$E_{产}$——新增火力发电量、供热量导致的 SO_2 产生量，万 t。

$R_{脱硫}$——当年新投产和上年投运接转燃煤机组配套脱硫设施新增 SO_2 削减量，万 t。

$M_{煤}$——发电（供热）新增煤炭消耗量，万 t。

α—— SO_2释放系数，燃煤机组取 1.6，燃油机组取 2.0。

S—— 新增发电、供热用煤平均硫分，%。

M_i—— 当年新投产第 i 个燃煤机组脱硫设施通过 168 小时移交后的第二个月算起的煤炭消耗量，万 t；对上年接转机组则为核算期煤炭消耗量与上年同期脱硫设施已运行期间的煤炭消耗量的差额。

S_i—— 当年新投产和上年接转第 i 个燃煤脱硫机组煤炭平均硫分，%。

η_i—— 当年新投产和上年接转第 i 个燃煤脱硫机组的综合脱硫效率，%。

以上参数的详细解释和计算方法参见各相关词条。

新增火力发电量、供热量导致的 SO_2 产生量

指由于全口径电厂发电量、供热量增加而导致新增的 SO_2 产生量，即假定由于发电（供热）新增煤炭消耗产生的 SO_2 在无脱硫设施状况下的排放量。计算方法为发电（供热）新增煤炭消耗量、新增发电（供热）用煤平均硫分与 SO_2 释放系数三者的乘积，用公式表示为：

$$E_{产}=M_{煤}\times S\times\alpha\times10^{-2}$$

式中：$E_{产}$—— 新增火力发电量、供热量导致的 SO_2 产生量，万 t;

$M_{煤}$—— 发电（供热）新增煤炭消耗量，万 t;

α—— SO_2 释放系数，燃煤机组取 1.6，燃油机组取 2.0;

S—— 新增发电、供热用煤平均硫分，%。

SO_2 释放系数

指煤或油中一定质量的硫转化为 SO_2 的转化关系。燃煤机组 SO_2 释放系数取 1.6，即 2×80%，“2”指同摩尔质量的硫转化为 SO_2 后质量增加一倍，“80%”指燃煤锅炉中硫转化为 SO_2 的平均转化率；燃油机组 SO_2 释放系数取 2.0。

说明：目前，全国污染源普查 SO_2 释放系数已经公布，全国平均为 1.7。此处采用的 1.6，为 1980 年代中期测试确定，当时全国火力主力发电机组为单机装机容量为 10 万 kW。

新增发电、供热用煤平均硫分

指将当年新投产（上年接转）燃煤机组燃煤量占所有机组煤炭消耗量总量的比重作为核算期该机组的硫分的权重，对硫分进行加权平均。用公式表示为：

$$S=\sum_{i=1}^{n}(M_i\times S_i)\Big/\sum_{i=1}^{n}M_i \tag{3-5}$$

式中：M_i—— 当年新投产第 i 个燃煤机组脱硫设施通过 168 小时移交后的第二个月算起的煤炭消耗量，万 t，取值原则和计算方法见相关词条；

S_i—— 当年新投产和上年接转第 i 个燃煤脱硫机组煤炭平均硫分，%，取值原则和计算方法见相关词条。

举例说明：

某省在2007年新投产3台机组及脱硫设施。

A机组2007年1月建成投产，脱硫设施同步建成并于2007年2月通过168小时，机组2007年煤炭消耗量为90万t，1、2月耗煤量为18万t，硫分为0.8%。

B机组2007年5月建成投产，脱硫设施同步建成并于2007年6月通过168小时，全年煤炭消耗量为60万t，5、6两个月的耗煤量为12万t，硫分为1.2%。

C机组为上年8月建成投产，脱硫设施同步建成并于2006年9月通过168小时，全年煤炭消耗量为85万t，该机组脱硫工程上年核算时已确认，上年10、11、12月三个月核算用煤量为25万t，硫分为0.5%。

进行2007年度减排核查时，计算以上3台机组的平均硫分具体过程如下：

❶确定n和i。有3台机组，n取值为3；i分别为1、2、3，对应A、B、C机组。

❷计算M_i。$M_1=90-18=72$（万t）

M_2为$60-12=48$（万t）

M_3为$85-25=60$（万t）

❸确定S_i。S_1为0.8（%），S_2为1.2（%），S_3为0.5（%）

因此，此省新增发电、供热用煤平均硫分

$$S=(M_1\times S_1+M_2\times S_2+M_3\times S_3)/(M_1+M_2+M_3)$$

$$=(72\times0.8+48\times1.2+60\times0.5)/(72+48+60)=0.81\ (\%)$$

当年新投产（上年接转）第i个燃煤机组燃煤量

即当年新投产某个燃煤机组脱硫设施通过168小时移交后的第二个月算起的煤炭消耗量，单位为万t。

对于上年接转并在当年满负荷运行的某个燃煤机组，M_i为燃煤机组脱硫设施通过168小时移交后的第二个月算起的煤炭消耗量差额，即核算期煤炭消耗量与上年同期脱硫设施已运行期间的煤炭消耗量的差额。

煤炭消耗量为现场核查实际数据，如无法获得，则采用机组发电（供热）新增量与对应的标准煤耗核算。上述数据均无法获得时，可按月份近似计算。

当年新投产（上年接转）第i个燃煤机组消耗煤炭硫分的平均值

指用来直接核算“新增发电、供热用煤平均硫分”时，当年新投产某个燃煤机组硫分值。

第一选择：以电厂提供并经现场核查确认的分批次入炉煤质数据中全硫分数据为准，并通过现场一个月以上的烟气在线监测脱硫系统入口SO_2浓度和脱硫设施设计煤质参数加以核对。

第二选择：如果无法提供有效数据，按环境影响评价批复文件中的设计和校核煤种平均硫分的大者取值。

第三选择：如果各脱硫机组的数据无法提供或不全或失实，则按照上年环境统计数据库中所有火力发电厂的加权平均硫分取值。

发电、供热新增煤炭消耗量

为新增火力发电用煤消耗量和新增供热量用煤消耗量之和，按照统计数据取值。如果没有统计数据，采用新增火力发电量和新增供热量来分别核算新增火力发电用煤消耗量和新增供热量用煤消耗量。用公式表示为：

$$M_{煤}=M_{电}+M_{热}=(P_{火}-P_{气})\times g\times\beta\times10^{-2}+\Delta H\times40\times\beta\times10^{-3} \quad (3\text{-}4)$$

式中：$M_{电}$——新增火力发电用煤消耗量，万 t。

$M_{热}$——新增供热量用煤消耗量，万 t。

$P_{火}$——新增火力发电量，亿 kW·h。

$P_{气}$——新增燃气发电量，亿 kW·h；必须提供新增燃料气体消耗量。

g——新增火力发电量对应的发电标准煤耗，克标煤/kW·h；原则上取 320 克标煤/kW·h。核算期内，没有新投运和上年接转燃煤发电机组的地区，按照当年该地区全口径火力发电厂平均发电煤耗取值。

β——燃料与标煤转换系数，除个别省外，原煤与标煤转换系数 β 取 1.4，燃料油与标煤 β 取 0.7。

ΔH——新增供热量，万百万千焦；如果无法提供新增供热量，按火力发电量增长速度与上年（半年）供热量之积估算。

新增火力发电用煤消耗量

指全口径电厂新增火力发电量（扣除新增燃气发电量 $P_{气}$）（$P_{火}$，亿 kW·h）与新增火力发电量对应的发电标准煤耗（g，克标煤/kW·h）、燃料与标煤转换系数（β）三者的乘积，单位为万 t。用公式表示为：

$$M_{电}=(P_{火}-P_{气})\times g\times\beta\times10^{-2}$$

新增火力发电量

指火力发电机组在核算期的发电量的增量，即核算期发电量与上年同期发电量的差值。数据一般由电力监管部门、电网公司提供。单位为亿 kW·h。

新增燃气发电量

指用天然气、瓦斯气等其他可燃气体作为燃料的发电机组在核算期内新增的发电量，即核算期燃气发电量与上年同期燃气发电量的差值。在核算时必须提供新增燃料气体的消耗量来校核，单位为亿 kW·h。

发电标准煤耗

指火电厂或火电厂某机组发出 1kW·h 的电所消耗标准煤的克数。该指标用来衡量和比较发电燃煤成本。此处特指核算时所用的“新增火力发电量对应的发电标准煤耗”，原则上取 320 克标煤/kW·h。核算期内，没有新投运和上年接转燃煤发电机组的地区，按照当年该地区全口径火力发电厂平均发电煤耗取值。

燃料与标煤转换系数

指 1 千克标准煤的热值（7000 大卡）与同质量的其他燃料实际平均热值的比值。除个别省外，原煤与标煤转换系数 β 取 1.4，燃料油与标煤 β 取 0.7。

新增供热量用煤消耗量

指热电联产机组在核算期供热量的增量，为新增供热量、供热标准煤耗（取全国供热标准煤耗，即 40 千克/百万千焦）、燃料与标煤转换系数三者的乘积。用公式表示为：

$$M_{热}=\Delta H\times 40\times\beta\times 10^{-3}$$

如果供热量已折算为发电量计入“新增火力发电量（$P_{火}$）”，并在核算“新增火力发电用煤消耗量（$M_{电}$）”时已经体现，则不再核算新增供热量用煤消耗量（$M_{热}$）。

新增供热量

指核算期热电联产机组供热量的增量（万百万千焦），如果无法提供新增供热量，则按火力发电量增长速度与上年（半年）供热量的乘积估算。

火力发电量增长速度

指核算期新增火力发电量与上年同期火力发电量的比值，用%表示。

当年新投产和上年接转燃煤机组配套脱硫设施新增 SO_2 削减量

指核算期所有当年新投产（上年投运接转燃煤机组）配套脱硫设施新增 SO_2 削减量（去除量）之和。用公式表示为：

$$R_{脱硫}=\sum_{i=1}^{n}M_i\times S_i\times\alpha\times\eta_i\times 10^{-2}$$

式中：M_i—— 当年新投产某个燃煤机组脱硫设施通过 168 小时移交后的第 2 个月算起的煤炭消耗量，万 t；

S_i——当年新投产和上年接转某个燃煤脱硫机组煤炭平均硫分，%；

η_i——当年新投产和上年接转某个燃煤脱硫机组的综合脱硫效率，%。

当年新投产和上年接转第 *i* 个燃煤脱硫机组的综合脱硫效率

指当年某个新投产（上年接转）燃煤脱硫机组的脱硫设施投运率和烟气在线监测脱硫效率之积。

如无法提供上述有效数据进行计算，原则上各种脱硫工艺的综合脱硫效率按下列规定取值。

——石灰石/石膏法、烟塔合一法、海水烟气脱硫设施等湿法为 80%～85%。

——烟气循环流化床、炉内喷钙炉外活化增湿等干（半干）法为 70%～80%。；

——简易脱硫（石灰石/石膏半干法、喷雾干燥法等）为 70%。

——氨法、氧化镁法和双碱法为 60%～70%。

——单机装机容量大于 20 万 kW（含）或享受脱硫电价的其他规模循环流化床锅炉（炉内加石灰石脱硫工艺）为 70%～80%。

——其他循环流化床锅炉已与省级以上环保部门联网，且提供在线监测数据，按在线监测结果确定脱硫效率，否则脱硫效率为零。

——其他脱硫工艺，必须与省级环保部门联网，脱硫效率以在线监测数据为准。

——水膜除尘器、除尘脱硫一体化、换烧低硫煤等无法连续稳定去除 SO_2 的工艺，其脱硫效率为零。

脱硫设施投运率

指脱硫设施年（半年）运行时间与脱硫设施建成后发电机组年（半年）运行时间之比，须通过现场核查烟气在线监测系统储存数据、脱硫设施运行纪录和上报环保部门停运时间确认。

烟气在线监测脱硫效率

指通过火电厂烟气在线监测系统（CEMS）自动采集到的有效脱硫效率数据。

二、新增非电二氧化硫排放量核算

新增非电 SO_2 排放量

指非电力工业企业由于主要耗能产品生产增加导致 SO_2 排放增加的量，采用非电排污强度（$q_{非电}$）与当年（上半年）新增非电煤炭消耗量的乘积来计算。

新增非电煤炭消耗量由核算期全社会煤炭消耗量分别减去核算期全口径电力煤炭消耗量、上年同期非电煤炭消耗量的差值得来。因此，新增非电 SO_2 排放量（$E_{非电}$）用公式表示为：

$$E_{非电}=q_{非电}\times(M_{总}-M_{电}-M_{上非电}) \quad (3\text{-}6)$$

式中：$E_{非电}$—— 新增非电 SO_2 排放量，万 t；

$q_{非电}$—— 上年非电排放强度，吨 SO_2/吨煤；

$M_{总}$—— 核算期全社会煤炭消耗量，万 t；

$M_{电}$—— 核算期全口径电力煤炭消耗量，万 t；

$M_{上非电}$—— 上年同期非电煤炭消耗量，万 t。

注意：计算结果须用主要耗能产品产量变化来校核。

以上参数参见各相关词条。

新增非电 SO_2 排放量的校核

指用主要耗能产品（粗钢、有色、水泥、焦炭等）增加（减少）的产量，采用排放系数法核算新增排放量，并与之比较，按取大数原则确定非电 SO_2 排放量。具体计算为所有耗能产品产量新增量与耗能产品的 SO_2 排污系数之积的总和。

核算期内燃料油（重油）消耗量明显增加或下降的地区，按统计口径的消耗量和吨油 SO_2 产生系数调整新增非电 SO_2 排放量。

主要耗能产品的 SO_2 排污系数优先采用各地测试的排污系数或新建项目环保验收监测数据反推的排污系数（取值须经国务院环境保护行政主管部门审定）；如无以上数据，则采用先进控制技术对应的 SO_2 排污系数，具体见下表。全国污染源普查结果公布后，吨产品 SO_2 排污系数统一按照分地区的普查数据调整。

新增非电 SO_2 排放量的校核时主要耗能产品产污系数

耗能产品名称	所在区域	单位	排污系数
粗钢	西南地区	kg/t	16
	东北地区	kg/t	2
	其他地区	kg/t	4
粗铜		kg/t	45
铅		kg/t	85
锌		kg/t	60
原铝		kg/t	15
镁		kg/t	20
钛		kg/t	18
氧化铝		kg/t	2.0
水泥		kg/t	0.311
焦炭		kg/t	2.7

主要耗能产品

主要指能源消耗量大、SO_2排放量高的工业产品。主要耗能产品包括钢材、铁合金、粗钢、有色、水泥、焦炭等，可根据各地实际情况全面确定。主要耗能产品增加（减少）的产量，按照各地统计部门的数据取值进行计算。

上年非电排放强度

指核算期 SO_2 排放量与上年非电耗煤量的比值，用公式表示为：

$$q_{非电}=R_{非电}/（M_{上总}-M_{上电}）$$

式中：$q_{非电}$——上年非电排放强度，吨 SO_2/吨煤；

$R_{非电}$——上年非电 SO_2 排放量，万 t，取上年环境统计数据；（建议取上年核算数据）

$M_{上总}$——上年全社会耗煤量，万 t，取国家统计局公布的各省、自治区、直辖市煤炭消费量；

$M_{上电}$——上年电力煤耗量，万 t，按照各省上年度电力行业经济指标以及燃料消耗情况取值（参照《主要污染物总量减排核算细则（试行）》附表 3 和附表 4），并用国家统计局数据校核。

全社会煤炭消耗量

为统计工作中重要能源指标，根据统计部门公布的数据取值，单位为万 t。如果无法按时提供数据，用上年度同期万元 GDP 能耗（$EN_{上}$）、万元 GDP 能耗下降的比例和上年度各地一次能源消费结构中煤炭占的比例进行推算。用公式表示为：

$$M_{总}=EN_{上}×（1-\lambda）×GDP×\kappa×1.4 \quad (3-7)$$

式中：$EN_{上}$——上年度同期万元 GDP 能耗，吨标煤/万元；按照国家统计局等有关部门公布的上年度各地区万元 GDP 能耗取值。

λ——核算期各地预期的或政府已经公布的万元 GDP 能耗下降比例。

GDP——各地公布的核算期国民生产总值快报数据，亿元。

κ——上年度各地一次能源消费结构中煤炭占的比例，%；数据来源于各地统计年鉴。

$M_{电}$——核算期全口径电力煤炭消耗量，万 t。

（讨论：在核算 $EN_{上}$时用到的是能源消耗量，一般指全社会能源消耗量，而公式设计思路为用“上年度各地一次能源消费结构中煤炭占的比例”来核算，而非“上年度全社会能源消费结构中煤炭占的比例”。）

万元 GDP 能耗

指能源消耗总量（万 t 标准煤）与 GDP（亿元）的比值，是能源利用效率的重要指标，指标数值越小，说明能源利用效率越高，污染物排放越少。按照国家统计局等有关部门公布的上年度各地区万元 GDP 能耗取值，单位为吨标煤/万元。

万元 GDP 能耗下降比例

指当年万元GDP能耗较上年下降的幅度（%），按照核算期各地预期的或政府已经公布的数值取值。

一次能源消费结构中煤炭占的比例

指能源消费中煤炭消费量与一次能源消费量的比值（%），数据取值来自各地统计年鉴。

一次能源与二次能源

指直接取自自然界没有经过加工转换的各种能量和资源，包括煤炭、原油、天然气等，而由一次能源经过加工转换以后得到的能源产品，称为二次能源，包括电力、煤气、汽油、柴油、重油、焦炭等。

全口径电力煤炭消耗量

指当年运行的常规燃煤电厂、自备电厂、煤矸石电厂和热电联产机组的煤炭消耗量（万 t）。原则上，应逐一统计核实辖区内全口径各电厂装机容量、发电量（供热量）、燃料消耗量（热电联产机组包括发电和供热合计燃料消耗量），最终确定辖区内核算期发电煤炭消耗量。各电厂累计的火力装机容量、发电量和增长速度必须与国家统计局公布的快报数据一致，各电厂的发电量应与电力调度部门的数据一致。

如果无法统计辖区内全口径各电厂的有关数据，或者统计后火力装机容量、发电量和增长速度数据与国家统计局快报数据不一致时，燃料消耗量可按火力发电量来估算，即为核算期火力发电量、当年平均发电煤耗、燃料与标煤转换系数三者之积，用公式表示为：

$$M_{电}=TP_{火}\times\alpha\times1.4\times10^{-2} \quad (3\text{-}8)$$

式中：$M_{电}$—— 核算期全口径电力煤炭消耗量，万 t；

$TP_{火}$—— 核算期火力发电量，亿 kW·h；

α—— 各地区快报公布的当年平均发电煤耗，克标煤/kW·h；如果无法获得，可取上年平均发电煤耗数据。

三、脱硫设施不正常运行的新增二氧化硫排放量核算

脱硫设施不正常运行

主要指以下情形：

❶生产设施运行期间脱硫设施因故未运行，而没有向当地政府环境保护行政主管部门及时报告的；

❷没有按照工艺要求使用脱硫剂、无法稳定达标排放的；

❸使用烟气旁路偷排的；

❹在线监测系统抽调数据不合格率大于20%的，以及按照国家有关规定认定为“不正常使用”污染物处理设施的其他违法行为。

烟气旁路

指烟气不通过脱硫装置，直接通往烟囱向大气排放的通道，其作用是脱硫设施发生故障时可以不影响发电主机正常运行。

脱硫设施不正常运行的新增 SO_2 排放量

指核查期期间所有投入运行（包括新增脱硫工程和以前运行）的工业企业治理 SO_2 设施，包括燃煤电厂脱硫、燃煤锅炉脱硫、烧结机脱硫、有色金属冶炼烟气脱硫、焦炉烟气脱硫和其他脱硫设施不正常运行时，用监察系数法校正出的脱硫设施非正常排放新增 SO_2 排放量，用公式表示为：

$$E_{非正常}=\sum_{i=1}^{n} Q_i \times \eta_i \times 10^{-2} \times (1-\xi_i) \quad (3\text{-}10)$$

式中：$E_{非正常}$——脱硫设施非正常运行新增排放量，万 t；

Q_i——某个非正常运行脱硫设施的年（半年）SO_2产生量，万 t；

η_i——某个非正常运行脱硫设施，在正常运行情况下的年综合平均脱硫效率，%，取值原则同**【当年新投产和上年接转第 *i* 个燃煤脱硫机组的综合脱硫效率】**（114 页）；

ξ_i——某个非正常企业的监察系数。

非正常运行脱硫设施的年（半年）SO_2产生量

脱硫设施非正常运行时较正常运行时多产生的 SO_2 排放量（万 t），采用物料衡算方法确定。

非正常运行企业的监察系数

非正常运行脱硫设施所在企业的监察系数，发现被检查企业脱硫设施非正常运行一次，监察系数取 0.8，非正常运行两次监察系数取 0.5，超过两次非正常运行，监察系数取 0。

第三节　新增二氧化硫削减量核算

一、新增治理工程二氧化硫削减量核算

治理工程新增 SO_2 削减量

指老污染源采取的具有连续长期稳定减排 SO_2 效果的烟气治理工程，在核算期多增加的削减量。用公式表示为：

$$R_{工程}=R_{工电}+R_{工钢}+R_{工锅}+R_{工色}+R_{工焦}+R_{工改}+R_{工化}+R_{工其他} \quad (3\text{-}12)$$

式中：$R_{工电}$——现役燃煤机组脱硫工程新增削减量，万 t；

$R_{工钢}$——黑色冶炼行业烧结机等烟气脱硫工程新增削减量，万 t；

$R_{工锅}$——工业燃煤锅（窑）炉烟气脱硫工程新增削减量，万 t；

$R_{工色}$——有色金属行业各种冶炼炉烟气脱硫（回收）工程新增削减量，万 t；

$R_{工焦}$——炼焦行业焦炉煤气脱硫工程新增削减量，万 t；

$R_{工改}$——天然气、煤层气、沼气、煤气和高炉煤气等清洁燃料部分或全部替代原有燃煤（油）设施而新增的削减量，万 t；

$R_{工化}$——石化行业脱硫及硫黄回收工程新增削减量；

$R_{工其他}$——其他脱硫工程（如玻璃、硫酸生产、石灰等窑炉）新增削减量，万 t。

现役燃煤（油）机组烟气脱硫工程新增削减量

现役燃煤（油）机组烟气脱硫工程主要包括以下 5 种类型：

❶核算期新投运现役机组脱硫设施；

❷上年（半年）现役机组脱硫设施投运而在核算期满负荷运行；

❸脱硫设施已运行满一年的机组在核算期发电量稳定增加；

❹已运行满一年的脱硫设施改造扩容或提高效率；

❺现役机组气体燃料替代煤炭。

以上五种类型中的一种或一种以上符合核算要求而形成的削减量之和，即为现役燃煤（油）机组烟气脱硫工程新增削减量。用公式表示为：

$$R_{工电}=R_{电新}+R_{电转}+R_{电增}+R_{电改}+R_{电替} \quad (3\text{-}13)$$

式中：$R_{电新}$——核算期新投运现役机组脱硫设施新增削减量，万 t；

$R_{电转}$——上年（半年）现役机组脱硫设施投运而在核算期满负荷运行情况新增削减量，万 t；

$R_{电增}$——脱硫设施已运行满一年的机组而在核算期发电量稳定增加而形成的新增削减量，万 t；

$R_{电改}$——已运行满一年的脱硫设施改造扩容或提高效率在核算期形成的新增削减量，万 t；

$R_{电替}$——现役机组气体燃料替代煤炭在核算期新增削减量，万 t。

现役燃煤（油）机组

指 2005 年 12 月 31 日前投产并纳入 2005 年环境统计重点调查单位名录企业的燃煤（油）机组均为现役机组，包括常规燃煤（油）电厂、自备电厂、煤矸石电厂和热电联产机组。

现役燃煤（油）机组烟气脱硫工程核算原则

❶机组没有纳入环境统计数据库，但其所在企业纳入环境统计重点调查单位名录的，在“十一五”期间建成脱硫设施并运行的均计算削减量。

❷2006 年 1 月 1 日后投运的燃煤机组不作为现役机组，其隔年建成脱硫设施形成的新增削减量，纳入“当年新投产和上年投运接转燃煤机组配套脱硫设施新增 SO_2 削减量”的范围当中。

❸一个电厂产生的新增削减量不能大于 2005 年环境统计数据库中该电厂的排放量。一个电厂有多台机组且没有分机组纳入 2005 年环境统计数据库时，应按安装脱硫设施的燃煤机组发电量占该企业总发电量份额与 2005 年度环境统计排放量之积折算该机组环统排放量，也可按照该机组煤炭消耗量或煤电装机容量所占份额来计算。新增削减量不能大于该机组脱硫前的排放量。

❹脱硫机组由于检修、调峰等而导致发电量减少带来的排放量变化的不计削减量。

未安装脱硫设施的现役机组由于煤炭硫分降低、发电量（供热量）减少（增加）等因素而引起的排放量的变化，不计算新增削减量（已经在新增 SO_2 排放量中核算）。

❺2005 年当年建成投运但没有统计 SO_2

排放量或排放量明显低于满负荷运行时排放量的现役机组，核查期建成并运行脱硫设施后，核算新增 SO_2 削减量时可以核算期上年环境统计数据库数据为准。

调峰

即调节峰荷。城市用电往往有高峰期和低谷期，不平衡，为此，电力有关部门采用价格或限电等措施，使得峰谷趋于平衡，叫调峰。

新投运现役机组脱硫设施新增削减量

指所有新投运现役机组脱硫设施新增削减量之和，具体到某个机组通过煤炭消耗量、硫分、综合脱硫效率、释放系数（取1.6）来计算。用公式表示为：

$$R_{电新}=\sum_{i=1}^{n}M_i\times S_i\times\eta_i\times1.6\times10^{-2} \quad (3\text{-}14)$$

式中：M_i—— 核算期新投运第 i 个现役机组脱硫设施通过168小时移交后第二个月算起的煤炭消耗量，万 t；

η_i—— 综合脱硫效率，为核算期新投运第 i 个现役机组脱硫设施综合脱硫效率，%；

S_i—— 煤炭平均硫分，%；

n—— 新增现役发电机组建成并投运脱硫设施个数。

新投运现役机组脱硫设施

指在核算期当年投入使用符合核算要求的现役燃煤（油）机组的脱硫设施；或在核算期之前投运而在核算期才符合核算要求进行第一次核算现役燃煤（油）机组的脱硫设施。

新投运现役机组脱硫设施的煤炭消耗量

指核算期某个具体的新投运现役机组脱硫设施通过 168 小时移交后第二个月算起的煤炭消耗量（万 t）；煤炭消耗量优先采用现场核查实际数据，并使用分月发电量校验，如无法获得以上数据，则按脱硫设施投运月数比与机组在核算期煤炭消耗量进行折算。

举例说明：

如某 1 台 30 万 kW 发电机组在上年发电量为 15 亿 kW·h，煤炭消耗量为 70 万 t，脱硫设施于 7 月份通过 168 小时；今年发电量为 12 亿 kW·h，煤炭消耗量为 56 万 t。

则 M_i = [56 − 70×（12 − 7）/12] = 27 万 t

新投运现役机组脱硫设施的煤炭平均硫分

指核算期某个具体的新投运现役燃煤脱硫机组2005年环境统计数据库中煤炭平均硫分（%）。

但存在以下两种情况应区别对待：

❶没有硫分数据的（如企业自备电厂），以现场核查煤炭硫分为准。现场核查时，通过分批次入炉煤质、脱硫系统设计煤质和烟气在线监测系统入口 SO_2 浓度数据分析，确定实际煤炭硫分；

❷若现场核查某新增脱硫设施的实际煤炭硫分与2005年环境统计数据库中平均硫分差别在20%以上的，新增削减量以2005年环境统计数据库中硫分对应的产生量与实际硫分对应的脱硫后排放量的差为准。

举例说明：

某 1 台 30 万 kW 发电机组在 2005 年环统中硫分为 1%时 SO_2 排放量为 11 200 t；2007 年全部脱硫后，实际核查时硫分为 1.65%时排放量为 2 770 t。

则新增削减量为 11 200 − 2 770 = 8 430 t

新投运现役机组脱硫设施的综合脱硫效率

指核算期某个具体的新投运现役机组脱硫设施的综合脱硫效率（%），取值方法参照**【当年新投产和上年接转第 *i* 个燃煤脱硫机组的综合脱硫效率】**（114 页）的取值要求执行。

上年接转现役机组脱硫设施新增削减量

指所有新投运现役燃煤（油）机组的脱硫设施在核算期正常稳定达标运行所形成的 SO_2 削减量的和，具体到某个上年接转现役机组，通过煤炭消耗量、硫分、综合脱硫效率、释放系数（取 1.6）来计算。用公式表示为：

$$R_{电转} = \sum_{j=1}^{m} M_j \times S_j \times \eta_j \times 1.6 \times 10^{-2} \quad (3\text{-}15)$$

式中：M_j——上年（半年）第 j 个现役机组脱硫设施投运而在核算期满负荷运行情况下的煤炭消耗量差额；

η_j——核算期上年接转第 j 个现役机组脱硫设施的综合脱硫效率，%；

S_j——上年接转第 j 个现役燃煤脱硫机组 2005 年环境统计数据库中煤炭平均硫分，%；

m——上年接转现役发电机组脱硫设施个数。

上年接转现役机组脱硫设施

指在核算期上年投入使用并符合核算要求的现役燃煤（油）机组的脱硫设施；或在核算期上年之前投运而在上年核算时才被认可并在核算期继续发挥减排作用的现役燃煤（油）机组的脱硫设施。

上年接转现役机组脱硫设施的煤炭消耗量

指核算期某个具体的上年接转现役机组脱硫设施在核算期满负荷运行情况下的煤炭消耗量差额（核算期煤炭消耗量与上年同期脱硫设施已运行期间核查认定的煤炭消耗量的差额）。煤炭消耗差额为现场核查实际数据，应使用分月发电量校验，如无法获得以上数据，则按月份折算。

上年接转现役机组脱硫设施的煤炭平均硫分

指核算期某个具体的上年接转现役燃煤脱硫机组 2005 年环境统计数据库中煤炭平均硫分（%）；其他要求参照**【新投运现役机组脱硫设施的煤炭平均硫分】**（120 页）的要求执行。

上年接转现役机组脱硫设施的综合脱硫效率

指核算期某个具体的新投运现役机组脱硫设施的综合脱硫效率（%），取值方法参照**【当年新投产和上年接转第 *i* 个燃煤脱硫机组的综合脱硫效率】**（114 页）的取值要求执行。

因发电量增加而形成的新增削减量

指所有已运行满一年的脱硫机组（包括现役和“十一五”期间投运的脱硫机组），由于节能环保电量调度、电量交易等新政策实施，发电量稳定增加（减少）引起煤炭消耗量稳定增加（减少）而形成的新增削减量之和。

具体到某个上年接转现役机组，通过煤炭消耗稳定增加（减少）量、发电量稳定变化且脱硫设施已运行满一年的机组煤炭平均硫分、发电量稳定变化且脱硫设施已运行满一年的机组综合脱硫效率、释放系数（取 1.6）来计算。用公式表示为：

$$R_{电增} = \sum_{k=1}^{l} \Delta M_k \times S_k \times \eta_k \times 1.6 \times 10^{-2} \quad (3\text{-}16)$$

式中：ΔM_k——发电量稳定变化且已运行满一年的脱硫机组煤炭消耗增加（减少）量，万 t；

η_k——发电量稳定变化且已运行满一年的脱硫机组综合脱硫效率，%；

S_k——发电量稳定变化且已运行满一年的脱硫机组煤炭消耗平均硫分，%；

l——发电量稳定变化且已运行满一年的脱硫机组个数。

发电量稳定变化且脱硫设施已运行满一年的机组的煤炭消耗量

指已运行满一年的脱硫机组由于新政策实施原因导致发电小时数增加，发电量稳定增加（减少）而形成的煤炭消耗量的稳定增加（减少）。煤炭消耗增加（减少）量为现场核查实际数据，应有相应政府相关部门要求或批准电量调度、电量交易和竞价上网等新政策的文件支持。

> **举例说明：**
> 某 1 台 30 万 kW 发电机组在 2005 年发电小时数为 5000，发电量为 15 亿 kW·h，煤炭消耗量为 70 万 t，2007 年及以后发电小时数为 6500，煤炭消耗量为 91 万 t：
> 则 $\Delta M_k = 91 - 70 = 21$（万 t）

发电量稳定变化且脱硫设施已运行满一年的机组的煤炭平均硫分

指核算期某个具体的发电量稳定变化且脱硫设施已运行满一年的机组 2005 年环境统计数据库中煤炭平均硫分（%）；其他要求参照【**新投运现役机组脱硫设施的煤炭平均硫分**】（120 页）的要求执行。

发电量稳定变化且脱硫设施已运行满一年的机组的综合脱硫效率

指核算期某个具体的发电量稳定变化且脱硫设施已运行满一年的机组脱硫设施的综合脱硫效率（%），取值方法参照【**当年新投产和上年接转第 *i* 个燃煤脱硫机组的综合脱硫效率**】（114 页）的取值要求执行。

脱硫设施改造新增削减量

指所有新改造投运的脱硫机组形成的相对削减量（改造前后的削减量的差值）之和。

具体到某个新改造投运的脱硫机组通过煤炭消耗量、综合脱硫效率、煤炭平均硫分、上年（半年）环境统计数据库中 SO_2 削减量（去除量）来计算。用公式表示为：

$$R_{电改} = \sum_{x=1}^{p} \left(M_x \times S_x \times \eta_x \times 1.6 \times 10^{-2} - R_x \right) \quad (3\text{-}17)$$

式中：R_x——上年（半年）环境统计数据库中第 x 个机组脱硫设施的 SO_2 削减量，万 t；

M_x——核算期新改造投运第 x 个燃煤脱硫机组通过 168 小时移交后第二个月算起的核算期内煤炭消耗量，万 t；

η_x——综合脱硫效率，为核算期新改造投运的第 x 个机组脱硫设施的综合脱硫效率，%；

S_x——煤炭平均硫分，为核算期新改造投运第 x 个燃煤脱硫机组上年环境统计数据库中煤炭平均硫分，%；

p——核查期新改造投运的脱硫机组个数。

脱硫设施改造

主要包括已运行的脱硫设施经过工艺改变（如由原低效简易脱硫和 NID 工艺改造为高效湿法工艺等）、增加高效脱硫设施（如炉内脱硫的循环流化床锅炉增加尾部脱硫装置等）、因设计或煤炭硫分大幅度变化导致原脱硫设施不能稳定达标排放而改造为达标排放和由部分烟气脱硫改为全烟气脱硫等措施的实施。

简易脱硫

指采用除尘脱硫一体化、干法脱硫等设备简单、效率低、运行不稳定的工艺进行脱硫。

NID 工艺技术改造

NID（Novel Integrated Desulphurization）脱硫除尘一体化脱硫技术由 ALSTOM 公司在 1990 年代初从喷雾干燥法开发而成，用于燃煤（油）电厂、工业锅炉、垃圾焚烧电厂的烟气脱硫及有害气体的处理。NID 是利用含有 CaO 的吸收剂或消石灰（氢氧化钙）与 SO_2 反应生成 $CaSO_3$ 和 $CaSO_4$。除尘器收集下来有一定碱性的粉尘与 CaO 混合增湿后再进入除尘器入口烟道和烟箱，反复循环。NID 工艺特征是吸收剂的低湿度和高比例循环。在吸收剂的大表面积和低湿度作用下，烟温快速下降，吸收剂水分快速蒸发。由于水分蒸发时间很短，使得反应器容积减小。NID 法最大的特点是：管道就是反应器，结构紧凑，设备少，占地面积小。

新改造投运脱硫机组改造前脱硫设施的削减量

指核算期某个具体的机组脱硫设施上年（半年）环境统计数据库中的 SO_2 削减量（万 t），包括核查期以前所有投运的机组脱硫设施。上年环境统计数据库中没有削减量的，按产生量与排放量之差计算。

新改造投运脱硫机组煤炭消耗量

指核算期某个具体的新改造投运机组脱硫设施通过 168 小时移交后第二个月算起的核算期内煤炭消耗量，万 t；煤炭消耗量取值参照**【新投运现役机组脱硫设施的煤炭消耗量】**（120 页）、**【上年接转现役机组脱硫设施的煤炭消耗量】**（121 页）和**【发电量稳定变化且脱硫设施已运行满一年的机组的煤炭消耗量】**（122 页）相关要求执行。

新改造投运脱硫机组煤炭平均硫分

指核算期某个具体的新改造投运机组上年环境统计数据库中煤炭平均硫分（%），其他要求参照**【新投运现役机组脱硫设施的煤炭平均硫分】**（120 页）执行。

新改造投运脱硫机组综合脱硫效率

指核算期某个具体的新改造投运机组脱硫设施综合脱硫效率，%，取值方法参照**【当年新投产和上年接转第 *i* 个燃煤脱硫机组的综合脱硫效率】**（114 页）的要求执行。

燃气替代煤炭新增削减量

指所有（不包括燃气发电机组）未安装脱硫设施的燃煤（油）发电机组，用气体燃料替代发电（供热）锅炉全部或部分用煤（或重油）等方法而减少的 SO_2 排放量。具体某个机组，通过被气体燃料替代的煤炭（重油）消耗量、锅炉替代用燃气量、燃用煤炭的平均硫分和释放系数（燃煤取 1.6、燃气取 2）来计算，用公式表示为：

$$R_{电替}=\sum_{y=1}^{q}\left(M_y\times S_{y煤}\times 1.6-Q_y\times S_{y气}\times 2\right)\times 10^{-2} \tag{3-18}$$

式中：M_y——第 y 台锅炉被气体燃料替代的煤炭（重油）消耗量，万 t；

$S_{y煤}$——第 y 台锅炉燃用煤炭的平均硫分，%；

Q_y——第 y 台锅炉替代用燃气量，万 m^3；

$S_{y气}$——第 y 台锅炉替代气体燃料硫分，%；

q——燃气替代的锅炉个数。

气体燃料

能产生热能或动力的气态可燃物质。天然的有沼气、天然气等。经过加工而成的有由固体燃料经干馏或气化而成的焦炉气、水煤气、发生炉煤气等；石油加工而得的石油气，以及由炼铁过程中所产生的高炉气等。

燃气替代锅炉（机组）的煤炭（重油）消耗量

指核算期某个具体的锅炉（机组）被气体燃料替代的煤炭（重油）消耗量（万 t）；取值参照**【新投运现役机组脱硫设施的煤炭消耗量】**（120 页）、**【上年接转现役机组脱硫设施的煤炭消耗量】**（121 页）和**【发电量稳定变化且脱硫设施已运行满一年的机组的煤炭消耗量】**（122 页）相关要求执行。

原则上，燃气替代锅炉（机组）的煤炭（重油）消耗量以统计数据为准，并用燃气替代锅炉（机组）燃气量（Q_y）与替代气体燃料发热值（$H_{y气}$）、燃料与标煤转换系数（β，取 1.4）三者的乘积（即折算出的燃气替代锅炉的煤炭（重油）消耗量）进行校正，校正公式为：

$$M_y=Q_y\times H_{y气}\times 1.4\times 10^{-3} \tag{3-19}$$

替代气体燃料发热值

指核算期某个具体的锅炉（机组）用来替代煤炭（重油）的气体燃料的发热值（千克标煤/立方米），以实测为准；无法提供的，根据《主要污染物总量减排核算细则》附表 6 中各种燃料的平均热值取值。

燃气替代锅炉（机组）燃用煤炭的平均硫分

指核算期某个具体的被气体燃料替代的锅炉（机组）在上年环境统计数据库中煤炭的硫分（%）；其他要求参照**【投运现役机组脱硫设施的煤炭平均硫分】**（120 页）的要求执行。

燃气替代锅炉（机组）气体燃料硫分

指核算期某个具体的被替代的锅炉（机组）然用的气体燃料的硫分（%），原则上，取值为 0，但使用未脱硫的焦炉煤气或高炉煤气替代时，应考虑 H_2S 浓度和转换为 SO_2 系数。

1. 黑色冶炼行业烧结机等烟气脱硫工程

黑色冶炼行业烧结机等烟气脱硫工程

指黑色冶炼行业包括炼钢（铁）企业的烧结机和球团炉（链篦机—回转窑、竖炉和带式炉）、机械铸造企业烧结机采取的具有连续长期稳定减排 SO_2 效果的烟气治理工程。

黑色冶炼行业烧结机等烟气脱硫工程核算范围

包括纳入上年环境统计重点调查单位名录的黑色冶炼企业的生产工艺采取烟气脱硫工程的，包括炼钢（铁）企业的烧结机和球团炉（链篦机—回转窑、竖炉和带式炉）烟气脱硫、机械铸造企业烧结机烟气脱硫，符合上述情况均核算 SO_2 削减量。烧结机（球团炉）产量变化、原料变化等原因导致烟气 SO_2 排放量增加（减少），不计新增 SO_2 削减量。

黑色冶炼行业烧结机等烟气脱硫工程核算时间

自环境保护验收合格的第二个月开始核算。

黑色冶炼行业烧结机等烟气脱硫工程核算参数取值

烧结机烟气脱硫工程必须连续稳定运行，参数以市级以上环保部门监督性监测结果为准，没有监测数据的，按照脱硫系统设计参数核算新增削减量。新增削减量须用烧结矿产量、脱硫设施的用电量、脱硫药剂的使用量、脱硫副产品的产量等来校核，烧结矿 SO_2 产污系数取 2～16kg/t 烧结矿。

黑色冶炼行业烧结机等烟气脱硫工程新增削减量

指新建和上年接转黑色冶炼行业烧结机等烟气脱硫工程在核算期内增加的 SO_2 削减量。计算公式为：

$$R_{工钢}=\sum_{i=1}^{n}(C_{入i}V_{入i}-C_{出i}V_{出i})\times(m_{i当}-m_{i上})\times10^{-10} \tag{3-20}$$

式中：$C_{入i}$——第 i 台烧结机烟气脱硫系统入口 SO_2 浓度，mg/m^3(N)；SO_2 浓度一般在 300～3 000 mg/m^3(N)，某些地区以国产矿为主要烧结原料的 SO_2 浓度在 2 000～5 000 mg/m^3(N)。

$V_{入i}$——第 i 台烧结机脱硫系统入口烟气量，m^3(N)/h；每生产 1 吨烧结矿，烟气量约为 3 000～4 300 m^3，按烧结面积计，则为 70～95 m^3/（min·m^2）。脱硫系统只处理部分烟气的，$V_{入}$应以环保部门监测结果为准。

$C_{出i}$——第 i 台烧结机烟气脱硫系统出口 SO_2 浓度，mg/m^3(N)；$C_{出}$应以环保部门监测结果为准。脱硫效率需有经验数据验证。

$V_{出i}$——第 i 台烧结机脱硫系统出口烟气量，m^3(N)。原则上，$V_{出i}=V_{入i}$

$m_{i上}$——核查期上年同期第 i 台烧结机脱硫设施运行时间，小时。

$m_{i当}$ —— 核查期第 i 台烧结机脱硫设施运行时间，小时。

注意：原则上，新增削减量应小于上年环境统计数据库中企业的排放量。企业有多台烧结机的，应按安装脱硫设施烧结机的生产规模（或烧结机面积）在该企业总生产规模（或总烧结机面积）所占份额与上年度环境统计排放量之积折算。单台烧结机 SO_2 治理工程的新增削减量不能大于治理前的排放量。

2．工业燃煤锅（窑）炉烟气脱硫工程

工业燃煤锅（窑）炉烟气脱硫工程

指安装有工业燃煤锅（窑）炉的企业建设并运行具有连续长期稳定减排 SO_2 效果的烟气治理工程。

工业燃煤锅（窑）炉烟气脱硫工程核算范围

包括 2005 年 12 月 31 日前投产并纳入 2005 年环境统计重点调查单位名录的企业，其工业燃煤锅炉建设并运行烟气脱硫工程，安装烟气自动在线监测系统并与市级以上环境保护部门联网的工业燃煤锅（窑）炉。脱硫工艺包括石灰石/石膏法、双碱法、氨法、氧化镁法、半干法和列入《国家先进污染防治技术示范名录》和《国家鼓励发展的环境保护技术目录》及其他国家推荐的脱硫技术，符合上述情况均核算 SO_2 削减量。换烧低硫煤、燃煤量减少等不计 SO_2 削减量。

工业燃煤锅（窑）炉烟气脱硫工程核算时间

自环保部门验收合格的第二个月开始核算。

工业燃煤锅（窑）炉烟气脱硫工程新增削减量

指新建和上年接转工业燃煤锅（窑）炉烟气脱硫工程在核算期内增加的 SO_2 削减量。计算公式为：

$$R_{工锅}=(\sum_{i=1}^{n}M_i\times S_i\times\eta_i+\sum_{j=1}^{m}M_j\times S_j\times\eta_j)\times1.6\times10^{-2} \tag{3-21}$$

式中：各个参数选取同【新投运现役机组脱硫设施新增削减量】（120 页）和【上年接转现役机组脱硫设施新增削减量】（121 页）公式。按照此公式核算新增 SO_2 削减量必须与经市级以上环保部门提供的烟气在线监测数据校核。

3．有色金属冶炼炉烟气脱硫工程

有色金属冶炼炉烟气脱硫工程

指有色金属（包括铜、铝、铅、锌、镍、锡、锑、镁、钛、汞十种）冶炼企业的各种冶炼炉，包括（闪速炉、电炉、反射炉、白银炉、鼓风炉等），实施具有连续长期稳定减排 SO_2 效果的烟气治理工程。

有色金属冶炼炉烟气脱硫工程核算范围

包括 2005 年 12 月 31 日前投产并纳入到 2005 年环境统计重点调查单位名录的有色金属企业实施的各种冶炼炉烟气脱硫工程，符合上述情况均核算 SO_2 削减量。企业金属产量变化、原料变化等原因导致烟气 SO_2 排放量变化的，不计算新增 SO_2 削减量。

有色金属冶炼炉烟气脱硫工程核算时间

自环保部门验收合格的第 2 个月开始核算。

有色金属冶炼炉烟气脱硫工程核算参数取值

各种冶炼炉烟气脱硫工艺必须具有连续稳定的脱硫效果。原有回收硫酸工艺采取一转一吸系统改为两转两吸系统，根据改造设计参数和市级以上环保部门监督性监测数据，核算新增削减量。2005 年 12 月 31 日前投产的生产设施与“十一五”期间投产的生产设施（包括原有设施扩能和新建设施）采取烟气混合，而进入同一个脱硫设施处理后排放时，仅核算原有生产线新增 SO_2 削减量。新增削减量应使用副产品（硫酸或亚硫酸钠等）增加的产量校核。

有色金属冶炼炉烟气脱硫工程新增削减量

指新建和上年接转有色金属冶炼炉烟气脱硫工程在核算期内增加的 SO_2 削减量。计算公式为：

$$R_{工色}=\sum_{i=1}^{n}(C_{入i}V_{入i}-C_{出i}V_{出i})\times(m_{i当}-m_{i上})\times10^{-10} \tag{3-22}$$

式中：各参数符号的选取同黑色冶炼行业烧结机等烟气脱硫工程新增削减量。

注意：新增削减量应小于环境统计数据库中企业的排放量。企业有多台冶炼炉且没有单台炉环境统计排放数据的，原则上，按实测单台冶炼炉的排放量为准，若无法提供，各冶炼炉的 SO_2 排放量按上年金属产量和产污系数法折算，产污系数按《核算细则》附表 5 取值，单台 SO_2 治理工程的新增削减量不能大于按产污系数法折算出的环境统计排放量。

4．炼焦炉煤气脱硫工程

炼焦炉煤气脱硫工程

指炼焦企业实施焦炉煤气脱硫工程，具有连续长期稳定减排 SO_2 效果的焦炉煤气脱硫工程。

炼焦炉煤气脱硫工程核算范围

包括 2005 年 12 月 31 日前投产并纳入 2005 年环境统计重点调查单位名录的炼焦企业实施焦炉煤气脱硫的。脱硫工艺包括 HPF 法、PDS 法、AS 法、改良 A.D.A 法、塔-希法、FRC 法、真空碳酸盐法等方法，符合上述情况均核算 SO_2 削减量。企业焦炭产量变化、原料变化等原因导致 SO_2 排放量变化的，不核算新增削减量。

炼焦炉煤气脱硫工程核算时间

自环保部门验收合格的第二个月开始核算。

炼焦炉煤气脱硫工程新增削减量

指新建和上年接转炼焦炉煤气脱硫设施在核算期内多增加的 SO_2 削减量。计算公式为：

$$R_{工焦}=R_{焦新}+R_{焦转} \tag{3-23}$$

式中：$R_{焦新}$ —— 核算期新投运炼焦炉煤气脱硫设施新增削减量，万 t；

$R_{焦转}$ —— 上年（半年）炼焦炉煤气脱硫设施投运而在核算期满负荷运行情况新增削减量，万 t。

注意：新增削减量应小于 2005 年环境统计数据库中企业的排放量。企业有多座炼焦炉且没有单台炉环境统计排放数据的，各炼焦炉的SO_2排放量按焦炭产量和产污系数法折算，产污系数按 4.7 千克 SO_2/吨焦取值；单座炼焦炉脱硫工程的新增削减量不能大于根据环境统计，按产污系数法折算出的排放量。热装热出清洁型焦炉余热锅炉烟气脱硫工程新增减排量核算可参照锅炉烟气脱硫设施核算方法实施。新增削减量包括核算期新投产和上年接转的脱硫设施形成的削减量。

核算期新投运炼焦炉煤气脱硫工程新增削减量

指所有新投运炼焦炉煤气脱硫设施在核算期正常稳定达标运行所形成的 SO_2 削减量之和。公式可表示为：

$$R_{焦新} = \sum_{i=1}^{n} M_i \times S_i \times \eta_i \times 0.6 \times 10^{-2} \qquad (3\text{-}24)$$

式中：M_i—— 核算期新投运第 i 个炼焦炉煤气脱硫设施通过市级以上环保部门验收合格后第二个月算起的入炉煤消耗量，万 t；入炉煤消耗量优先采用现场核查实际数据并根据焦炭产量校核：入炉煤消耗量一般为焦炭产量乘 1.33。应有分月入炉煤消耗量和焦炭产量支持。

η_i—— 综合脱硫效率，为核算期新投运第 i 个煤气脱硫设施综合脱硫效率，其脱硫效率按照环保部门实际监测数据为准，$\eta_i = 95\%$。

S_i—— 入炉煤平均硫分，为核算期现场核查入炉煤的平均加权硫分，%，并提供入炉煤的洗煤厂名单。

n—— 新增脱硫设施个数。

接转炼焦炉煤气脱硫设施新增削减量

指所有上年（半年）投运炼焦炉煤气脱硫设施在核算期满负荷运行所形成的 SO_2 削减量的和。公式表示为：

$$R_{焦转} = \sum_{j=1}^{m} M_j \times S_j \times \eta_j \times 0.6 \times 10^{-2}$$

式中：M_j—— 上年（半年）第 j 个炼焦炉煤气脱硫设施投运而在核算期满负荷运行情况下的入炉煤消耗量差额，即核算期满负荷运行情况下的入炉煤消耗量与上年同期脱硫设施运行期间的入炉煤消耗量的差额，万 t；入炉煤消耗差额为现场核查实际数据，并根据焦炭产量校核：入炉煤消耗量为焦炭产量乘 1.33，应有上年和当年分月入炉煤消耗量和焦炭产量支持。

η_j、S_j—— 同新投运炼焦炉煤气脱硫工程新增削减量。

m—— 上年接转炼焦炉煤气脱硫设施个数。

炼焦炉煤气脱硫工程新增削减量校核

指在核算炼焦炉新增煤气脱硫设施过程中，通过焦炉煤气脱硫系统入口、出口 H_2S 浓度和入口、出口煤气流量计算炼焦炉煤气脱硫设施（包括当年投运和上年接转）新增 SO_2 削减量，并与通过入炉煤消耗量、入炉煤平均硫分和综合脱硫效率计算出的新增 SO_2 削减量进行对比并取值。校核公式为：

$$R_{工焦i} = (C_{入i}V_{入i} - C_{出i}V_{出i}) \times (\gamma_i - \gamma_{i上}) \times \frac{64}{34} \times 10^{-9} \qquad (3\text{-}26)$$

式中：$C_{入i}$—— 第 i 座焦炉煤气脱硫系统入

口 H_2S 浓度，$mg/m^3(N)$；

$V_{入i}$ —— 第 i 座焦炉煤气脱硫系统入口煤气流量，$m^3(N)/h$；

$C_{出i}$ —— 第 i 座焦炉煤气脱硫系统出口 H_2S 浓度，$mg/m^3(N)$；

$V_{出i}$ —— 第 i 座焦炉煤气脱硫系统出口煤气流量，$m^3(N)/h$；

γ_i —— 第 i 座焦炉煤气脱硫设施核算期运行小时数，h/a；

$\gamma_{i上}$ —— 第 i 座焦炉煤气脱硫设施上年同期运行小时数，h/a。

H_2S 浓度主要来自环保部门的验收报告；煤气流量以焦炉煤气流量计显示结果为准，并参考物料平衡参数进行复核（每生产 1 吨干焦炭产生煤气量 400～500m^3）；运行小时数以焦炉煤气脱硫设施岗位实际运行纪录为准，并参考脱硫设施耗电量进行复核。

计算结果有差异时，按取小值原则取值，作为单套煤气脱硫设施的新增削减量。

5. 非电煤改气工程

非电煤改气工程

指通过对原有燃煤（油）设施改造或拆除，采用天然气、煤层气、沼气、炼厂干气、煤气和高炉煤气等清洁燃料部分或全部替代原有燃煤（油）设施，形成连续长期稳定减排 SO_2 效果的煤改气工程。

非电煤改气工程核算原则

按照新增清洁燃料消耗量等热值原则核算替代原煤量。各地清洁燃料发热值优先采用测试数据，没有测试数据按参见《核算细则》附表 6 中列出“几种常见煤改气燃料的热值”取值。被替代的原煤硫分按照所在城市或企业煤炭平均硫分取值。

非电煤改气工程新增削减量

指非电煤改气工程在核算期内多增加的 SO_2 削减量。计算公式为：

$$R_{工改} = \sum_{i=1}^{m} M_{煤i} \times S_i \times 1.6 \times 10^{-2} \qquad (3\text{-}27)$$

式中：$M_{煤i}$ —— 第 i 个燃煤设施燃气替代的煤炭量，万 t；

S_i —— 第 i 个燃煤设施燃气替代的煤炭平均硫分，若企业内部替代，其硫分按2005年环境统计数据库中企业燃料煤硫分取值，没有环境统计数据的按地区平均硫分取值。

注意：2005 年以前投产并纳入环境统计重点调查单位名录的原油炼制和炼焦企业，煤气安装脱硫设施并替代原煤的，既核算煤气脱硫新增削减量，也核算替代原煤而导致的新增削减量。“十一五”期间投产企业（包括原有企业扩能和新建企业）脱硫措施部分不核算其新增削减量，只核算替代原煤新增削减量。

6. 石化企业产品脱硫及硫黄回收工程

石化企业产品脱硫及硫黄回收工程

指由于石油、化工企业的炼化装置实施具有连续长期稳定减排 SO_2 效果的脱硫和硫黄回收工程。

石化企业产品脱硫及硫黄回收工程核算范围

包括2005年12月31日前投产并纳入环境统计重点调查单位名录的石油化工企业的生产装置实施脱硫和硫黄回收工程，符合上述情况均核算 SO_2 削减量。“十一五”期间投产企业（包括原有企业扩能和新建企业）采取脱硫和硫黄回收工程减少的 SO_2 排放量不核算新增削减量。

石化企业产品脱硫及硫黄回收工程核算参数取值

核算用参数原则上以在线监测数据为准，核算结果须用物料衡算法进行校核。

石化企业产品脱硫及硫黄回收工程新增削减量

指由于石油、化工企业的炼化装置实施脱硫和硫黄回收工程，降低了重油和石油焦等产品的硫分，使该企业内部以其新产品为燃料的设施 SO_2 排放量的减少量。计算公式为：

$$R_{工炼}=M\times\Delta S\times\alpha\times(1-\eta)\times10^{-2} \quad (3\text{-}28)$$

式中：M——脱硫及硫黄回收工程后的重油和石油焦用于替代本厂燃煤（重油、石油焦）的量，万t；

ΔS——脱硫及硫黄回收工程前后重油和石油焦硫分差，%；

α——重油和石油焦中硫转化为 SO_2 释放系数，1.9～2.0；

η_i——厂内原设施已运行的脱硫设施脱硫效率。

注意：新增削减量应小于2005年环境统计数据库中企业的排放量。实施脱硫和硫黄回收工程的企业须提交相应资料，在省级环保部门逐一审查和督查中心现场核查基础上，报送环保部最终审定。

7. 其他脱硫工程

其他脱硫工程

指不属于上述行业的其他企业（如玻璃、硫酸生产、石灰等窑炉）生产过程中实施具有连续长期稳定减排 SO_2 效果的脱硫工程。

其他脱硫工程新增削减量

指其他生产过程（如玻璃、硫酸生产、石灰等窑炉）脱硫的新增 SO_2 削减量。核算时根据不同情况分别处理。应提交脱硫系统设计书、市级以上环保部门的监测报告。

二、结构调整新增二氧化硫削减量核算

结构调整新增 SO_2 削减量

指在核算期企业关停排放 SO_2 的生产线、工艺和设备形成的削减量。主要包括以下5种类型：

❶关停小火电机组新增削减量；

❷小机组与大机组电量交易新增削减量；

❸关停有烧结机的小钢铁新增削减量；

❹同步关停涉水行业燃煤锅炉新增削减量；

❺关停其他落后产能新增削减量。

以上五种类型中的一种或一种以上符合核算要求而形成的削减量之和，即为结构调

整新增SO_2削减量。用公式表示为：

$$R_{结构}=R_{结电}+R_{交易}+R_{结钢}+R_{同关}+R_{结其他} \quad (3\text{-}29)$$

式中：$R_{结电}$——关停小煤电机组新增削减量，万 t；

$R_{交易}$——小机组与大机组电量交易新增削减量，万 t；

$R_{结钢}$——关停有烧结机的小钢铁新增削减量，万 t；

$R_{同关}$——同步关停涉水行业燃煤锅炉新增削减量，万 t；

$R_{结其他}$——关停其他落后产能（如有色冶炼、建材、炼油等）新增削减量，万 t。

结构调整新增削减量的核算原则

❶淘汰、关闭企业及生产设施（含破产企业）的认定要提供相应具有法律效力的文件，如当地政府的关闭文件、关停小火电确认书、企业破产文件、吊销营业执照文件、环境监察部门的现场检查笔录等实证性的证明材料。表明企业工艺和设备必须是永久性关停并有具体关停时间，必须停止工业用水、工业用电，应当提供有关照片。原则上，各级政府颁布的关停计划中提出的拟议淘汰关停时间不作为关停与否和具体关停时间确认的主要依据。

❷纳入上年环境统计重点调查单位名录的企业，按环境统计排放量核算新增削减量。关停部分生产线和生产设备没有环境统计数据的，根据整个企业环境统计排放量通过物料衡算法按排污系数和上年产品产量折算新增削减量。

❸没有纳入上年环境统计重点调查单位名录的企业，按排污系数法核算新增削减量（参见《核算细则》附表 5）。各关停项目新增削减量一律按实际削减量的 50%核算，但核算期关停项目削减量合计不能高于本地区上年度非重点污染源排放量的 10%。核算期当年关停和上年关停的，应列出名单、投产时间、生产能力和上年产量。凡经确认在核算期关停的，新增削减量一次性结清，即：凡经确认在核算期关停的，新增削减量一次性按照全年关停市时间计算，不再留算做下年接转项目。

❹核算期当年关停的，从实际关停的第二个月起按关停月数和上年环境统计排放量核算新增削减量；核算期上年关停但不满一年的，按未关停的月数核算新增削减量。政府或相关管理部门下发的文件中企业淘汰关停时间或地方上报材料的关停时间与核查不一致时，以核查确定的实际关停时间为准。

❺“十一五”期间投产（包括原有企业扩能和新建），后又被取缔关停的企业、设施，不核算新增削减量。

❻自然停产或减产的企业，如无明确的能够认定企业无法恢复生产的有效证明文件，不核算其新增削减量；处于停产治理、限期治理期间的企业一律不核算新增削减量，待企业完成治理恢复正常生产后再根据治理设施运行情况，按照治理工程减排核算方法核算新增削减量。

❼关停主要涉水行业的企业、生产工艺、设备，同步关停的燃煤设施，根据设施实际排放强度与该地区平均排放强度之差计算削减量，并一次性结清。

❽凡在核算期已经确认的取缔关停企业、设施全部进入减排项目数据库并公布，对虚假关停、重复关停的企业以及通过更换名称而关停后再生产的企业等，经群众举报、

新闻媒体曝光或现场核查发现时，予以通报批评，并按照相关规定进行处理。

涉水企业

是指小造纸、小化工、小印染等工业企业。根据《国务院关于环境保护若干问题的决定》（国发[1996]31 号）中的规定，主要指年产 5 000 吨以下的造纸厂、年产折牛皮 3 万张以下的制革厂、年产 500 吨以下的染料厂。

（一）关停小火电机组新增削减量

关停小火电机组

根据《国务院批转发展改革委、能源办关于加快关停小火电机组若干意见的通知》（国发[2007]2 号）中规定："十一五"期间，在大电网覆盖范围内，需要关停的小燃煤机组、小燃油机组，包括企业自备电厂机组和趸售电网机组主要是：单机容量 5 万 kW 级及以下常规火电机组；运行满 20 年、单机 10 万 kW 级及以下常规火电机组；按照设计寿命服役期满的单机 20 万 kW 及以下各类机组；供电标准煤耗高出 2005 年本省（区、市）平均水平 10%或全国平均水平 15%的各类燃煤机组；未达到环保排放标准的各类机组；按照有关法律、法规应予关停或国务院有关部门明确要求关停的机组。

关停小火电机组以国家发展改革委员会公布的关停机组的名称、装机容量和日期为准。

关停小火电机组原则

以国家发展改革委员会公布的关停机组的名称、装机容量和日期为准。因调峰、检修等原因导致 SO_2 排放量自然减少的不核算新增削减量；对于热电联产机组，发电机组关闭但仍然供热的，不核算新增削减量。关停燃气和柴油机组不核算新增削减量。

关停小火电机组新增削减量

指永久关闭火电机组及动力装置而产生的新增削减量。依当年发电量或耗煤量与上年的变化确定当年该机组新增削减量，单台小火电机组关停全年新增量用公式表示为：

$$R_{结电}=(G_{上年}-G_{当年})/G_{上年}\times E_{上年} \quad (3\text{-}30)$$

式中：$E_{上年}$——关停小火电机组上年环境统计数据库中的 SO_2 排放量，万 t；

$G_{当年}$、$G_{上年}$——分别为关停机组核算期当年和上年的燃料消耗量，万 t。

同时，可采用关停时间与上年环境统计排放量来计算，用公式表示为：

$$R_{结电}=(12-m_{关})/12\times E_{上年} \quad (3\text{-}31)$$

式中：$m_{关}$——关停小火电的月份；

$E_{上年}$——关停小火电机组上年环境统计数据库中的 SO_2 排放量，万 t。

关停机组核算期当年和上年的燃料消耗量

以直接获得并审核过的数据为准，但因发电厂有多台发电机组而无法逐台分开排放量、燃料消耗量，关停小火电机组的排放量用发电量折算，如果发电量数据也无，按下列公式估算：

$$E_{上年}=Cap\times h_{上年}\times\gamma\times1.4\times S\times1.6\times10^{-9} \quad (3\text{-}32)$$

式中：Cap——关停小火电机组装机容量，

MW。

$h_{上年}$ —— 关停小火电机组上年同期发电小时数，小时；上年已关停的，用隔年发电小时数。

γ —— 关停小火电机组的平均发电煤耗，克标煤/kW·h。

S —— 2005 年环境统计数据库中全厂煤炭平均硫分，%。

（二）发电量交易新增削减量

发电量交易新增削减量

指实施发电量交易后，因大、小燃煤机组发电煤耗的差异和大机组配套运行脱硫设施，导致在生产等量的电力情况下，小机组和大机组的 SO_2 排放量产生差值，并可核算为 SO_2 削减量。具体为小机组交易出电量对应的 SO_2 排放量（$E_{小机}$）减去大机组接收同等电量对应的 SO_2 排放量。用公式表示为：

$$R_{交易}=E_{小机}-E_{大机}=[G_{交易}\times\gamma_{小}\times S_{小}-G_{交易}\times\gamma_{大}\times S_{大}\times(1-\eta_{大})]\times1.4\times1.6\times10^{-4} \quad (3\text{-}33)$$

式中：$R_{交易}$ —— 小机组与大机组电量交易新增削减量，万 t。

$E_{小机}$ —— 小机组交易出电量对应的 SO_2 排放量，万 t。

$E_{大机}$ —— 大机组接收同等电量对应的 SO_2 排放量，万 t。

$G_{交易}$ —— 大机组与小机组交易的发电量，亿 kW·h。

$\gamma_{小}$、$\gamma_{大}$ —— 分别为小火电机组和大机组的平均发电煤耗，克标煤/kW·h。

$S_{小}$、$S_{大}$ —— 分别为小火电机组和大机组 2005 年环境统计数据库中全厂煤炭平均硫分，%。如果小火电机组电量交易到当年新投产燃煤机组中，大机组的煤炭硫分参照**【新投运现役机组脱硫设施的煤炭平均硫分】**(120 页）相关要求取值。

$\eta_{大}$ —— 大机组的平均脱硫效率，参照**【当年新投产和上年接转第 *i* 个燃煤脱硫机组的综合脱硫效率】**（114 页）相关要求取值；如果发电量交易到没有脱硫设施的大机组中，$\eta_{大}$按 100%取值。

发电量交易新增削减量核算原则

核算时需要提供小机组与大机组进行电量交易的电厂名称、机组号、电量交易额度、实施日期和政府批准文件。如在核算因发电量增加而形成的新增削减量时已经核算过，不再核算新增量。

（三）关停小钢铁新增削减量

小钢铁

是指小炼铁、小铸铁和小炼钢炉等。根据国务院办公厅转发国家经贸委关于清理整顿小钢铁厂意见的通知（国办发[2000]10 号），2000 年对使用以下生产设备的小钢铁厂予以关停：

土焦生产设备（含地方改良焦生产设备）和土烧结生产设备；

第十二章 二氧化硫总量减排核算

18 平方米以下（含 18 平方米）烧结机；

50 立方米以下(含 50 立方米)的小高炉；

公称容量 10 吨以下（含 10 吨）的小转炉（含侧吹转炉）、小电炉（机械行业生产铸钢件的小电炉除外）；

1 800 千伏安以下（含 1800 千伏安）铁合金电炉；

1998 年产钢 10 万 t 以下（含 10 万 t）的小炼钢厂；

横列式小型材、线材轧机年产量 10 万 t 以下（含 10 万 t）的小轧钢厂；

坚决取缔生产地条钢或开口锭的其他炼钢设备。

3 200 千伏安以下（含 3 200 千伏安）小铁合金电炉要在 2001 年底前关停。

生产热烧结矿的烧结机，100 立方米以下（含 100 立方米）小高炉，公称容量 15 吨以下（含 15 吨）小转炉，年产普碳钢 30 万 t 以下（含 30 万 t）的小炼钢厂，横列式小型材、线材轧机年产量 25 万 t 以下（含 25 万 t）的小轧钢厂，要在 2002 年底前关停。

关停小钢铁新增削减量核算原则

关停小钢铁依当年粗铁产量或烧结料产量与上年同期的变化和排污系数确定当年新增削减量。分以下几种情况：

❶关闭小钢铁，凡烧结机、炼焦炉并同步关停的，核算新增削减量。

❷只淘汰烧结机、炼焦炉，而不关闭高炉和炼钢炉的，也核算新增削减量。

❸只关闭小高炉、熔铸炉、炼钢炉（转炉和电炉）的，不核算新增削减量。

关停小钢铁新增削减量

关停小钢铁依当年粗铁产量或烧结料产量与上年同期的变化和排污系数确定当年新增削减量。用公式表示为：

$$R_{\text{结钢}}=(G_{\text{上年}}-G_{\text{当年}})/G_{\text{上年}}\times E_{\text{上年}} \quad (3\text{-}34)$$

式中：$E_{\text{上年}}$——上年同期关停小钢铁环境统计数据库的 SO_2 排放量，万 t；钢铁厂（铸造厂）有多个烧结机而无法逐台分开排放量的，关停烧结机的排放量按烧结机规模（产量），根据《核算细则》附表 5 的排污系数，烧结矿的排污系数为 2～15 kgSO_2/吨烧结矿，平均值为 3.3 kgSO_2/吨烧结矿。

$G_{\text{当年}}$、$G_{\text{上年}}$——分别为当年和上年关停烧结机核算期的烧结料产量，万 t。在核算上年同期关停的小钢铁在当年新增削减量，按月份折算。

烧结料产量校核

指对在核算中得到的当年和上年关停烧结机核算期的烧结料产量数据，须用粗铁产量折算的数据对比，验证烧结料产量数据的准确性。1 吨粗铁需要 1.5～2.0 吨烧结料。

（四）关停涉水企业同步拆毁燃煤设施新增削减量

关停涉水企业同步拆毁燃煤设施新增削减量

关停主要涉水行业的企业、生产工艺、设备，同步关停的燃煤设施，按照 COD 核查确认的名单核算 SO_2 新增削减量。削减量按该设施的的 SO_2 排放系数与该地区非电平均排放强度之差计算削减量，并一次性结清，不做跨年度核算。核算公式为：

$$R_{同关}=(q_{工锅}-q_{非电})/q_{工锅}\times E_{上年} \tag{3-35}$$

式中：$R_{同关}$——同步关停涉水企业燃煤设施新增削减量，万 t；

$q_{非电}$——上年关停企业所在地区的非电排放强度，吨 SO_2/吨煤；参照**【上年非电排放强度】**（116 页）计算原则取值；

$q_{工锅}$——同步关停涉水企业燃煤设施的排放系数，吨 SO_2/吨煤；

$E_{上年}$——同步关停涉水企业上年环境统计数据库中 SO_2 排放量，万 t。

（五）淘汰其他落后产能新增削减量

淘汰其他落后产能新增削减量

指关停包括不符合国家产业政策应该关停淘汰的炼焦炉、水泥窑、有色金属冶炼炉等产生的削减量。计算公式参照**【关停小钢铁新增削减量】**（135 页）中计算公式。企业有多个炉窑关停，各炉窑关停新增削减量按产量排污系数法及企业环境统计排放量进行折算，排污系数按《核算细则》附表 5 取值。全国污染源普查结果公布后，排污系数统一调整。

第四节 加强监督管理新增二氧化硫削减量

加强监督管理新增 SO_2 削减量

指通过加强监督管理新增加的削减量。包括循环流化床锅炉内脱硫增加在线监测、提高脱硫设施运行率、实施清洁生产审核方案等方法新增的削减量。

原则上需按环保部要求，完成全省（区、市）国控重点污染源在线安装任务，并与环保部门联网，方予确认管理减排量。

循环流化床锅炉内脱硫实施在线监测确认的新增削减量

指纳入 2005 年环境统计重点调查单位名录企业的循环流化床发电机组，“十一五”期间安装在线监测系统并与省级环保部门联网的，核算新增削减量，新增削减量按照在线监测数据和 2005 年环境统计数据库中 SO_2 排放量的差值计算削减量。用公式表示为：

$$R_{流化床}=E_{2005}\times m_{运行}/12-E_{在线} \tag{3-36}$$

式中：$R_{流化床}$——实施在线监测确认的削减量，万 t。

E_{2005} —— 循环流化床锅炉 2005 年环境统计排放量，万 t。一个电厂中包括循环流化床锅炉发电机组和其他机组的，按装机容量比与全厂 2005 年环境统计排放量之积确定。

$m_{运行}$ —— 安装在线装置第二个月起的运行月份数。

$E_{在线}$ —— 核算期在线装置的实测累计排放量，万 t。

在线监测确认

指完成全省（区、市）国控重点污染源在线安装任务，与省级环保部门联网，在对数据有效性经常进行校核，对仪器经常进行校准的基础上，确认管理减排量。

脱硫设施提高运行率新增削减量

指安装烟气在线监控装置并与省级环保部门联网，通过提高脱硫设施的全烟气运行率，核算其新增削减量。且结果必须在省级环保部门监控系统能够查证，并有旁路烟气流量监测数据、能够确认稳定提高整体脱硫效率。核算方法参照**【治理工程新增 SO_2 削减量】**（118 页）的核算，其中脱硫效率按在线监测数据得出的脱硫效率和**【新增火电 SO_2 排放量】**（110 页）中脱硫效率之差计算。

实施清洁生产审核方案形成的新增削减量

仅包括因实施清洁生产审核报告中提出的中高费方案而形成的稳定减排能力。核算方法参照**【治理工程新增 SO_2 削减量】**（118 页）的核算，但其原材料消耗、进出口浓度、吸收率等主要参数，采用清洁生产审核方案实施前后的差值。两者不得重复计算。

各项参数取值以省级环保部门或清洁生产相关行政主管部门的评审、验收报告为依据，强制性清洁生产审核部分以达标排放为核算依据，并按照《“十一五”主要污染物总量减排核查办法》的程序现场核查后的数据为准。

第五节 火电行业二氧化硫排放量的校核

火电行业 SO_2 排放量的校核

指为达到火电行业 SO_2 排放总量的宏观核算方法与微观统计方法结合，明确电厂排放量的增加或降低，达到两种方法交叉印证的目的，运用各省（自治区、直辖市）建立的火电行业分机组 SO_2 排放数据库，分机组数据核算出的火电行业 SO_2 排放量，并用当年与上年同期分机组 SO_2 排放数据对核算期火电行业新增 SO_2 削减量进行比较，结果优先作为火电行业核算新增 SO_2 削减量。

火电行业二氧化硫排放量校核的原则

❶火电行业包括当年运行全口径火力（燃煤、油、气）发电企业，包括常规电厂、自备电厂、煤矸石电厂和热电联产电厂。全口径火力发电企业分机组 SO_2 排放数据应参照环境统计环年基表 1-2（火电企业污染排放及处理利用情况），必须明确各电厂名称、机组标号、投产年月、装机容量、发电量（供热量）、发电标准煤耗、燃料消耗量（热电联产机组包括发电和供热合计的燃料消耗

量）、燃料硫分、脱硫工艺、脱硫设施通过168 小时移交的月份和 SO_2 排放量。

❷辖区内当年和上年各机组累计的火力装机容量、发电量（供热量）和增长速度须与统计部门公布的当年火力装机容量、发电量（供热量）和增长速度相同，否则核算 SO_2 削减量仍采用宏观核算方法。火力装机容量包括当年运行和备用燃煤、燃油和燃气发电机组的装机容量，重点是燃煤机组；关停机组在当年有发电量的纳入统计，数据主要来源电力生产主管部门；火力发电量数据主要来自于电厂的生产报表和电力调度部门统计数据。

❸原则上，2005 年环境统计数据库中燃煤机组已经有的 SO_2 削减量，在计算当年该机组的排放量时，其削减量保持不变。

❹发电机组煤炭硫分原则上应与上年环境统计数据库中电厂的硫分保持一致，当年与上年煤炭硫分差别超过 20%以上的，应有分批次入炉煤质资料验证。当年新建成投运和上年接转的燃煤脱硫机组煤炭硫分取值原则参照**【新投运现役机组脱硫设施的综合脱硫效率】**（121 页）、**【上年接转现役机组脱硫设施的综合脱硫效率】**（121 页）和**【新投运现役机组脱硫设施的煤炭平均硫分】**（120 页）相关要求执行。同一发电厂内各机组的煤炭硫分相同。若发现有人为调低煤炭硫分的电厂，则该地区核算 SO_2 削减量仍采用宏观核算方法。

❺脱硫设施不正常运行增加的 SO_2 排放量按核算**【脱硫设施不正常运行的新增 SO_2 排放量】**（117 页）的公式计算。

❻同一发电厂有不同类型的发电机组（燃煤、燃油、燃气并存）和不同规格的机组（装机容量不同）时，无法提供分机组的发电量、煤炭消耗量和 SO_2 排放量的，按各机组发电装机容量与全厂总装机容量比折算。

火电行业二氧化硫排放量

用辖区内全口径火力发电厂分机组数据核算出的火电行业 SO_2 排放量的总和，为无脱硫设施的发电（供热）机组 SO_2 排放量、脱硫设施上年已经运行的机组 SO_2 排放量、脱硫设施当年投运的机组 SO_2 排放量、炉内脱硫的循环流化床发电机组 SO_2 排放量和当年关闭的小火电机组 SO_2 排放量五者的总和。

无脱硫设施的发电（供热）机组 SO_2 排放量

指依当年发电量（供热量）或耗煤量与上年同期的发电量（供热量）或耗煤量变化情况，确定的无脱硫设施的发电（供热）机组 SO_2 排放量。

具体计算为同一台发电机组当年对上年的煤炭消耗量（万 t）或发电量的比值与无脱硫设施发电（供热）机组在当年和上年的 SO_2 排放量的乘积。用公式表示为：

$$E_{当年}=G_{当年}/G_{上年}\times E_{上年} \qquad (3\text{-}37)$$

式中：$E_{当年}$、$E_{上年}$ —— 无脱硫设施发电（供热）机组在当年和上年的 SO_2 排放量，万 t；

$G_{当年}$、$G_{上年}$ —— 同一台发电机组当年和上年的煤炭消耗量（万 t）或发电量（亿 kW·h），热电联产机组须用煤炭消耗量。

没有上年煤炭消耗量或发电量的发电机组（包括发电主体设备当年投产但脱硫设施滞后下年投运的机组），确定当年该机组 SO_2 排放量公式为：

$$E_{当年}=G_{当年}\times S\times 1.6 \quad (3\text{-}38)$$

式中：S——当年的煤炭平均硫分；

1.6——煤炭硫分转化为 SO_2 的系数，全国污染源普查结果公布后，按统一的转换系数调整。

脱硫设施上年已经运行的机组 SO_2 排放量

指采用物料衡算方式，用脱硫机组当年的煤炭消耗量、平均硫分和综合脱硫效率三者之积，来计算出的脱硫设施上年已经运行的机组的当年 SO_2 排放量。用公式表示为：

$$E_{当年}=G_{当年}\times S\times 1.6\times(1-\eta) \quad (3\text{-}39)$$

式中：$E_{当年}$——脱硫机组当年的 SO_2 排放量，万 t；

$G_{当年}$——脱硫机组当年的煤炭消耗量（包括发电和供热两部分煤炭消耗量），万 t；

S，η——分别为脱硫机组在当年的煤炭平均硫分和综合脱硫效率，取值原则分别参照【新投运现役机组脱硫设施的综合脱硫效率】（121 页）、【上年接转现役机组脱硫设施的综合脱硫效率】（121 页）和【新投运现役机组脱硫设施的煤炭平均硫分】（120 页）相关要求执行。

脱硫设施当年投运的机组 SO_2 排放量

指火电机组在当年或当年之前已经投运，但脱硫设施仅在当年投入运行后全年的 SO_2 排放量，为脱硫设施当年投运的现役机组、发电主体设备和脱硫设施均当年投产但脱硫滞后的机组以及脱硫设施与发电机组同步运行的机组三种情况计算出的 SO_2 排放量的总和。

脱硫设施当年投运的现役机组 SO_2 排放量

指脱硫设施投运前后两个阶段现役机组 SO_2 排放量之和，前后两个阶段时间（月）和为 12 个月。

脱硫设施投运后阶段该机组的 SO_2 排放量用公式表示为：

$$G_{当年}\times S\times 1.6\times(1-\eta)\times\frac{m_{FGD}}{12}$$

脱硫设施在投运前该机组的 SO_2 排放量用公式表示为：

$$G_{当年}\times S\times 1.6\times\frac{12-m_{FGD}}{12}$$

因此，脱硫设施当年投运的现役机组 SO_2 排放量用公式表示为：

$$E_{当年}=G_{当年}\times S\times 1.6\times(1-\eta)\times\frac{m_{FGD}}{12}+G_{当年}\times S\times 1.6\times\frac{12-m_{FGD}}{12} \quad (3\text{-}40)$$

式中：m_{FGD}——机组脱硫设施通过 168 小时移交后运行的月数；如果能提供分月份的发电量或煤炭消耗量，则分月计算 SO_2 排放量，而不用 m_{FGD} 参数。

$G_{当年}$——脱硫机组当年的煤炭消耗量（包括发电和供热两部分煤炭消耗量），万 t。

S,η —— 分别为脱硫机组在当年的煤炭平均硫分和综合脱硫效率，取值原则分别参照**【新投运现役机组脱硫设施的综合脱硫效率】**（121 页）、**【上年接转现役机组脱硫设施的综合脱硫效率】**（121 页）和**【新投运现役机组脱硫设施的煤炭平均硫分】**（120 页）相关要求执行。

发电主体设备和脱硫设施均当年投产但脱硫滞后的机组 SO_2 排放量

指脱硫设施投运前后两个阶段当年投产机组 SO_2 排放量之和，前后两个阶段时间（月）和不足全年但为机组在当年投运时间。

脱硫设施投运后阶段该机组的 SO_2 排放量用公式表示为：

$$G_{当年}\times S\times 1.6\times(1-\eta)\times\frac{m_{FGD}}{m_{ON}}$$

脱硫设施在投运前的 SO_2 排放量用公式表示为：

$$G_{当年}\times S\times 1.6\times\frac{m_{ON}-m_{FGD}}{m_{ON}}$$

因此，发电主体设备和脱硫设施均当年投产但脱硫滞后的机组 SO_2 排放量用公式表示为：

$$E_{当年}=G_{当年}\times S\times 1.6\times(1-\eta)\times\frac{m_{FGD}}{m_{ON}}+G_{当年}\times S\times 1.6\times\frac{m_{ON}-m_{FGD}}{m_{ON}} \quad (3\text{-}41)$$

式中：m_{ON} —— 发电机组全年运行的月数；

m_{FGD} —— 机组脱硫设施通过 168 小时移交后运行的月数；如果能提供分月份的发电量或煤炭消耗量，则分月计算 SO_2 排放量，而不用 m_{FGD} 参数；

$G_{当年}$ —— 脱硫机组当年的煤炭消耗量（包括发电和供热两部分煤炭消耗量），万 t；

S,η —— 分别为脱硫机组在当年的煤炭平均硫分和综合脱硫效率，取值原则分别参照**【新投运现役机组脱硫设施的综合脱硫效率】**（121 页）、**【上年接转现役机组脱硫设施的综合脱硫效率】**（121 页）和**【新投运现役机组脱硫设施的煤炭平均硫分】**（120 页）相关要求执行。

脱硫设施与发电机组同步运行的机组 SO_2 排放量

指脱硫设施和机组在当年新建并同时投运形成的 SO_2 排放量。用公式表示为：

$$E_{当年}=G_{当年}\times S\times 1.6\times（1-\eta） \quad (3\text{-}42)$$

式中：$G_{当年}$ —— 脱硫机组当年的煤炭消耗量，即机组当年投运以来的全部煤炭消耗量（包括发电和供热两部分煤炭消耗量），万 t；

S，η —— 分别为脱硫机组在当年的煤炭平均硫分和综合脱硫效率，取值原则分别参照**【新投运现役机组脱硫设施的综合脱硫效率】**（121 页）、**【上年接转现役机组脱硫设施的综合脱硫效率】**（121 页）和**【新投运现役机组脱硫设施的煤炭平均硫分】**

（120 页）相关要求执行。

炉内脱硫的循环流化床发电机组 SO_2 排放量

对 2005 年环境统计数据库中已经有 SO_2 削减量的循环流化床发电机组，在计算当年该机组的排放量时，其削减量保持不变。“十一五”期间新投产的循环流化床发电机组，单机装机容量大于 20 万 kW（含）或享受脱硫电价的其他规模循环流化床锅炉（炉内加石灰石脱硫工艺）按**【脱硫设施与发电机组同步运行的机组 SO_2 排放量】**（上页）计算公式确定当年 SO_2 排放量。

其他循环流化床锅炉已与省级以上环保部门联网，且提供在线监测数据，按在线监测结果确定 SO_2 排放量（浓度×废气量×时间），否则按产生量统计排放量，按**【循环流化床锅炉内脱硫实施在线监测确认的新增削减量】**（136 页）的计算公式核算当年 SO_2 排放量。

当年关闭的小火电机组 SO_2 排放量

当年关闭的纯发电机组 SO_2 排放量，参照**【无脱硫设施的发电（供热）机组 SO_2 排放量】**（138 页）的计算公式：

$$E_{当年}=G_{当年}/G_{上年}\times E_{上年}$$

将其中无脱硫设施的发电（供热）机组数据替换为当年关闭的小火电机组的数据来计算。

当年关闭发电设施但仍供热的热电联产机组，参照**【无脱硫设施的发电（供热）机组 SO_2 排放量】**（138 页）计算时没有上年煤炭消耗量（万 t）或发电量的情形下的计算公式：

$$E_{当年}=G_{当年}\times S\times 1.6$$

并将其中无脱硫设施的发电（供热）机组数据替换为当年关闭的小火电机组的数据。

当年关闭有脱硫设施的机组，按上年环境统计数据库的排放量按月份折算。

第十二章　二氧化硫总量减排基础知识

第一节　火电厂相关知识

火电

火力发电的简称。指利用煤、石油和天然气等化石燃料燃烧加热水产生蒸汽推动发电机发电的方式发电。按燃料可分为燃煤发电，燃油发电，燃气发电，余热发电，以垃圾及工业废料为燃料的发电；按输出能源可分为凝汽式发电（只发电），热电联产（发电兼供热）。火力发电燃料主要以煤为主。

全口径火力发电厂

指包括常规燃煤电厂、自备电厂、煤矸石电厂和热电联产电厂的所有电厂。

自备电厂

指部分大中型企业为满足生产、优化产业结构、提升效益而配套建设的发电厂，此处专指自备火电厂。自备电厂生产的电力能源大多数或全部用于企业自用，部分入公用电网。

热电联产

指利用热电联产机组既生产电力又生产热力，其年均热效率和热电比达到界定指标的一种生产方式。

热电联产具有节约能源、改善环境、提高供热质量、缓解电力需求、节省城建用地、减轻工人劳动强度和提高文明生产水平等优点，长期以来一直为国家所鼓励与支持。

设计煤种

指锅炉厂在设计时所采用的煤种，锅炉厂依据此数据进行锅炉的初步设计和热力计算；确定锅炉的主要运行参数、性能数据、受热面结构形式和布置；这个煤种是电厂运行时最常用的煤种；在燃用设计煤种时必须保证锅炉的性能满足设计要求。

校核煤种

一般是指保证锅炉安全运行和最基本性能的最低煤质要求；燃用校核煤种时不能保证锅炉的设计性能要求；在工程中锅炉厂常常以校核煤种来验证锅炉的整体设计是否存在偏差，在煤质偏离的情况下锅炉能否安全运行。

入炉煤质数据

指火电厂为了避免入炉混配煤煤质变化给锅炉燃烧带来较大影响，对分批次入炉混配煤进行工业分析，掌握入炉煤质情况，并填报入炉煤质化验单，化验单内容包括煤的水分、灰分、挥发分、固定碳、全硫分和发热量等测定数据，其中全硫分数据为污染减排核查所用。

标准煤

指以一定的热值为标准的当量概念。规定 1 千克标煤的低位热值为 7000 千卡或 29274 千焦。各种能源与标准煤的参考折标系数见下表。

各种能源与标准煤的参考折标系数表

名　称	参考折标系数（吨标煤）
原煤（t）	0.7143
洗精煤（t）	0.9
其他洗煤（t）	0.285
型煤（t）	0.6
焦炭（t）	0.9714
其他焦化产品（t）	1.3
焦炉煤气（万 m^3）	6.143
高炉煤气（万 m^3）	1.286
其他煤气（万 m^3）	3.5701
天然气（万 m^3）	12.143
原油（t）	1.4286
汽油（t）	1.4714
煤油（t）	1.4714
柴油（t）	1.4571
燃料油（t）	1.4286
液化石油气（t）	1.7143
炼厂干气（t）	1.5714
其他石油制品（t）	1.2
热力（百万千焦）	0.0341
电力（万 kW·h）[a]	4.04

a：自备电厂电力折标系数采用本厂实际发电煤耗折算。

燃料发热值

指单位重量或单位体积（气体）的燃料完全燃烧所放出的热量。单位 kJ/kg 或 kJ/m^3。燃料发热值有高、低（位）发热量之分。热平衡计算的基础通常使用低（位）发热量。

168 小时

核算中主要指“脱硫设施完成 168 小时满负荷试运行”，是火电工程的最后一项启动调试程序。根据《火力发电厂基本建设工程启动及竣工验收规程》、《火电工程启动调试工作规定》和《火电厂烟气脱硫工程技术规范》（HJ/T 179—2005）的要求，火电工程完成了最后一项启动调试程序——168 小时满负荷试运行（主机和辅机均应带负荷连续运行 7 天），各项技术指标达到设计和合同要求后，才可以交付试运行。

烟气在线监测系统（CEMS）

指对固定污染源排放烟气中的污染物进行连续、实时跟踪测定的仪器，主要包括气态污染物排放浓度监测子系统、烟气参数监测子系统和数据采集与处理系统，能有效提供 SO_2、NO_x、CO、CO_2、温度、压力、流速、流量、氧含量、湿度等数据。

核查中采用 CEMS 数据的基本要求是：

❶CEMS 的探头或采样口要安装在正确的位置；

❷CEMS 要与环保部门联网；

❸CEMS 要定期校准。

第二节　燃煤电厂脱硫工艺及关键设备

一、燃煤电厂脱硫技术方法概述

脱硫

目前脱硫方法一般分为燃烧前脱硫、燃烧中脱硫和燃烧后脱硫等三类。

燃烧前脱硫

是在煤燃烧前把煤中的硫分脱除掉。主要有物理洗选煤法、化学洗选煤法、煤的气化和液化、水煤浆技术等。

物理洗选煤技术已成熟，应用最广泛、最经济，但只能脱无机硫；生物、化学法脱硫不仅能脱无机硫，也能脱除有机硫，但生产成本昂贵，距工业应用尚有较大距离；煤的气化和液化还有待于进一步研究完善；水煤浆是一种新型低污染代油燃料，既保持了煤炭原有的物理特性，又具有石油一样的流动性和稳定性。

燃烧中脱硫

又称炉内脱硫，是在煤粉燃烧的过程中同时投入一定量的脱硫剂，在燃烧时脱硫剂将SO_2脱除。典型的技术是循环流化床技术。

燃烧后脱硫

又称烟气脱硫（Flue gas desulfurization，简称FGD），是一种将烟气中SO_2进行分离，转化为一种长期稳定、不对周边环境造成二次污染的方法。是当前应用最广、效率最高的脱硫技术。

烟气脱硫技术分类

按脱硫剂的种类划分，可分为以下五种方法：以$CaCO_3$（石灰石）为基础的钙法，以MgO为基础的镁法，以Na_2CO_3为基础的钠法，以NH_3为基础的氨法，以有机碱为基础的有机碱法。世界上普遍使用的商业化技术是钙法，所占比例在90%以上。

按吸收剂及脱硫产物在脱硫过程中的干湿状态又可将脱硫技术分为湿法、干法和半干（半湿）法。

按脱硫产物的用途，可分为抛弃法和回收法两种。

湿法烟气脱硫技术

是用含有吸收剂的溶液或浆液在湿状态下脱硫和处理脱硫产物。具有脱硫反应速度快、设备简单、脱硫效率高等优点，但普遍存在腐蚀严重、运行维护费用高及易造成二次污染等问题。常见的工艺有石灰(石)—石膏湿法、双碱法、氨法、镁法、海水法烟气脱硫等。

干法烟气脱硫技术

是脱硫吸收和产物处理均在干状态下进行。具有无污水废酸排出、设备腐蚀程度较轻，烟气在净化过程中无明显降温、净化后烟温高利于烟囱排气扩散、二次污染少等优点，但存在脱硫效率低，反应速度较慢、设备庞大等问题。

常见的工艺有荷电干法吸收剂喷射脱硫法、电子束照射法、吸附法、炉内喷钙法等。

半干法烟气脱硫技术

指脱硫剂在干燥状态下脱硫、在湿状态下再生（如水洗活性炭再生流程），或者在湿状态下脱硫、在干状态下处理脱硫产物（如喷雾干燥法）的烟气脱硫技术。特别是在湿状态下脱硫、在干状态下处理脱硫产物的半干法，既有湿法脱硫反应速度快、脱硫效率高的优点，又有干法无污水废酸排出、脱硫后产物易于处理的优势，受到广泛关注。

常见的工艺有喷雾干燥法、循环流化床法、炉内喷钙尾部增湿法、增湿灰循环法、烟道喷射法等。

二、燃煤电厂典型脱硫工艺与关键设备

石灰石—石膏湿法烟气脱硫

是采用石灰石（$CaCO_3$）浆液做为反应剂，与烟气中的 SO_2 发生反应生成亚硫酸钙（$CaSO_3$），亚硫酸钙（$CaSO_3$）与氧气进一步反应生成硫酸钙（$CaSO_4$）。其脱硫效率和运行可靠性高，是目前应用最广泛的脱硫技术。主要反应如下：

❶吸收反应。在水中，气相 SO_2 被吸收并经下列反应离解：

$$SO_2(g) \rightleftharpoons SO_2(aq)$$

$$SO_2(aq)+H_2O \rightleftharpoons H_2SO_3$$

$$H_2SO_3 \rightleftharpoons H^+ + HSO_3^-$$

$$HSO_3^- \rightleftharpoons H^+ + SO_3^{2-}$$

❷石灰石的消融。石灰石在常温常压中性条件下属于微溶物质，其在酸性条件下的溶解过程如下：

$$CaCO_3(s) + H_2O \rightleftharpoons CaCO_3(aq) + H_2O$$

$$CaCO_3(aq) + H^+ \rightleftharpoons Ca^{2+} + HCO_3^-$$

$$HCO_3^- \rightleftharpoons OH^- + CO_2\uparrow$$

❸氧化反应。部分 HSO_3^-在吸收塔喷淋区被烟气中的氧所氧化，其他的 HSO_3^-在反应池中被氧化空气完全氧化，反应如下：

$$HSO_3^- + 1/2O_2 \longrightarrow HSO_4^-$$

$$HSO_4^- \longrightarrow H^+ + SO_4^{2-}$$

❹中和反应。反应物浆液被引入吸收塔内中和氢离子，使吸收液保持一定的 pH。中和后的浆液在吸收塔内再循环。中和反应如下：

$$Ca^{2+} + CO_3^{2-} + 2H^+ + SO_4^{2-} + H_2O \longrightarrow CaSO_4{\cdot}2H_2O\downarrow + CO_2\uparrow$$

$$2H^+ + CO_3^{2-} \longrightarrow H_2O + CO_2\uparrow$$

石灰石—石膏湿法烟气脱硫系统

主要包括烟气系统、吸收系统、石灰石浆液制备系统、石膏脱水系统、公用系统（包括工艺水、压缩空气、事故浆液排放系统）、热工控制和电气系统。典型工艺流程如下。

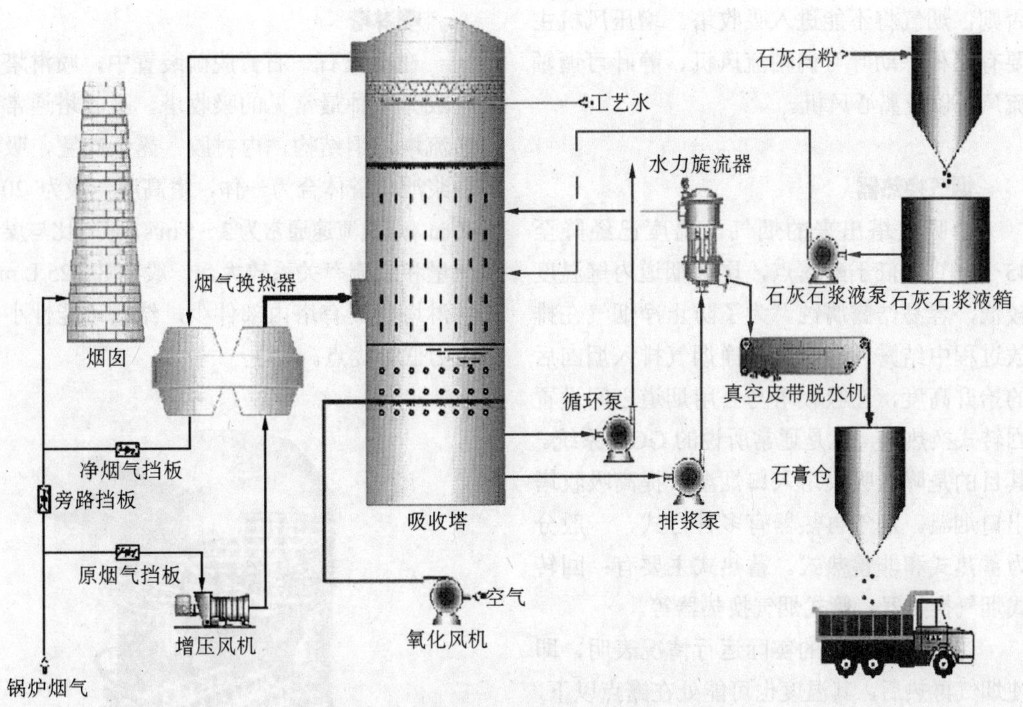

典型石灰石－石膏湿法烟气脱硫工艺流程图

石灰石—石膏湿法烟气系统

主要作用是进行脱硫的投入和切除。在没有安装脱硫装置时，锅炉中的烟气由引风机引出，经烟囱直接排入大气。在引风机出口与烟囱之间的烟道上设置旁路挡板门，当脱硫装置运行时，烟道旁路挡板门关闭，脱硫装置进出口挡板门打开，烟气进入脱硫系统。烟气经过增压风机进入烟气换热器降温后进入吸收塔，从吸收塔出来的净烟气再进入烟气换热器升温后经烟囱排入大气。当脱硫系统停运时，旁路挡板门打开，脱硫装置进出口挡板门关闭，烟气经旁路烟道进入烟囱直接排入大气。主要设备有：烟气挡板门、增压风机和烟气换热器等。

烟气挡板门

是控制烟气脱硫主烟道和旁路烟道密封或开启的风门，是用来隔绝烟气流通，脱硫装置进入和退出运行的重要设备，分为烟气脱硫主烟气挡板（包括原烟气挡板门和净烟气挡板门）和旁路烟气挡板。烟气脱硫主烟气挡板满足锅炉运行时关闭烟气脱硫设备进行检修的要求，旁路烟气挡板用于脱硫装置运行时与烟囱的隔绝，保证 100%烟气进入吸收塔。

增压风机

又称脱硫风机，是用以克服脱硫系统的阻力的重要设备。只有增压风机运行并达到一定状态时，烟气才能进入吸收塔进行脱硫，否则，烟气将不能进入吸收塔。增压风机主要有三种：动叶可调轴流风机、静叶可调轴流风机以及离心风机。

烟气换热器

由吸收塔出来的烟气，温度已经降至45～55℃，低于酸露点，尾部烟道内壁温度较低，容易结露腐蚀。为了防止净烟气在排放过程中结露，同时增加净烟气排入烟囱后的抬升高度，在吸收塔与公用烟道之间设置回转式换热器，就是通常所说的GGH系统。其目的是降低吸收塔入口烟温、提高吸收塔出口烟温。烟气再热器有多种方式，一般分为蓄热式和非蓄热式。蓄热式主要有：回转式烟气换热器、管式烟气换热器等。

国内许多电厂的实际运行情况表明，即使烟气再热后，其温度也可能处在露点以下，尾部烟道和烟囱的腐蚀仍不可避免。另外，目前运行的GGH本身也存在不少技术问题，如泄漏、能源消耗、腐蚀、堵灰等问题，而且GGH造价昂贵，其价格约占FGD装置投资的10%左右。

石灰石—石膏湿法吸收系统

其主要作用是吸收烟气中的 SO_2 气体，吸收塔是烟气脱硫系统的核心部分。吸收剂通过浆液循环泵送至吸收塔内喷嘴，喷嘴喷出合格的液滴，烟气中的 SO_2 气体在吸收塔内与石灰石浆液进行接触，SO_2 被吸收生成亚硫酸钙，在氧化空气和搅拌器的搅拌作用下生成石膏。吸收塔出口烟气中的雾滴经除雾器去除。目前世界上已开发出诸多石灰石湿法脱硫装置，其主要区别就在于吸收塔。吸收塔按照工作原理来分类，主要有喷淋塔、液柱塔、填料塔、喷射鼓泡塔、双回路塔等。

喷淋塔

在石灰石－石膏脱硫装置中，喷淋塔已经成为一种最常见的吸收塔。吸收塔通常为逆流塔，钢结构，内衬胶，露天布置，吸收塔浆池与塔体合为一体，塔高度一般为20～40 m。烟气流速通常为3～5 m/s，液气比与煤含硫量和脱硫率关系较大，一般在8～25 L/m^3。喷淋塔其具有塔内部件少，结垢可能性小，阻力低等优点。

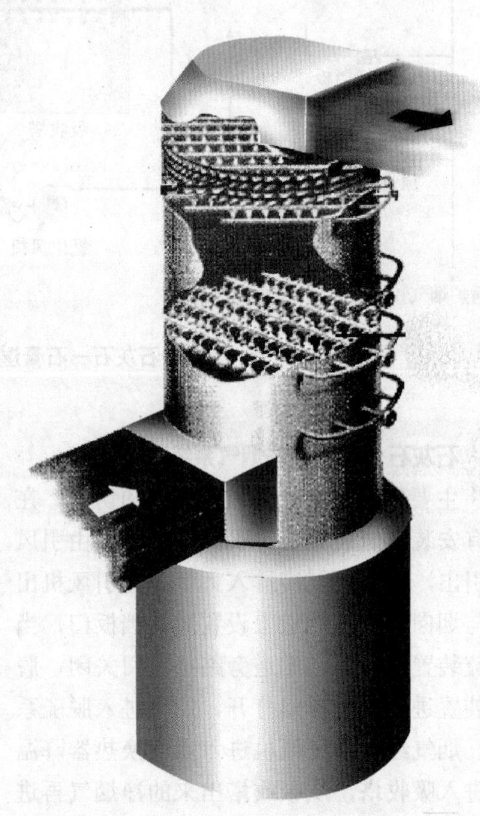

喷淋塔

液柱塔

液柱塔的结构如下图所示。浆液循环泵采用母管制配置，通过分配支管与塔内喷浆管相连，塔内设有一层布置在塔体中下部的喷浆管。所有喷嘴采用同一口径，全部垂直向上安装。浆液池在吸收塔底部，浆液搅拌器采用侧进式搅拌器，氧化空气喷管布置在搅拌器前端。除雾器布置在塔顶部。喷浆管布置在塔体中下部，脱硫剂浆液由喷嘴垂直向上喷射，在塔内先形成自下而上与烟气顺流的液柱，液柱到达顶部后分散成细小的液滴下落，这些细小液滴下落过程中与上升的液滴碰撞形成高密集液滴层，提高烟气与吸收液的混合，形成高效的气液接触，加速SO_2的吸收反应。而且，液滴下落过程中互相碰撞，表面不断更新，保持吸收能力，与上升的烟气进行吸收反应。这就是液柱塔的双倍接触吸收反应过程。

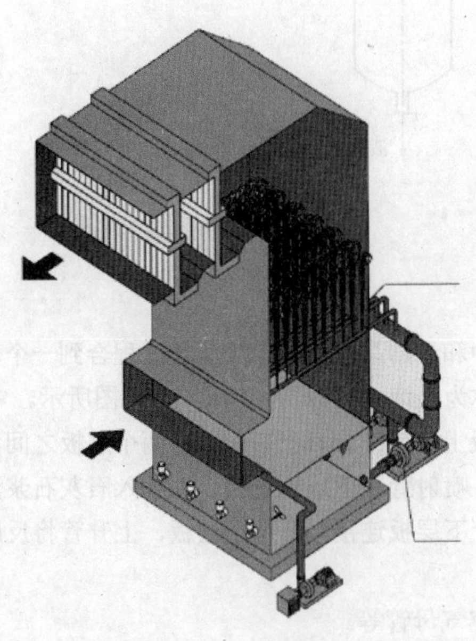

液柱塔结构示意图

液柱塔技术具有以下特点：

❶可靠性高，适用于各种机组，特别是对于燃用高硫煤的大型机组，优势比较明显；

❷适应性强，能适应高负荷烟气，对负荷变化能作出快速响应；

❸气液接触充分，高脱硫率和除尘率。入口SO_2浓度800～22 000 mg/m^3(N)，脱硫效率比喷淋塔至少高10%；

❹有效的强制氧化可防止结垢，提高石膏纯度；

❺喷淋系统采用母管制和单层低位布置，运行简单，维护方便；

❻塔形主要为方形塔，长、宽可根据场地进行调整。

填料塔

是以塔内的填料作为气液两相间接触构件的传质设备。填料塔的塔身是一直立式圆筒，如下页图所示，底部装有填料支撑板，填料以乱堆或整砌的方式放置在支撑板上。填料的上方安装填料压板，以防被上升气流吹动。液体从塔顶经液体分布器喷淋到填料上，并沿填料表面流下。气体从塔底送入，经气体分布装置（小直径塔一般不设气体分布装置）分布后，与液体呈逆流连续通过填料层的空隙，在填料表面上，气液两相密切接触进行传质。填料塔属于连续接触式气液传质设备，两相组成沿塔高连续变化，在正常操作状态下，气相为连续相，液相为分散相。

填料塔具有生产能力大，分离效率高，压降小，持液量小，操作弹性大等优点。不足之处，如填料造价高；当液体负荷较小时不能有效地润湿填料表面，使传质效率降低；不能直接用于有悬浮物或容易聚合产生结垢的物料。

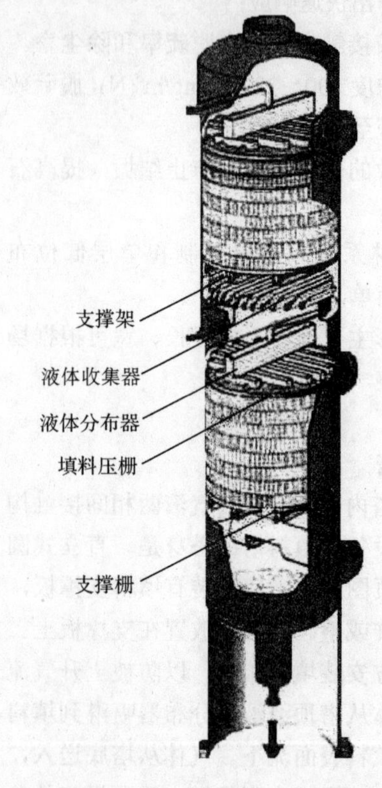

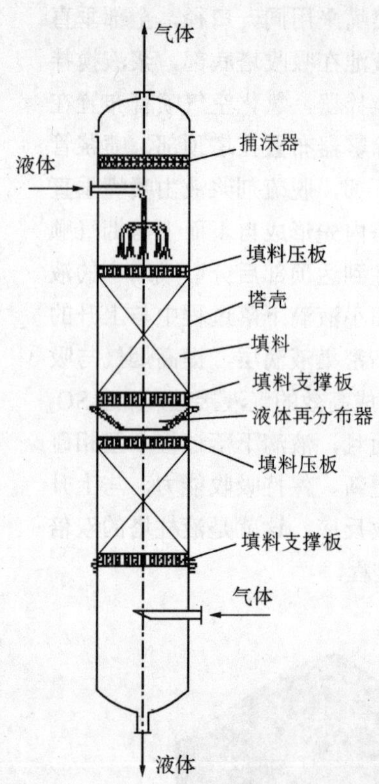

填料吸收塔

喷射鼓泡塔

又称为千代田工艺，是将 SO_2 的吸收、氧化、中和、结晶以及除尘等工艺过程合到一个单独的气相—液相—固相反应器中进行，这个反应器称为鼓泡式反应器（JBR），如图所示。

吸收塔由上层板和下层板隔成几个空间，上层板上部为净烟气出口空间，两个层板之间为原烟气入口空间，下层板以下有一定高度的浆液层。喷射管和下层板连接，并插入石灰石浆液中 150～200 mm，将原烟气导入浆液中，上升管和上下层板连接并升出上层板，上升管将反应后并浮出浆液面的净烟气导入出口空间。

在吸收塔浆池安装有搅拌器、进浆液管、氧化空气母管等。

喷射鼓泡塔的主要问题：

❶由于喷射管插入深度 1500～200 mm，对控制的要求相当高，加入鼓泡后，液位控制的准确性不高；

❷喷射管的材质要求高；

❸喷射管内外温差大，易结垢。

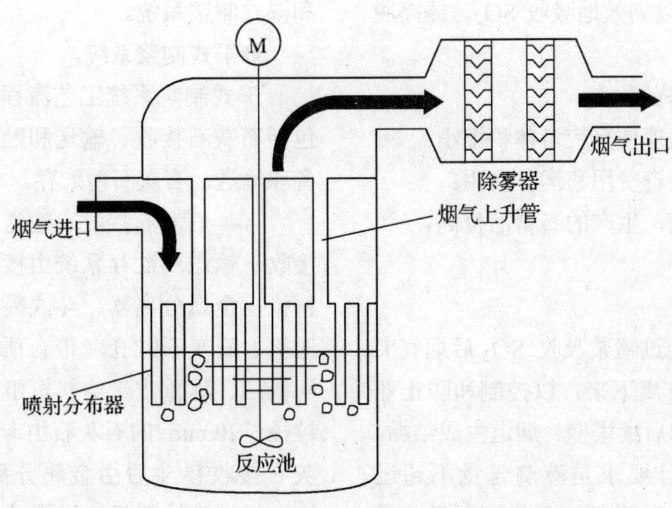

鼓泡塔示意图

双回路塔

是将一个集液斗体分成两个回路：下段的冷却回路，上段的吸收回路。其结构如图所示。

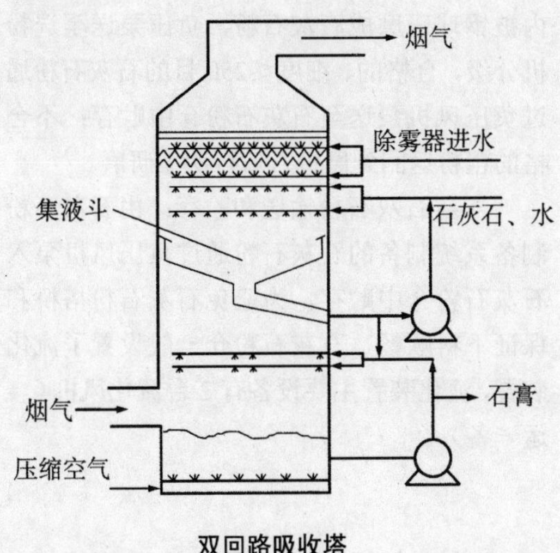

双回路吸收塔

❶冷却回路：烟气进入吸收塔后首先经过一个钢性格栅装置，在格栅上烟气与从塔底抽上的循环浆液最大程度地接触，烟气中的重金属、1%的飞灰和有一部分 SO_2 在液气接触中被浆液洗涤，液滴落入塔底进行进一步反应，从而完成吸收塔的第一级脱硫。冷却回路中的pH控制在4.0～5.0这个较低的范围内，以利于亚硫酸钙的氧化和石灰石的溶解，防止结垢和提高吸收剂的利用率（大部分从吸收塔回路来的过剩的石灰石都能在冷却回路中得到利用）。

❷吸收回路：从冷却回路上来的烟气将在吸收回路中进行第二级脱硫。首先进入两个连续运行的喷淋层，与喷淋的浆液进行充分接触，吸收 SO_2 的浆液向下流入集液斗，然后浆液进入到加料槽，一部分吸收塔浆液通过溢流进入冷却回路，溢流的量取决于清洗除雾器的水量。从喷淋层出来的烟气最后进入一个除雾器，对溶有 H_2SO_4、硫酸盐等的物粒进行去除，防止 H_2SO_4 排放到大气中和腐蚀引风机。除雾器的上下部均设有水喷淋头，对除雾器进行清洗，通过除雾器后，洁净烟气从塔顶排出。吸收回路中的pH控制在

6.0 左右，这样可以高效地吸收 SO_2，提高脱硫效率。

双回路吸收塔的优点：

❶采用并流原理使反应塔体积缩小；

❷降低初始投资费用和运行费用；

❸脱硫效率高，生产的石膏品位高。

除雾器

其作用是将经过喷浆吸收 SO_2 后烟气夹带的液滴和水雾分离下来，以控制和防止亚硫酸盐在除雾器和后续塔壁、烟道生成结垢。除雾器一般的设计要求是液滴含量不超过 100 mg/m^3(N)。FGD 装置一般设置两级除雾器，在一级除雾器中脱除大部分水滴，在二级除雾器进一步脱除水分，提高除雾效率。

除雾器通常由除雾器本体及冲洗系统组成。除雾器布置于吸收塔顶部最后一个喷淋组件的上部。在一级除雾器的上面和下面各布置一层清洗喷嘴。清洗水从喷嘴强力喷向除雾器元件，带走除雾器顺流面和逆流面上的固体颗粒。二级除雾器下面也布置一层清洗喷淋层。

搅拌器

为使浆液在浆池内不致沉淀结垢，保证浆液在浆池内与空气中的氧充分氧化，浆液处于不停的流动状态，吸收塔底部通常设置侧进式搅拌器。一般在浆池下部设置 4～6 台搅拌器，如果浆液较高，在浆液的中上部再设一层搅拌器。

石灰石—石膏湿法浆液制备系统

根据石灰石的磨制方式是干磨或湿磨，可将石灰石浆液制备系统分为干式制浆系统和湿式制浆系统。

❶干式制浆系统。

干式制浆系统工艺流程如图所示，主要包括石灰石接收、输送和贮存、石灰石粉制备和输送、石灰石粉贮存。

——石灰石接收、输送和贮存：石灰石接收、输送和贮存系统由接收料斗、振动给料机、金属分离器、斗式提升机、埋刮板输送机、石灰石贮仓（带仓顶除尘器）、电动闸板门、称重皮带给料机组成。经预破碎的粒径≤20 mm 的石灰石由卡车运来，卸至石灰石接收料斗后由金属分离器除去金属杂物、经振动给料机输送至斗式提升机，由斗式提升机、埋刮板输送机将石灰石送到石灰石仓贮存，然后从石灰石仓出料口下料，通过电子皮带称重给料机输送到干式管磨机系统。

——石灰石粉制备：喂入磨机入口料斗的含水分较少的石灰石碎石，在干式管磨机内被钢球研磨成石灰石粉，负压泵送至选粉机分级，合格的、细度≤250 目的石灰石粉通过负压风机泵送至石灰石粉仓中贮存；不合格的粗粉返回到磨机入口再次被研磨。

——石灰石粉输送和贮存：由石灰石粉制备系统制备的石灰石粉通过负压风机泵入石灰石粉仓中贮存。为避免石灰石粉搭桥和保证下料顺畅，石灰石粉仓一般设置了流化装置，流化装置主要设备有 2 台流化风机（一运一备）。

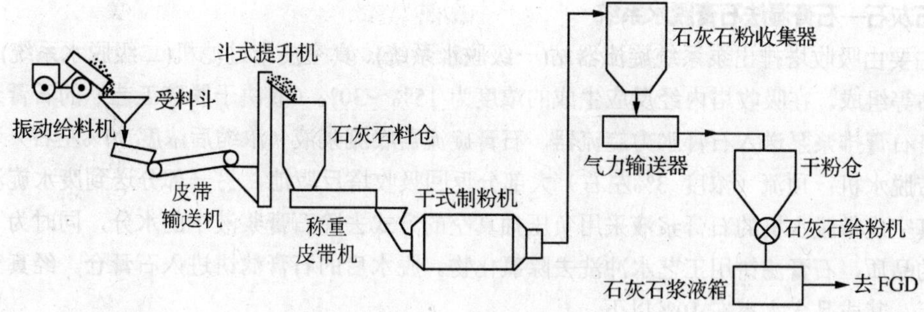

干式制浆系统示意图

❷湿式制浆系统。

湿式制浆系统采用湿式球磨机制浆，工艺流程如图所示，主要包括石灰石贮存和输送系统、石灰石浆液制备系统。

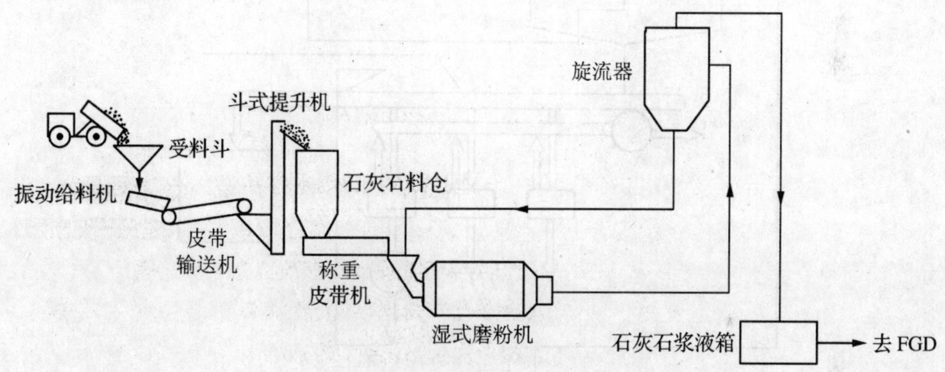

湿式制浆系统工艺流程图

——石灰石贮存和输送系统：经预破碎的粒径≤20 mm 的石灰石由卡车运来，卸至石灰石接收料斗后由金属分离器除去金属杂物、经振动给料机输送至斗式提升机，由斗式提升机、埋刮板输送机将石灰石送到石灰石仓贮存，然后从石灰石仓出料口下料，通过电子皮带称重给料机输送到湿式球磨机系统。

——石灰石浆液制备系统：石灰石块与滤液水或工艺水在球磨机中混合，经研磨后形成石灰石浆液，石灰石浆液经磨机排料槽送入排浆罐，然后用泵泵至水力旋流器，旋流器为持续喂料型，经水力旋流器浓缩、分离后，合格的细度≤250 目的石灰石浆液通过旋流器下的浆液分配箱靠重力自流入石灰石浆液罐，不合格的底流返回到球磨机入口再次被研磨，旋流器下的浆液分配箱有三个落料口，用于水力旋流器的溢流和底流及再循环回路，并且有一个电磁阀控制的气动装置调节挡板来分配各落料口的落料。

石灰石—石膏湿法石膏脱水系统

主要由吸收塔排出泵系统旋流器站(一级脱水系统)、真空皮带过滤机(二级脱水系统)、废水旋流站等组成。在吸收塔内经反应生成的浓度为 15%～30%（取决于脱硫工艺）的石膏浆液由吸收塔石膏排浆泵送入石膏水力旋流器，石膏旋流器底流浆液（浓缩后浓度 50%左右）送到真空皮带脱水机；顶流（浓度 3%左右）大部分返回吸收塔反应池，另一部分送到废水旋流器。进入真空皮带脱水机的石膏浆液采用负压抽真空的方式去除石膏浆液中的水分，同时为了保证石膏的品质，石膏滤饼用工艺水冲洗去除氯化物。脱水后的石膏滤饼进入石膏仓。经真空皮带脱水后，其成品含水率在 10%以下。

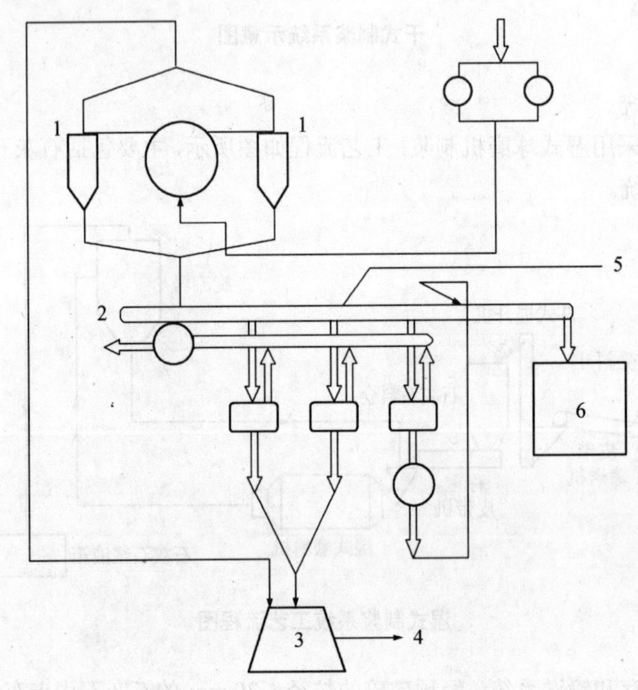

1. 水力旋流分离器；2. 皮带过滤器；3. 中间贮箱；4. 废水；5. 工艺过程用水；6. 石膏贮仓

石膏脱水系统示意图

石灰石—石膏湿法公用系统

包括工艺水系统、压缩空气系统、事故浆液排放系统等。

❶工艺水系统

FGD 装置配置有工艺水泵和事故冲洗水泵。在 FGD 装置区域内会有水的损耗，主要有石膏附带水分和结晶水，以及蒸发水等。这些损耗通过输入新鲜的工艺水来补足。

工艺水还主要用来清洗吸收塔除雾器，同时也用作清洗所有输送浆液管道的冲洗水，包括：石灰石浆液系统、排放系统、石膏抽吸管道、吸收塔循环管道，以及换热器等。

事故冲洗水泵接电厂保安电源，当全厂

断电时，启用事故冲洗水泵对设备和管道进行冲洗。

❷压缩空气系统

主要用于阀门控制、仪表吹扫和GGH吹灰等，可由专设的FGD空气压缩机提供，也可直接从主厂房接入FGD系统。

❸事故浆液排放系统

包括事故浆液池、事故浆液泵、排水坑、排水坑泵等。

——事故浆液池：在事故情况和维修工作中，用于收集吸收塔浆液、石灰石浆液箱和排水坑中的浆液。

——事故浆液池泵：用来排放事故浆液储存池中的浆液。通过事故浆液泵，浆液可从事故浆液池输送回到吸收塔。

——吸收塔区排水坑：排水坑用于收集正常运行、清洗和维修时吸收塔区的排放物。排水坑泵用于将浆液从排水坑中输送到吸收塔或事故浆液池。

石灰石—石膏湿法控制系统

采用集中控制方式，系统正常运行及启停过程在运行人员少量干预下均可完成。操作人员通过CRT及键盘和鼠标对系统进行监视和控制操作。除操作台的旁路挡板门等个别紧急操作按钮外，控制室不设其他常规仪控表盘。

数据采集系统具备工艺流程状态显示、操作过程显示、实时数据显示、趋势显示、报警、历史数据存储检索、定期报表、计算等功能。系统主要的闭环调节回路包括增压风机入口压力控制、石灰石浆液浓度控制、脱硫塔pH及FGD出口SO_2浓度控制、吸收塔液位控制、石膏浆排出量控制等。

双碱法烟气脱硫

是使用钠碱或镁碱等易溶碱（第一碱）作为吸收剂在吸收塔中与烟气接触，吸收其中的SO_2；脱硫塔产生的废液与第二碱（通常为石灰石）反应，使溶液得到再生，再生后的吸收液循环使用，同时产生亚硫酸钙（硫酸钙）不溶性沉淀。根据脱硫过程中使用的不同的第一碱（吸收用）和第二碱（再生用），双碱法可分为钠钙双碱和镁钙双碱法等不同的组合，其中钠钙双碱法得到最广泛的应用，第一碱为NaOH（吸收），第二碱为$Ca(OH)_2$（再生）。以下介绍钠钙双碱法。

基本原理如下：

❶脱硫过程

$$Na_2CO_3+SO_2 \longrightarrow Na_2SO_3+CO_2\uparrow$$

$$2NaOH+SO_2 \longrightarrow Na_2SO_3+H_2O$$

$$Na_2SO_3+SO_2+H_2O \longrightarrow 2NaHSO_3$$

以上三式视吸收液酸碱度不同而异：第一个反应式为吸收启动反应式；当碱性较高时（pH＞9），第二个反应式为主要反应；当碱性降低到中性甚至酸性时（5＜pH＜9＝，则按第三个反应式发生反应。

❷再生过程

$$2NaHSO_3+Ca(OH)_2 \longrightarrow Na_2SO_3+CaSO_3\cdot 1/2H_2O\downarrow +3/2H_2O$$

$$Na_2SO_3+Ca(OH)_2 \longrightarrow 2NaOH+CaSO_3\downarrow$$

在石灰浆液中，中性的$NaHSO_3$与石灰反应释放出Na_2SO_3，Na_2SO_3继续与石灰反应，生成$CaSO_3$半水化合物沉淀，从而使NaOH得到再生，吸收液恢复对SO_2的吸收能力，循环使用。

❸氧化反应

亚硫酸钙（$CaSO_3\cdot 1/2H_2O$）经空气氧化，生成石膏（$CaSO_4\cdot 2H_2O$）。

反应式如下：

$$CaSO_3 \cdot 1/2H_2O+1/2O_2+3/2H_2O \longrightarrow CaSO_4 \cdot 2H_2O$$

吸收液中还有 Na_2SO_4，系吸收液中的 Na_2SO_3 被烟气中的 O_2 氧化所生成，反应式如下：

$$2Na_2SO_3+O_2 \longrightarrow 2Na_2SO_4$$

钠钙双碱法烟气脱硫

是利用 NaOH 溶液作为启动脱硫剂，配制好的 NaOH 溶液直接打入脱硫塔，洗涤脱除烟气中 SO_2 来达到烟气脱硫的目的。然后脱硫产物经脱硫剂再生池还原成 NaOH 再打回脱硫塔内循环使用。其工艺流程如图所示，主要包括吸收剂制备和补充系统、烟气系统、SO_2 吸收系统和脱硫石膏脱水处理系统等组成。

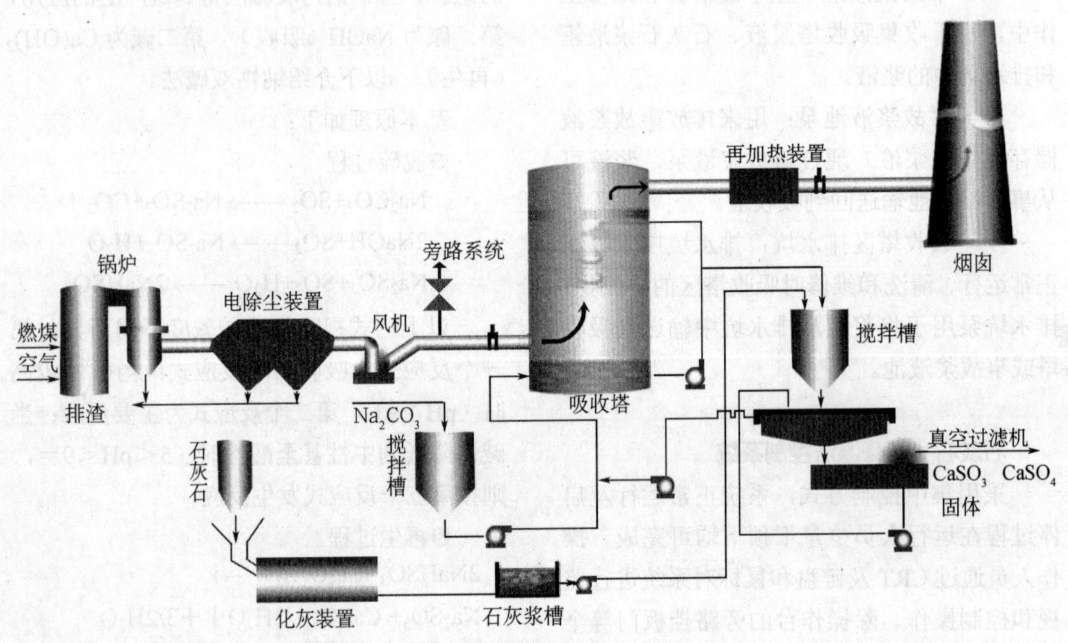

双碱法流程图

钠钙双碱法吸收剂制备及补充系统

脱硫装置启动时用 NaOH 作为吸收剂，NaOH 干粉料加入碱液罐中，加水配制成 NaOH 碱液，碱液被打入返料水池中，由泵打入脱硫塔内进行脱硫，为了将用钠基脱硫剂脱硫后的脱硫产物进行再生还原，需用一个制浆罐。制浆罐中加入的是石灰粉，加水后配成石灰浆液，将石灰浆液打到再生池内，与 Na_2SO_3、Na_2SO_4 发生反应。在整个运行过程中，脱硫产生的很多固体残渣等颗粒物经渣浆泵打入石膏脱水处理系统。由于排走的残渣中会损失部分 NaOH，所以，在碱液罐中需定期补充 NaOH，以保证整个脱硫系统的正常运行及烟气的达标排放。为避免再生生成的 Ca_2SO_3、Ca_2SO_4 也被打入脱硫塔内造成管道及塔内发生结垢、堵塞现象，可以加装曝气装置进行强制氧化或特将水池做大，再生后的脱硫剂溶液经三级沉淀池充分沉淀保证大的颗粒物不被打回塔体。另外，还可在循环泵前加装过滤器，过滤掉大颗粒物质和液体杂质。

钠钙双碱法烟气系统

锅炉烟气经烟道进入除尘器进行除尘后进入脱硫塔，洗涤脱硫后的低温烟气经两级除雾器除去雾滴后进入主烟道，经过烟气再热后由烟囱排入大气。当脱硫系统出现故障或检修停运时，系统关闭进出口挡板门，烟气经锅炉原烟道旁路进入烟囱排放。

钠钙双碱法吸收系统

烟气进入吸收塔内向上流动，与向下喷淋的再生碱液以逆流方式洗涤，气液充分接触，充分吸收 SO_2、SO_3、HCl 和 HF 等酸性气体，生成 Na_2SO_3、$NaHSO_3$，同时消耗了作为吸收剂的 NaOH。用作补给而添加的 NaOH 碱液进入返料水池与被石灰再生过的 NaOH 溶液一起经循环泵打入吸收塔循环吸收 SO_2。在吸收塔出口处装有除雾器，用来除去烟气在洗涤过程中带出的水雾。在此过程中，烟气携带的烟尘和其他固体颗粒也被除雾器捕获，两级除雾器都设有水冲洗喷嘴，定时对其进行冲洗，避免除雾器堵塞。

钠钙双碱法脱硫产物处理系统

脱硫系统的最终脱硫产物仍然是石膏浆（固体含量约 20%），具体成分为 $CaSO_3$、$CaSO_4$，还有部分被氧化后的 Na_2SO_4。从沉淀池底部排浆管排出，由排浆泵送入水力旋流器。由于固体产物中掺杂有各种灰分及 Na_2SO_4，严重影响了石膏品质，所以一般以抛弃为主。在水力旋流器内，石膏浆被浓缩（固体含量约 40%）之后用泵打到渣处理场，溢流液回流入再生池内。

钠钙双碱法工艺特点

与石灰石或石灰湿法脱硫工艺相比，双碱法具有以下优点：

❶用 NaOH 脱硫，循环水基本上是 NaOH 的水溶液，在循环过程中对水泵、管道、设备均无腐蚀与堵塞现象，便于设备运行与保养；

❷吸收剂的再生和脱硫渣的沉淀发生在塔外，避免了塔内堵塞和磨损，提高了运行的可靠性，降低了操作费用；同时可以用高效的板式塔或填料塔代替空塔，使系统更紧凑，且可提高脱硫效率；

❸钠基吸收液吸收 SO_2 速度快，故可用较小的液气比，达到较高的脱硫效率，一般在 90%以上。

双碱法的缺点主要是：Na_2SO_3 氧化副反应产物 Na_2SO_4 较难再生，需不断的补充 NaOH 或 Na_2CO_3 而增加碱的消耗量。另外，Na_2SO_4 的存在也将降低石膏的质量。

氨法烟气脱硫

是采用一定浓度的氨水做吸收剂，在一结构紧凑的吸收塔内洗涤烟气中的 SO_2，达到烟气净化的目的。氨法脱硫形成的脱硫副产物是可做农用肥的硫酸铵。应用广泛的有氨—硫铵法烟气脱硫和新氨法（NADS）烟气脱硫。

氨－硫铵法烟气脱硫

指采用氨水作为脱硫吸收剂，与进入反应塔的烟气接触混合，烟气中 SO_2 与氨水反应，生成亚硫酸铵，与空气进行氧化反应，生成硫酸铵溶液。主要反应为：

$$SO_2 + H_2O + 2NH_3 \longrightarrow (NH_4)_2SO_3$$

$$(NH_4)_2SO_3 + SO_2 + H_2O \longrightarrow 2\ NH_4HSO_3$$

在吸收塔底槽，亚硫酸铵被吹入的空气氧化生成硫酸铵：

$$(NH_4)_2SO_3 + 1/2O_2 + H_2O \longrightarrow (NH_4)_2SO_4$$

氨—硫铵法烟气脱硫工艺流程

从锅炉引风机（或脱硫增压风机）出来的烟气，经换热降温至100℃左右进入脱硫塔用氨溶液循环吸收生产亚硫酸铵；脱硫后的烟气经除雾器进入再热器加热至70℃左右后进入烟囱排放。氨水吸收SO_2后，形成的亚硫酸铵在吸收塔底部被氧化成硫酸铵溶液，再将硫酸铵溶液泵入过滤器，除去溶液中的烟尘送入蒸发结晶器。硫酸铵溶液在蒸发结晶器中蒸发结晶，生成的结晶浆液流入过滤离心机分离得到固体硫酸铵(含水量2%～3%)，再进入干燥器，干燥后的成品入料仓进行包装，即可得到商品硫酸铵化肥。工艺流程如图所示。

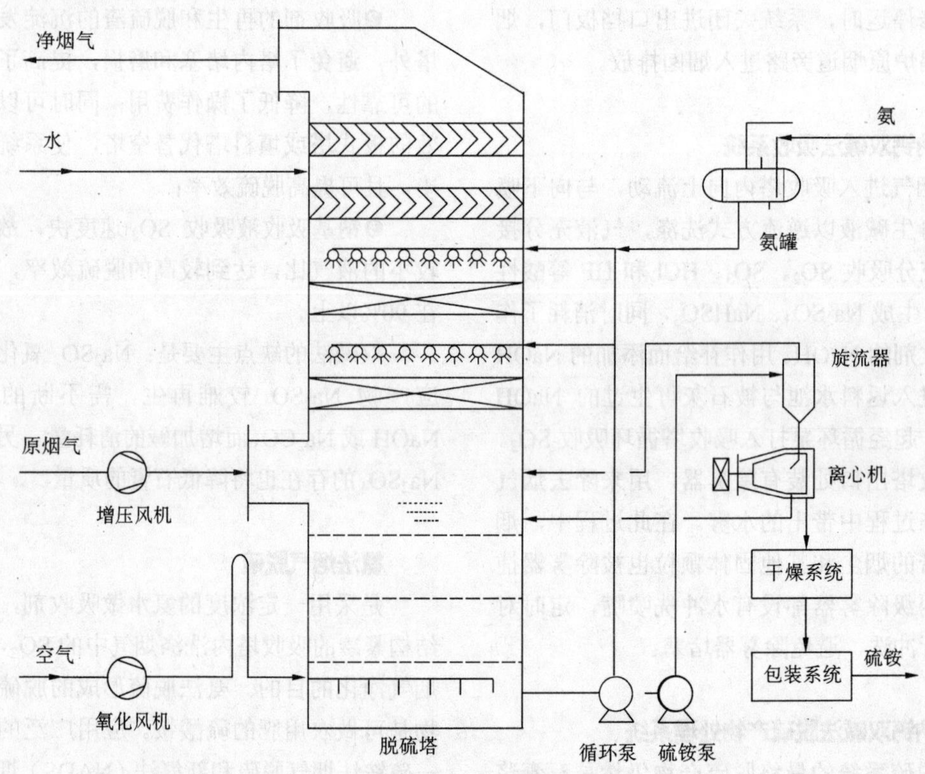

氨－硫氨法脱硫工艺流程图

氨—硫铵法烟气脱硫工艺特点

氨—硫铵法脱硫效率高，能满足任何当地的环保要求；对烟气条件变化适应性强；副产物为0.2～0.6 mm的硫酸铵晶体，在某些地区可作肥料；整个系统不产生废水和废渣；能耗低；可靠性和实用性高。

新氨法（NADS）烟气脱硫

与现有的氨法相比，新氨法在工艺上更为灵活，其原理如下：

$$SO_2 + H_2O + xNH_3 \longrightarrow (NH_4)_xH_{2-x}SO_3$$

$$(NH_4)_xH_{2-x}SO_3 + x/2\ H_2SO_4 \longrightarrow x(NH_4)_2SO_4 + SO_2\uparrow + H_2O$$

或 $$(NH_4)_xH_{2-x}SO_3 + x\ H_3PO_4 \longrightarrow xNH_4H_2PO_4 + SO_2\uparrow + H_2O$$

$$(NH_4)_xH_{2-x}SO_3 + xHNO_3 \longrightarrow xNH_4NO_3 + SO_2\uparrow + H_2O$$

可以根据不同的情况，生产硫酸铵、磷酸一铵或硝酸铵化肥，并联产高纯度的 SO_2 气体。浓缩后的 SO_2 气体用于生产工业硫酸：

$$SO_2 + H_2O + 1/2O_2 \longrightarrow H_2SO_4$$

新氨法（NADS）烟气脱硫工艺流程

由电除尘器来的高温烟气(140～160℃)经过再热器后，温度降为 100℃左右，再经水喷淋冷却 80℃以下，进入 SO_2 吸收塔。吸收塔的吸收温度 50℃左右，SO_2 吸收率大于 95%，烟气出口 NH_3 浓度小于 20 ppm。吸收后的烟气进入再热器，升温到 70℃以上，通过烟囱排入大气。吸收塔为多级循环吸收，一般级数为 3～5 级。

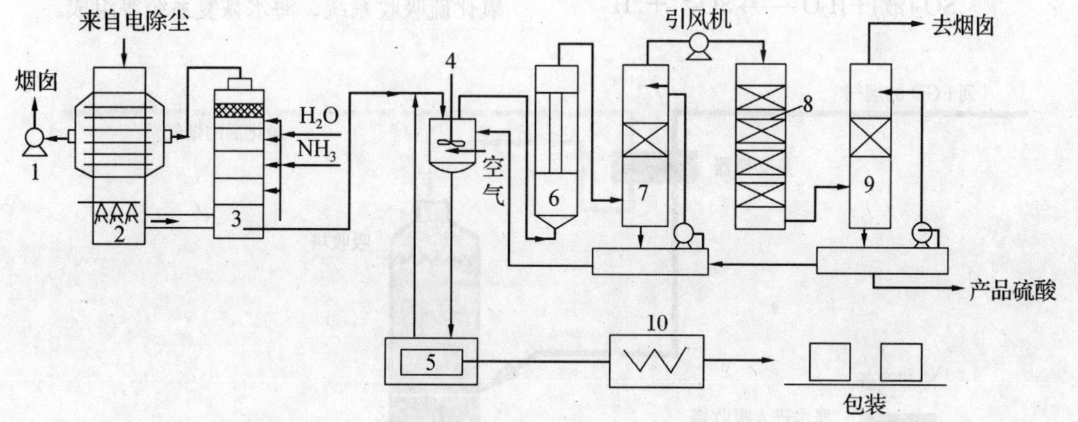

1. 引风机；2. 再热冷却塔；3. 吸收塔；4. 中和釜；5. 硫铵分离；6. 冷凝器；7. 干燥塔；8. SO_2 转化器；9. 吸收塔；10. 硫铵干燥器

新氨法脱硫工艺流程图

新氨法（NADS）烟气脱硫工艺特点

新氨法（NADS）工艺中的氨和水是分别进入吸收塔，主要具有以下优点：

❶出口烟气的 NH_3 含量低，氨损耗小；

❷吸收液的循环量小，气液比大，能耗低，解决了大型循环泵的技术难题；

❸得到的吸收产品亚硫酸氨浓度较高，为后续化肥生产装置节省蒸汽。

海水法烟气脱硫

由于天然海水中含有大量可溶性盐，主要是氯化钠和硫酸盐，且海水通常呈碱性，自然碱度为 1.2～2.5 mmol/L，海水具有天然的吸收 SO_2 的能力。

海水脱硫的化学原理如图所示。

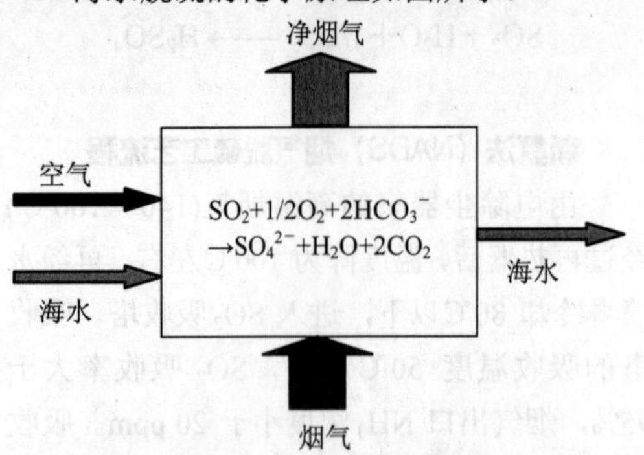

海水脱硫化学原理示意图

主要化学反应如下：

$$SO_2(气) \longrightarrow SO_2(液)$$

$$SO_2(液)+H_2O \longrightarrow SO_3^{2-}+2H^+$$

$$CO_3^{2-}+H^+ \longrightarrow HCO_3^-$$

$$HCO_3^-+H^+ \longrightarrow CO_2+H_2O$$

$$SO_3^{2-}+1/2O_2 \longrightarrow SO_4^{2-}$$

海水法烟气脱硫工艺流程

锅炉排出的烟气经过除尘器后，由 FGD 系统增压风机送入气—气热交换器的热侧降温以提高吸收塔内的 SO_2 吸收效率，冷却后的烟气由吸收塔底部送入，在吸收塔中与由塔顶均匀喷洒的海水逆向充分接触混合，经过净化后的烟气，通过 GGH 升温后，经由烟囱派入大气，其工艺流程如图所示。海水脱硫系统主要由供排海水系统、烟气系统、二氧化硫吸收系统、海水恢复系统等组成。

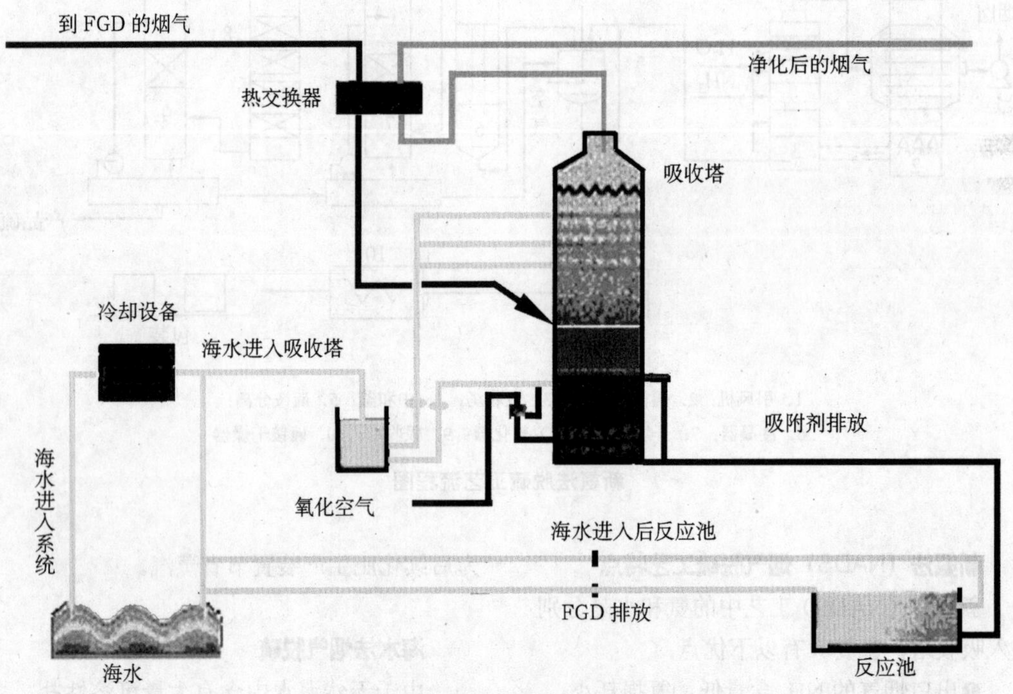

海水脱硫工艺流程图

海水法烟气脱硫供排海水系统

对于沿海电厂而言，脱硫所用海水可以取自凝汽器出口的虹吸井，在虹吸井附近增设海水升压泵，海水通过紧贴虹吸井的吸水池经海水升压泵送入吸收塔顶部。

海水法烟气脱硫烟气系统

进入脱硫系统的烟气通过增压风机升压后，经气一气换热器(GGH)降温，从塔底部向上流经吸收塔，吸收塔出口的清洁烟气进入GGH 升温后由烟囱排入大气。另外在烟气引入脱硫系统前设置挡板，在挡板门前设旁路，以使脱硫系统停运和检修时不影响机组正常运行。

海水法烟气脱硫二氧化硫吸收系统

吸收塔是 SO_2 吸收系统的主要设备。塔内装有填料，海水自塔上部喷入，经过格栅填料床与塔底自下而上的烟气进行充分接触，获得较高的 SO_2 脱除率。洗涤后的烟气经过设在吸收塔出口处的除雾器除去烟气中的水滴，经 GGH 加热后排入大气。

海水法烟气脱硫海水恢复系统

主体结构是曝气池。来自吸收塔的酸性海水与凝汽器排出的碱性海水在曝气池中充分混合，同时通过曝气系统向池中鼓入适量的压缩空气，使海水中的亚硫酸盐强制氧化成稳定无害的硫酸盐，使海水的 pH 升到 6.5 以上，达到排放标准后，排入大海。

海水法烟气脱硫工艺特点

与其他脱硫技术相比，海水脱硫技术主要具有以下优点：

❶技术成熟、工艺简单、运行维护方便、设备投资费用低；

❷系统脱硫效率高，一般可达 90%以上；

❸只需要海水和空气，不需任何添加剂，避免了石灰石的开采、加工、运输和贮存等；

❹不存在副产品及废弃物，脱硫后循环水的温升≤1℃，pH 和溶解氧有少量降低。国内外海水脱硫工艺对环境和生态影响的研究表明，其排放的重金属和多环芳烃的浓度均未超过规定的排放标准。

氧化镁法烟气脱硫

用 MgO 的浆液吸收烟气中的 SO_2，生成含水亚硫酸镁和少量硫酸镁，然后将其脱水、干燥后加热，使其分解，得到 MgO 及 SO_2，再生的氧化镁可重新循环用于脱硫。其化学原理如下：

❶浆液制备

$$MgO + H_2O \longrightarrow Mg(OH)_2$$

❷SO_2 吸收

主反应：

$$Mg(OH)_2 + SO_2 + 5H_2O \longrightarrow MgSO_3 \cdot 6H_2O \downarrow$$

$$MgSO_3 + SO_2 + H_2O \longrightarrow Mg(HSO_3)_2$$

$$Mg(HSO_3)_2 + Mg(OH)_2 + 10H_2O \longrightarrow 2\,MgSO_3 \cdot 6H_2O \downarrow$$

副反应：

$$MgSO_3 + 1/2O_2 + 7\,H_2O \longrightarrow MgSO_4 \cdot 7H_2O$$

$$Mg(HSO_3)_2 + 1/2O_2 + 6H_2O \longrightarrow MgSO_4 \cdot 7H_2O + SO_2 \uparrow$$

❸干燥

$$MgSO_3 \cdot 6H_2O \longrightarrow MgSO_3 + 6H_2O \uparrow$$

$$MgSO_4 \cdot 7H_2O \longrightarrow MgSO_4 + 7H_2O \uparrow$$

❹煅烧分解和还原

$$MgSO_3 \longrightarrow MgO + SO_2 \uparrow$$

$$MgSO_4 + 1/2C \longrightarrow MgO + SO_2 \uparrow + 1/2CO_2 \uparrow$$

氧化镁法烟气脱硫工艺流程

由预除尘、SO_2吸收、浆液的浓缩和干燥、脱硫剂再生等系统组成。根据进口烟气的条件及装置的要求，可对工艺系统进行简化。典型的MgO法的工艺流程如图所示。

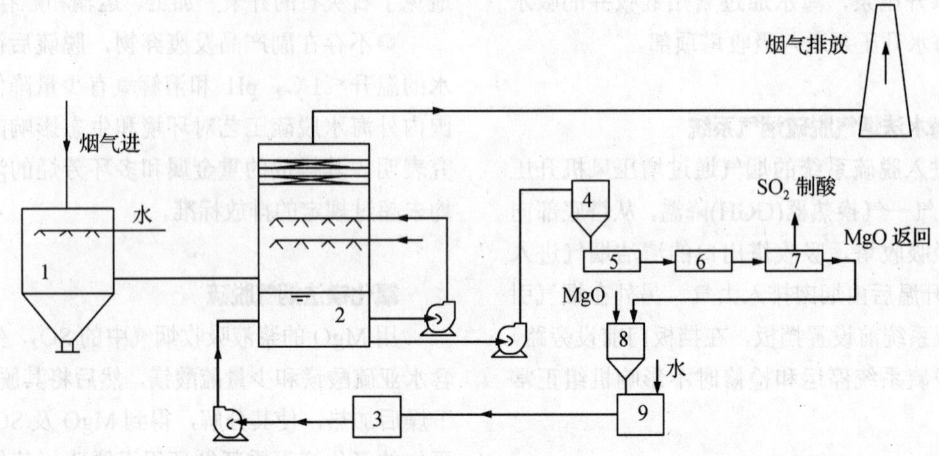

1．预洗涤器；2．吸收塔；3．浆液池；4．浓缩池；5．脱水机；6．干燥器；7．煅烧炉；8．贮仓；9．熟化池

MgO法脱硫工艺流程图

氧化镁法烟气脱硫预除尘系统

为防止烟气中的飞灰污染脱硫吸收剂，在吸收塔前设置预除尘装置。预除尘装置可采用文丘里洗涤对烟气进行预处理，使烟气温度降低，湿度增加，去除飞灰，有利于后续吸收的反应。

氧化镁法烟气脱硫二氧化硫吸收系统

在吸收塔内，烟气与循环浆液接触，SO_2与吸收剂发生反应而从烟气中得到去除。

氧化镁法烟气脱硫浆液的浓缩和干燥系统

从吸收塔排除的浆液含固量为10%左右，首先通过浓缩，使浆液含固量提高，再进行干燥，使固体表面水与结晶水除去。

氧化镁法烟气脱硫脱硫剂再生系统

将干燥后的$MgSO_3$及$MgSO_4$进行煅烧，使其分解，得到MgO，同时生成SO_2。生成的SO_2浓度为10%～16%，经除尘后可用于制硫酸。再生的MgO可重新用于脱硫。

氢氧化镁法烟气脱硫

是使用$Mg(OH)_2$作脱硫剂吸收SO_2，生成亚硫酸镁，并将其氧化为硫酸镁而排放的方法。其化学原理如下：

$SO_2 + H_2O \longrightarrow H_2SO_3$

$MgSO_3 + H_2SO_3 \longrightarrow Mg(HSO_3)_2$

$Mg(HSO_3)_2 + Mg(OH)_2 \longrightarrow 2MgSO_3 + 2H_2O$

$MgSO_3 + 1/2O_2 \longrightarrow MgSO_4$

氢氧化镁法烟气脱硫工艺流程

由预除尘、SO_2吸收、氧化、过滤等系统组成。典型的氢氧化镁法的工艺流程如图所示。

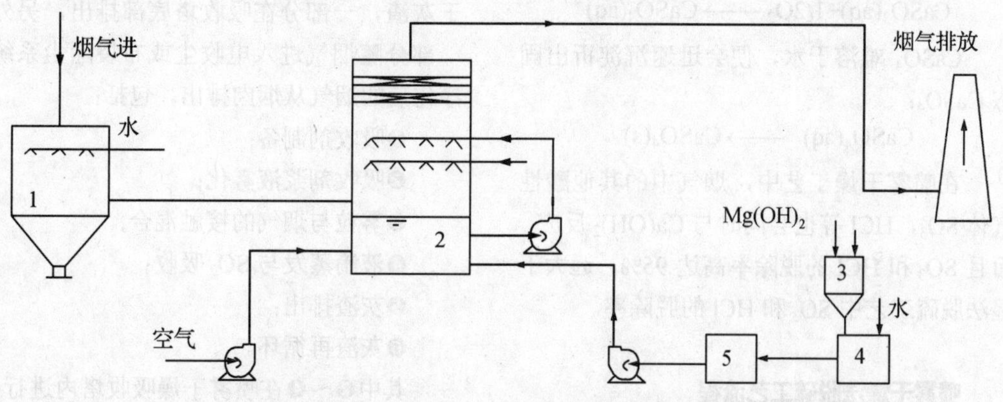

1. 预洗涤器；2. 吸收塔；3. 贮仓；4. 熟化池；5. 浆液池

氢氧化镁法脱硫工艺流程图

镁法烟气脱硫工艺特点

❶脱硫率高，吸收剂利用率高，机组适应性强。在镁硫比为 1.03 时，镁法的脱硫率最高可达 99%。

❷液气比小，吸收塔高度低。由于镁基的溶解碱性比钙基高数百倍，所需液气比仅为钙基脱硫的 1/6～1/3，而且吸收反应强度更高，不仅大大减少循环液量，而且其吸收塔的高度显著低于石灰石脱硫塔。

❸吸收剂制备系简单，体积小。因为氧化镁、氢氧化镁分子量小，故吸收剂质量轻。吸收剂为粉状，到厂后直接熟化成脱硫浆液，而不需进行破碎、磨粉等工序，因而脱硫剂制备系统大大简化。

❹系统不结垢，不堵塞，运行可靠性高。

❺脱硫副产物亚硫酸镁、硫酸镁容易综合利用，具有较高商业价值。

❻对煤种变化的适应性强。

喷雾干燥法脱硫

当雾化的石灰浆液在吸收塔中与烟气接触后，浆液中的水分开始蒸发，烟气降温并增湿，在石灰消化槽中产生的$Ca(OH)_2$与SO_2反应生成干粉产物。属半干法烟气脱硫技术，在 FGD 市场中列第二位。通常适用于燃用低硫煤的中小机组（小于 200 MW）电站锅炉及化工、冶金等工业锅炉的烟气脱硫。与传统的湿法脱硫相比，具有系统简单、运行维护方便、投资少、运行费用低、干燥后的废渣易于处理等优点。主要反应如下：

生石灰制浆：

$$CaO+H_2O \longrightarrow Ca(OH)_2$$

SO_2被液滴吸收：

$$SO_2+H_2O \longrightarrow H_2SO_3$$

吸收剂与SO_2的反应：

$$Ca(OH)_2+H_2SO_3 \longrightarrow CaSO_3+2H_2O$$

液滴中$CaSO_3$过饱和沉淀析出：

$$CaSO_3(aq) \longrightarrow CaSO_3(s)$$

部分 $CaSO_3(aq)$被溶于液滴中的氧氧化生成硫酸钙：

$$CaSO_3(aq)+1/2O_2 \longrightarrow CaSO_4(aq)$$

$CaSO_4$ 难溶于水，便会迅速沉淀析出固态 $CaSO_4$：

$$CaSO_4(aq) \longrightarrow CaSO_4(s)$$

在喷雾干燥工艺中，烟气中的其他酸性气体 SO_3，HCl 等也会同时与 $Ca(OH)_2$ 反应，而且 SO_3 和 HCl 的脱除率高达 95%，远大于湿法脱硫工艺中 SO_3 和 HCl 的脱除率。

喷雾干燥法脱硫工艺流程

配制成一定浓度的石灰浆吸收剂，经雾化后在吸收塔与来自锅炉的含 SO_2 的烟气接触混合，石灰浆雾滴中的水分被烟气的显热蒸发，而 SO_2 同时被石灰浆滴吸收。生成的干灰渣，一部分在吸收塔底部排出，另外的一部分随烟气进入电收尘或布袋除尘系统，净化后的烟气从烟囱排出。包括：

❶吸收剂制备；

❷吸收剂浆液雾化；

❸雾粒与烟气的接触混合；

❹液滴蒸发与 SO_2 吸收；

❺灰渣排出；

❻灰渣再循环。

其中❷～❹在喷雾干燥吸收塔内进行。典型的喷雾干燥法脱硫工艺流程如图所示。

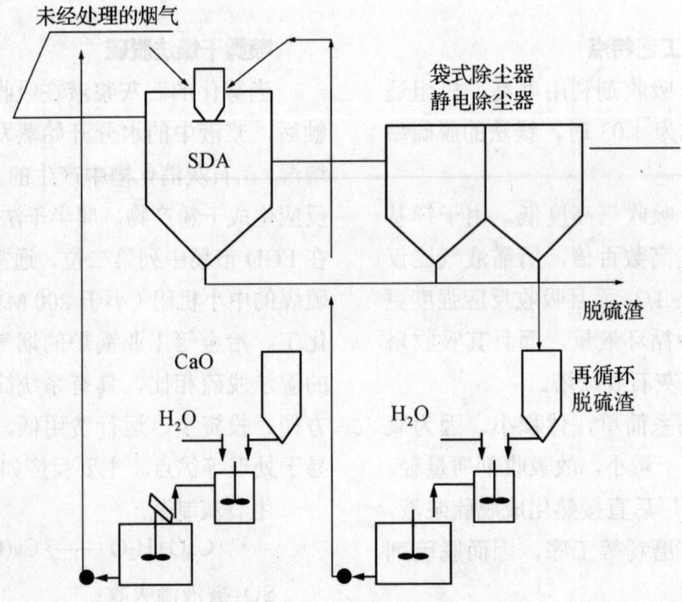

喷雾干燥法脱硫工艺流程图

喷雾干燥法脱硫吸收剂制备系统

喷雾干燥烟气脱硫工艺大多采用 CaO 含量尽可能高的石灰作脱硫剂。经磨机研磨出的石灰粉进入粉仓，石灰仓内贮存的粉状石灰经螺旋输送机送入消化槽消化，并制成高浓度浆液，然后进入配浆槽，配浆槽上设有过滤器，以清除大颗粒杂质。在配浆槽内用水将浓浆稀释到需要的浓度（20%左右）。制备好的石灰乳用泵送到吸收剂贮罐（经过延时箱和过滤筛），再用供给泵送到吸收塔顶部的高位罐备用。

喷雾干燥法脱硫吸收塔系统

安装于吸收塔顶部的喷嘴具有很高的转速，吸收剂浆液在离心力作用下喷射成均匀的雾粒，雾粒直径小于 100 μm。这些具有很大表面积的分散微粒，一经与烟气接触，将发生强烈的热交换和化学反应，迅速将大部分水分蒸发掉，形成含水量较少的固体产物。产物是亚硫酸钙、硫酸钙、飞灰和未反应氧化钙的混合物。由于其未完全干燥，未反应的氧化钙在烟道和除尘器内将继续与烟气中的 SO_2 反应，使脱硫效率得到进一步提高。

喷雾干燥法脱硫灰渣再循环系统

从喷雾干燥吸收塔和除尘器底部收集的灰渣中含有相当数量反应剩余的氧化钙，大多燃煤飞灰也含有一定碱性物质。为了减少新鲜脱硫剂的耗量，将部分脱硫灰渣再循环是必要的。脱硫灰渣再循环可使系统脱硫率提高 10%～15%。同时灰渣的再循环改善了传质传热条件，有利于雾粒干燥，从而改善了吸收塔塔壁结垢的趋势。

喷雾干燥法脱硫工艺特点

喷雾干燥法具有结构简单、投资较少、运行能耗及运行费用低等优点。产生的最终产物是固态，易于处理。若应用于已建电厂的改造，电厂原有的除尘器和灰处理设备可继续使用。

炉内喷钙尾部增湿脱硫（LIFAC）

LIFAC 工艺的化学过程可以分为两段，一段炉内喷钙脱硫和二段炉后增湿活化。基本工艺流程和主要反应为：在炉内喷钙脱硫阶段，将脱硫剂石灰石粉喷入锅炉炉膛温度为 900～1 250℃的区域。在该区域，$CaCO_3$ 受热后立即分解生成 CaO，反应如下：

$$CaCO_3 \longrightarrow CaO + CO_2\uparrow$$

CaO 与烟气中的部分 SO_2 和全部的 SO_3 反应生成 $CaSO_4$，反应如下：

$$CaO + SO_2 + 1/2O_2 \longrightarrow CaSO_4$$

$$CaO + SO_3 \longrightarrow CaSO_4$$

然后产物颗粒，未反应的 CaO 颗粒与飞灰的混合物随烟气一起离开炉膛。进入活化反应器增湿，未反应的 CaO 颗粒极易吸水生成高活性的 $Ca(OH)_2$ 颗粒，$Ca(OH)_2$ 与烟气中剩余的 SO_2 继续反应，生成 $CaSO_3$，大部分又被氧化成硫酸钙，反应如下：

$$Ca(OH)_2 + SO_2 \longrightarrow CaSO_3 + H_2O$$

$$CaSO_3 + 1/2O_2 \longrightarrow CaSO_4$$

炉内喷钙尾部增湿脱硫（LIFAC）工艺流程

属于炉内脱硫，是指直接将钙基脱硫剂喷入炉膛尾部的热烟气中，与其中的 SO_2 发生反应进行脱硫的技术，其工艺简单。但是由于反应较难充分进行，大量未反应的脱硫剂都随烟气离开了炉膛，因此其脱硫率和脱硫剂的利用率都很低，在 Ca/S 为 2 的时候，以石灰石或消石灰为脱硫剂，脱硫效率分别只达到 40%和 60%，不能满足严格的锅炉要求。为此开发了多种新型的炉内喷钙类脱硫技术，如炉内喷钙尾部增湿脱硫技术（LIFAC）、炉内喷射多级燃烧器技术（LIMB）等。

LIFAC 的主要改进有：除了保留炉内喷钙的脱硫系统外，在尾部烟道增设了一个独立的活化反应器，将炉内未反应完的 CaO 通过雾化水进行活化后再次脱出烟气中的 SO_2，其工艺流程如图所示。通过控制活化器中喷水量，水滴的大小以及反应时间，使反应完全且反应产物呈干态。一部分产物颗粒从活化塔的底部被分离出来，其余进入其后的电除尘器，电除尘器捕集的一部分灰和活化塔除下的全部颗粒物重新回到活化塔中进行干灰再循环。

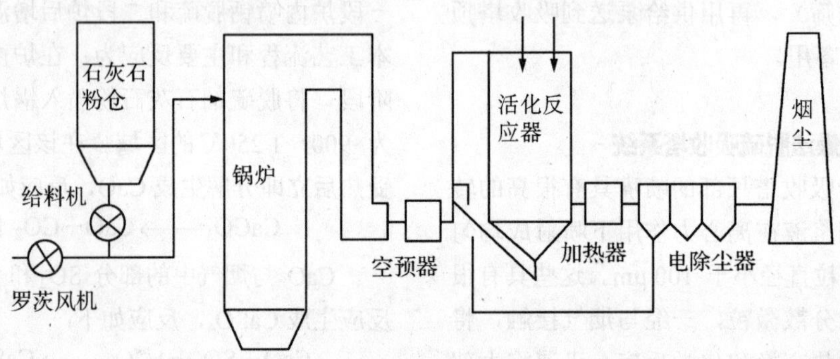

LIFAC 工艺流程图

炉内喷钙尾部增湿脱硫（LIFAC）工艺特点

LIFAC 工艺在 Ca/S 为 1.5~2 时，经过干灰再循环，可以使脱硫效率达到 75%~80%。由于其工艺简单，无废水等污染，且投资和运行费用低，投资仅为石灰石－石膏湿法脱硫工艺的 30%左右，运行费用为 80%左右，因此在电厂改造和中小型锅炉中应用较广。

循环流化床烟气脱硫

是把循环流化床技术引入烟气脱硫领域后，开发的新干法/半干法脱硫工艺。以循环流化床为原理，通过物料在反应塔内的内循环和高倍率的外循环，形成含固量很高的烟气流化床，从而强化了脱硫吸收剂颗粒之间、烟气 SO_2、SO_3、HCl、HF 等气体与脱硫吸收剂间的接触和传热传质性能，并延长了固体物料在反应塔内的停留时间，提高了脱硫剂的利用率和脱硫效率。比较典型的烟气循环流化床工艺有：鲁奇型烟气循环流化床工艺（CFB）、回流式烟气循环流化床脱硫工艺（RCFB）、气体悬浮吸收烟气脱硫工艺（GSA）。循环流化床脱硫技术的主要化学反应如下：

$$Ca(OH)_2 + SO_2 \longrightarrow CaSO_3 \cdot 1/2H_2O + 1/2H_2O$$

$$Ca(OH)_2 + SO_3 \longrightarrow CaSO_4 \cdot 1/2H_2O + 1/2H_2O$$

$$CaSO_3 \cdot 1/2H_2O + 1/2O_2 \longrightarrow CaSO_4 \cdot 1/2H_2O$$

$$Ca(OH)_2 + CO_2 \longrightarrow CaCO_3 + H_2O$$

$$Ca(OH)_2 + 2HCl \longrightarrow CaCl_2 \cdot 2H_2O$$

$$Ca(OH)_2 + 2HF \longrightarrow CaF_2 + 2H_2O$$

鲁奇型烟气循环流化床脱硫（CFB）

是把固体流态化技术引入到FGD工艺中的一项新技术，锅炉排出的烟气经流化床塔底的文丘里喷口进入反应塔，脱硫剂浆自反应塔下部由雾化风机雾化后进入反应塔，脱硫剂浆液、SO_2、水在反应塔里充分反应并干燥，反应产物从吸收塔上部随烟气流出再经预除尘器除尘，下来的吸收物料循环使用以提高吸收剂的利用率。工艺流程如图所示。

从空气预热器出来的含尘、SO_2烟气由脱硫塔底部的弯头、文丘里管进入脱硫反应器。生石灰经消化器内加水消化后储存在消石灰仓内。将一定量的消石灰和水在文丘里喉管上端加入，在脱硫塔内与高温烟气混合向上流动，在烟气冷却到稍高于露点以上的温度过程中脱硫剂与烟气中的 SO_2 反应，生成硫酸钙和亚硫酸钙，SO_2得以脱除。烟气携脱硫反应副产物、没参与反应的脱硫剂和粉煤灰进入反应器后部的电除尘器或布袋除尘器，经除尘器除尘后由烟囱排出。反应副产物、没参与脱硫反应的脱硫剂和粉煤灰被除尘器收集下来以后，大部分通过空气斜槽返回脱硫塔内，再次进行脱硫反应。

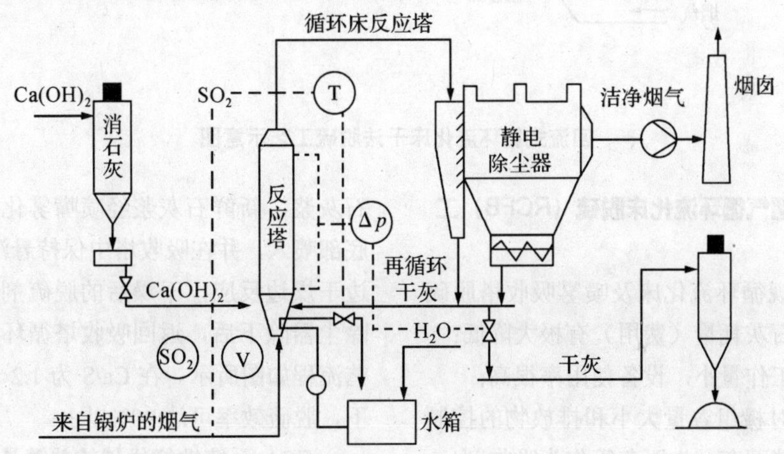

鲁奇型烟气循环流化床脱硫工艺流程

鲁奇型烟气循环流化床脱硫（CFB）**工艺特点**

❶没有喷浆系统及浆液喷嘴，只喷入水和蒸汽；

❷新鲜石灰与循环床料混合进入反应器，依靠烟气悬浮，喷水降温反应；

❸床料 98%参与循环，新鲜石灰在反应器内累计停留时间可达 30 min 以上，使石灰利用率可达 99%；

❹反应器内烟气流速为 1.83～6.1 m/s，烟气在反应器内停留时间约 3 s，可以满足锅炉负荷的变化；

❺对含硫量为 1.5%的煤，脱硫率可达 90%以上。

回流式烟气循环流化床脱硫（RCFB）

在吸收塔的流场设计和塔顶结构上作了较大改进，其工艺流程如图所示。反应塔内增加了扰流板和塔顶物料回流装置，强化了内循环，增加了烟气和脱硫剂的接触时间，提高了脱硫剂的利用率。

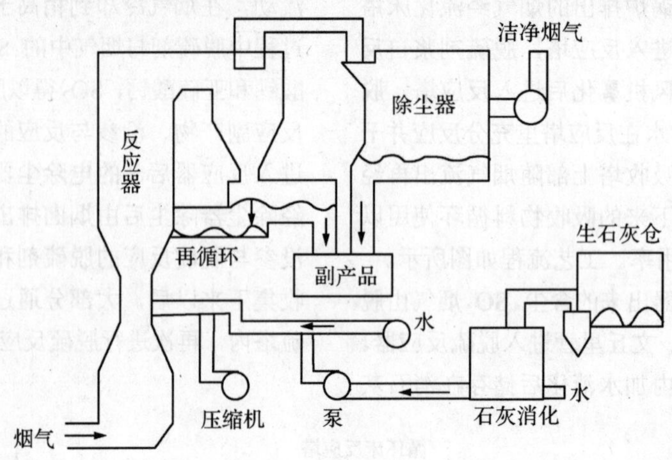

回流式循环流化床干法脱硫工艺示意图

回流式烟气循环流化床脱硫（RCFB）工艺特点

❶与常规循环流化床及喷雾吸收塔脱硫技术相比，石灰耗量（费用）有极大降低；

❷维修工作量小，设备使用率很高；

❸可针对机组容量大小和排放物的控制要求，选用消石灰、生石灰等作为吸收剂；

❹占地面积小，适合新老机组，特别是中、小机组烟气脱硫的改造。

气体悬浮吸收烟气脱硫（GSA）

与 CFB、RCFB 工艺相比不同之处在于 GSA 工艺所用的脱硫剂不是干消石灰，而是石灰浆。新鲜石灰浆经喷嘴雾化，从吸收塔底部喷入，并在吸收塔中保持悬浮湍动状态，边干燥边反应，干燥后的脱硫剂颗粒经旋风除尘器除下后，返回吸收塔循环利用，其工艺流程如图所示。在 Ca/S 为 1.2～1.4 的情况下，脱硫效率可达 90%以上。

GSA 系统性能优越的关键是固体物料循环回床内并保持一定的固体颗粒质量浓度或固气比，通常一个固体颗粒在排放前将被循环大约 100 次，吸收剂的利用率很高（超过 80%）。GSA 流化床内物料浓度很高，约为普通流化床床料浓度的 50～100 倍。

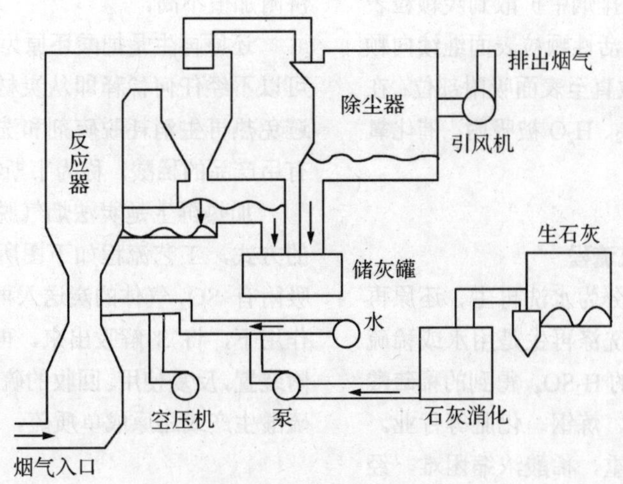

气体悬浮吸收(GSA)烟气脱硫工艺流程图

气体悬浮吸收烟气脱硫（GSA）工艺特点

❶吸收剂以石灰浆液的形式从反应塔底部的中心喷入，属半干法脱硫工艺；

❷因采用喷浆，当烟气量变化时，床温的变化要依赖于吸收剂浆液和水量；

❸适用于中小型机组，设备布置紧凑，占地面积小。

❺锅炉负荷在30%～100%内波动，脱硫效果仍能满足；

❻结构紧凑，循环流化床反应器不需要很大的空间，占地面积小；

❼脱硫产物以固态排放，便于处置；

❽操作简单，运行维护方便，基建投资费用较低。

循环流化床烟气脱硫工艺特点

❶由于床料循环利用，延长了固体吸收剂粒子停留时间，提高了吸收剂的利用率，增大了脱硫效率；

❷脱硫效率高(如对硫分1.5%以上的煤，脱硫效率可高达90%以上)，在相同的脱硫效率下，与传统的半干法比较，吸收剂可节省30%；

❸烟气在反应器内驻留时间短（3～5s），流化床床料约有99%参与循环；

❹运行简单可靠，运行温度在烟气露点以上，低碳钢脱硫塔不需防腐；

炭法烟气脱硫

是利用炭材料的吸附性能或催化氧化性能脱除烟气中SO_2，其脱硫原理如下：

吸附：$SO_2(g) \longrightarrow SO_2^*$

$O_2(g) \longrightarrow 2O^*$

$H_2O(g) \longrightarrow H_2O^*$

催化氧化：$SO_2^* + O^* \longrightarrow SO_3^*$

水和：$SO_3^* + H_2O^* \longrightarrow H_2SO_4^*$

稀释：$H_2SO_4^* + nH_2O^* \longrightarrow (H_2SO_4 \cdot nH_2O)^*$

式中，*表示吸附态。

炭法脱硫反应过程可以分为以下3个步

骤：SO_2、O_2、H_2O 从排烟中扩散到炭颗粒表面；SO_2、O_2、H_2O 从活性颗粒表面继续向颗粒内部微(细)孔中扩散直至表面吸附部位；在表面吸附部位 SO_2、O_2、H_2O 被吸附、催化氧化及硫酸化。

炭法烟气脱硫工艺流程

按再生方式，可分为水洗再生、还原再生和加热再生工艺。洗涤再生是用水或稀硫酸洗出活性炭微孔中的 H_2SO_4，得到的稀硫酸可以广泛应用于化工、炼钢、化肥等行业。其主要问题是腐蚀严重，稀酸浓缩困难，经济附加值不高。

还原再生是把酸还原为 H_2S 或元素硫，可以不经任何稀释即从炭材料中挥发出来，避免热再生消耗脱硫剂和洗涤再生难以变为有用产品的稀酸。称为韦斯特瓦科炭吸附法。

加热再生是炭法烟气脱硫技术最早采用的方式，工艺流程如下图所示，具体是：将吸附有 SO_2 气体的炭送入再生装置，在加热作用下，将 S 解吸出来，再生过的炭返回吸附装置，反复使用。回收的硫可用于液体 SO_2、硫酸生产或还原成单质硫。

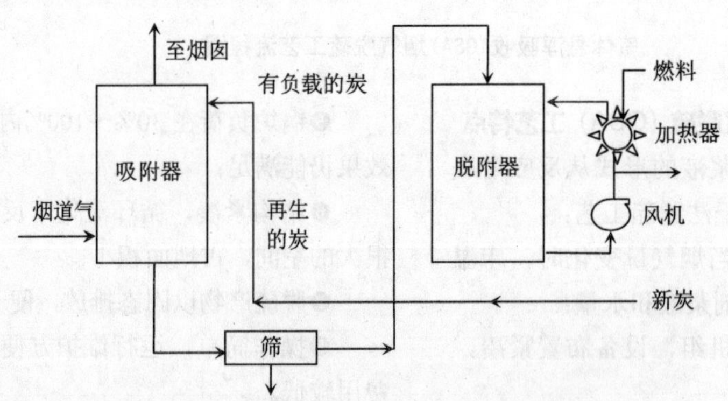

加热再生炭法烟气脱硫工艺流程图

炭法烟气脱硫吸收剂

炭法脱硫的脱硫剂有活性炭颗粒、改性活性炭、活性炭纤维、活性焦等。

活性炭

是一种含碳量高，具有耐酸、耐碱、疏水性的多孔物质，是一种应用范围很广的吸附剂。活性炭的吸附性能和催化性能取决于其孔隙结构和表面化学特性，表面化学特性主要决定于活性炭表面的含氧、含氮基团。一般认为，活性炭表面含氧、含氮官能团越多，对 SO_2 氧化活性也越高。活性炭有发达的孔结构，孔径分布范围比较广，能吸附各种物质，只是选择性吸附较差。活性炭具有大的比表面积、良好的孔结构、丰富的表面基团、高效的原位脱氧能力，同时有负载性能和还原性能，所以既可作载体制得高分散的催化体系，又可作还原剂参与反应，提供一个还原环境，降低反应温度。

改性活性炭

活性炭本身具有非极性、疏水性、较高的化学稳定性和热稳定性，可进行活化和改性。为了提高脱硫能力，特别是脱除有机硫的能力，可将一般用的活性炭进行改性，常用的改性剂为金属氧化物及其盐，如 ZnO、CuO、Fe_2O_3、CaO、Na_2CO_3、K_2CO_3 等，可加速反应，起到催化氧化的作用。

活性焦

是一种低比表面活性炭，其比表面一般在 150～400 m^2/g，用于烟气脱硫的活性焦虽然比表面低于活性炭，但由于在活性焦制备过程中形成了大量的脱硫活性点，使 SO_2 在活性焦表面的吸附以催化氧化为主，因此其脱硫性能并不低于活性炭，同时由于活性焦比表面比较低，其强度远远高于活性炭，使其用于电厂大型脱硫装置成为可能。

活性炭纤维

是一种新型高效纤维吸附材料(非织造布或毡)，是继粒状、粉状活性炭后的第三代活性炭产品，比传统的活性炭具有更好的吸附性和使用价值。活性炭纤维与粒状活性炭有显著的不同，其粒径小，孔隙直接开口于纤维表面，具有丰富且发达的微孔，微孔孔径可调，比表面积大，吸附容量大，吸附速度快，易快速再生，脱附彻底，经多次吸附、脱附后仍保持原有的吸附性能。但活性炭纤维价格昂贵，目前活性炭纤维成本是普通活性炭的 5～100 倍，这是影响其推广应用的主要因素。

炭法烟气脱硫工艺特点

❶工艺流程短，设备少，占地较少；

❷由于工艺简单，脱硫原料消耗少，脱硫投资和运行费用较低；

❸水消耗量小，适用于水资源缺乏地区；

❹脱硫产物为工业上广泛应用的硫酸，可实现资源化利用。

电子束法烟气脱硫

工艺流程由排烟预除尘、烟气冷却、氨的充入、电子束照射和副产品捕集等工序组成。锅炉所排出的烟气，经过除尘器的粗滤处理之后进入冷却塔，在冷却塔内喷射冷却水，将烟气冷却到适合于脱硫、脱硝处理的温度（约 70℃）。烟气的露点通常约为 50℃，被喷射呈雾状的冷却水在冷却塔内完全得到蒸发，因此，不产生废水。通过冷却塔后的烟气流进反应器，在反应器进口处将一定的氨水、压缩空气和软水混合喷入，加入氨的量取决于 SO_x 浓度和 NO_x 浓度，经过电子束照射后，SO_x 和 NO_x 在自由基作用下生成中间生成物硫酸（H_2SO_4）和硝酸（HNO_3）。然后硫酸和硝酸与共存的氨进行中和反应，生成粉状微粒（硫酸氨 $(NH_4)_2SO_4$ 与硝酸氨 NH_4NO_3 的混合粉体）。这些粉状微粒一部分沉淀到反应器底部，通过输送机排出，其余被副产品除尘器所分离和捕集，经过造粒处理后被送到副产品仓库储存。净化后的烟气经脱硫风机由烟囱向大气排放。

第三节　脱硫电价及节能发电调度

一、脱硫电价

脱硫电价

指根据国家发改委和原国家环保总局下发的《燃煤发电机组脱硫电价及脱硫设施运行管理办法（试行）》（以下简称《办法》）规定，新（扩）建燃煤机组必须按照环保规定同步建设脱硫设施，其上网电量执行国家发改委公布的燃煤机组脱硫标杆上网电价；现有燃煤机组应按照国家发改委、原国家环保总局印发的《现有燃煤电厂二氧化硫治理“十一五”规划》要求完成脱硫改造，其上网电量执行在现行上网电价基础上每千瓦时加价0.015元的脱硫加价政策；煤炭平均含硫量大于2%或者低于0.5%的省（区、市），脱硫加价标准可单独制定，具体标准由省级价格主管部门提出方案，报国家发改委审批。《办法》要求，发电企业安装的烟气脱硫设施必须达到环保要求，并安装烟气自动在线监测系统，由省级环保部门和省级电网企业负责实时监测；发电企业要保证脱硫设施的正常运行，不得无故停运。脱硫设施投运率达不到要求的，由省级价格主管部门扣减脱硫电价，并向社会公告。《办法》还鼓励新（扩）建燃煤机组建设脱硫设施时不设置烟气旁路通道；鼓励专业化脱硫公司承担污染治理或脱硫设施运营并开展烟气脱硫特许经营试点等。

燃煤机组脱硫标杆上网电价

指自2004年起，国家发展改革委对各省（区、市）电网统一调度范围的新投产燃煤机组不再单独审批电价，而是事先制定并公布统一的上网电价，称为燃煤机组标杆上网电价。其中，安装脱硫设施的燃煤机组上网电价比未安装脱硫设施的机组每千瓦时高出1.5分钱。

脱硫加价政策

指2004年以前投产的燃煤机组安装脱硫设施的，上网电价每千瓦时加价1.5分钱的价格政策。

二、节能发电调度

节能发电调度

指在保障电力可靠供应的前提下，按照节能、经济的原则进行电力调度，努力做到单位电能生产中能耗和污染物排放最少。节能发电调度按《节能发电调度办法（试行）》（国办发[2007]53号），主要依据机组发电排序的序位表。

机组发电排序的序位表

是节能环保电量调度的依据。根据《节能发电调度办法（试行）》（国办发[2007]53号），各类发电机组按以下顺序确定序位：

❶无调节能力的风能、太阳能、海洋能、水能等可再生能源发电机组；

❷有调节能力的水能、生物质能、地热

能等可再生能源发电机组和满足环保要求的垃圾发电机组；

❸核能发电机组；

❹按“以热定电”方式运行的燃煤热电联产机组，余热、余气、余压、煤矸石、洗中煤、煤层气等资源综合利用发电机组；

❺天然气、煤气化发电机组；

❻其他燃煤发电机组，包括未带热负荷的热电联产机组；

❼燃油发电机组。

电量交易

指以市场方式实现发电机组、发电厂之间电量替代的交易行为，也称替代发电交易。根据国家电监会制定的《发电权交易监管暂行办法》，发电权交易原则上由高效环保机组替代低效、高污染火电机组发电，由水电、核电等清洁能源发电机组替代火电机组发电。纳入国家小火电机组关停规划并按期或提前关停的机组在规定期限内可依据国家有关规定享受发电量指标并进行发电权交易。

第四节　非电行业脱硫基础知识

一、黑色冶炼烧结行业

黑色冶炼行业

指铁、铬、锰三种金属冶炼行业。

钢铁工业体系

主要包括采选厂、烧结厂、炼铁厂、炼钢厂、轧钢厂、铁合金厂、焦化厂等，如图。

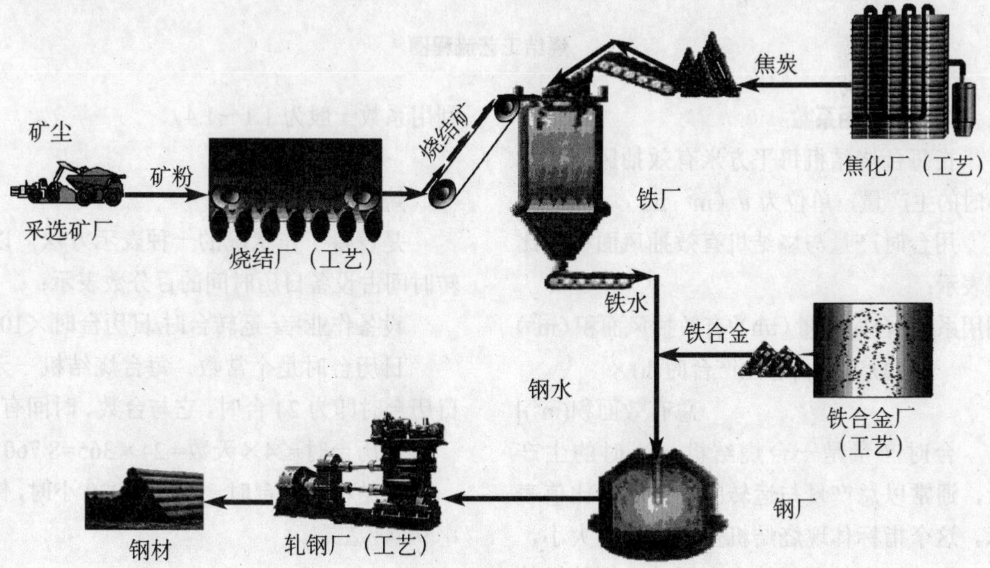

烧结工艺

是将精矿粉、焦炭粉或（煤粉）和熔剂（石灰石或白云石）等配料混合，送至烧结机用煤气将燃料点燃，使铁矿粉表面熔融黏结，经冷却、破碎、筛分，输入料仓供高炉炼铁。烧结方法主要有吹风烧结法和抽风烧结法两种。

烧结机是烧结工艺主要设备，烧结机按烧结面积划分 265～450 m^2 为大型烧结机，＞90～180 m^2 为中型烧结机。烧结面积越大，产量越高。烧结工艺流程如图。

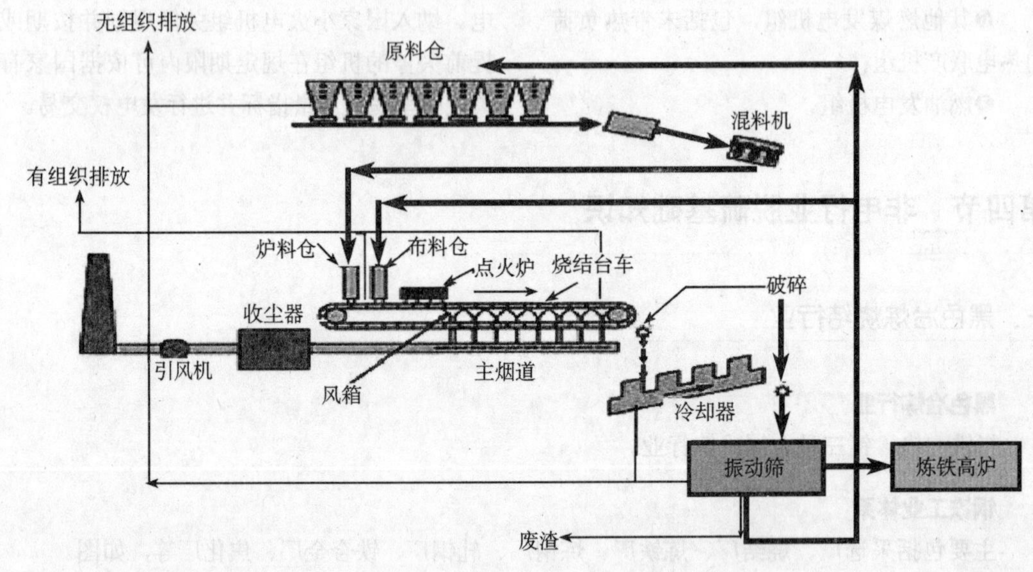

烧结工艺流程图

烧结机利用系数

指每台烧结机每平方米有效抽风面积每小时的生产量，单位为 t/（$m^2\cdot h$）。

用台时产量与烧结机有效抽风面积的比值表示：

利用系数=台时产量（t/h）/有效抽风面积（m^2）

=总产量(t)/[总生产台时(h)×总有效面积(m^2)]

台时产量是一台烧结机一小时的生产量，通常以总产量与运转的总台时之比值表示。这个指标体现烧结机生产能力的大小，它与烧结机有效面积的大小无关。烧结机的利用系数一般为 1.1～1.4。

烧结机作业率

是设备工作状况的一种表示方法，以运转时间占设备日历时间的百分数表示：

设备作业率=运转台时/日历台时×100%

日历台时是个常数，每台烧结机一天的日历台时即为 24 台时。它与台数、时间有关。

日历台时=24×天数= 24×365=8 760

烧结机运转台时一般在 7 920 小时，作业率 90.4%左右。

烧结工艺废气

烧结过程中产生的废气量大，废气量约为5 000 m^3(N)/t烧结矿，废气主要来源于烧结机机头（抽风箱）、机尾（卸矿端），废气中主要污染物含大量的粉尘、SO_2，含尘浓度为1～5 g/m^3(N)，SO_2浓度一般在300～3 000 mg/m^3(N)，有的地区以国产矿为主要烧结原料的在2 000～5 000 mg/m^3(N)。

烧结烟气中SO_2的来源

烧结的硫主要来自铁矿石，少量来自燃料和熔剂，一般以FeS_2、FeS或者有机硫的形式存在。烧结生产过程中，原料、燃料中约有80%～90%的硫经过氧化、分解等化学反应随烟气以SO_2的形式排出，其余的硫残留在烧结矿中。

烧结原辅料、燃料的含硫情况

铁精矿：单耗700～850 kg/t烧结矿；进口铁精矿的含硫率一般在0.01%～0.04%，国产铁精矿的含硫率一般在0.1%～0.7%，低于0.1%的比例较少。

2005年分地区铁矿原料结构及含硫量

产地	生铁产量（亿t）	成品铁矿消费量（亿t）	国产矿（亿t）	国产矿含硫率(%)	进口矿（亿t）	进口矿含硫率(%)
合计	3.44	5.03	2.29	0.166	2.74	0.04
华北	1.25	1.83	1.10	0.15	0.73	0.04
东北	0.37	0.54	0.47	0.08	0.07	0.04
华东	1.02	1.49	0.24	0.30	1.25	0.04
中南	0.45	0.66	0.19	0.25	0.47	0.04
西南	0.24	0.35	0.17	0.20	0.18	0.04
西北	0.11	0.16	0.12	0.20	0.04	0.04

备注：白云鄂博矿含硫0.67%；攀枝花钒铁矿0.66%。

固体燃料（煤粉、焦粉）：单耗40～50kg/t烧结矿；含硫率一般为0.5%～0.75%。

熔剂（石灰石、白云石、生石灰）：单耗130～170kg/t烧结矿；含硫率一般为0.02%～0.04%。

含铁杂料（氧化铁皮、除尘灰、污泥等）：单耗20～25kg/t烧结矿；含硫率一般为0.02%左右。

烧结烟气的特点

❶受铁矿石、燃料成分、生产要求变化的影响，SO_2浓度变化大，为400～5 000 mg/m^3(N)；

❷温度变化大，为80～180℃；

❸流量变化大，波动幅度在40%以上；

❹水分含量大，为10%～13%，且不稳定；

❺含氧量高，为15%～18%；

❻含有多种污染成分，除含有SO_2、粉尘外，还含有HF、HCl、重金属、二噁英类等。

烧结烟气的特点决定了不能完全照搬火电行业的技术和经验。

球团工艺

将原料（矿粉、返矿、熔剂）混合、造球、滚焦粉后，置竖炉等球团炉中加热成球团，经筛分直径＞4 mm的为产品，直径≤4 mm的回收。球团生产的主要设备是球团炉（竖炉、链篦机—回转炉、带式炉），多用重油为燃料，燃料耗量为18～20 kg/t矿。

生产工艺如图。

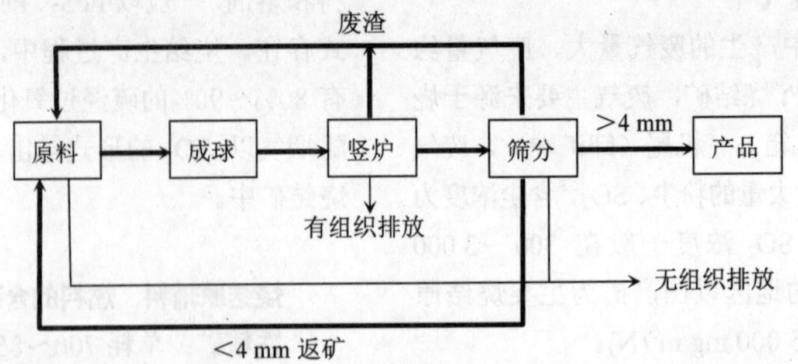

球团工艺废气

球团生产中废气量污染比烧结生产少，废气量约为1 000 $m^3(N)/t$球团矿，废气中含大量粉尘（约10g/$m^3(N)$）、SO_2，少量CO、NO_x、氟化物等。原料中的硫分大部分（约92%）转变为SO_2，以废气形式排放。

钢铁烧结烟气脱硫技术分类

按脱硫剂种类分为钙基脱硫（如石灰石—石膏法、循环流化床干法、NID干法等）、氨基脱硫（氨法）、胺基脱硫（有机胺法）、炭基脱硫（活性炭吸附法）等，钙基脱硫技术业绩最多；按脱硫过程的水耗、脱硫剂进入脱硫反应器时的物理状态分为：干法脱硫（如循环流化床干法、NID干法、活性炭吸附法等）和湿法脱硫（如石灰石—石膏法、氨法、有机胺法等），干法脱硫工艺所占比例较大。

循环流化床法钢铁烧结烟气脱硫

以循环流化床原理为基础，通过对吸收剂的多次再循环，延长吸收剂与烟气的接触时间，提高吸收剂的利用率和脱硫效率。烟气从底部进入流化床吸收塔，吸收剂、循环灰随烟气一起通过文丘里管进入吸收塔，在文丘里管上部形成循环流化床，颗粒与烟气不断摩擦、碰撞反应，完成脱硫，一般采用干态的消石灰粉作为吸收剂。具体工艺流程如下页图所示。

工艺特点：综合造价低，占地面积小，系统简单，水耗低，运行及维护费用低，基本不需要考虑防腐问题，同时可以预留添加活性焦去除二噁英的接口。但脱硫副产品脱硫灰中的亚硫酸钙含量过高不利于直接利用，运行钙硫比高。

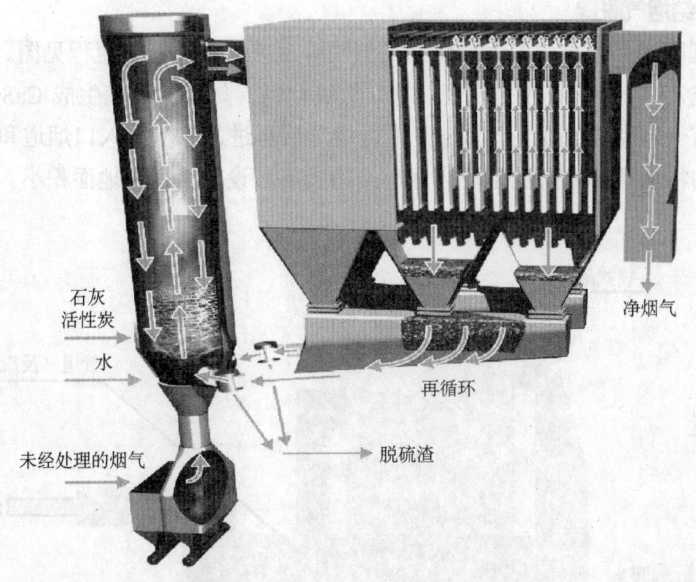

MEROS 工艺钢铁烧结烟气脱硫

MEROS 是西门子—奥钢联所开发的一种烧结烟气脱硫工艺，其反应原理和脱硫副产物成分类似循环流化床法。MEROS 工艺的特点是反应塔内，烟气上进下出，没有床层，阻损较小。

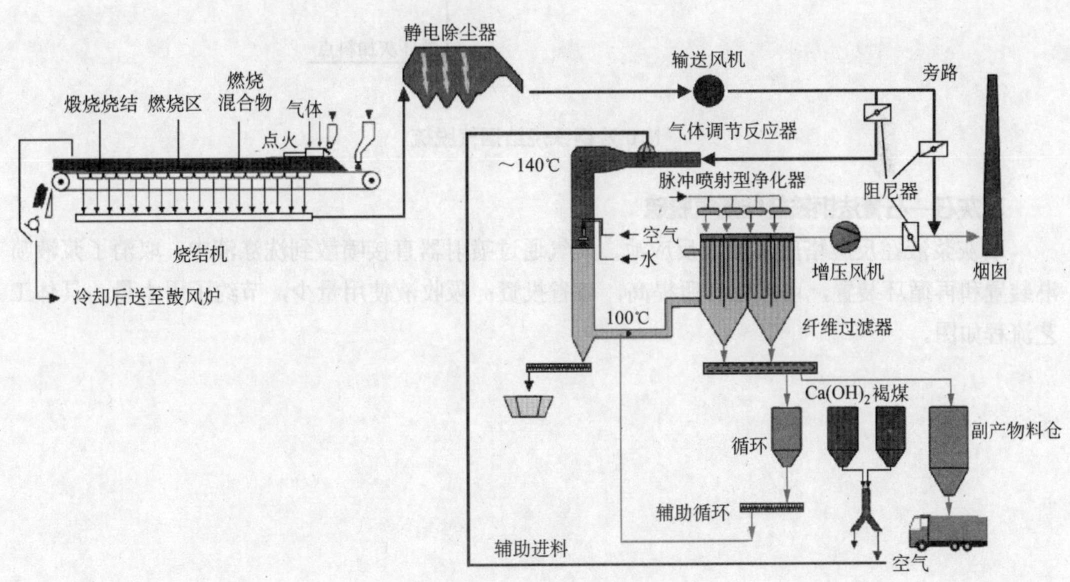

MEROS 工艺钢铁烧结烟气脱硫

NID 法钢铁烧结烟气脱硫

NID 法是法国阿尔斯通公司开发的烧结烟气脱硫工艺。具体工艺流程见图。

NID 是利用含有 CaO 的吸收剂或消石灰（氢氧化钙）与 SO_2 反应生成 $CaSO_3$ 和 $CaSO_4$。除尘器收集下来有一定碱性的粉尘与 CaO 混合增湿后再进入除尘器入口烟道和烟箱，反复循环。NID 法最大的特点是：管道就是反应器，结构紧凑，设备少，占地面积小。

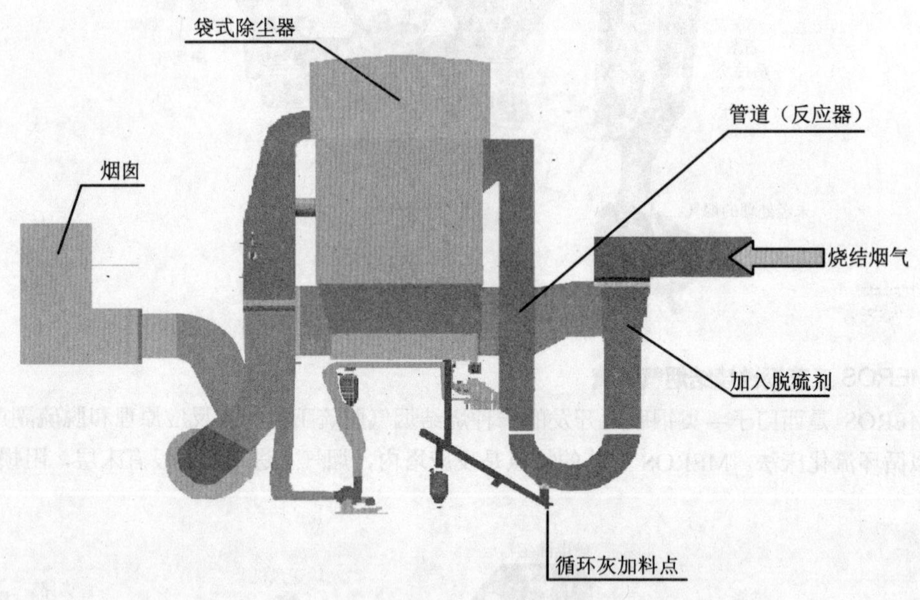

NID 法钢铁烧结烟气脱硫

石灰石—石膏法钢铁烧结烟气脱硫

石灰浆液在反应塔底部形成反应池，烟气通过喷射器直接喷散到洗涤液中，取消了浆液喷淋装置和再循环装置，可靠性有所提高，节省投资；吸收液使用量少，节约了用水量。具体工艺流程如图。

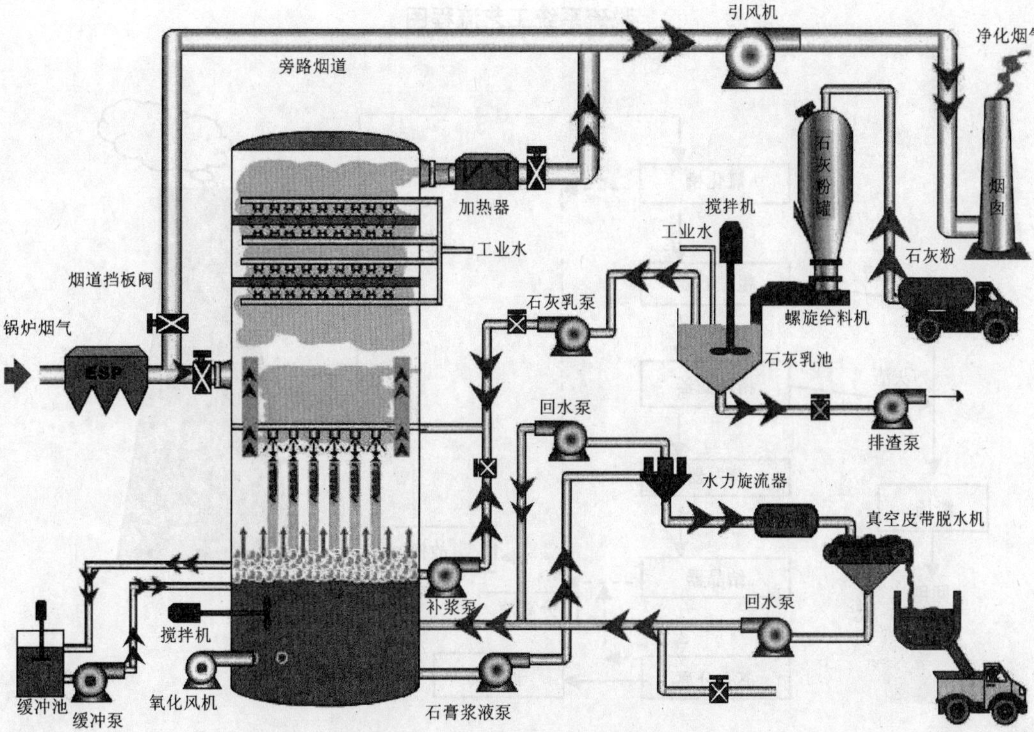

引风机
净化烟气
旁路烟道
石灰粉罐
烟囱
加热器
搅拌机
工业水
工业水
石灰粉
烟道挡板阀
石灰乳泵
螺旋给料机
锅炉烟气
ESP
石灰乳池
回水泵
排渣泵
水力旋流器
真空皮带脱水机
补浆泵
回水泵
搅拌机
缓冲池
缓冲泵
氧化风机
石膏浆液泵

石灰石—石膏法钢铁烧结烟气脱硫

氨—硫铵法钢铁烧结烟气脱硫

钢铁行业利用焦化厂生产的废氨水作为吸收剂，实现以废治废。具体工艺流程如图。

1#
1#电除尘器
1#烧结机主抽风机出口烟气
增压风机
烟囱
2#
2#电除尘器
2#烧结机主抽风机出口烟气
增压风机
焦化氨水
工业水
液氨
脱硫塔

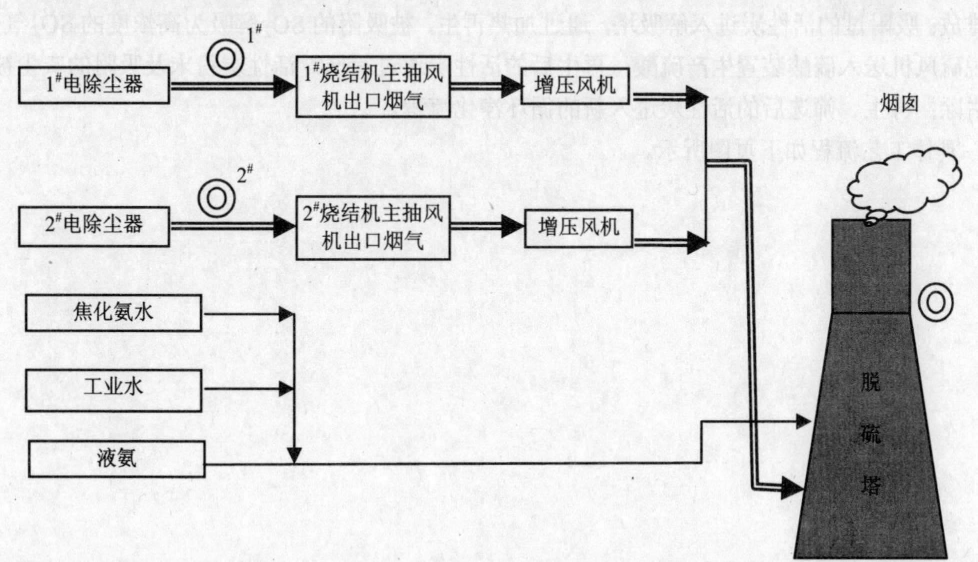

脱硫系统工艺流程图

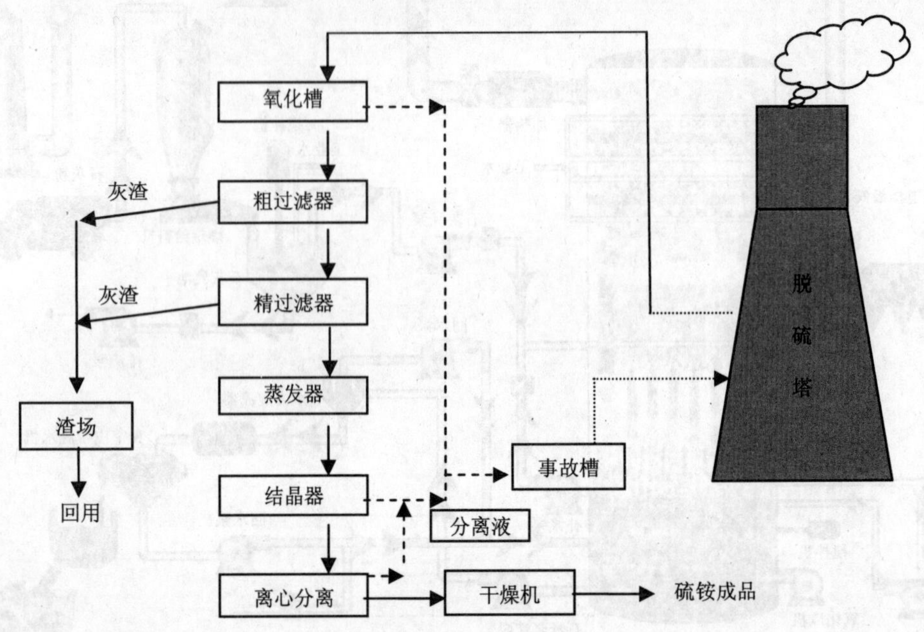

硫铵系统工艺流程图

活性炭吸附法钢铁烧结烟气脱硫

烧结机头烟气，经过电除尘后进入活性炭吸附床吸附，达到脱硫效果，脱硫后的烟气经烟囱排放；吸附过的活性炭进入解吸塔，通过加热再生，被吸附的SO_2解吸为高浓度的SO_2气体；经脱硫风机送入硫酸装置生产硫酸；再生后的活性炭通过筛选，活性炭粉末及吸附的灰尘被分离去除；再生、筛选后的活性炭进入新的循环净化流程。

具体工艺流程如下页图所示。

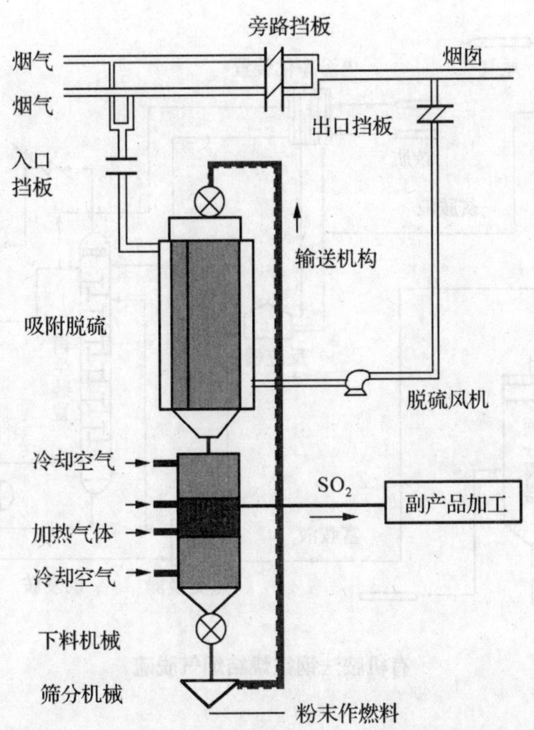

活性炭吸附法钢铁烧结烟气脱硫

有机胺法钢铁烧结烟气脱硫

与活性炭法类似，有机胺法的基本原理也是吸附、脱附、制酸，只是吸附剂为有机胺溶液。反应方程式为：

$$SO_2 + H_2O + R \rightleftharpoons RH^+ + HSO_3^-$$

烟道气体首先在预分离器中急冷和饱和，同时去除小颗粒灰尘；含 SO_2 烟气再进入吸收塔，吸收塔中的贫胺液与 SO_2 逆流接触反应，烟气中的 SO_2 被贫胺液吸收；吸收 SO_2 后的富胺液经富液泵加压后进溶液换热器，与热贫液换热后进入再生塔上部，在再生塔内被蒸汽气提，并经再沸器加热再生为热贫液，热贫液经换热后进贫液泵加压，再生出来的贫胺液返回吸收塔循环利用；再生塔中气提逸出的高浓度的 SO_2 气体送入硫酸装置生产硫酸。

具体工艺流程如下页图所示。

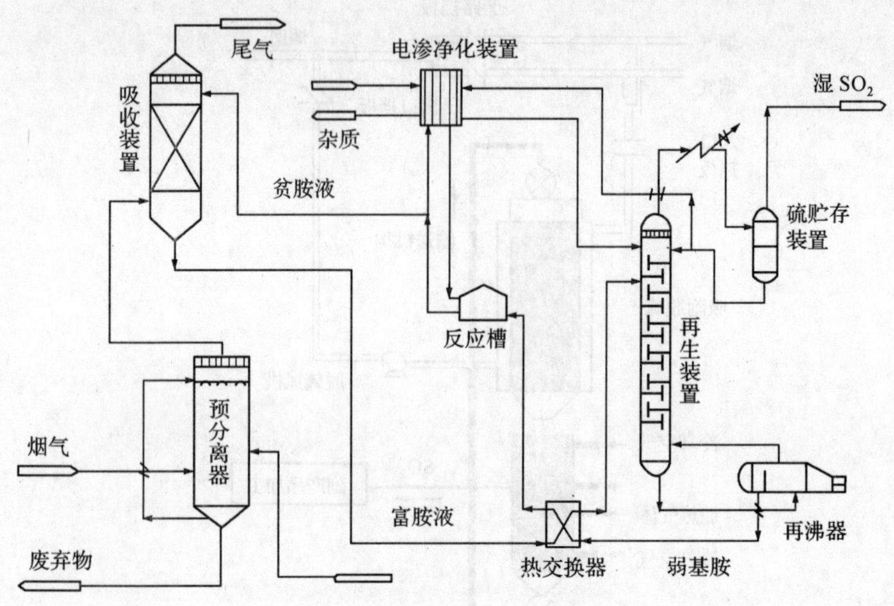

有机胺法钢铁烧结烟气脱硫

二、工业燃煤锅（窑）炉

工业炉窑

指在工业生产中用燃料燃烧或电能转换产生的热量将物料或工件进行冶炼、焙烧、烧结、熔化、加热等的热工设备。

工业燃煤锅（窑）炉烟气脱硫工艺

包括石灰石/石膏法、双碱法、氨法、氧化镁法、半干法和列入《国家先进污染防治技术示范名录》和《国家鼓励发展的环境保护技术目录》及其他国家推荐的脱硫技术。

三、有色金属冶炼炉

有色金属

指除黑色金属（包括铁、锰、铬及其合金）以外的金属，通常指有色金属中生产量大、应用比较广的十种金属，又称十种常用有色金属，即铜、铝、镍、铅、锌、钨、钼、锡、锑、汞。由于有色金属生产原料主要为硫化矿，因此在生产过程中，尤其冶炼过程中 SO_2 排放量较大。

闪速炉

指有色金属冶炼中采用闪速熔炼技术的主要熔炼设备，具有生产效率高、能耗低、烟气中 SO_2 浓度高的特点。闪速炉一般由反应塔、沉淀池、直升烟道和喷嘴组成。闪速熔炼技术是将仔细脱水的粉状精矿，在喷嘴中与热空气或氧气混合后，以高速度（60～70 m/s）从反应塔顶部喷入高温（1 450～1 550℃）的反应塔内，此时，精矿颗粒为气体包围处于悬浮状态，在2～3秒内就完成了炉料分解、氧化和熔化等熔炼过程。熔融硫化物和氧化物的混合熔体液滴落下到反应塔底部的沉淀池中汇集起来，继续完成与炉渣的最终形成过程，并进行澄清分离。闪速炉不仅可以炼铜，也可以炼镍、炼铅。现在的闪速炉主要是用于炼铜和镍，且脱硫率高，有利于 SO_2 的回收。

电炉

利用电热效应供热的冶金炉。冶金工业上电炉主要用于钢铁、铁合金、有色金属等的熔炼、加热和热处理，分为电阻炉、感应炉、电弧炉、等离子炉、电子束炉等。在有色金属冶炼方面，电炉既是熔炼设备，又被用来对熔炼产品进一步加工。

反射炉

指主要靠火焰的反射，以及炉顶、炉壁和炽热气体的辐射传热的金属熔炼炉。在有色金属冶炼中广泛用于干燥、焙烧、精炼、熔化、保温和渣处理等工序，是炼铜的主要设备。传统反射炉是较为落后的冶炼设备，燃料消耗高，烟气量大，烟气含 SO_2 浓度低，不易回收利用。

白银炉

运用“白银炼铜法”的设备。“白银炼铜法”是铜精矿焙烧和熔炼相结合的一种方法，属熔池熔炼法，该法因是白银有色金属公司所研发而于1979年被原冶金部正式命名为“白银炼铜法”。白银炉是一个固定的长方型炉，炉子熔池部分用隔墙分为熔炼区和沉降区。炉体用烧结镁砖和铝镁砖砌成。在沉降区的渣线部位，采用铜水套冷却。熔炼区炉顶设有加料口，两侧墙设有侧吹风口，其一侧还设有液体转炉渣返入口。在沉降区的一侧墙设虹吸放铜口，另一侧设炉渣放出口，端墙设有粉煤燃烧器，相对的一端为炉气出口，炉子中部的顶拱设有辅助粉煤燃烧器，铜精矿配入熔剂后，连同返回的烟尘，由皮带运输系统送到炉顶的中间料仓，再经加料皮带，连续地经熔炼区炉顶上的各个加料口入炉。炉料不制粒，既简化生产流程，又利用了精矿颗粒所具有的巨大表面。熔炼区炉墙上设有若干风口，鼓风压力为2 kgf/cm^2，每个风口的鼓风量达1 500 m^3/h。从风口连续鼓入压缩空气，激烈搅动熔体，进行炉料的熔化及剧烈的物理化学反应。炉料在熔炼区熔化后，通过隔墙进入沉降区进行炉渣和冰铜的分离。根据转炉吹炼的需要，冰铜从虹吸池每次放出一包至二包（每包17～19 t），炉渣随渣面的高度间断放出，经水淬后废弃。

鼓风炉

具有鼓风装置的冶炼炉，是火法冶金的重要熔炼设备之一，多用来炼铜、锡、镍等有色金属，也可以用来炼铁。鼓风炉熔炼是在竖式炉中靠炉料与上升炉气对流加热进行熔炼的过程。传统鼓风炉是较为落后的冶炼设备，能耗较高，污染严重。

有色金属冶炼副产品

指有色金属冶炼炉实施烟气脱硫工程后，烟气中的 SO_2 被吸收转化产生的硫酸、亚硫酸钠等物质。

烟气混配

指将无法直接制酸的含低浓度 SO_2 的烟气与含较高浓度 SO_2 的烟气相互混合后，进入同一个脱硫设施处理。

有色金属冶炼炉烟气脱硫工艺

常采用冶炼烟气制取硫酸的工艺，分一转一吸和两转两吸两种工艺。

一转一吸

生产硫酸的接触法工艺的一种，又称“单转单吸”，即一次转化（原料气体一次通过全部催化剂层）、一次吸收（经过一次转化的气体一次通过吸收塔），是冶炼烟气制酸的一种落后工艺，烟气中 SO_2 转化率和回收率较低，其总转化率最高仅为 98%左右，吸收塔尾气中 SO_2 浓度高达 2 000～3 000 ppm，需设置尾气处理工序。

两转两吸

生产硫酸的接触法工艺的一种，又称“双转双吸”，即两次转化，两次吸收，是使经过两层或三层催化剂的气体，先进入中间吸收塔，吸收掉生成的 SO_3，余气再次加热后，通过后面的催化剂层，进行第二次转化，然后进入最终吸收塔再次吸收。是冶炼烟气制酸的一种先进工艺，烟气中 SO_2 回收率和转化率较高，总转化率可达 99.5%，最终吸收塔出口尾气的 SO_2 浓度小于 500 ppm。

铅、锌、镍冶炼行业产排污系数：

铅冶炼行业产排污系数

工艺	污染物指标	计量单位（污染物/产品）	产污系数	末端治理技术	排污系数
水口山法炼铅	COD	g/t 铅	445	中和法	262.1
	SO_2	kg/t 铅	530.8	烟气制酸	5.911
烧结机—鼓风炉	COD	g/t 铅	1 169	中和法	638.5
	SO_2	kg/t 铅	502.4	烟气制酸	60.29
ISP 工艺	COD	g/t 铅	268.4	中和法	151.9
	SO_2	kg/t 铅	558.5	烟气制酸	9.63

锌冶炼行业产排污系数

工艺	污染物指标	计量单位（污染物/产品）	产污系数	末端治理技术	排污系数
≥10 万 t/a 湿法炼锌	COD	g/t 锌	1 836	中和法	938
	SO_2	kg/t 锌	1 186	二转二吸	15.12
				一转一吸	42.98
＜10 万 t/a 湿法炼锌	COD	g/t 锌	2 128	中和法	937.5
	SO_2	kg/t 锌	1 201	二转二吸	18.02
				一转一吸	47.71

镍冶炼行业产排污系数

工艺	污染物指标	计量单位(污染物/产品)	产污系数	末端治理技术	排污系数
鼓风炉工艺生产高冰镍	SO_2（硫镍比 8.3）	kg/t 镍	12 440	直排	12 280
	SO_2（硫镍比 2.4）	kg/t 镍	1 935	直排	1 935
	SO_2（硫镍比 3.0）	kg/t 镍	4 957	直排	4 957
闪速炉工艺生产高冰镍	COD	g/t 镍	764.7	中和法	352.2
	SO_2（硫镍比 3.0）	kg/t 镍	4 957	烟气制酸	147.3
	SO_2（硫镍比 2.4）	kg/t 镍	1 935	烟气制酸	57.5
	SO_2（硫镍比 8.3）	kg/t 镍	12 440	烟气制酸	369.5

四、炼焦炉煤气脱硫

炼焦生产工艺

主要以煤炭为原料，隔绝空气经高温干馏获得焦炭和荒煤气，并从荒煤气中分离和精制煤焦油、萘、酚、苯、甲苯等多种化学品。有煤的配备、炼焦、煤气的净化和回收等工序。如图所示。

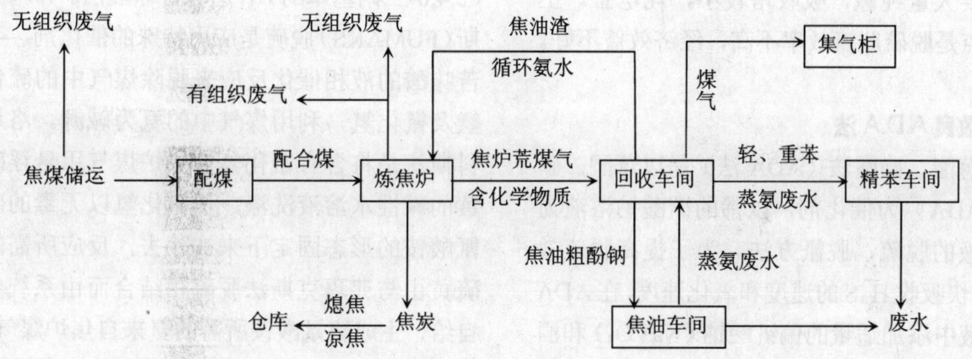

炼焦生产工艺

炼焦炉煤气脱硫工艺

包括 HPF 法、PDS 法、AS 法、改良 A.D.A 法、塔—希法、FRC 法、真空碳酸盐法等。

HPF 法

利用焦炉煤气中的氨作吸收剂，以 HPF(醌钴铁类)为催化剂的湿式氧化脱硫方法。煤气中的 H_2S 等酸性组分由气相进入液相与氨反应，转化为硫氢酸铵等铵盐，再在催化剂的作用下转化为元素硫。该法可使焦炉煤气的脱硫效率达到 99%左右。这项工艺具有国内自主知识产权，由鞍山焦化耐火材料设计院和无锡焦化厂共同研制开发。

PDS 法

以 PDS 为脱硫催化剂的湿式氧化脱硫

法。PDS是一种脱硫催化剂的商品名称，是酞菁钴磺酸盐系化合物的混合物，其主要成分是双核酞菁钴磺酸盐，由东北师范大学开发的一种新型脱硫催化剂。该法的特点是：❶脱硫效率高；❷生成的单质硫颗粒大，易分离；❸可脱除部分有机硫。该方法的不足是脱硫效率不太稳定，绝大部分时间需要复配其他成分一起使用。

AS法

即氨水法。主要是采用氨水来吸收煤气中的硫化氢、氰化氢，然后用蒸汽将吸收液中的硫化氢、氰化氢脱除再返回吸收。解吸出的硫化氢可制硫黄或硫酸，氰化氢被分解成N_2与H_2O，该法主要优点是吸收液是氨水，不需要大量纯碱，吸收塔较小，耗电省。主要缺点是脱硫脱氰效率不高，经济效益不好。

改良A.D.A法

蒽醌二磺酸法（ADA法）是以蒽醌二磺酸（ADA）为催化剂，以稀的碳酸钠溶液为吸收液的脱硫、脱氰方法。为了提高脱硫效率，加快吸收H_2S的速度和氧化速度，在ADA法溶液中添加适量的偏钒酸钠（$NaVO_3$）和酒石酸钾钠（$NaKC_4H_4O_6$）以及$FeCl_3$作为吸收液进行脱硫、脱氰。

塔-希法

为塔卡哈克斯(TAKAHAX)-希罗哈克斯（HIROHAX）法的简称，也称T-H法，是一种高效湿式氧化脱硫法。该法是由湿法脱硫（塔卡哈克斯法）及脱硫废液处理（希罗哈克斯湿式氧化法）两部分组成。塔卡哈克斯法使用的脱硫液为1,4-萘醌-2-磺酸铵的碱性溶液，碱源为焦炉煤气中的的氨。煤气中的氨首先与吸收液接触溶解生成氨水，氨水吸收煤气中的硫化氢和氰化氢生成硫氢化铵和氰化铵。硫氢化铵在空气和催化剂1,4-萘醌-2-磺酸铵作用下氧化再生，生成氨水并析出硫。1,4-萘醌-2-磺酸铵也进行再生反应，从还原态再生为氧化态。希罗哈克斯湿式氧化法是将脱硫液中的硫化物经空气氧化而变成硫酸或硫酸铵。

FRC法

是一种湿式氧化脱硫脱氰并回收硫黄的高效脱硫脱氰法，由弗玛克斯（FUMAKS）脱硫、洛达科斯（RHODACS）脱氰、昆帕克斯（COMPACS）制取硫酸三法结合，简称FRC法，由于脱硫时使用的催化剂为苦味酸（2,4,6-三硝基苯酚），也称苦味酸法。弗玛克斯（FUMAKS）脱硫是应用特殊的催化剂——苦味酸的液相催化反应来脱除煤气中的硫化氢及氰化氢，利用煤气中的氨为碱源。洛达科斯法是将含有氰化氢的焦炉煤气用悬浮硫黄的碱性水溶液洗涤，使氰化氢以无毒的硫氰酸铵的形态固定下来被除去，反应所需的硫黄由与弗玛克斯法脱硫相结合而由系统内自给，生成硫氰酸铵所需的氨来自焦炉煤气。昆帕克斯制取硫酸是将从脱硫装置来的混有硫黄的浓缩浆液进行焚烧、炉气净化与冷却、转化、干燥及吸收等，制取浓硫酸的过程。

真空碳酸盐法

以碳酸钠或碳酸钾溶液为吸收剂进行脱硫脱氰，脱硫液的再生在负压工况下进行，是一种湿式脱硫吸收法。

热装热出清洁型焦炉

主要指应用清洁型热回收炼焦技术生产

的焦炉，是一种无回收焦炉。其特点：

❶炼焦工艺简单，设计和基建投资费用低；

❷取消了煤气回收装置，不会产生焦油和酚水等污染物，环保有很大改善；

❸负压操作，解决了炉门漏气，使污染物放散程度明显降低；

❹废热得到利用进行发电。

五、非电煤改气

天然气

是指天然蕴藏于地层中的烃类和非烃类气体的混合物，主要成分为甲烷。与煤炭、石油等能源相比，天然气在燃烧过程中产生的 SO_2 很少，燃烧后无废渣、废水产生。天然气经净化后供给用户，具有使用安全、热值高、洁净等优势，热值约为 8 700 大卡/ m^3。

煤层气

煤层气俗称“瓦斯”，其主要成分是 CH_4（甲烷），是存在于煤矿的伴生气体。是成煤过程中经过生物化学热解作用以吸附或游离状态赋存于煤层及固岩的自储式天然气体，属于非常规天然气，是优质的化工和能源原料，热值高、无污染。纯煤层气的热值在 34～37 MJ/m^3(N)左右。

沼气

是一些有机物质（如秸秆、杂草、树叶、人畜粪便等废弃物）在一定的温度、湿度、酸度条件下，隔绝空气（如用沼气池），经微生物厌氧消化作用而产生的可燃性气体。

沼气是气体的混合物，其中含 $CH_4$60%～70%，此外还含有 CO_2、H_2S、N_2 和 CO 等，沼气的热值为 5 500～5 800 大卡/ m^3。因含有少量 H_2S，所以略带臭味。

炼厂干气

石油炼厂副产的烃。主要来源于原油蒸馏、催化裂化、热裂化、石油焦化、加氢裂化、催化重整、加氢精制等过程。主要成分为 C4 以下的烷烃、烯烃，以及 H_2 和少量 N_2、CO_2 等气体。C2 以下气体经乙醇胺脱硫和硫黄回收后，可作为燃料气。

煤气

以煤为原料加工制得的含有可燃组分如 H_2、CO、CH_4 等的混合气体。根据加工方法、煤气性质和用途分为：煤气化得到的是水煤气、半水煤气、空气煤气（或称发生炉煤气），这些煤气的发热值较低，故又统称为低热值煤气；煤干馏法中焦化得到的气体称为焦炉煤气，属于中热值煤气，可供城市居民用作燃料。煤气中的 H_2、CO 可用于合成氨和合成甲醇。

高炉煤气

为炼铁过程中产生的副产品，主要成分为：CO、CO_2、N_2、H_2、CH_4 等，其中可燃成分 CO 含量占 25%左右，H_2、CH_4 的含量很少，CO_2、N_2 的含量分别占 15%、55%，热值仅为 3500kJ/m^3 左右。高炉煤气中存在大量的 CO_2、N_2，燃烧过程中基本不参与化学反应，几乎等量转移到燃烧产生的烟气中，燃烧高炉煤气产生的烟气量远多于燃煤。

六、石化产品脱硫及硫黄回收

硫黄回收工艺

指将含硫化氢等有毒含硫气体中的硫化物转变为单质硫的化工过程。

硫黄回收通常采用一种叫做“克劳斯”法的工艺来实现。“克劳斯”法由英国人C.F.克劳斯于1883年发明。它是将称为酸气的含硫原料气与空气或氧气在燃烧炉中燃烧。严格控制空气或氧气量，使燃烧产物中 H_2S 与 SO_2 气体体积比为 2∶1。之后燃烧气体被冷却，气体中的硫黄冷凝回收。剩余气体经加热后进入一台克劳斯反应器进行反应。反应主要是 H_2S 与 SO_2 生产硫黄和水。这一反应需使用催化剂才能实现。反应完后的气体同样需冷却回收硫黄。然后剩余气体再经二级、三级反应。通常硫黄回收装置的硫回收率可达95%～98%。

如果需要进一步提高硫黄回收率，则需在装置后附加尾气处理装置。目前最好的SCOT类尾气处理装置可将硫回收率提高到99.9%。

重油

常指重质油，但主要为原油常压蒸馏渣油。重质油一般指沸点在约350℃以上的馏分油和渣油。在石油炼制工业中，重质油包括重质馏分油和减压渣油。重质馏分油又是原油蒸馏装置的常压重柴油馏分和减压蒸馏的重馏分油；减压渣油是原油减压蒸馏塔底残余油。

石油焦（petroleum coke）

渣油经盐池焦化加工后的一种焦炭。本质是一种部分石墨化的炭素形态。广泛应用于冶金、化工等工业作为电极或生产化工产品的原料。按加工方法的不同，可分为生焦和熟焦；按硫含量的高低，可分为高硫焦、中硫焦和低硫焦；按显微结构形态不同，可分为海绵焦和针状焦。从外观上看，焦炭为形状不规则，大小不一的黑色块状（或颗粒），有金属光泽，焦炭的颗粒具多孔隙结构，主要的元素组成为碳，占到 80%以上，其余的为氢、氧、氮、硫和金属元素。

第四篇

减排核算表

第十三章　核算表格说明

本书所附光盘中有两个 Excel 文件：COD 减排核算表、二氧化硫减排核算表。第十三章至第十五章详细介绍这两类表格的使用。

第一节　表格使用对象

◆ 各级环保部门污染减排管理部门工作人员日常统计核算；
◆ 环保部各督查中心半年、年度核查；
◆ 环保部核定。

第二节　表格设计原则

◆ 紧扣《主要污染物总量减排核算细则（试行）》；
◆ 分类列表；
◆ 按图索表；
◆ 公式内置；
◆ 动态链接；
◆ 自下至上汇总；
◆ 汇总结果自动生成。

第三节　表格组成

一、核算表表格分类

◆ COD 核算表格；
◆ 二氧化硫核算表格。

二、COD 核算表格

由五大类组成（见图 1）：排放量总表、历年排放量表、新增量计算表、新增削减量表和环保部发布的核查核算表。

COD 减排核算表结构图见图 2。

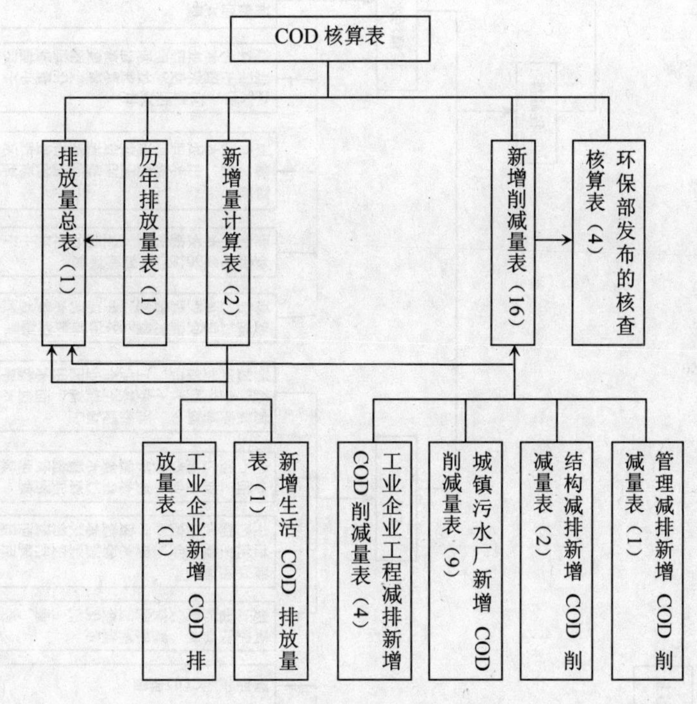

图 1

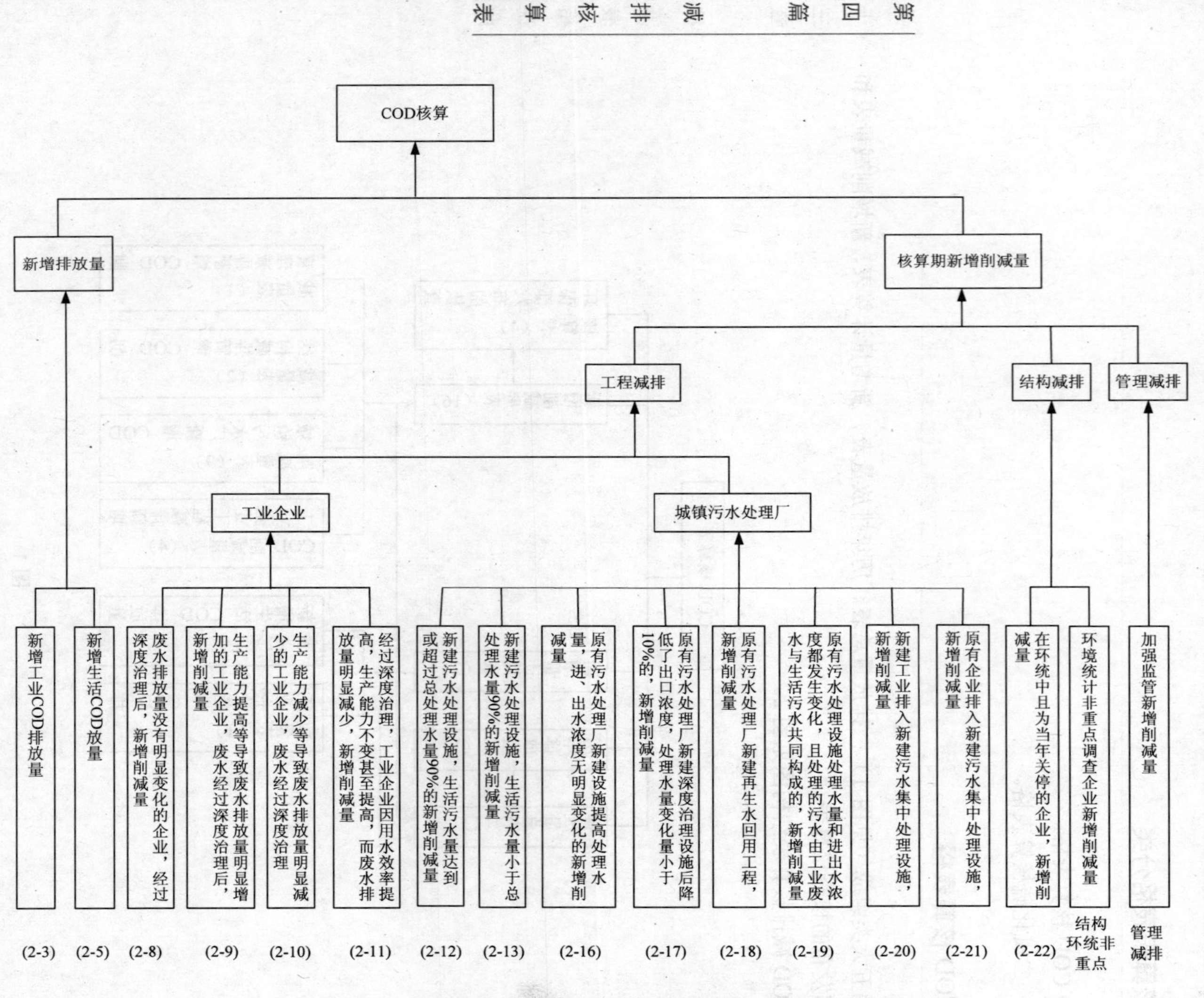

图 2 COD 减排核算表结构图

（一）排放量总表1张

◆ 其计算数据与历年排放量表、新增量计算表、新增削减量表建有链接；

◆ 表格中新增排放量分新增工业 COD 排放量和新增生活 COD 排放量单列；

◆ 工业企业治理工程新增削减量将《核算细则》归纳的 4 种类型分别单列并设置计算表格；

◆ 城镇污水处理厂新增削减量将《核算细则》归纳的 8 种类型分别单列并设置计算表格；

◆ 上报量数据为链接自动生成数据。

（二）历年排放量表1张

◆ 其数据为 2005—2015 年历年核定排放量，数据分工业和生活；

◆ 列出各年相对于上一年的削减率以及相对于 2005 年的削减率。

（三）新增量计算表2张

◆ 包括：

——新增工业 COD 排放量计算表；

——新增生活 COD 排放量计算表。

◆ 新增量计算表格设置时，将《核算细则》所列的每种情形均独立设置表格，其中含基础参数及计算结果，表格内置计算公式。

（四）新增削减量计算表16张

◆ 包括：

——工业企业新增削减量计算表 4 张；

——城镇污水处理厂新增削减量计算表 9 张（其中将《核算细则》公式（2-19）最后一项独立设置计算子表格，将其计算结果链接到（2-19）的计算表格）；

——结构减排新增削减量计算表 2 张；

——管理减排统计表 1 张。

◆ 工程减排与结构减排新增削减量计算表格设置时，将《核算细则》所列的每种情形均独立设置表格，其中含基础参数及计算结果，表格内置计算公式。

（五）环保部发布核查核算表4张

◆ 包括：

——城镇污水处理厂总量减排核查核算表；

——工业企业治理工程总量减排核查核算表；

——结构调整总量减排核查核算表；

——2007年已核定减排量的城镇污水处理厂抽查复核表。

◆ 前3张表均与新增削减量表按类型逐一链接。

◆ 除定性的基本信息外，计算结果均与新增削减量中4张工业企业工程减排新增削减量计算表、9张城镇污水处理厂新增削减量计算表、2张结构减排新增削减量计算表建立链接，可自动生成结果。

注意：各表格内的合计项置顶，便于汇总链接。

三、二氧化硫核算表格

由六大类组成（见图3）：排放量总表、历年排放量表、新增量计算表、新增削减量表、分机组二氧化硫排放量校核表和环保部发布的核查核算表。

二氧化硫减排核算表结构见图4。

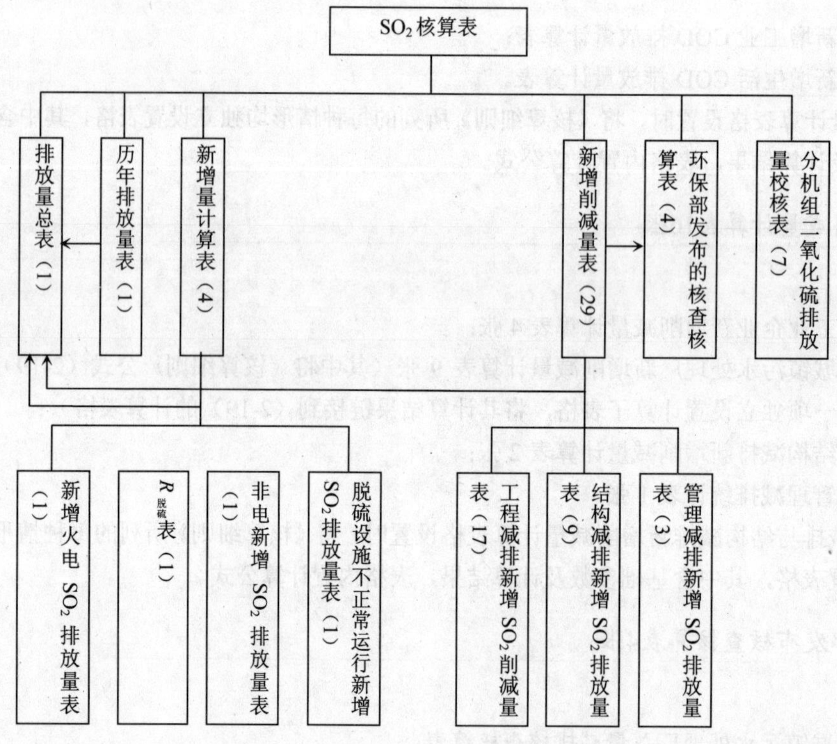

图3

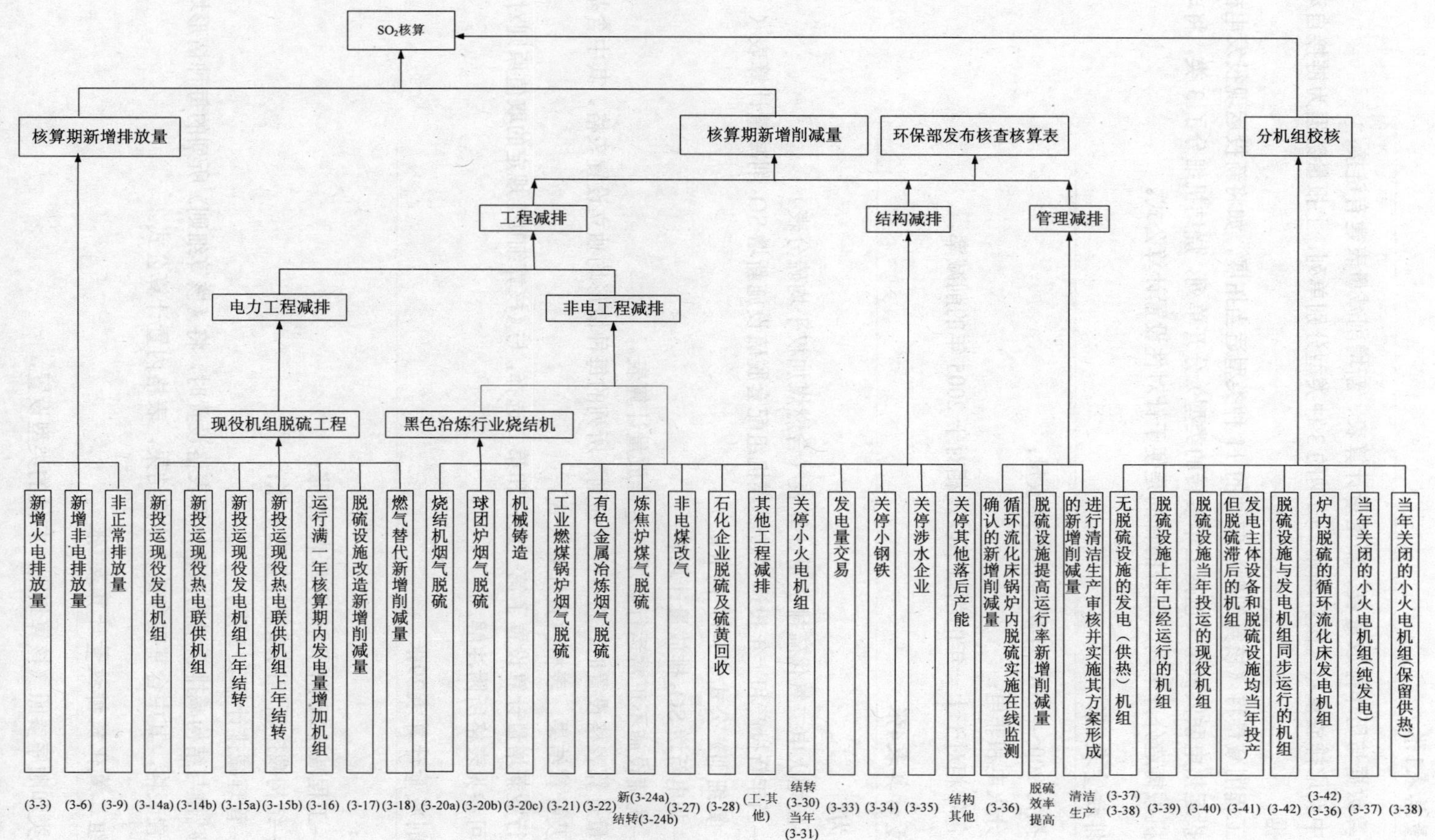

图 4　二氧化硫减排核算表结构图

（一）排放量总表1张

◆ 其计算数据与历年排放量表、新增量计算表、新增削减量表建有链接；

◆ 表格中新增排放量将《核算细则》归纳的 3 种类型分别单列，上报量数据为链接自动生成数据；

◆ 新增工程削减量将《核算细则》归纳的 11 种类型适当拓展，如将新投运现役发电机组和新投运热电联供机组（包括上年接转的类型）分开单列，烧结机细分了 3 类，将球团炉和机械铸造分开单列。细分的目的是便于针对性设置计算公式。

（二）历年排放量表1张

◆ 其数据为 2005—2015 年历年核定排放量；

◆ 数据分火电和非电；

◆ 列出各年相对于上一年的削减率以及相对于 2005 年的削减率。

（三）新增量计算表4张

◆ 分别为：

——新增火电二氧化硫排放量计算表（含燃煤加权平均硫分表）；

——当年新投产和上年投运接转燃煤机组配套脱硫设施新增 SO_2 削减量计算表（《核算细则》公式（3-3）内 $R_{脱硫}$）；

——非电新增 SO_2 排放量计算表；

——脱硫设施不正常运行新增 SO_2 排放量计算表。

◆ 新增量计算表格设置时，将《核算细则》所列的每种情形均独立设置表格，其中含基础参数及计算结果，表格内置计算公式。

◆ 电力行业新增量计算设置了第一选择和第二选择，与《核算细则》规定的取值原则对应，具体可参见表格所附注解。

（四）新增削减量计算表29张

◆ 包括：

——工程减排新增削减量计算表 17 张；

——结构减排新增削减量计算表 9 张；

——管理减排计算表 3 张。

◆ 工程减排与结构减排新增削减量计算表格设置时，将《核算细则》所列的每种情形均独立设置表格，其中含基础参数及计算结果，表格内置计算公式。

（五）分机组二氧化硫排放量计算表7张

◆ 其分类和顺序参照《核算细则》归纳的类型设置，

◆ 其中含基础参数及计算结果，表格内置计算公式。

（六）环保部发布核查核算表4张

◆ 包括：

——电力行业工程减排表；

——非电行业工程减排表；

——电力行业结构调整减排表；

——非电行业结构调整减排表。

◆ 4 张表均与新增削减量表按类型逐一链接，除定性的基本信息外，计算结果均与新增削减量中 17 张工程减排新增削减量计算表和 9 张结构减排新增削减量计算表建立链接，可自动生成结果。

注意：各表格内的合计项置顶，便于汇总链接。

第四节 表格功能

1．表格为带内置公式的 Excel 工作表。

2．**排放量总表**中的数据均引用自**历年排放量表**、**新增量计算表**、**新增削减量表**，该表数据为自动链接生成，无需手动输入数据（图 5）。

3．环保部发布核查核算表除部分定性内容外，其余均与新增削减量建立了链接，便于汇总结果输出（图 6）。

4．**历年 COD 排放量表**（COD-汇总表 2　历年 COD 排放量）中，在工业和生活排放量对应的两列中需手动输入相应数据，其余数据通过内置公式自动计算产生；COD **排放量汇总表**（COD-汇总表 1　COD 排放量）引用数据可根据年度选择相应的链接。

5．**历年二氧化硫排放量表**（SO_2-汇总表 2　历年二氧化硫排放量）中，在火电和非电排放量对应的两列中需手动输入相应数据，其余数据通过内置公式自动计算产生；**二氧化硫排放量汇总表**（SO_2-汇总表 1　二氧化硫排放量）引用数据可根据年度选择相应的链接（图 7）。

Microsoft Excel - 二氧化硫减排核算表v1.0.xls

F5 ='SO2-表4-非电新增(3-6)(3-7)(3-8)'!G19

	A	B	C	D	E	F	G	H
1	SO_2-汇总表1 ______年__________省（自治区、直辖市、地区）二氧化硫排放量							
2	类别			单位	项目数	上报量	认定量	扣减率
3	上年(半年)二氧化硫排放量（E_0）			万吨		2549.4000		
4	新增排放量（E_1）	新增火电排放量（$E_{电}$）		万吨		28.8891		
5		新增非电排放量（$E_{非电}$）		万吨		4.6800		
6		非正常排放量（$E_{非正常}$）		万吨		0.0002		
7		新增排放量合计（$E_1=E_{电}+E_{非电}+E_{非正常}$）		万吨		33.5693		

图 5

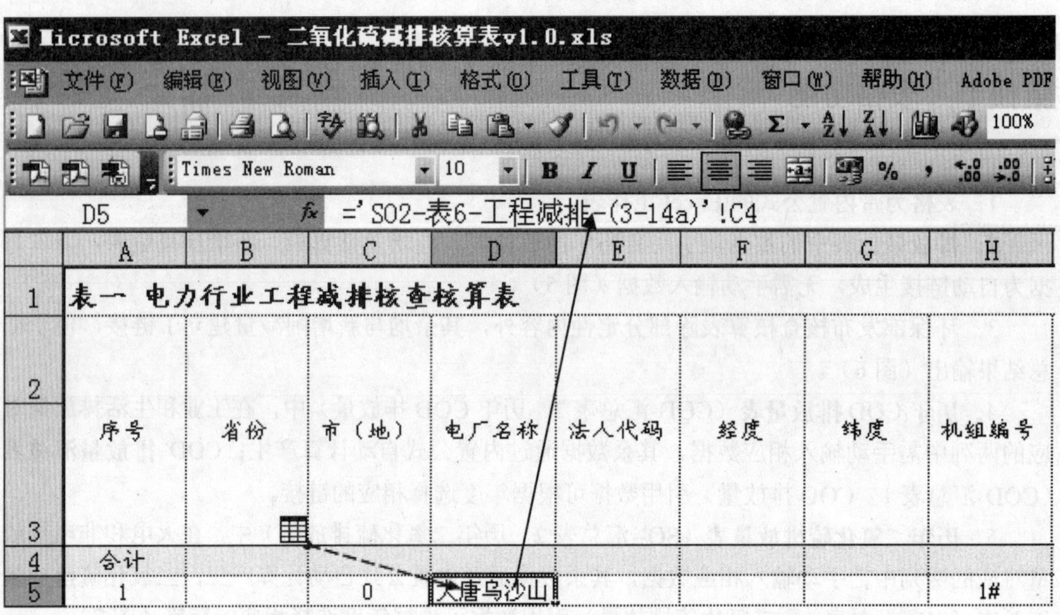
Microsoft Excel - 二氧化硫减排核算表v1.0.xls

D5 ='SO2-表6-工程减排-(3-14a)'!C4

	A	B	C	D	E	F	G	H
1	表一 电力行业工程减排核查核算表							
2–3	序号	省份	市（地）	电厂名称	法人代码	经度	纬度	机组编号
4	合计							
5	1		0	大唐乌沙山				1#

图 6

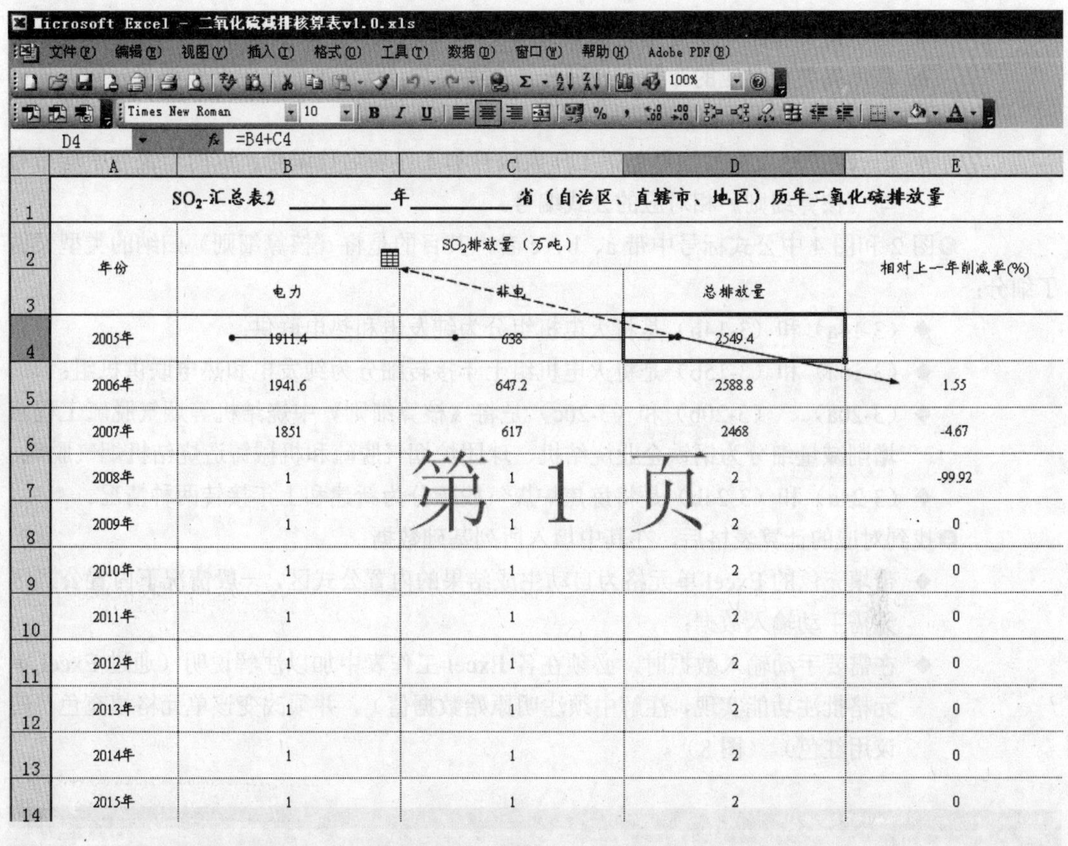

Microsoft Excel - 二氧化硫减排核算表v1.0.xls

D4 =B4+C4

SO_2-汇总表2 ＿＿＿＿年＿＿＿＿省（自治区、直辖市、地区）历年二氧化硫排放量

年份	SO_2排放量（万吨）			相对上一年削减率(%)
	电力	非电	总排放量	
2005年	1911.4	638	2549.4	
2006年	1941.6	647.2	2588.8	1.55
2007年	1851	617	2468	-4.67
2008年	1	1	2	-99.92
2009年	1	1	2	0
2010年	1	1	2	0
2011年	1	1	2	0
2012年	1	1	2	0
2013年	1	1	2	0
2014年	1	1	2	0
2015年	1	1	2	0

图 7

6．COD、二氧化硫表格使用可按以下顺序：

❶从新增量及新增削减量表格入手。

◆ 表格中上报减排量计算结果初始值均由内置公式设置为 0；

◆ 预设 120 行，使用时根据实际减排项目数增减行数。

◆ 各级部门在使用时表头设置**切勿**自行增减或修改格式，如确需增加表头，则沿最后一列添加，**切勿**在已有表头中插入列；**切勿**将已有表头修改为：

环统排放量			
2005 年	2006 年	2007 年	2008 年

◆ 表中所示的格式，其主要目的是统一格式，提高地方上报数据编辑处理的通用性。

❷针对具体的减排对象：

- ◆ 先从图 2 和图 4 中分别查找 COD、二氧化硫减排所属类型；
- ◆ 按所属类型对应的计算公式编号（该编号与《核算细则》中公式编号一致）找到对应的 Excel 计算表格；
- ◆ Excel 计算表格的编号包括工作表编号和工作表名称编号，这两个编号中均带有与《核算细则》相对应的公式编号。

❸图 2 和图 4 中公式标号中带 a、b、c 者，其目的是将《核算细则》归纳的类型又做了细分：

- ◆（3-14a）和（3-14b）是将火电机组分为纯发电和热电联供；
- ◆（3-15a）和（3-15b）是将火电机组上年接转细分为纯发电和热电联供机组；
- ◆（3-20a）、（3-20b）和（3-20c）是将《核算细则》中烧结机等烟气脱硫工程新增削减量细分为钢铁企业烧结机、球团炉烟气脱硫和机械铸造烧结机烟气脱硫；
- ◆（3-24a）和（3-24b）是将炼焦炉煤气脱硫分为新建和上年接转两种情况。

❹找到对应的计算表格后，在其中填入所列基础数据：

- ◆ 带填充色的 Excel 单元格为自动生成结果的内置公式区，一般情况下内置公式区无需手动输入数据；
- ◆ 在需要手动输入数据时，必须在各 Excel 工作表中加以注解说明（通过 Excel 单元格批注功能实现，注解中须注明原始数据值），并须改变该单元格填充色（建议用红色）（图 8）。

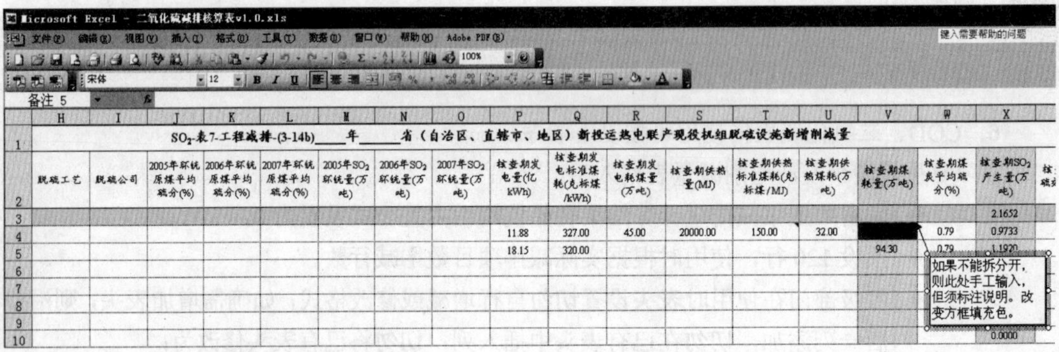

Microsoft Excel - 二氧化硫减排核算表v1.0.xls

备注 5

SO_2-表7-工程减排-(3-14b)____年____省（自治区、直辖市、地区）新投运热电联产现役机组脱硫设施新增削减量

	H	I	J	K	L	M	N	O	P	Q	R	S	T	U	V	W	X
2	脱硫工艺	脱硫公司	2005年环统原煤平均硫分(%)	2006年环统原煤平均硫分(%)	2007年环统原煤平均硫分(%)	2005年SO_2环统量(万吨)	2006年SO_2环统量(万吨)	2007年SO_2环统量(万吨)	核查期发电量(亿kWh)	核查期发电标准煤耗(克标煤/kWh)	核查期发电耗煤量(万吨)	核查期供热量(MJ)	核查期供热标准煤耗(克标煤/MJ)	核查期供热煤耗(万吨)	核查期煤耗量(万吨)	核查期煤炭平均硫分(%)	核查期SO_2产生量(万吨)
3																	2.1652
4									11.88	327.00	45.00	20000.00	150.00	32.00		0.79	0.9733
5									18.15	320.00					94.30	0.79	1.1920
6																	
7																	
8																	
9																	
10																	0.0000

如果不能拆分开，则此处手工输入，但须标注说明。改变方框填充色。

图 8

❺计算表格中设置了三种填充色：

- ◆ **棕色**为内置公式生成的上报减排量；
- ◆ **绿色**为带内置公式的中间过程数据；
- ◆ **黄色**为置顶合计项。

❻表头中各项目在本书词条中均有明确说明。

第五节　其他说明

1. 《核算细则》中新增火电二氧化硫排放量计算公式（3-3）、（3-4）集成在一张 Excel 工作表中。

公式（3-3）中第二组成部分单独设置了一个 Excel 工作表，命名为“SO_2-表 3-（$R_{脱硫}$）”（图 9）。

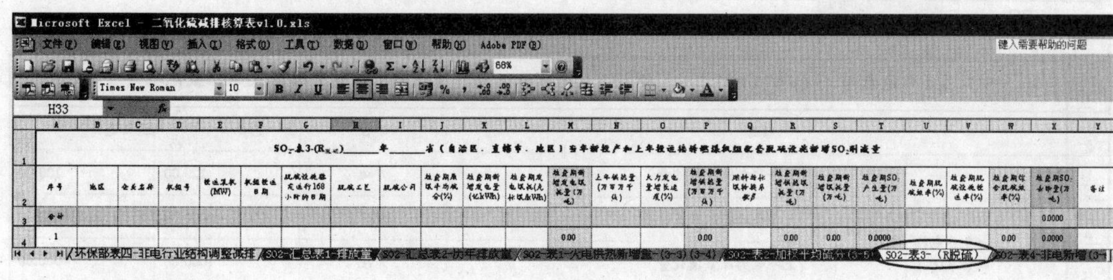

图 9

2. 对上年接转类的工程治理减排项目，在表头中设置了“接转期”，如表（3-15a）中，接转期煤炭消耗量为上一核查期煤炭消耗量与核查期煤炭消耗量之差（图 10）。

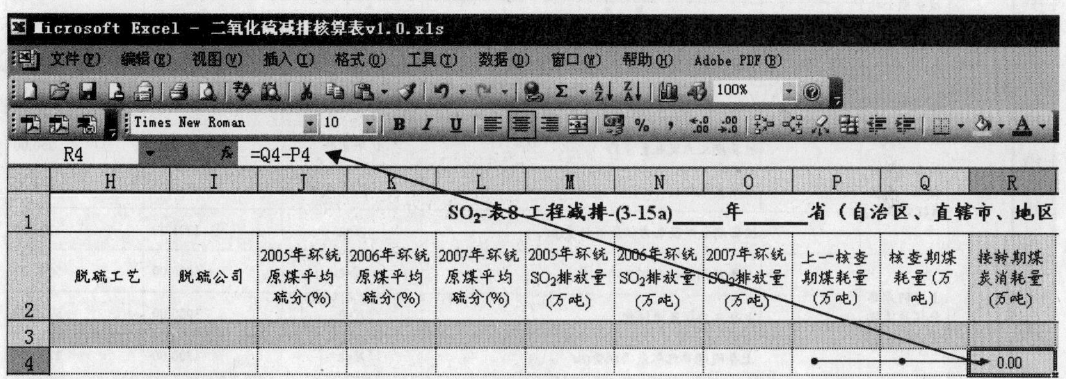

图 10

举例说明：

某机组 2007 年 9 月投运脱硫设施，则 2008 年上半年核查时接转期煤炭消耗量为 2008 年上半年煤炭消耗量与 2007 年上半年煤炭消耗量（2007 年上半年脱硫未投入运行，所以其煤炭消耗量取值为零）之差；到 2008 年年度核查时，核查期煤炭消耗量为 2008 年全年煤炭消耗量，上一核查期煤炭消耗量为 2007 年 9-12 月煤炭消耗量。

3．《核算细则》中，非电新增二氧化硫排放量由三个计算公式(3-6)、(3-7)、(3-8)组成，因式（3-7）和式（3-8）为式（3-6）的子公式，因此在计算表格设置时将三个公式集成在一张Excel工作表中（SO_2-表4-非电新增-(3-6)(3-7)(3-8)）（图11）。

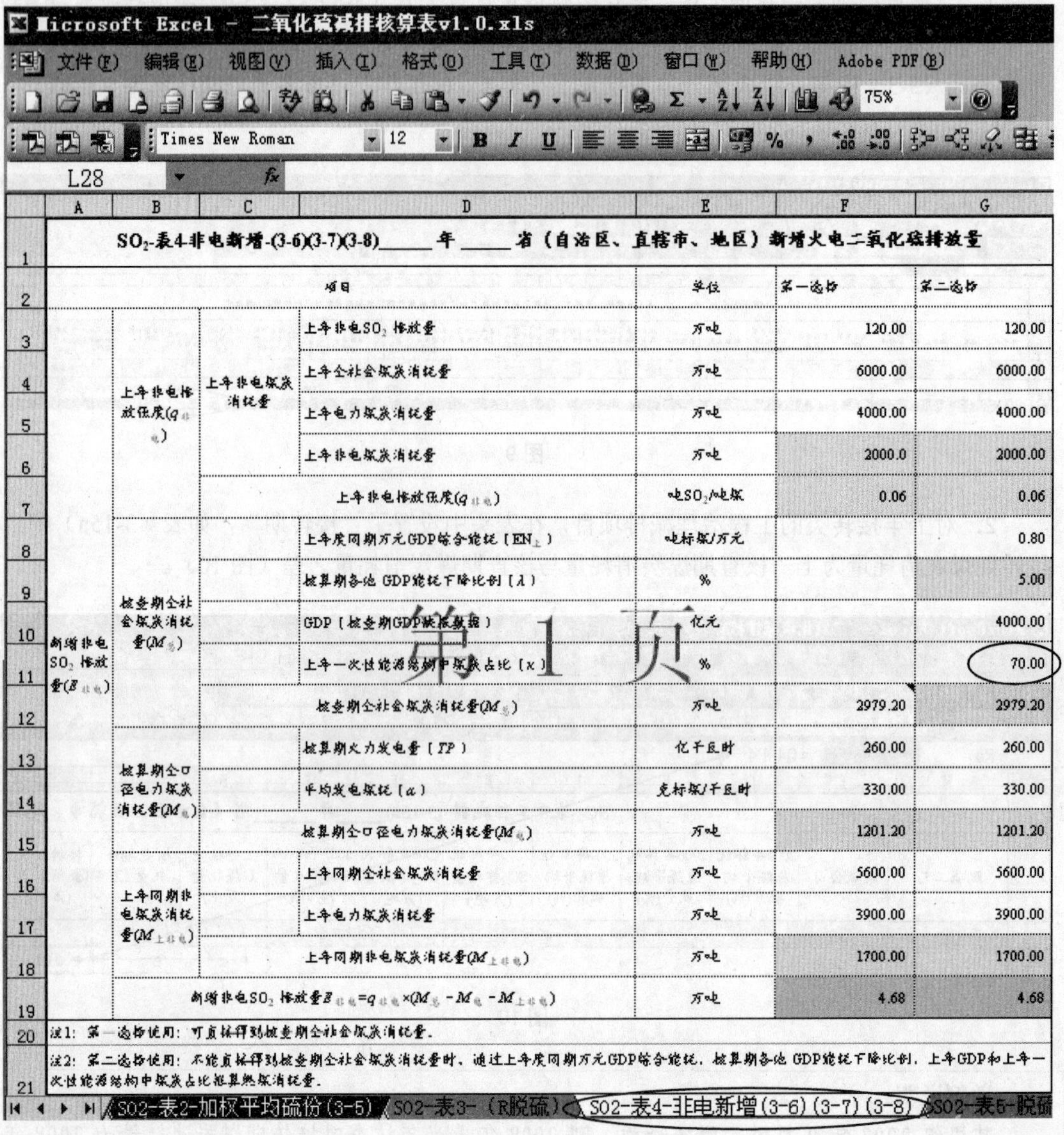

Microsoft Excel - 二氧化硫减排核算表v1.0.xls

SO_2-表4-非电新增-(3-6)(3-7)(3-8)_____年_____省（自治区、直辖市、地区）新增火电二氧化硫排放量

			项目	单位	第一途径	第二途径
新增非电SO_2排放量($E_{非电}$)	上年非电排放强度($q_{非电}$)	上年非电煤炭消耗量	上年非电SO_2排放量	万吨	120.00	120.00
			上年全社会煤炭消耗量	万吨	6000.00	6000.00
			上年电力煤炭消耗量	万吨	4000.00	4000.00
			上年非电煤炭消耗量	万吨	2000.0	2000.00
		上年非电排放强度($q_{非电}$)		吨SO_2/吨煤	0.06	0.06
	核查期全社会煤炭消耗量($M_{总}$)		上年度同期万元GDP综合能耗（$EN_{上}$）	吨标煤/万元		0.80
			核算期各地GDP能耗下降比例（λ）	%		5.00
			GDP（核查期GDP核算数据）	亿元		4000.00
			上年一次性能源结构中煤炭占比（x）	%		70.00
		核查期全社会煤炭消耗量($M_{总}$)		万吨	2979.20	2979.20
	核算期全口径电力煤炭消耗量($M_{电}$)		核算期火力发电量（TP）	亿千瓦时	260.00	260.00
			平均发电煤耗（α）	克标煤/千瓦时	330.00	330.00
			核算期全口径电力煤炭消耗量($M_{电}$)	万吨	1201.20	1201.20
	上年同期非电煤炭消耗量($M_{上非电}$)		上年同期全社会煤炭消耗量	万吨	5600.00	5600.00
			上年电力煤炭消耗量	万吨	3900.00	3900.00
			上年同期非电煤炭消耗量($M_{上非电}$)	万吨	1700.00	1700.00
	新增非电SO_2排放量$E_{非电}=q_{非电}\times(M_{总}-M_{电}-M_{上非电})$			万吨	4.68	4.68

注1：第一途径使用：可直接得到核查期全社会煤炭消耗量。

注2：第二途径使用：不能直接得到核查期全社会煤炭消耗量时，通过上年度同期万元GDP综合能耗，核算期各地GDP能耗下降比例，上年GDP和上年一次性能源结构中煤炭占比推算燃煤消耗量。

SO2-表2-加权平均硫份(3-5) | SO2-表3-（R脱硫） | SO2-表4-非电新增(3-6)(3-7)(3-8) | SO2-表5-脱硫

图11

4．《核算细则》中，脱硫设施不正常运行的新增二氧化硫排放量计算公式（3-9）中之$E_{新}$在表格设置因存在重复计算，仅计算了后一部分$E_{非正常}$（SO_2-表 5-脱硫设施不正常新增

（3-10））。

5．有效数字：

基础参数有效数字设定为小数点后两位，二氧化硫上报减排量、COD 上报减排量、二氧化硫产生量等单位为万吨的计算数据设定为小数点后四位。

6．计算表格使用时设计带百分数的数据输入时需特别注意，若%已在表头中出现，则输入数据时仅输入百分号前的数据，无需再除以 100。

举例说明：

原始数据中“上年一次能源结构中煤炭占比为 70%”，在二氧化硫计算表格“非电新增(3-6)(3-7)(3-8)”中对应单元格中只需输入 70 即可（见图 11）。《核算细则》未统一该问题，本核算表格对其做了统一。

7．计算表格中紧邻“上报减排量”设置有“认定减排量”，各督查中心及环保部审核地方上报数据时可采取以下两种方法：一是“另存”法；二是“跟随行”法。具体说明如下：

❶另存法。按以下顺序使用：

——将各地方上报的数据表（文件名编号带上报表）另存（文件名编号带“**督查中心认定表”或“环保部认定表”）；

——打开另存的认定表，将表头“上报减排量”改为“认定减排量”，原认定减排量改为“上报减排量”审核过程中如对地方上报数据的参数进行调整，则按“第四节 6 中❹”（198 页）之说明进行注解；

——审核完成后，从上报表中拷贝“上报减排量”列，粘贴至“认定表”中“上报减排量”列中，进行扣减量分析比较。

❷跟随行法。按以下顺序使用：

——将各地方上报的数据表（文件名编号带上报表）另存（文件名编号带“**督查中心认定表”或“环保部认定表”）；

——打开另存的认定表，将数据表中每一行下新插入一行，逐一对应审核地方上报数据，无疑义的则引用地方数据，有疑义的，核查组对其进行修订，并将该单元格填充为红色，以此类推，进行参数认定；

——参数认定后将自动生成的上报减排量结果拖至认定量对应的单元格内，即在 Excel 表格中上报量和认定量交错排列（图 12），由此可进行上报量与认定量的比对及扣减量分析。

8．实际核查中遇到的未归入《核算细则》的其他类型二氧化硫、COD 工程减排、结构减排产生的新增减排量，增加了计算表和合计项，并与汇总表建立了链接。

序号	地区	企业名称	机组号	装机容量(MW)	机组投运日期	脱硫设施正式运行168小时的日期	脱硫工艺	脱硫公司	2005年环统燃煤平均硫分(%)	2006年环统燃煤平均硫分(%)	2007年环统燃煤平均硫分(%)	2005年环统SO2排放量(万吨)	2006年环统SO2排放量(万吨)	2007年环统SO2排放量(万吨)	核查期发电量(亿kWh)	核查期发电煤耗(克标煤/kWh)	核查期煤耗量(万吨)	核查期煤炭平均硫分(%)	核查期SO2产生量(万吨)	核查期脱硫效率(%)	核查期脱硫设施投运率(%)	核查期综合脱硫效率(%)	上报减排量(万吨)	认定减排量(万吨)	备注
合计																			3.1483				1.4110		
1			1#												11.88	327.00	54.39	0.79	0.6874	90.0	95.0	85.50	0.5878		
			1#												11.88	327.00	54.39	[blacked out]	0.5221	90.0	[blacked out]	82.80		0.4323	
2															18.15	320.00	81.31	0.79	1.0278	90.0	89.0	80.10	0.8233		
															18.15	320.00	81.31	[blacked out]	0.9107	90.0	89.0	80.10		0.7295	

图12

第六节　填表说明举例

一、以COD-表6-工程减排-城镇污水处理厂新增削减量（2-13）为例说明COD表格填写

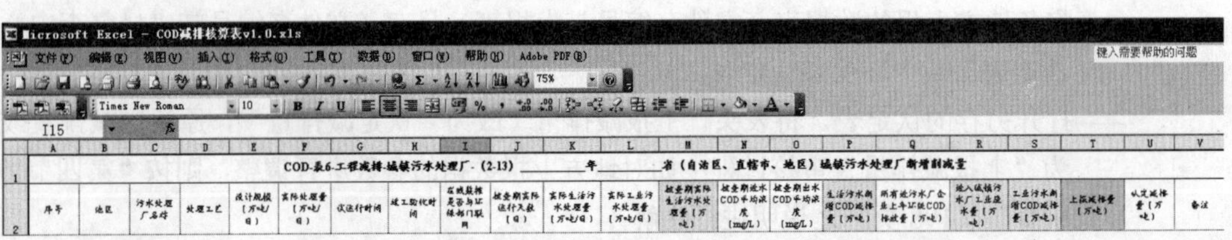

COD-表6-工程减排-城镇污水处理厂-（2-13）______年______省（自治区、直辖市、地区）城镇污水处理厂新增削减量

序号	地区	污水处理厂名称	处理工艺	设计规模（万吨/日）	实际处理量（万吨/日）	试运行时间	竣工验收时间	在线数据是否与环保部门联网	核查期实际运行天数（日）	实际生活污水处理量（万吨/日）	实际工业污水处理量（万吨/日）	核查期实际生活污水处理量（万吨）	核查期进水COD平均浓度（mg/L）	核查期出水COD平均浓度（mg/L）	生活污水新增COD减排量（万吨）	所有进污水厂企业上年环统COD排放量（万吨）	进入城镇污水厂工业废水量（万吨）	工业污水新增COD减排量（万吨）	上报减排量（万吨）	认定减排量（万吨）	备注

图13

1. 【序号】：以省（市、区）为单位，属图2分类的各地减排项目按顺次编写。
2. 【地区】：减排项目所处省（市、区）名称。
3. 【污水处理厂名称】：污水处理厂的准确全称，应与环统上报名称一致。
4. 【处理工艺】：填写污水处理厂主体处理工艺名称，注意不能简单地填写生化物化法。
5. 【核查期实际生活污水处理量】：可用两种方法，一是由核查期实际运行天数与实际生活污水处理量（万吨/日）相乘得到（内置公式）；如果是污水厂实际累计处理量数据，则直接手动输入，原内置公式失效（图14）。

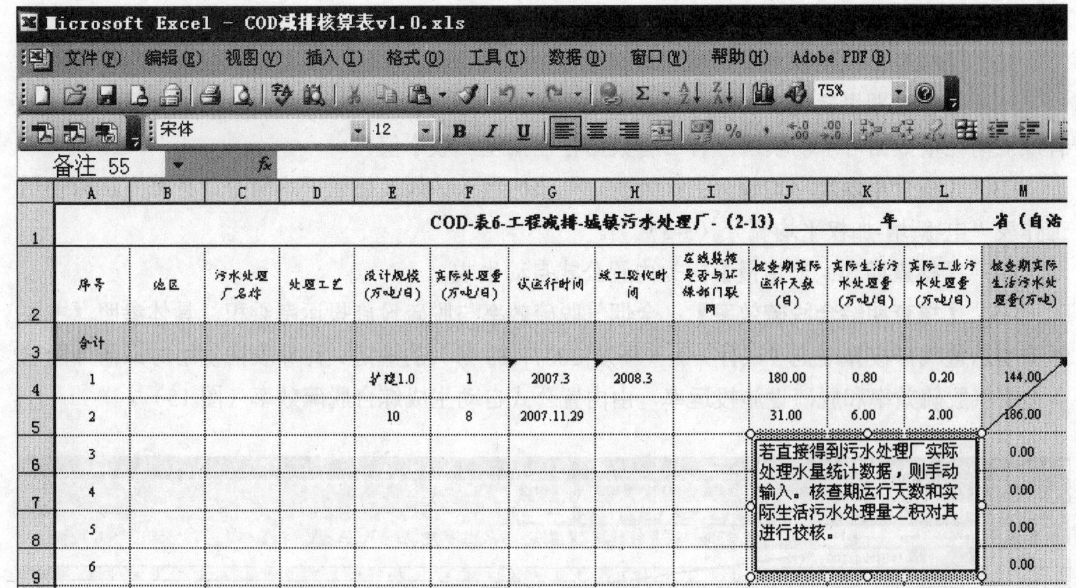

Microsoft Excel - COD减排核算表v1.0.xls

COD-表6-工程减排-城镇污水处理厂-（2-13）______年______省（自治

序号	地区	污水处理厂名称	处理工艺	设计规模（万吨/日）	实际处理量（万吨/日）	试运行时间	竣工验收时间	在线监控是否与环保部门联网	核查期实际运行天数（日）	实际生活污水处理量（万吨/日）	实际工业污水处理量（万吨/日）	核查期实际生活污水处理量（万吨）
合计												
1				扩建1.0	1	2007.3	2008.3		180.00	0.80	0.20	144.00
2				10	8	2007.11.29			31.00	6.00	2.00	186.00
3												0.00
4												0.00
5												0.00
6												0.00

图 14

二、以 SO_2-表 6-工程减排-新投运现役机组脱硫设施新增削减量（3-14a）为例说明 SO_2 表格填写

1. 【序号】：以省（市、区）为单位，属图 4 分类的各地减排项目按顺次编写。

2. 【地区】：减排项目所处省（市、区）名称。

3. 【企业名称】：填写电厂全称，集团+所在地区+厂名。

4. 【机组投运日期】、【脱硫设施通过 168 小时的日期】：格式为□□□□年□□月□□日，如 2008 年 02 月 15 日。

5. 【脱硫工艺】：按通用命名方式，脱硫剂+脱硫终产物+反应环境，如石灰石—石膏湿法、石灰—亚硫酸钙（半）干法；或脱硫剂+终产物，如氨—硫铵法、海水法等。

6. 【环统原煤平均硫分】：填入该机组各年环统原煤平均硫分。如果不在环统，此栏填写“非环统”；如果 2005 年环统中原煤平均硫分未分机组统计，请在该栏中注明。

7. 【SO_2 环统排放量】：填入该机组各年环统 SO_2 排放量。如果不在环统，此栏填写“非环统”；如果 2005 年环统中 SO_2 排放量未分机组统计，请在该栏中注明。

8. 【上报减排量】：该栏及之前栏目由各地区上报项目时填写，由内置公式自动生成，工程及结构结构减排项目上报减排量无需手动输入，管理减排项目减排量可手动输入。

9. 【认定减排量】：由核查组核定调整各基本参数，工程及结构结构减排项目上报减排量无需手动输入，管理减排项目减排量可手动输入。

10. **【核查期发电量】**：参见本《手册》相关词条。

11. **【核查期发电煤耗】**：参见本《手册》相关词条，单位为克标煤/千瓦时。

12. **【核查期煤耗量】**：填入核查期发电量和核查期发电煤耗，由内置公式计算生成；若有煤炭消耗量数据可手动填入；若二者数据存在偏差，取小值。

13. **【核查期煤炭平均硫分】**：为核查期该机组入炉煤炭加权平均硫分，计算方法可使用工作表“电-新增-加权平均硫分（3-5）”。

14. **【核查期 SO_2 产生量】**：为内置公式自动生成。

15. **【核查期综合脱硫效率】**：全烟气脱硫效率与脱硫设施投运率乘积。具体参照《主要污染物总量减排核算细则（试行）》（环发[2007]183 号）的规定。计算表格使用时只需分别输入全烟气脱硫效率和脱硫设施投运率，由内置公式自动生成综合脱硫效率（图 15）。

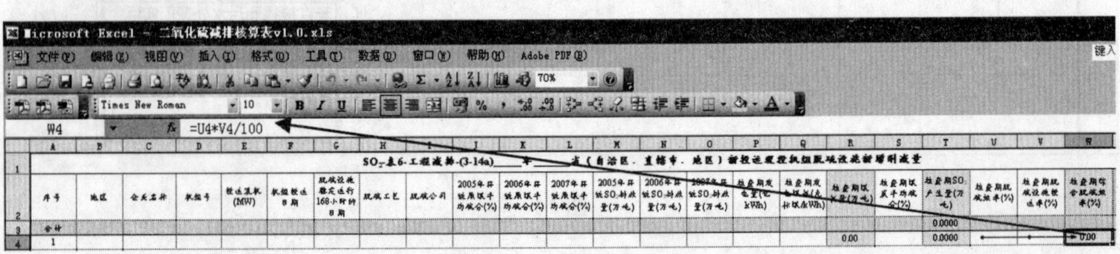

图 15

第十四章　COD减排核算表

第一节　环保部发布表格

表一　城镇污水处理厂总量减排核查核算表

表二　工业企业治理工程总量减排核查核算表

表三　结构调整总量减排核查核算表

表四　2007年已核定减排量的城镇污水处理厂抽查复核表

表一至表四中，省上报减排量、核查组核算减排量、环保部核定减排量、环统COD排放量、环统中主要产品产量、关闭设备或生产线产品产能等原计算单位为吨，本手册按《核算细则》统一为万吨。

表一　城镇污水处理厂

序号	省份	市(地)	污水处理厂名称	所处流域	主体处理工艺	执行排放标准	投运时间（年月）	设计处理能力（万吨/日）	原有/新建	实际处理水量（万吨/日）			实际平均进水COD 浓度（mg/L）			实际平均出水COD 浓度(mg/L)		
										06 年	07 年	08 年	06 年	07 年	08 年	06 年	07 年	08 年
合计																		
1																		
…																		

1. **【序号】**：以省（市、区）为单位，按照各地减排项目顺次编写。
2. **【省份】**：减排项目所处省（市、区）名称。
3. **【市（地）】**：减排项目所处地（市、州、盟）名称。
4. **【污水处理厂名称】**：污水处理厂的准确全称，应与环统上报名称一致。
5. **【所处流域】**：减排项目所处流域范围，流域划分以水利部门水系一级区划为准。
6. **【主体处理工艺】**：填写污水处理厂主体处理工艺名称，注意不能简单地填写生化物化法。
7. **【执行排放标准】**：项目设计所要达到排放标准。
8. **【投运时间】**：是指污水处理厂通过调试期的第二个月起，正常进水稳定运行的日期。
9. **【设计处理能力】**：污水处理厂设计的每天处理水量，单位万吨/日。
10. **【原有/新建】**：上报污水处理厂是本年度新建项目还是原有项目，2008 年 1 月 1 日前建成投运的项目不管是否已认定减排量，均填原有项目。
11. **【实际处理水量（06 年、07 年、08 年）】**：污水处理厂运行后实际处理的污水量，如果是新建项目就只填写 2008 年的数据，如果是原有项目要按照环统填写 2006、2007 年的处理水量数据，单位万吨/日。
12. **【实际平均进水 COD 浓度】**：污水处理厂平均进水 COD 浓度，如果是新建项目就只填写 2008 年的数据，如果是原有项目要按照环统填写 2006、2007 年的数据，单位 mg/L。
13. **【实际平均出水 COD 浓度】**：污水处理厂平均出水 COD 浓度，以在线监测数据为准，但在线监测数据明显不合理或未经有效校核的，以监督性监测数据为准。如果是新建项目就只填写 2008 年的监测数据，如果是原有项目要按照环统填写 2006、2007 年的数据，单位 mg/L。
14. **【设施核查期运行天数】**：污水处理设施核查期内有效运行天数，单位天。

总量减排核查核算表

核查期实际运行天数（天）	核查期总用电量（度）	核查期产泥量（万吨）	核查期新增进入污水处理厂工业废水量（万吨/日）	核查期进入污水处理厂工业废水 COD 平均浓度（mg/L）	是否已经安装在线监控并联网	再生水实际回用量（万吨/日）	省上报减排量（万吨）	是否列入年度减排计划	计算参数及过程	核查组核算减排量（万吨）			核算说明	环保部核定减排量（万吨）	说明
										工业	生活	合计			

15. **【核查期总用电量】**：核查期内污水处理厂的总用电量，单位度。

16. **【核查期产泥量】**：核查期内污水处理厂产泥量，污泥是经过浓缩脱水后含水率在 80%左右的干污泥，单位吨。（本书改为：万吨）

17. **【核查期新增进入污水处理厂工业废水量】**：核查期内污水处理厂进水中包含的纳入到环统的工业废水量，单位万吨/日。

18. **【核查期进入污水处理厂工业废水 COD 平均浓度】**：核查期内进入污水处理厂并纳入到环统中的工业废水平均浓度 ，单位 mg/L。

19. **【是否已经安装在线监控并联网】**：污水处理厂是否已经安装了在线监测设备并与各级环保部门联网。

20. **【再生水实际回用量】**：污水处理厂提供的再生水实际用量，需要明确用途及相关用水证明材料，单位万吨/日。

21. **【省上报减排量】**：各省上报的污水处理厂 COD 减排量，单位吨。（本书改为：万吨）

22. **【是否列入年度减排计划】**：核查组将地方上报减排项目对比各省年度减排计划，填写核算项目是否列入当年减排计划。

23. **【计算参数及过程】**：核查组对减排项目的现场核算公式及计算参数。

24. **【核查组核算减排量】**：核查组现场核查核算得出的工业、生活 COD 减排量，单位吨。（本书改为：万吨）

25. **【核算说明】**：核查组对核算过程及减排项目的情况说明。

26. **【环保部核定减排量】**：此栏不需要填写，由环境保护部统一核定填写。

27. **【说明】**：此栏不需要填写，由环境保护部填写核定情况说明。

28. 此表不分地（市）进行小计。

表二 工业企业治理工程

序号	省份	市(地)	企业名称	所处流域	所属行业	环统废水排放量（万吨）			环统 COD 排放量（万吨）			新上治污设施主体处理工艺	投运时间（年月）	设计处理规模（万吨/日）	核查期实际处理水量（万吨/日）
						05年	06年	07年	05年	06年	07年				
合计															
1															
…															

1. 【序号】：以省（市、区）为单位，按照各地减排项目顺次编写。
2. 【省份】：减排项目所处省（市、区）名称。
3. 【市（地）】：减排项目所处地（市、州、盟）名称。
4. 【企业名称】：工业治理项目的所属企业名称，应与环统上报名称一致。
5. 【所处流域】：减排项目所处流域范围，流域划分以水利部门水系一级区划为准。
6. 【所属行业】：治污企业的所属行业类别，按照国家统计局 39 个大类行业填写。
7. 【环统废水排放量（05 年、06 年、07 年）】：工业企业 2005、2006、2007 三年的环统废水排放量，如果没有数据即填“—”，单位万吨。
8. 【环统 COD 排放量（05 年、06 年、07 年）】：工业企业 2005、2006、2007 三年的环统 COD 排放量，如果没有数据即填“—”，单位吨。（本书改为：万吨）
9. 【新上治污设施主体处理工艺】：填写企业新上深度治污设施主体处理工艺。
10. 【投运时间】：通过调试期并连续稳定运行的第二个月为起始日期。
11. 【设计处理规模】：新上治污设施的设计日处理水量，单位万吨/日。
12. 【核查期实际处理水量】：新上治污设施核查期内实际每天处理的污水量，单位万吨/日。

总量减排核查核算表

平均进水 COD 浓度（mg/L）		平均出水 COD 浓度（mg/L）				核查期实际运行天数（天）	省上报减排量（万吨）	是否列入年度减排计划	计算参数及过程	核查组核算减排量（万吨）	核算说明	环保部核定减排量（万吨）	说明
07 年	08 年	05 年	06 年	07 年	08 年								

13. **【平均进水 COD 浓度】**：新上治污设施的上年和当年平均进水 COD 浓度，单位 mg/L。

14. **【平均出水 COD 浓度】**：新上治污设施的企业 2005—2007 年在环统中的平均出水 COD 浓度和 2008 年设施实际平均出水浓度，单位 mg/L。

15. **【核查期实际运行天数】**：污水处理设施核查期内有效运行天数，单位天。

16. **【省上报减排量】**：各省上报的企业新增 COD 减排量。

17. **【是否列入年度减排计划】**：核查组将地方上报减排项目对比各省年度减排计划，填写核算项目是否列入当年减排计划。

18. **【计算参数及过程】**：核查组对减排项目的现场核算公式及计算参数。

19. **【核查组核算减排量】**：核查组核查核算的 COD 减排量，单位吨。（本书改为：万吨）

20. **【核算说明】**：核查组对核算过程及减排项目的情况说明。

21. **【环保部核定减排量】**：此栏不需要填写，由环境保护部统一核定填写。

22. **【说明】**：此栏不需要填写，由环境保护部填写核定情况说明。

23. 此表不分地（市）进行小计。

表三　结构调整

序号	省份	市（地）	企业名称	所处流域	所属行业	环统废水排放量（万吨）			环统 COD 排放量（万吨）			环统中主要产品产量（万吨）		
						05 年	06 年	07 年	05 年	06 年	07 年	05 年	06 年	07 年
合计														
1														
…														

1. **【序号】**：以省（市、区）为单位，按照各地减排项目顺次编写。
2. **【省份】**：减排项目所处省（市、区）名称。
3. **【市（地）】**：减排项目所处地（市、州、盟）名称。
4. **【企业名称】**：结构调整减排项目的所属企业名称，应与环统上报名称一致。
5. **【所属流域】**：减排项目所处流域范围，流域划分以水利部门水系一级区划为准。
6. **【所属行业】**：治污企业的所属行业类别，按照国家统计局 39 个大类行业填写。
7. **【环统废水排放量（05 年、06 年、07 年）】**：企业 2005、2006、2007 三年的环统废水排放量，如果没有数据即填“—”，单位万吨。
8. **【环统 COD 排放量（05 年、06 年、07 年）】**：企业 2005、2006、2007 三年的环统 COD 排放量，如果没有数据即填“—”，单位吨。（本书改为：万吨）
9. **【环统中主要产品产量】**：企业 2005、2006、2007 三年的环统中主要产品的产量，如果没有数据即填“—”，单位吨。（本书改为：万吨）
10. **【关闭时间】**：企业、生产设备或者生产线的关闭时间，以政府相关文件为准。

总量减排核查核算表

关闭时间（年月）	认定天数(天)	是否全厂关闭	关闭的设备或生产线的名称	关闭设备或生产线产品产能（万吨/年）	关闭文件和证明材料是否齐全	省上报减排量（万吨）	是否列入年度减排计划	核查组核算减排量（万吨）	核算说明	环保部核定减排量（万吨）	说明

11. **【认定天数】**：核查组认定的减排天数，单位天。
12. **【是否全厂关闭】**：减排企业是否是全厂关闭。
13. **【关闭的设备或生产线的名称】**：关闭的关键设备或者生产线的名称。
14. **【关闭设备或生产线产品产能】**：关闭的设备或者生产线的产品产能。
15. **【关闭文件和证明材料是否齐全】**：关闭企业的相关文件或证明材料全否。
16. **【省上报减排量】**：各省上报的关停企业 COD 减排量，单位吨。（本书改为：万吨）
17. **【是否列入年度减排计划】**：核查组将地方上报减排项目对比各省年度减排计划，填写核算项目是否列入当年减排计划。
18. **【核查组核算减排量】**：核查组现场核查核算的 COD 减排量，单位吨。（本书改为：万吨）
19. **【核算说明】**：核查组对核算过程及减排项目的情况说明。
20. **【环保部核定减排量】**：此栏不需要填写，由环境保护部统一核定填写。
21. **【说明】**：此栏不需要填写，由环境保护部填写核定情况说明。
22. 此表不分地（市）进行小计。

表四　2007 年已核定减排量的

序号	省份	市(地)	污水处理厂名称	投运时间（年月）	设计处理能力（万吨/日）	2007 年核定处理水量（万吨/日）	2008 年实际处理水量（万吨/日）	2007 年核定进出水 COD 浓度（mg/L）	
								进水	出水
1									
…									

1. **【序号】**：以省（市、区）为单位，按照各地减排项目顺次编写。
2. **【省份】**：减排项目所处省（市、区）名称。
3. **【市（地）】**：减排项目所处地（市、州、盟）名称。
4. **【污水处理厂名称】**：污水处理厂的准确全称，应与环统上报名称一致。
5. **【投运时间】**：是指污水处理厂通过调试期的第二个月起，正常进水稳定运行的日期。
6. **【设计处理能力】**：污水处理设施的设计日处理水量 ，单位万吨/日。
7. **【2007 年核定处理水量】**：污水处理厂 2007 年核定的实际处理的污水量，按照环统填写，并与环境保护部核定的 2007 年度减排项目清单对照，不一致的在核算说明中注明，单位万吨/日。
8. **【2008 年实际处理水量】**：污水处理厂 2008 年实际处理的污水量，单位万吨/日。

城镇污水处理厂抽查复核表

2008年实际进出水COD浓度(mg/L)		运行天数（天）		核查组计算参数及过程	核查组核算的污染物增加量（万吨）	核算说明	环保部核定的污染物增加量（万吨）	说明
进水	出水	上年	当年					

9. **【2007年核定进出水COD浓度】**：污水处理厂2007年平均进水、出水COD浓度，按照环统中进出水浓度填写，并与环境保护部核定的2007年度减排项目清单对照，不一致的在核算说明中注明，单位mg/L。
10. **【2008年实际进出水COD浓度】**：污水处理厂当年平均进出水COD浓度，单位mg/L。
11. **【运行天数】**：污水处理厂2007年和2008年有效的运行天数，2007年的运行天数按照环统填写，并与环境保护部核定的2007年度减排项目清单对照，不一致的在核算说明中注明，单位天。
12. **【核查组计算参数及过程】**：核查组对减排项目的现场核算公式及计算参数。
13. **【核查组核算的污染物增加量】**：核查组现场核查核算发现问题后计算的COD增加量，单位吨。（本书改为：万吨）
14. **【核算说明】**：核查组对核算过程的情况说明。
15. **【环保部核定的污染物增加量】**：此栏不需要填写，由环境保护部统一核定填写。
16. **【说明】**：此栏不需要填写，由环境保护部填写核定情况说明。

第二节　本手册 COD 核算表

COD-汇总表 1　COD 排放量

COD-汇总表 2　历年 COD 排放量

COD-汇总表 3　新增工业 COD 排放量

COD-汇总表 4　新增生活 COD 排放量

COD-表　1-工程减排-工业企业-（2-8）　工业企业新增削减量

COD-表　2-工程减排-工业企业-（2-9）　工业企业新增削减量

COD-表　3-工程减排-工业企业-（2-10）　工业企业新增削减量

COD-表　4-工程减排-工业企业-（2-11）　工业企业新增削减量

COD-表　5-工程减排-城镇污水处理厂-（2-12）　城镇污水处理厂新增削减量

COD-表　6-工程减排-城镇污水处理厂-（2-13）　城镇污水处理厂新增削减量

COD-表　7-工程减排-城镇污水处理厂-（2-16）　城镇污水处理厂新增削减量

COD-表　8-工程减排-城镇污水处理厂-（2-17）　城镇污水处理厂新增削减量

COD-表　9-工程减排-城镇污水处理厂-（2-18）　城镇污水处理厂新增削减量

COD-表 10-所有企业进水浓度变化对应 COD 削减量（2-19）之最后一项

COD-表 11-工程减排-城镇污水处理厂-（2-19）　城镇污水厂新增削减量

COD-表 12-工程减排-集中污水处理设施-（2-20）集中处理设施新增削减量

COD-表 13-工程减排-集中污水处理设施-（2-21）集中处理设施新增削减量

COD-表 14-结构减排-环统当年关停（2-22）结构减排新增削减量

COD-表 15-结构减排-环统非重点（2-22）　结构减排新增削减量

COD-表 16-管理减排　管理减排新增削减量

COD-汇总表 1　　　年　　　省（自治区、直辖市、地区）COD 排放量

<table>
<tr><th colspan="4">类　别</th><th>单位</th><th>项目数</th><th>上报量</th><th>认定量</th><th>扣减率</th></tr>
<tr><td rowspan="3">新增排放量（E_1）</td><td colspan="3">新增工业 COD 排放量</td><td>万吨</td><td></td><td></td><td></td><td></td></tr>
<tr><td colspan="3">新增生活 COD 放量</td><td>万吨</td><td></td><td></td><td></td><td></td></tr>
<tr><td colspan="3">合计</td><td>万吨</td><td></td><td></td><td></td><td></td></tr>
<tr><td rowspan="18">新增 COD 削减量(R)</td><td rowspan="13">新增工程削减量（$R_{工程}$）</td><td rowspan="4">工业企业治理工程新增削减量（$R_{企业}$）</td><td>废水排放量没有明显变化的企业，经过深度治理</td><td>万吨</td><td></td><td></td><td></td><td></td></tr>
<tr><td>生产能力提高等导致废水排放量明显增加的工业企业，废水经过深度治理</td><td>万吨</td><td></td><td></td><td></td><td></td></tr>
<tr><td>生产能力减少等导致废水排放量明显减少的工业企业，废水经过深度治理</td><td>万吨</td><td></td><td></td><td></td><td></td></tr>
<tr><td>经过深度治理，工业企业因用水效率提高，生产能力不变甚至提高，而废水排放量明显减少</td><td>万吨</td><td></td><td></td><td></td><td></td></tr>
<tr><td rowspan="8">城镇污水处理厂新增削减量（$R_{污水厂}$）</td><td>新建污水处理设施生活污水量达到或超过总处理水量 90%</td><td>万吨</td><td></td><td></td><td></td><td></td></tr>
<tr><td>新建污水处理设施生活污水量小于总处理水量 90%</td><td>万吨</td><td></td><td></td><td></td><td></td></tr>
<tr><td>原有污水处理厂新建设施提高处理水量，进、出水浓度无明显变化</td><td>万吨</td><td></td><td></td><td></td><td></td></tr>
<tr><td>原有污水处理厂新建深度治理设施后降低了出口浓度，处理水量变化量小于 10%</td><td>万吨</td><td></td><td></td><td></td><td></td></tr>
<tr><td>原有污水处理厂新建再生水回用工程</td><td>万吨</td><td></td><td></td><td></td><td></td></tr>
<tr><td>原有污水处理设施处理水量和进出水浓度都发生变化，且处理的污水由工业废水与生活污水共同构成</td><td>万吨</td><td></td><td></td><td></td><td></td></tr>
<tr><td>新建工业排入新建污水集中处理设施</td><td>万吨</td><td></td><td></td><td></td><td></td></tr>
<tr><td>原有企业排入新建污水集中处理设施</td><td>万吨</td><td></td><td></td><td></td><td></td></tr>
<tr><td colspan="2">合计（$R_{工程}=R_{企业}+R_{污水厂}$）</td><td>万吨</td><td></td><td></td><td></td><td></td></tr>
<tr><td rowspan="3">结构减排新增削减量（$R_{结构}$）</td><td colspan="2">在环统中且为当年关停的企业</td><td>万吨</td><td></td><td></td><td></td><td></td></tr>
<tr><td colspan="2">环境统计非重点调查企业</td><td>万吨</td><td></td><td></td><td></td><td></td></tr>
<tr><td></td><td>合计</td><td>万吨</td><td></td><td></td><td></td><td></td></tr>
<tr><td colspan="3">加强监管新增削减量（$R_{管理}$）</td><td>万吨</td><td></td><td></td><td></td><td></td></tr>
<tr><td colspan="3">合计</td><td>万吨</td><td></td><td></td><td></td><td></td></tr>
<tr><td colspan="4">上年（半年）COD 排放量（E_0）</td><td>万吨</td><td></td><td></td><td></td><td></td></tr>
<tr><td colspan="4">COD 排放量（$E=E_0+E_1-R$）</td><td>万吨</td><td></td><td></td><td></td><td></td></tr>
<tr><td colspan="9">注：此表中数据均为链接结果，无需手动输入。</td></tr>
</table>

COD-汇总表 2　　　　年　　　　省（自治区、直辖市、地区）历年 COD 排放量

年份	COD 排放量（万吨）			相对上一年削减率（%）
	工业	生活	总排放量	
2005 年				
2006 年				
2007 年				
2008 年				
2009 年				
2010 年				
2011 年				
2012 年				
2013 年				
2014 年				
2015 年				

COD-汇总表3　　年　　省（自治区、直辖市、地区）新增工业COD排放量

<table>
<tr><td rowspan="2">排放强度（I_{2005}）</td><td colspan="2">2005年GDP</td><td>亿元</td><td></td></tr>
<tr><td colspan="2">2005年工业COD排放量</td><td>万吨</td><td></td></tr>
<tr><td colspan="3">2005年COD排放强度</td><td>万吨/亿元</td><td></td></tr>
<tr><td colspan="3">上年（半年）GDP（GDP_上）</td><td>亿元</td><td></td></tr>
<tr><td rowspan="21">扣除低COD排放行业贡献率和监测与监察系数后的GDP增长率（r）</td><td rowspan="16">当年低COD排放行业工业增加值增量</td><td>上年同期电力业（火力发电）工业增加值</td><td>亿元</td><td></td></tr>
<tr><td>上年同期黑色金属冶炼业（钢铁）工业增加值</td><td>亿元</td><td></td></tr>
<tr><td>上年同期非金属矿物制品业（建材）工业增加值</td><td>亿元</td><td></td></tr>
<tr><td>上年同期有色金属冶炼业工业增加值</td><td>亿元</td><td></td></tr>
<tr><td>上年同期电器机械及器材制造业工业增加值</td><td>亿元</td><td></td></tr>
<tr><td>上年同期仪器仪表及文化办公用品、机械制造业工业增加值</td><td>亿元</td><td></td></tr>
<tr><td>上年同期通讯计算机及其他电子设备制造业工业增加值</td><td>亿元</td><td></td></tr>
<tr><td>上年同期低COD排放行业工业增加值</td><td>亿元</td><td></td></tr>
<tr><td>当年电力业（火力发电）工业增加值</td><td>亿元</td><td></td></tr>
<tr><td>当年黑色金属冶炼业（钢铁）工业增加值</td><td>亿元</td><td></td></tr>
<tr><td>当年非金属矿物制品业（建材）工业增加值</td><td>亿元</td><td></td></tr>
<tr><td>当年有色金属冶炼业工业增加值</td><td>亿元</td><td></td></tr>
<tr><td>当年电器机械及器材制造业工业增加值</td><td>亿元</td><td></td></tr>
<tr><td>当年仪器仪表及文化办公用品、机械制造业工业增加值</td><td>亿元</td><td></td></tr>
<tr><td>当年通讯计算机及其他电子设备制造业工业增加值</td><td>亿元</td><td></td></tr>
<tr><td>当年低COD排放行业工业增加值</td><td>亿元</td><td></td></tr>
<tr><td colspan="2">当年低COD排放行业工业增加值增量</td><td>亿元</td><td></td></tr>
<tr><td colspan="2">当年GDP增量</td><td>亿元</td><td></td></tr>
<tr><td rowspan="2">计算用GDP增长率</td><td>当年GDP增长率</td><td>%</td><td></td></tr>
<tr><td>监测与监察系数</td><td>%</td><td></td></tr>
<tr><td colspan="2">计算用GDP增长率</td><td>%</td><td></td></tr>
<tr><td colspan="3">扣除低COD排放行业贡献率和监测与监察系数后的GDP增长率</td><td>%</td><td></td></tr>
<tr><td colspan="3">新增工业COD排放量=I_{2005}×GDP_上×r</td><td>万吨</td><td></td></tr>
</table>

COD-汇总表4　　年　　省（自治区、直辖市、地区）新增生活COD排放量

<table>
<tr><td rowspan="3">新增常住人口数（P_N）</td><td>上年同期城镇常住人口数</td><td>万人</td><td></td></tr>
<tr><td>城镇人口增长率</td><td>%</td><td></td></tr>
<tr><td>新增城镇常住人口数</td><td>万人</td><td></td></tr>
<tr><td colspan="2">各地人均COD产生系数（e）</td><td>克/（人·日）</td><td></td></tr>
<tr><td colspan="2">计算天数（d）</td><td>日</td><td></td></tr>
<tr><td colspan="2">新增生活COD排放量（$E_{生活}$）$=P_N\times e\times d\times 10^{-6}$</td><td>万吨</td><td></td></tr>
</table>

COD-表 1-工程减排-工业企业-（2-8）　　年　　省（自治区、直辖市、地区）

序号	地区	企业名称	所属行业	主要产品	生产工艺	主要产品产量	2005 年环统 COD 排放量 (万吨)	2006 年环统 COD 排放量 (万吨)	2007 年环统 COD 排放量 (万吨)	污水深度处理工艺	设计规模（万吨/日）	日均处理水量（万吨/日）	深度治理运行时间	在线监控是否与环保部门联网
合计														
1														

COD-表 2-工程减排-工业企业-（2-9）　　年　　省（自治区、直辖市、地区）

序号	地区	企业名称	所属行业	主要产品	生产工艺	主要产品产量	2005 年环统 COD 排放量 (万吨)	2006 年环统 COD 排放量 (万吨)	2007 年环统 COD 排放量 (万吨)	污水深度处理工艺	设计规模（万吨/日）	日均处理水量（万吨/日）
合计												
1												

COD-表 3-工程减排-工业企业-（2-10）　　年　　省（自治区、直辖市、地区）

序号	地区	企业名称	所属行业	主要产品	生产工艺	主要产品产量	2005 年环统 COD 排放量 (万吨)	2006 年环统 COD 排放量 (万吨)	2007 年环统 COD 排放量 (万吨)	污水深度处理工艺	设计规模（万吨/日）	日均处理水量（万吨/日）	深度治理运行时间	在线监控是否与环保部门联网
合计														
1														

COD-表 4-工程减排-工业企业-（2-11）　　年　　省（自治区、直辖市、地区）

序号	地区	企业名称	所属行业	主要产品	生产工艺	主要产品产量	2005 年环统 COD 排放量(万吨)	2006 年环统 COD 排放量(万吨)	2007 年环统 COD 排放量 (万吨)	污水深度处理工艺	设计规模(万吨/日)
合计											
1											

工业企业新增削减量

上年同期污水厂运行天数(日)	上年同期污水处理量(万吨)	上年同期处理设施运行月数(月)	核查期月数(月)	当年进水COD平均浓度$C_{i当年}$(mg/L)	当年出水COD平均浓度$C_{o当年}$(mg/L)	上年同期进水COD平均浓度$C_{i上年}$(mg/L)	上年同期出水COD平均浓度$C_{o上年}$(mg/L)	上报减排量(万吨)	认定减排量(万吨)	备注

工业企业新增削减量

深度治理运行时间	在线监控是否与环保部门联网	当年实际运行天数(日)	当年污水处理量(万吨)	上年同期处理设施运行月数(月)	核查期处理设施运行月数(月)	核查期月数(月)	上年同期出水COD平均浓度$C_{o上年}$(mg/L)	当年出水COD平均浓度$C_{o当年}$(mg/L)	上报减排量（万吨）	认定减排量(万吨)	备注

工业企业新增削减量

当年运行天数(日)	当年污水处理量(万吨)	上年同期处理设施运行月数(月)	核查期处理设施运行月数(月)	核查期月数（月）	当年进水COD平均浓度$C_{i当年}$（mg/L）	当年出水COD平均浓度$C_{o当年}$（mg/L）	上年同期进水COD平均浓度$C_{i上年}$（mg/L）	上年同期出水COD平均浓度$C_{o上年}$(mg/L)	上报减排量（万吨）	认定减排量(万吨)	备注

工业企业新增削减量

日均处理水量(万吨/日)	深度治理运行时间	在线监控是否与环保部门联网	当年运行天数(日)	当年同期污水处理量(万吨)	上年同期环统排放量(万吨)	当年出水COD平均浓度（mg/L）	上报减排量（万吨）	认定减排量(万吨)	备注

COD-表 5-工程减排-城镇污水处理厂-（2-12）　　年　　省（自治区、直辖市、地区）

序号	地区	污水处理厂名称	处理工艺	设计规模（万吨/日）	实际处理量（万吨/日）	投运时间	竣工验收时间	在线监控是否与环保部门联网
合计								
1								

COD-表 6-工程减排-城镇污水处理厂-（2-13）　　年　　省（自治区、直辖市、地区）

序号	地区	污水处理厂名称	处理工艺	设计规模(万吨/日)	实际处理量(万吨/日)	试运行时间	竣工验收时间	在线监控是否与环保部门联网	核查期实际运行天数(日)	实际生活污水处理量(万吨/日)	实际工业污水处理量(万吨/日)
合计											
1											
2											

COD-表 7-工程减排-城镇污水处理厂-（2-16）　　年　　省（自治区、直辖市、地区）

序号	地区	污水处理厂名称	处理工艺	设计规模（万吨/日）	水量增加前实际处理量（万吨/日）	在线监控是否与环保部门联网	水量增加后实际处理量（万吨/日）	新增日污水处理量（万吨/日）
合计								
1								
2								

城镇污水处理厂新增削减量

核查期实际运行天数(日)	核查期实际处理水量(万吨)	核查期进水COD平均浓度（mg/L）	核查期出水COD平均浓度（mg/L）	上报减排量(万吨)	认定减排量(万吨)	备注

城镇污水处理厂新增削减量

核查期实际生活污水处理量(万吨)	核查期进水COD平均浓度（mg/L）	核查期出水COD平均浓度（mg/L）	生活污水新增COD减排量(万吨)	所有进污水厂企业上年环统COD排放量(万吨)	进入城镇污水厂工业废水量(万吨)	工业污水新增COD减排量(万吨)	上报减排量(万吨)	认定减排量(万吨)	备注

城镇污水处理厂新增削减量

水量稳定增加起始日期	核查期实际运行天数(日)	核查期新增污水处理量(万吨)	核查期进水COD平均浓度（mg/L）	核查期出水COD平均浓度（mg/L）	上报减排量(万吨)	认定减排量(万吨)	备注

COD-表 8-工程减排-城镇污水处理厂-（2-17）　　年　　省（自治区、直辖市、地区）

序号	地区	污水处理厂名称	处理工艺	设计规模(万吨/日)	新建深度治理设施(工艺)名称	实际日处理污水量(万吨/日)	深度治理设施投运时间	在线监控是否与环保部门联网	核查期实际运行天数(日)
合计									
1									
2									

COD-表 9-工程减排-城镇污水处理厂-（2-18）　　年　　省（自治区、直辖市、地区）

序号	地区	污水处理厂名称	处理工艺	设计规模(万吨/日)	实际处理量(万吨/日)	新建再生水回用工程投运时间	在线监控是否与环保部门联网	再生水回用工程投运天数(日)
合计								
1								
2								

COD-表 10-所有企业进水浓度变化对应 COD 削减量（2-19）之最后一项

序号	企业名称	企业进入污水处理厂水量（万吨）	上年环统废水 COD 排放浓度(入网浓度)(mg/L)	当年进污水厂 COD 浓度(mg/L)	进水浓度变化对应量(万吨)
合计					
1					
2					

城镇污水处理厂新增削减量

核查期实际处理水量(万吨)	深度治理前进水COD平均浓度(mg/L)	深度治理前出水COD平均浓度(mg/L)	深度治理后进水COD平均浓度(mg/L)	深度治理后出水COD平均浓度(mg/L)	上报减排量(万吨)	认定减排量(万吨)	备注

城镇污水处理厂新增削减量

上年再生水回用量(万吨)	核查期再生水回用量(万吨)	较上年新增再生水回用量(万吨)	核查期出水COD平均浓度(mg/L)	上报减排量(万吨)	认定减排量(万吨)	备注

COD-表 11-工程减排-城镇污水处理厂-（2-19）　　年　　省（自治区、直辖市、地区）

序号	地区	污水处理厂名称	处理工艺	设计规模(万吨/日)	实际处理量(万吨/日)	试运行时间	竣工验收时间	在线监控是否与环保部门联网	上年同期污水日处理量 $Q_{上年}$ (万吨/日)	上年同期污水厂实际运行天数 $D_{上年}$ (日)	上年同期污水厂进水平均浓度 $C_{i上年}$ (mg/L)	上年同期污水厂出水平均浓度 $C_{o上年}$ (mg/L)
合计												
1												
2												

COD-表 12-工程减排-集中污水处理设施-（2-20）　　年　　省（自治区、直辖市、地区）

序号	地区	新建污水集中处理设施名称	处理工艺	设计规模(万吨/日)	试运行时间	竣工验收时间	在线监控是否与环保部门联网	日污水处理量(万吨/日)
合计								
1								
2								

COD-表 13-工程减排-集中污水处理设施-（2-21）　　年　　省（自治区、直辖市、地区）

序号	地区	新建污水集中处理设施名称	处理工艺	设计规模(万吨/日)	试运行时间	竣工验收时间	在线监控是否与环保部门联网	单个企业进污水设施水量(万吨/日)	实际运行天数(日)
合计									
1									
2									
3									
4									

城镇污水处理厂新增削减量

所有工业企业进入污水处理厂进水浓度变化对应COD削减量(万吨)	当年污水日处理量 $Q_{当年}$ (万吨/日)	当年非环统重点企业新增污水量 $Q'_{当年}$ (万吨/日)	当年污水厂实际运行天数 $D_{当年}$(日)	当年污水厂进水平均浓度 $C_{i当年}$ (mg/L)	当年污水厂出水平均浓度 $C_{0当年}$ (mg/L)	上报减排量(万吨)	认定减排量(万吨)	备注

集中处理设施新增削减量

核查期实际运行天数(日)	核查期实际处理水量(万吨)	核查期工业平均COD排放浓度(mg/L)	污水处理厂出水COD浓度(mg/L)	上报减排量(万吨)	认定减排量(万吨)	备注

集中处理设施新增削减量

实际入集中处理设施水量(万吨)	该企业上年环统废水COD排放浓度(mg/L)	污水处理设施出水COD浓度(mg/L)	上报减排量(万吨)	认定减排量(万吨)	备注

COD-表 14-结构减排-环统当年关停（2-22）　　年　　　省（自治区、直辖市、地区）

序号	地区	工业企业名称	所属行业	关闭淘汰设施、生产线名称	全厂产量	关停部分主要产品	关停部分产品产量	关停时间	相关文件或证明材料	2005 年环统 COD 排放量（万吨）
合计										
1										

COD-表 15-结构减排-环统非重点（2-22）　　年　　　省（自治区、直辖市、地区）

序号	地区	工业企业名称	所属行业	关闭淘汰设施、生产线名称	全厂产量	关停部分主要产品	关停部分产品产量	关停时间	相关文件或证明材料
合计									
1									

结构减排新增削减量

2006 年环统 COD 排放量（万吨）	2007 年环统 COD 排放量（万吨）	上年环统 COD 排放量（万吨）	上一核查期减排量 (万吨)	核查期关停的月份 (月)	上报减排量（万吨）	认定减排量（万吨）	备注

结构减排新增削减量

上一核查期减排量(万吨)	核查期关停的月份(月)	上报减排量（万吨）	本地区上年非重点污染源排放量(万吨)	当期减排量限值(万吨)	认定减排量（万吨）	备注

COD-表 16-管理减排　　年　　省（自治区、直辖市、地区）管理减排新增削减量

序号	地区	企业名称	管理减排措施	审核认定时间	上报减排量（万吨）	认定减排量（万吨）
合计						
1						

第十五章　二氧化硫减排核算表

第一节　环保部发布表格

表一　电力行业工程减排核查核算表
表二　非电行业工程减排核查核算表
表三　电力行业结构调整减排核查核算表
表四　非电行业结构调整减排核查核算表

表一至表四中，环统 SO_2 排放量、煤炭或主要含硫原料消耗量、脱硫剂核查期消耗量、脱硫副产物核查期产生量、省上报 SO_2 减排量、核查组核算减排量、环保部核定减排量、主要产品产量等原计算单位为**吨**，本手册按《核算细则》统一为**万吨**。

表一　电力行业工程减排

序号	省份	市（地）	电厂名称	法人代码	经度	纬度	机组编号	机组容量	机组投运日期	脱硫装置通过168小时日期	脱硫工艺	脱硫公司	烟气在线监测装置			核查期机组运行时间	核查期脱硫运行时间	综合脱硫效率（%）
								MW	年/月/日	年/月/日			是否安装	是否联网	安装位置是否在旁路烟气与净烟气汇合后	小时	小时	
合计																		
1																		
2																		
3																		
4																		
5																		
6																		
7																		
8																		
9																		
10																		
11																		
12																		
13																		
14																		
15																		
16																		
17																		
18																		
19																		
20																		
21																		
22																		
23																		
24																		
25																		
26																		
27																		
28																		

1. **【电厂名称】**：填写电厂全称，集团+所在地区+厂名。
2. **【法人代码】**：格式为□□□□□□□□-□（附营□□）。
3. **【经度、纬度】**：采用排放口的GPS定位数据，格式为□□□.□□□□度，保留小数点后4位，如36º47′34″，则换算为36＋47/60＋34/3600=36.7929填写。如无法定位请填写该企业所在行政区划的经纬度。
4. **【机组投运日期、脱硫装置通过168小时日期】**：格式为□□□□年□□月□□日，如2008年01月18日。
5. **【脱硫工艺】**：按通用命名方式，脱硫剂+脱硫终产物+反应环境，如石灰石—石膏湿法；或脱硫剂+终产物，如氨—硫铵法、海水法等。
6. **【烟气在线监测装置】**：填写“是”或“否”。

核查核算表

发电量（万千瓦时）			煤炭消耗量（万吨）			发电煤耗（克标煤/千瓦时）		燃煤平均硫分（%）		脱硫剂名称及核查期消耗量		脱硫副产物名称及核查期产生量		环统 SO_2 排放量（万吨）			是否列入减排计划	省上报 SO_2 减排量（万吨）	核查组核算减排量（万吨）	核算说明	环保部核定减排量（万吨）	说明
上年同期	核查期	核查期脱硫设施投运后	上年同期	核查期	核查期脱硫设施投运后	上年同期	核查期	上年同期	核查期	名称	消耗量（万吨）	名称	产生量（万吨）	2005年	2006年	2007年						

7. 【**综合脱硫效率**】：全烟气脱硫效率与脱硫设施投运率乘积。具体参照《主要污染物总量减排核算细则（试行）》（环发[2007]183 号）的规定。

8. 【**环统 SO_2 排放量**】：填入该机组各年环统 SO_2 排放量。如果不在环统，此栏填写“非环统”；如果 2005 年环统中 SO_2 排放量未分机组统计，请在该栏中注明。

9. 【**是否列入减排计划**】：该项目如已列入本省减排计划并已报环境保护部备案，填写“是”，否则填写“否”。

10. 【**省上报 SO_2 减排量**】：该栏及之前栏目由各省上报项目时填写。

11. 【**核查组核算减排量**】：由核查组填写。

12. 【**核算说明**】：由核查组填写，对该项目“核查组核算减排量”结果的说明，包括相关参数及计算过程。

13. 【**环保部核定减排量**】、【**说明**】：由环境保护部最终审核时填写。

表二　非电行业工程减排

序号	省份	市（地）	企业名称	法人代码	经度	纬度	减排项目名称	所属行业	主要产品、生产工艺和规模	减排工程投运日期	减排工程具体工艺技术描述	减排工程工艺是否自控	烟气在线监测装置		煤炭或主要含硫原料消耗量（万吨）		
										年/月			是否安装	是否联网	上年同期	核查期	核查期脱硫设施投运后
合计																	
1																	
2																	
3																	
4																	
5																	
6																	
7																	
8																	
9																	
10																	
11																	
12																	
13																	
14																	
15																	
16																	
17																	
18																	
19																	
20																	
21																	
22																	
23																	
24																	
25																	
26																	
27																	
28																	
29																	
30																	
31																	
32																	
33																	
34																	
35																	
36																	
37																	
38																	
39																	
40																	

1. **【减排项目名称】**：填写该企业具体减排工程项目名称，如：焦炉煤气脱硫脱氰工程。
2. **【减排工程具体工艺技术描述】**：填写该减排项目的具体工艺技术，如单乙醇胺法脱硫。

核查核算表

燃煤或主要含硫原料平均硫分（%）		脱硫剂名称及核查期消耗量		脱硫副产物名称及核查期产生量		综合脱硫效率(%)	环统SO_2排放量（万吨）			是否列入减排计划	省上报SO_2减排量	核查组核算减排量	核算说明	环保部核定减排量	说明
上年同期	核查期	名称	消耗量（万吨）	名称	产生量（万吨）		2005年	2006年	2007年		（万吨）	（万吨）		（万吨）	

3. **【减排工程工艺是否自控】**：如果该脱硫工艺全程由中央集控设备自动控制，填写“是”，否则填写“否”，如脱硫装置由人工现场加料等情况。

表三　电力行业结构调整减排

序号	省份	市（地）	关停电厂名称	法人代码	经度	纬度	关停机组编号	装机容量	机组投运日期	有无脱硫设施	脱硫设施投运日期	关停日期	关停淘汰证明材料	是否在发改委关停名录	发电量（万千瓦时）	
								MW	年/月	有/无	年/月	年/月			上年同期	核查期
合计																
1																
2																
3																
4																
5																
6																
7																
8																
9																
10																
11																
12																

1. 〖有无脱硫设施〗：如果该关停机组有脱硫设施，填写“有”；如果该关停机组没有脱硫设施，填写“无”。
2. 〖脱硫设施投运日期〗：如果该关停机组有脱硫设施，填写具体投运日期，格式为□□□□年□□月，如2006年4月；如果该关停机组没有脱硫设施，此栏不填。

核查核算表

煤炭消耗量（万吨）		发电煤耗（克标煤/千瓦时）		燃煤平均硫分（%）		环统 SO_2 排放量（万吨）			是否列入减排计划	省上报 SO_2 减排量（万吨）	核查组核算减排量（万吨）	核算说明	环保部核定减排量（万吨）	说明
上年同期	核查期	上年同期	核查期	上年同期	核查期	2005 年	2006 年	2007 年						

3. 【关停淘汰证明材料】：列出企业被关停淘汰的相关证明资料，如：政府取缔关停的文件（文号），工商部门出具的营业执照吊销证明，供电部门出具的断电证明，环保部门现场检查取缔关停的纪录、照片等。
4. 【是否在发改委关停名录】：以国家发改委公布的关停小火电机组名单为准，如果在其中，填“是”，否则填“否”。

表四 非电行业结构调整

序号	省份	市（地）	企业名称	法人代码	经度	纬度	所属行业	关闭设施情况		关停日期	关停淘汰证明材料	主要产品及产量（万吨）		
								名称	规模	年/月		名称	上年同期	核查期
合计														
1														
2														
3														
4														
5														
6														
7														
8														
9														
10														
11														
12														
13														
14														
15														
16														

相关条目解释同前。

减排核查核算表

煤炭或主要含硫原料消耗量（万吨）		燃煤或主要含硫原料平均硫分（%）		环统 SO_2 排放量（万吨）			是否列入减排计划	省上报 SO_2 减排量（万吨）	核查组核算减排量（万吨）	核算说明	环保部核定减排量（万吨）	说明
上年同期	核查期	上年同期	核查期	2005 年	2006 年	2007 年						

第二节 本手册二氧化硫核算表

SO_2-汇总表 1 二氧化硫排放量
SO_2-汇总表 2 历年二氧化硫排放量

SO_2-表 1-火电供热新增量-(3-3)(3-4) 新增火电二氧化硫排放量
SO_2-表 2-加权平均硫分-(3-5) 燃煤加权平均硫分
SO_2-表 3-($R_{脱硫}$) 当年新投产和上年投运接转燃煤机组配套脱硫设施新增 SO_2 削减量
SO_2-表 4-非电新增-(3-6)(3-7)(3-8) 新增非电二氧化硫排放量
SO_2-表 5-脱硫设施不正常新增-(3-10) 脱硫设施不正常运行新增排放量
SO_2-表 6-工程减排-(3-14a) 新投运现役机组脱硫设施新增削减量
SO_2-表 7-工程减排-(3-14b) 新投运热电联供现役机组脱硫设施新增削减量
SO_2-表 8-工程减排-(3-15a) 火电机组上年接转新增削减量
SO_2-表 9-工程减排-(3-15b) 热电联供机组上年接转新增削减量
SO_2-表 10-工程减排-(3-16) 发电量增加新增削减量
SO_2-表 11-工程减排-(3-17) 脱硫设施改造新增削减量
SO_2-表 12-工程减排-(3-18) 燃气替代煤炭新增削减量
SO_2-表 13-工程减排-(3-20a) 烧结机烟气脱硫新增削减量
SO_2-表 14 工程减排-(3-20b) 球团炉烧结机烟气脱硫新增削减量
SO_2-表 15 工程减排-(3-20c) 机械铸造烧结机烟气脱硫新增削减量
SO_2-表 16 工程减排-(3-21) 工业燃煤锅炉烟气脱硫新增削减量
SO_2-表 17 工程减排-(3-22) 有色金属冶炼烟气脱硫新增削减量
SO_2-表 18 工程减排-(3-24) 新投运焦炉煤气脱硫新增削减量
SO_2-表 19 工程减排-(3-25) 接转焦炉煤气脱硫新增削减量
SO_2-表 20-工程减排-(3-27) 非电煤改气新增削减量
SO_2-表 21-工程减排-(3-28) 石化企业产品脱硫及硫黄回收工程新增削减量
SO_2-表 22-工程减排 其他工程减排新增削减量
SO_2-表 23-结构减排-小火电-(3-30) 接转关停小火电新增削减量
SO_2-表 24-结构减排-小火电-(3-31) 当年关停小火电新增削减量
SO_2-表 25-结构减排-小火电-(3-32) 当年关停小火电新增削减量
SO_2-表 26-结构减排-发电量交易-(3-33) 发电量交易新增削减量
SO_2-表 27-结构减排-小钢铁-(3-34a) 关停小钢铁新增削减
SO_2-表 28-结构减排-小钢铁-(3-34b) 当年关停小钢铁新增削减量

SO_2-表 29-结构减排-涉水同步-(3-35)　　关停涉水企业同步拆毁燃煤设施新增削减量

SO_2-表 30-结构减排-其他-(3-34c)　　其他结构减排新增削减量

SO_2-表 31-结构减排-非环统　　未纳入环统非重点企业结构减排新增削减量

SO_2-表 32-管理减排-循环流化床-(3-36)循环流化床锅炉内脱硫实施在线监测确认的新增削减量

SO_2-表 33-管理减排　　脱硫设施提高运行效率新增削减量

SO_2-表 34-管理减排-清洁生产　　清洁生产新增减排量

SO_2-表 35-分机组 SO_2 排放量校核-无脱硫-(3-37)(3-38)

SO_2-表 36-分机组 SO_2 排放量校核-脱硫上年投运-(3-39)

SO_2-表 37-分机组 SO_2 排放量校核-脱硫当年投运-(3-40)

SO_2-表 38-分机组 SO_2 排放量校核-机组＆脱硫当年-脱硫滞后-(3-41)

SO_2-表 39-分机组 SO_2 排放量校核-机组＆脱硫当年同步投运-(3-42)

SO_2-表 40-分机组 SO_2 排放量校核-当年关闭小火电-纯发电-(3-37)

SO_2-表 41-分机组 SO_2 排放量校核-当年关闭小火电-保留供热-(3-38)

SO_2-汇总表1　　年　　省（自治区、直辖市、地区）二氧化硫排放量

类别			单位	项目数	上报量	认定量	扣减率
上年（半年）二氧化硫排放量（E_0）			万吨				
新增排放量（E_1）	新增火电排放量（$E_{电}$）		万吨				
	新增非电排放量（$E_{非电}$）		万吨				
	非正常排放量（$E_{非正常}$）		万吨				
	新增排放量合计（$E_1=E_{电}+E_{非电}+E_{非正常}$）		万吨				
新增削减量（R）	新增工程削减量（$R_{工程}$）	新投运现役发电机组	万吨				
		新投运现役热电联供机组	万吨				
		新投运现役发电机组上年接转	万吨				
		新投运现役热电联供机组上年接转	万吨				
		发电量新增	万吨				
		脱硫设施改造新增削减量	万吨				
		燃气替代新增削减量	万吨				
		烧结机烟气脱硫	万吨				
		球团炉烟气脱硫	万吨				
		机械铸造烟气脱硫	万吨				
		工业燃煤锅炉烟气脱硫	万吨				
		有色金属冶炼烟气脱硫	万吨				
		炼焦炉煤气脱硫	万吨				
		非电煤改气	万吨				
		石化企业脱硫及硫黄回收	万吨				
		其他工程减排	万吨				
		合计	万吨				
	结构减排新增削减量（$R_{结构}$）	关停小火电	万吨				
		发电量交易	万吨				
		关停小钢铁	万吨				
		关停涉水行业同步拆毁燃煤设施	万吨				
		淘汰落后产能	万吨				
		未纳入环统非重点企业	万吨				
		合计	万吨				
	加强监管新增削减量（$R_{管理}$）		万吨				
	新增削减量合计（$R=R_{工程}+R_{结构}+R_{管理}$）		万吨				
二氧化硫排放量（$E=E_0+E_1-R$）			万吨				

注：此表中数据均为链接结果，无需手动输入。

SO$_2$-汇总表 2　　　年　　省（自治区、直辖市、地区）历年二氧化硫排放量

年份	SO$_2$ 排放量（万吨）			相对上一年削减率（%）
	电力	非电	总排放量	
2005 年				
2006 年				
2007 年				
2008 年				
2009 年				
2010 年				
2011 年				
2012 年				
2013 年				
2014 年				
2015 年				

SO_2-表 1-火电供热新增量-（3-3）（3-4） 年 省（自治区、直辖市、地区）新增火电二氧化硫排放量

项目							单位	第一选择	第二选择
新增火电 SO_2 排放量（$E_{电}$）	新增火力发电量、供热量导致的 SO_2 产生量（$E_{产}$）	发电(供热)新增燃煤消耗量（$M_{煤}$）	新增火力发电煤炭消耗量（$M_{电}$）	新增火力发电煤耗量（第一选择）		上一核查期新增火力发电煤耗量	万吨		
						核查期新增火力发电煤耗量	万吨		
						新增火力发电用煤消耗量（$M_{电}$）	万吨		
				新增火力发电煤耗量（第二选择）	新增火力发电量($P_{火}$)	上一核查期火力发电量	亿千瓦时		
						核查期火力发电量	亿千瓦时		
						新增火力发电量（$P_{火}$）	亿千瓦时		
					新增燃气发电量($P_{气}$)	上一核查期燃料气体消耗量	万标立方米		
						核查期燃料气体消耗量	万标立方米		
						上一核查期燃气发电量	亿千瓦时		
						核查期燃气发电量	亿千瓦时		
						核查期新增燃气发电量($P_{气}$)	亿千瓦时		
			新增供热量用煤消耗量（$M_{热}$）			上一核算期供热量	万百万千焦		
						核算期供热量	万百万千焦		
						新增供热量（ΔH）	万百万千焦		
						新增供热量用煤消耗量($M_{热}$)	万吨		
			发电(供热)新增燃煤消耗量（$M_{煤}=M_{电}+M_{热}$）				万吨		
		新增火力发电量对应的标准煤耗（g）					克标煤/千瓦时		
		燃煤与标煤转换系数（β）							
		燃油与标煤转换系数（β）							
		二氧化硫释放系数（α）							
		核查期原煤加权平均硫分(%)					%		
		新增火力发电量、供热量导致的 SO_2 产生量（$E_{产}$）					万吨		
	当年新投产和上年投运接转燃煤机组配套脱硫设施新增 SO_2 削减量（$R_{脱硫}$）						万吨		
	新增火电 SO_2 排放量（$E_{电}=E_{产}-R_{脱硫}$）						万吨		

注 1：第一选择使用：可直接得到新增火力发电煤耗量数据。

注 2：第二选择使用：不能直接得到新增火力发电煤耗量数据时，通过发电量和供热量推算燃煤消耗量。

SO_2-表2-加权平均硫分-（3-5）　　年　　省（自治区、直辖市、地区）燃煤加权平均硫分

序号	地区	企业名称	核查期煤炭平均硫分（%）	核查期煤耗量（万吨）	各机组燃煤含硫量（万吨）	备注
加权平均硫分						
1						
2						
3						
4						
5						
6						
7						
8						
9						
10						
11						
12						
13						
14						
15						
16						
17						
18						
19						
20						
21						
22						
23						
24						
25						
26						
27						
28						
29						
30						
31						
32						
33						
34						
35						
36						
37						
38						
39						
40						
41						
42						
43						

SO$_2$-表 3-（$R_{脱硫}$）　　年　　省（自治区、直辖市、地区）

序号	地区	企业名称	机组号	投运装机(MW)	机组投运日期	脱硫设施稳定运行 168 小时的日期	脱硫工艺	脱硫公司	核查期原煤平均硫分(%)	核查期新增发电量(亿 kWh)	核查期发电煤耗(克标煤/kWh)	核查期新增发电煤耗量(万吨)
合计												
1												

注 1：第一选择。**【核查期新增煤耗量】**(S 列)仅由发电煤耗量组成时：

❶若直接得到的是煤耗量数据，则在**【核查期新增煤耗量】**(S 列除合计行外)手动输入煤耗量数据，该单元格预设内置公式自动失效。并将**【核查期新增供热煤耗量】**（R 列除合计行外）手动输入 0。

❷若不能拿到总的煤耗量数据，只拿到**【核查期新增发电量】**数据，则在**【核查期新增发电量】**（K 列除合计行外）输入发电量，**【核查期发电煤耗】**（L 列除合计行外）输入数据，**【核查期新增供热煤耗量】**（R 列除合计行外）手动输入 0，则**【核查期新增煤耗量】**（S 列除合计行）由内置公式生成。

当年新投产和上年投运接转燃煤机组配套脱硫设施新增 SO_2 削减量

上年供热量(万百万千焦)	火力发电量增长速度(%)	核查期新增供热量(万百万千焦)	燃料与标煤转换系数 β	核查期新增供热煤耗量(万吨)	核查期新增煤耗量(万吨)	核查期 SO_2 产生量(万吨)	核查期脱硫效率(%)	核查期脱硫设施投运率(%)	核查期综合脱硫效率(%)	核查期 SO_2 去除量(万吨)	备注

注 2：第二选择。**【核查期新增煤耗量】**（S 列）同时由发电煤耗量和供热煤耗量组成：

❶若能直接得到总的煤耗量数据，则在**【核查期新增煤耗量】**（S 列除合计行外）手动输入煤耗量数据，该单元格预设内置公式自动失效。

❷若不能拿到总的燃煤量，只拿到发电量数据和供热量数据，则：

——在**【核查期新增发电量】**（K 列除合计行外）输入新增发电量，**【核查期发电煤耗】**（L 列除合计行外）输入相关数据，内置公式可算出**【核查期新增发电煤耗量】**；

——在**【核查期新增供热量】**（P 列）、**【燃料与标煤转换系数】**（Q 列除合计行外）输入相关数据，内置公式可算出**【核查期新增供热煤耗量】**；

——若无新增供热量数据，则在**【上年供热量】**（N 列除合计行外）中输入上年供热量，**【火力发电量增长速度】**（O 列除合计行外）中输入火力发电量增长速度，**【核查期新增供热量】**（P 列除合计行外）的内置公式可算出**【核查期新增供热量】**，进而由内置公式生成**【核查期新增供热煤耗量】**（R 列）。

SO_2-表 4-非电新增-(3-6)(3-7)(3-8)　　年　　省（自治区、直辖市、地区）新增非电二氧化硫排放量

<table>
<tr><td colspan="4">项目</td><td>单位</td><td>第一选择</td><td>第二选择</td></tr>
<tr><td rowspan="17">新增非电 SO_2 排放量（$E_{非电}$）</td><td rowspan="5">上年非电排放强度（$q_{非电}$）</td><td rowspan="4">上年非电煤炭消耗量</td><td>上年非电 SO_2 排放量</td><td>万吨</td><td></td><td></td></tr>
<tr><td>上年全社会煤炭消耗量</td><td>万吨</td><td></td><td></td></tr>
<tr><td>上年电力煤炭消耗量</td><td>万吨</td><td></td><td></td></tr>
<tr><td>上年非电煤炭消耗量</td><td>万吨</td><td></td><td></td></tr>
<tr><td colspan="2">上年非电排放强度($q_{非电}$)</td><td>吨 SO_2/吨煤</td><td></td><td></td></tr>
<tr><td rowspan="5">核查期全社会煤炭消耗量（$M_{总}$）</td><td rowspan="4"></td><td>上年度同期万元 GDP 综合能耗（$EN_{上}$）</td><td>吨标煤/万元</td><td></td><td></td></tr>
<tr><td>核算期各地 GDP 能耗下降比例（λ）</td><td>%</td><td></td><td></td></tr>
<tr><td>GDP（核查期 GDP 快报数据）</td><td>亿元</td><td></td><td></td></tr>
<tr><td>上年一次性能源结构中煤炭占比（κ）</td><td>%</td><td></td><td></td></tr>
<tr><td colspan="2">核查期全社会煤炭消耗量（$M_{总}$）</td><td>万吨</td><td></td><td></td></tr>
<tr><td rowspan="3">核算期全口径电力煤炭消耗量（$M_{电}$）</td><td rowspan="2"></td><td>核算期火力发电量（TP）</td><td>亿千瓦时</td><td></td><td></td></tr>
<tr><td>平均发电煤耗（α）</td><td>克标煤/千瓦时</td><td></td><td></td></tr>
<tr><td colspan="2">核算期全口径电力煤炭消耗量（$M_{电}$）</td><td>万吨</td><td></td><td></td></tr>
<tr><td rowspan="3">上年同期非电煤炭消耗量（$M_{上非电}$）</td><td rowspan="2"></td><td>上年同期全社会煤炭消耗量</td><td>万吨</td><td></td><td></td></tr>
<tr><td>上年电力煤炭消耗量</td><td>万吨</td><td></td><td></td></tr>
<tr><td colspan="2">上年同期非电煤炭消耗量（$M_{上非电}$）</td><td>万吨</td><td></td><td></td></tr>
<tr><td colspan="3">新增非电 SO_2 排放量 $E_{非电}=q_{非电}\times(M_{总}-M_{电}-M_{上非电})$</td><td>万吨</td><td></td><td></td></tr>
<tr><td colspan="7">注 1：第一选择使用：可直接得到核查期全社会煤炭消耗量。
注 2：第二选择使用：不能直接得到核查期全社会煤炭消耗量时，通过上年度同期万元 GDP 综合能耗、核算期各地 GDP 能耗下降比例、上年 GDP 和上年一次性能源结构中煤炭占比推算燃煤消耗量。</td></tr>
</table>

SO_2-表 5-脱硫设施不正常新增-(3-10)　年　省（自治区、直辖市、地区）脱硫设施不正常运行新增排放量

序号	企业	脱硫设施名称	脱硫工艺	不正常运行 SO_2 产生量（万吨）	综合脱硫效率（%）	非正常企业监察系数	非正常排放量（万吨）
合计							
1							
2							

注：此表格计算结果仅为《核算细则》公式（3-9）之第二部分 $E_{非正常}$。

SO_2-表 6-工程减排-（3-14a）　　年　　省（自治区、直辖市、地区）

序号	地区	企业名称	机组号	投运装机(MW)	机组投运日期	脱硫设施稳定运行168小时的日期	脱硫工艺	脱硫公司	2005年环统原煤平均硫分（%）	2006年环统原煤平均硫分（%）	2007年环统原煤平均硫分（%）	2005年环统 SO_2 排放量(万吨)	2006年环统 SO_2 排放量(万吨)	2007年环统 SO_2 排放量(万吨)
合计														
1														
2														
3														
4														
5														
6														
7														
8														
9														
10														
11														
12														
13														
14														

SO_2-表 7-工程减排-（3-14b）　　年　　省（自治区、直辖市、地区）

序号	地区	企业名称	机组号	投运装机(MW)	机组投运日期	脱硫设施稳定运行168小时的日期	脱硫工艺	脱硫公司	2005年环统原煤平均硫分(%)	2006年环统原煤平均硫分(%)	2007年环统原煤平均硫分(%)	2005年环统 SO_2 排放量(万吨)	2006年环统 SO_2 排放量(万吨)	2007年环统 SO_2 排放量(万吨)	核查期发电量(亿kWh)	核查期发电标准煤耗(克标煤/kWh)
合计																
1																
2																

新投运现役机组脱硫设施新增削减量

核查期发电量(亿kWh)	核查期发电煤耗(克标煤/kWh)	核查期煤耗量(万吨)	核查期煤炭平均硫分(%)	核查期SO_2产生量(万吨)	核查期脱硫效率(%)	核查期脱硫设施投运率(%)	核查期综合脱硫效率(%)	上报减排量(万吨)	认定减排量(万吨)	备注

新投运热电联供现役机组脱硫设施新增削减量

核查期发电煤耗量(万吨)	核查期供热量(MJ)	核查期供热标准煤耗(克标煤/MJ)	核查期供热煤耗量(万吨)	核查期煤耗量(万吨)	核查期煤炭平均硫分(%)	核查期SO_2产生量(万吨)	核查期脱硫效率(%)	核查期脱硫设施投运率(%)	核查期综合脱硫效率(%)	上报减排量(万吨)	认定减排量(万吨)	备注

SO_2-表 8-工程减排-（3-15a）　　　　年　　　省（自治区、直辖市、地区）

序号	地区	企业名称	机组号	投运装机(MW)	机组投运日期	脱硫设施稳定运行168小时的日期	脱硫工艺	脱硫公司	2005年环统原煤平均硫分(%)	2006年环统原煤平均硫分(%)	2007年环统原煤平均硫分(%)	2005年环统SO_2排放量(万吨)	2006年环统SO_2排放量(万吨)	2007年环统SO_2排放量(万吨)	上一核查期煤耗量(万吨)	核查期煤耗量(万吨)	接转期煤炭消耗量(万吨)
合计																	
1																	

SO_2-表 9-工程减排-（3-15b）　　　　年　　　省（自治区、直辖市、地区）

序号	地区	企业名称	机组号	投运装机(MW)	机组投运日期	脱硫设施稳定运行168小时的日期	脱硫工艺	脱硫公司	2005年环统原煤平均硫分(%)	2006年环统原煤平均硫分(%)	2007年环统原煤平均硫分(%)	2005年环统SO_2排放量(万吨)	2006年环统SO_2排放量(万吨)	2007年环统SO_2排放量(万吨)	上一核查期煤耗量(万吨)	核查期煤炭消耗量(万吨)	接转期煤炭消耗量(万吨)	上一核查期发电量(亿kWh)	核查期发电量(亿kWh)	接转期发电量(亿kWh)
合计																				
1																				
2																				

SO_2-表 10-工程减排-（3-16）　　　　年　　　省（自治区、直辖市、地区）

序号	地区	企业名称	机组号	投运装机(MW)	机组投运日期	脱硫设施稳定运行168小时的日期	脱硫工艺	脱硫公司	2005年环统原煤平均硫分(%)	2006年环统原煤平均硫分(%)	2007年环统原煤平均硫分(%)	2005年环统SO_2排放量(万吨)	2006年环统SO_2排放量(万吨)	2007年环统SO_2排放量(万吨)
合计														
1														

火电机组上年接转新增削减量

上一核查期发电量(亿 kWh)	核查期发电量(亿 kWh)	接转期发电量(亿 kWh)	上一核查期发电煤耗(克标煤/kWh	核查期发电煤耗(克标煤/kWh)	接转期发电煤耗(克标煤/kWh)	核查期煤炭平均硫分(%)	接转期 SO_2 产生量(万吨)-第一选择	接转期 SO_2 产生量(万吨)-第二选择	核查期脱硫效率(%)	核查期脱硫设施投运率(%)	接转期综合脱硫效率(%)	上报减排量(万吨)	认定减排量(万吨)	备注

热电联供机组上年接转新增削减量

上一核查期发电煤炭消耗量(万吨)	核查期发电煤炭消耗量(万吨)	接转期发电煤炭消耗量(万吨)	上一核查期供热量(MJ)	核查期供热量(MJ)	接转期供热量(MJ)	核查期供热煤炭消耗量(万吨)	核查期煤炭消耗量(万吨)	核查期发电标准煤耗(克标煤/kWh)	核查期供热标准煤耗(克标煤/MJ)	核查期煤炭平均硫分(%)	接转期 SO_2 产生量(万吨)	核查期脱硫效率(%)	核查期脱硫设施投运率(%)	接转期综合脱硫效率(%)	上报减排量(万吨)	认定减排量(万吨)	备注

发电量增加新增削减量

上一核查期发电量(亿 kWh)	核查期发电量(亿 kWh)	稳定新增发电量(亿 kWh)	核查期发电煤耗(克标煤/kWh)	核查期新增煤炭消耗量(万吨)	核查期煤炭平均硫分(%)	核查期 SO_2 产生量(万吨)	核查期脱硫效率(%)	核查期脱硫设施投运率(%)	核查期综合脱硫效率(%)	上报减排量(万吨)	认定减排量(万吨)	备注

第十五章　二氧化硫减排核算表

SO$_2$-表 11-工程减排-（3-17）　　年　　省（自治区、直辖市、地区）

序号	地区	企业名称	机组号	投运装机(MW)	机组投运日期	脱硫设施稳定运行168小时的日期	脱硫工艺	脱硫公司	2005年环统原煤平均硫分(%)	2006年环统原煤平均硫分(%)	2007年环统原煤平均硫分(%)	2005年环统SO$_2$排放量(万吨)	2006年环统SO$_2$排放量(万吨)	2007年环统SO$_2$排放量(万吨)	核查期发电量(亿kWh)	核查期发电煤耗(克标煤/kWh)	核查期煤炭消耗量(万吨)
合计																	
1																	

SO$_2$-表 12-工程减排-（3-18）　　年　　省（自治区、直辖市、地区）

序号	地区	企业名称	机组号	投运装机(MW)	机组投运日期	脱硫设施稳定运行168小时的日期	脱硫工艺	脱硫公司	2005年环统原煤平均硫分(%)	2006年环统原煤平均硫分(%)	2007年环统原煤平均硫分(%)	2005年环统SO$_2$排放量(万吨)	2006年环统SO$_2$排放量(万吨)
合计													
1													

SO$_2$-表 13-工程减排-（3-20a）　　年　　省（自治区、直辖市、地区）

序号	地区	企业名称	烧结机规模(平方米)	烧结机投运日期	脱硫设施投运时间	脱硫工艺	脱硫公司	2005年环统原煤平均硫分(%)	2006年环统原煤平均硫分(%)	2007年环统原煤平均硫分(%)	2005年环统SO$_2$排放量(万吨)	2006年环统SO$_2$排放量(万吨)	2007年环统SO$_2$排放量(万吨)
合计													
1													

注：若脱硫设施为当年新建，则 $m_{上}$ 取值为零。

脱硫设施改造新增削减量

脱硫设施改造前煤炭平均硫分(%)	核查期(脱硫设施改造后)煤炭平均硫分(%)	核查期 SO_2 产生量(万吨)	脱硫设施改造前脱硫效率(%)	核查期(脱硫设施改造后)脱硫效率(%)	核查期脱硫设施投运率(%)	上一核查期脱硫效率%	核查期(脱硫设施改造后)综合脱硫率(%)	上年环统中 SO_2 去除量(削减量)(万吨)	上一核查期认定减排量(万吨)	上报减排量(万吨)	认定减排量(万吨)	备注

燃气替代煤炭新增削减量

2007 年环统 SO_2 排放量(万吨)	核查期燃气替代煤耗量(万吨)	替代用燃气量(万 Nm^3)	替代燃气燃料发热值(千克标煤/m^3)	替代用燃气平均硫分(%)	核查期煤炭平均硫分(%)	核查期 SO_2 产生量(万吨)	替代燃气 SO_2 产生量(万吨)	上报减排量(万吨)	认定减排量(万吨)	备注

烧结机烟气脱硫新增削减量

核查期烧结矿产量(万吨)	入口烟气量(Nm^3/h)	入口烟气 SO_2 浓度(mg/Nm^3)	出口烟气量(Nm^3/h)	出口烟气 SO_2 浓度(mg/Nm^3)	核查期上年同期脱硫设施运行时间 $m_上$(h)	核查期脱硫设施运行时间 $m_当$(h)	上报减排量(万吨)	认定减排量(万吨)	备注

SO_2-表 14-工程减排-（3-20b） 年 省（自治区、直辖市、地区）

序号	地区	企业名称	球团机产能(万吨)	球团机投运日期	脱硫设施投运时间	脱硫工艺	脱硫公司	2005 年环统原煤平均硫分(%)	2006 年环统原煤平均硫分(%)	2007 年环统原煤平均硫分(%)	2005 年环统 SO_2 排放量(万吨)	2006 年环统 SO_2 排放量(万吨)	2007 年环统 SO_2 排放量(万吨)
合计													
1													

注：若脱硫设施为当年新建，则 $m_上$取值为零。

SO_2-表 15-工程减排-（3-20c） 年 省（自治区、直辖市、地区）

序号	地区	企业名称	产能(万吨)	球团机投运日期	脱硫设施投运时间	脱硫工艺	脱硫公司	2005 年环统原煤平均硫分(%)	2006 年环统原煤平均硫分(%)	2007 年环统原煤平均硫分(%)	2005 年环统 SO_2 排放量(万吨)	2006 年环统 SO_2 排放量(万吨)	2007 年环统 SO_2 排放量(万吨)
合计													
1													

注：若脱硫设施为当年新建，则 $m_上$取值为零。

SO_2-表 16-工程减排-（3-21） 年 省（自治区、直辖市、地区）

序号	地区	企业名称	锅炉规模(蒸吨)	锅炉投运日期	脱硫设施投运时间	脱硫工艺	脱硫公司	2005 年环统原煤平均硫分(%)	2006 年环统原煤平均硫分(%)	2007 年环统原煤平均硫分(%)	2005 年环统 SO_2 排放量(万吨)
合计											
1											

球团炉烧结机烟气脱硫新增削减量

核查期球团炉产量(万吨)	入口烟气量(Nm^3/h)	入口烟气SO_2浓度(mg/Nm^3)	出口烟气量(Nm^3/h)	出口烟气SO_2浓度(mg/Nm^3)	核查期上年同期脱硫设施运行时间 $m_{上}$(h)	核查期脱硫设施运行时间 $m_{当}$(h)	上报减排量(万吨)	认定减排量(万吨)	备注

机械铸造烧结机烟气脱硫新增削减量

核查期主要产品产量(万吨)	入口烟气量(Nm^3/h)	入口烟气SO_2浓度(mg/Nm^3)	出口烟气量(Nm^3/h)	出口烟气SO_2浓度(mg/Nm^3)	核查期上年同期脱硫设施运行时间 $m_{上}$(h)	核查期脱硫设施运行时间 $m_{当}$(h)	上报减排量(万吨)	认定减排量(万吨)	备注

工业燃煤锅炉烟气脱硫新增削减量

2006年环统SO_2排放量(万吨)	2007年环统SO_2排放量(万吨)	核查期煤炭消耗量(万吨)	核查期煤炭平均硫分(%)	核查期SO_2产生量(万吨)	核查期脱硫效率(%)	核查期脱硫设施投运率(%)	核查期综合脱硫效率(%)	上报减排量(万吨)	认定减排量(万吨)	备注

SO_2-表 17 工程减排-（3-22）　　年　　省（自治区、直辖市、地区）

序号	地区	企业名称	冶炼设备投运日期	烟气制酸设施投运时间	烟气制酸工艺	2005 年环统硫化矿平均硫分(%)	2006 年环统硫化矿平均硫分(%)	2007 年环统硫化矿平均硫分(%)	2005 年环统 SO_2 排放量(万吨)	2006 年环统 SO_2 排放量(万吨)	2007 年环统 SO_2 排放量(万吨)	有色金属产量(万吨)
合计												
1												

注：若脱硫设施为当年新建，$m_{上}$取值为零。

SO_2-表 18 工程减排-（3-24）　　年　　省（自治区、直辖市、地区）

序号	地区	企业名称	焦炉规格	焦炉投运日期	脱硫设施投运日期	脱硫工艺	脱硫公司	2005 年环统原煤平均硫分(%)	2006 年环统原煤平均硫分(%)	2007 年环统原煤平均硫分(%)	2005 年环统 SO_2 排放量(万吨)	2006 年环统 SO_2 排放量(万吨)
合计												
1												

SO_2-表 19 工程减排-（3-25）　　年　　省（自治区、直辖市、地区）

序号	地区	企业名称	焦炉规格	焦炉投运日期	脱硫设施投运日期	脱硫工艺	脱硫公司	2005 年环统原煤平均硫分(%)	2006 年环统原煤平均硫分(%)	2007 年环统原煤平均硫分(%)	2005 年环统 SO_2 排放量(万吨)	2006 年环统 SO_2 排放量(万吨)	2007 年环统 SO_2 排放量(万吨)	核查期煤炭消耗量(万吨)	上一核查期脱硫设施投运后煤耗量(万吨)	接转期煤炭消耗量(万吨)	核查期焦炭量(万吨)	上一核查期脱硫设施投运后焦炭量(万吨)	接转期焦炭量(万吨)
合计																			
1																			

注：若脱硫设施为当年新建，$\gamma_{上}$取值为零。

有色金属冶炼烟气脱硫新增削减量

上一核查期硫酸产量(万吨)	核查期硫酸产量(万吨)	入口烟气量(Nm^3/h)	入口烟气SO_2浓度(mg/Nm^3)	出口烟气量(Nm^3/h)	出口烟气SO_2浓度(mg/Nm^3)	核查期上年同期脱硫设施运行时间 $m_{上}$(h)	核查期脱硫设施运行时间 $m_{当}$(h)	上报减排量(万吨)	认定减排量(万吨)	备注

新投运焦炉煤气脱硫新增削减量

2007年环统SO_2排放量(万吨)	核查期煤炭消耗量(万吨)	核查期焦炭产量(万吨)	核查期煤炭平均硫分(%)	核查期SO_2产生量(万吨)	核查期脱硫效率(%)	核查期脱硫设施投运率(%)	核查期综合脱硫效率(%)	上报减排量(万吨)	认定减排量(万吨)	备注

接转焦炉煤气脱硫新增削减量

核查期煤炭平均硫分(%)	核查期SO_2产生量(万吨)	核查期脱硫效率(%)	核查期脱硫设施投运率(%)	核查期综合脱硫效率(%)	上报减排量(万吨)	认定减排量(万吨)	备注	副产品名称	副产品产量(万吨)	入口烟气量(Nm^3/h)	入口烟气H_2S浓度(mg/Nm^3)	出口烟气量(Nm^3/h)	出口烟气H_2S浓度(mg/Nm^3)	核查期上年同期脱硫设施运行时间 $\gamma_{上}$(h)	核查期脱硫设施运行时间 $\gamma_{当}$(h)	校核值(万吨)

SO$_2$-表 20-工程减排-（3-27）　　年　　省（自治区、直辖市、地区）

序号	地区	企业名称	设施名称	设施清洁燃料替代日期	2005 年环统原煤平均硫分(%)	2006 年环统原煤平均硫分(%)	2007 年环统原煤平均硫分(%)	2005 年环统 SO$_2$ 排放量(万吨)	2006 年环统 SO$_2$ 排放量(万吨)	2007 年环统 SO$_2$ 排放量(万吨)
合计										
1										

注：考虑了清洁燃料的含硫量，对细则 3-27 公式有修改。

SO$_2$-表 21-工程减排-（3-28）　　年　　省（自治区、直辖市、地区）

序号	地区	企业名称	设施名称	脱硫及硫黄回收工程投运日期	2005 年环统平均硫分（%）	2006 年环统平均硫分（%）	2007 年环统平均硫分（%）	2005 年环统 SO$_2$ 排放量（万吨）	2006 年环统 SO$_2$ 排放量（万吨）	2007 年环统 SO$_2$ 排放量（万吨）
合计										
1										

SO$_2$-表 22-工程减排　　年　　省（自治区、直辖市、地区）其他工程减排新增削减量

序号	地区	企业名称	设施名称	脱硫工程投运日期	2005 年环统 SO$_2$ 排放量（万吨）	2006 年环统 SO$_2$ 排放量（万吨）	2007 年环统 SO$_2$ 排放量（万吨）	上报减排量（万吨）	认定减排量（万吨）	备注
合计										
1										

注：适用于实际核查中遇到的未归入《核算细则》的其他类型二氧化硫工程减排、结构减排产生的新增减排量。

非电煤改气新增削减量

核查期清洁燃料替代前煤炭消耗量（万吨）	核查期煤炭平均硫分（%）	清洁燃料名称	核查期清洁燃料耗用量（万吨）	清洁燃料等效折煤量（万吨）	清洁燃料平均硫分（%）	上报减排量（万吨）	认定减排量（万吨）	备注

石化企业产品脱硫及硫黄回收工程新增削减量

替代本厂燃料量(万吨)	脱硫或硫黄回收前平均硫分（%）	脱硫或硫黄回收后平均硫分（%）	脱硫或硫黄回收前后平均硫分差值（%）	释放系数（%）	厂内原设施脱硫效率（%）	上报减排量（万吨）	认定减排量（万吨）	备注

SO$_2$-表 23-结构减排-小火电-（3-30）　　　年　　　省（自治区、直辖市、地区）

序号	地区	企业名称	关闭机组号	装机容量（MW）	控股方	关停时间	2006 年环统 SO$_2$ 排放量（万吨）	2007 年环统 SO$_2$ 排放量（万吨）
合计								
1								

SO$_2$-表 24-结构减排-小火电-（3-31）　　　年　　　省（自治区、直辖市、地区）

序号	地区	企业名称	关闭机组号	装机容量（MW）	控股方	关停时间	2006 年环统 SO$_2$ 排放量（万吨）	2007 年环统 SO$_2$ 排放量（万吨）
合计								
1								

SO$_2$-表 25-结构减排-小火电-（3-32）　　　年　　省（自治区、直辖市、地区）

序号	地区	企业名称	关闭机组号	装机容量 Cap（MW）	控股方	关停时间	2006 年环统 SO$_2$ 排放量（万吨）	2007 年环统 SO$_2$ 排放量（万吨）	2007 年认定减排量（万吨）
合计									
1									
注：上年已关停的，发电小时数取隔年发电小时数。									

SO$_2$-表 26-结构减排-发电量交易-（3-33）　　　年　　　省（自治区、直辖市、地区）

序号	地区	电厂名称	大机组号	小机组号	大机组容量（MW）	小机组容量（MW）	实施发电量交易日期	政府批准文件及文号	交易发电量 $G_{交易}$（亿千瓦时）	小机组平均发电煤耗 $\gamma_{小}$（克标煤/千瓦时）
合计										
1										
2										

接转关停小火电新增削减量

2007 年认定减排量（万吨）	核算期上年煤炭消耗量（万吨）	核算期当年煤炭消耗量（万吨）	关停小火电上年环统 SO_2 排放量（万吨）	上报减排量（万吨）	认定减排量（万吨）	备注

当年关停小火电新增削减量

2007 年认定减排量（万吨）	关停小火电的月份（有效认定时间）（月）	关停小火电上年环统 SO_2 排放量（万吨）	上报减排量（万吨）	认定减排量（万吨）	备注

当年关停小火电新增削减量

关停小火电机组上年同期发电小时数 $h_{上年}$（小时）	关停小火电机组平均发电煤耗 γ（克标煤/千瓦时）	2005 年环统全场煤炭平均硫分（%）	上报减排量（万吨）	认定减排量（万吨）	备注

发电量交易新增削减量

大机组平均发电煤耗 $\gamma_{大}$（克标煤/千瓦时）	小机组 2005 环统平均硫分 $S_{小}$（%）	大机组煤炭平均硫分 $S_{大}$（%）	大机组平均脱硫效率 $\eta_{大}$（%）	上报减排量（万吨）	认定减排量（万吨）	备注

SO$_2$-表 27-结构减排-小钢铁-（3-34a）　　年　　省（自治区、直辖市、地区）

序号	地区	企业名称	该烧结机对应的粗铁或烧结料产量（万吨）	关停时间	2005 年环统 SO$_2$ 排放量（吨）	2006 年环统 SO$_2$ 排放量（吨）	2007 年环统 SO$_2$ 排放量(吨)
合计							
1							
注：1 吨粗铁约需 1.5～2.0 吨烧结料。							

SO$_2$-表 28-结构减排-小钢铁-（3-34b）　　年　　省（自治区、直辖市、地区）

序号	地区	企业名称	该烧结机对应的粗铁或烧结料产量（万吨）	关停时间	2006 年环统 SO$_2$ 排放量（万吨）	2007 年环统 SO$_2$ 排放量（万吨）
合计						
1						

SO$_2$-表 29-结构减排-涉水同步-（3-35）　　年　　省（自治区、直辖市、地区）

序号	地区	企业名称	燃煤设备	关停时间	2005 年环统 SO$_2$ 排放量(万吨)	2006 年环统 SO$_2$ 排放量(万吨)	2007 年环统 SO$_2$ 排放量(万吨)	2007 年认定减排量(万吨)	燃煤设施排放系数 $q_{工锅}$(吨 SO$_2$/吨煤)
合计									
1									
2									
注 1：数据要引用上年非电 S02 排放强度，来自非电新增量计算表格（3-6）（3-7）（3-8）。 注 2：若新增减排量计算值为负值，则在上报减排量中手动输入 0；若计算结果为正值，则上报减排量采用计算结果。									

SO$_2$-表 30-结构减排-其他-（3-34c）　　年　　省（自治区、直辖市、地区）

序号	地区	企业名称	行业	落后产能规模	关停时间	2005 年环统 SO$_2$ 排放量（万吨）	2006 年环统 SO$_2$ 排放量（万吨）	2007 年环统 SO$_2$ 排放量（万吨）	2007 年认定减排量（万吨）
合计									
1									

关停小钢铁新增削减量

2007 年认定减排量（万吨）	当年关停烧结机核算期烧结料产量（万吨）	上年关停烧结机核算期烧结料产量（万吨）	上年环统 SO_2 排放量（万吨）	上报减排量（万吨）	认定减排量（万吨）	备注

当年关停小钢铁新增削减量

2007 年认定减排量（万吨）	关停小钢铁的月份（有效认定时间）（月）	关停小钢铁上年环统 SO_2 排放量（万吨）	上报减排量（万吨）	认定减排量（万吨）	备注

关停涉水企业同步拆毁燃煤设施新增削减量

上年关停企业所在地区非电排放强度）$q_{非电}$（吨 SO_2/吨煤）	同步关停该涉水企业上年环统 SO_2 排放量（万吨）	新增减排量计算值（万吨）	上报减排量（万吨）	认定减排量（万吨）	备注

其他结构减排新增削减量

当年关停落后产能核算期产量（万吨）	上年关停落后产能核算期产量（万吨）	上年环统 SO_2 排放量（万吨）	上报减排量（万吨）	认定减排量（万吨）	备注

SO$_2$-表 31-结构减排-非环统　　　年　　　　省（自治区、直辖市、地区）

序号	地市	工业企业名称	所属行业	关闭淘汰设施、生产线名称	投产时间	关停部分主要产品	关停部分主要产品生产能力	关停部分产品上年产量	关停时间
合计									
1									

注：各关停项目新增削减量一律按实际削减量的 50%核算；核算期关停项目削减量合计不能高于本地区上年度非重点污染源排放量的 10%。

SO$_2$-表 32-管理减排-循环流化床-（3-36）　　　年　　　省（自治区、直辖市、地区）

序号	地区	企业名称	机组名称	装机容量(MW)	实施脱硫的日期	自动在线监测装置运行及联网情况	2005 年环统 SO$_2$ 排放量(万吨)	2006 年环统 SO$_2$ 排放量(万吨)	2007 年环统 SO$_2$ 排放量（万吨）
合计									
1									

注：一个电厂中包括循环流化床锅炉发电机组和其他机组的，按装机容量比与全厂 2005 年环境统计数据排放量之积确定。

SO$_2$-表 33-管理减排　　　　年　　　　省（自治区、直辖市、地区）

序号	地区	企业名称	脱硫设施投运日期	脱硫工艺	2005 年环统原煤平均硫分（%）	2006 年环统原煤平均硫分（%）	2007 年环统原煤平均硫分（%）	2005 年环统 SO$_2$ 排放量（万吨）	2006 年环统 SO$_2$ 排放量（万吨）
合计									
1									

SO$_2$-表 34-管理减排-清洁生产　　　年　　　省（自治区、直辖市、地区）清洁生产新增减排量

序号	地区	企业名称	清洁生产审核通过日期	审核单位	2005 年环统 SO$_2$ 排放量（万吨）	2006 年环统 SO$_2$ 排放量（万吨）	2007 年环统 SO$_2$ 排放量（万吨）	上报减排量（万吨）	认定减排量（万吨）	备注
合计										
1										

未纳入环统非重点企业结构减排新增削减量

相关文件或证明材料	上一核查期减排量（万吨）	核查期关停的月份（月）	上报减排量（万吨）	认定减排量（万吨）	本地区上年度非重点污染源排放量（万吨）	备注

循环流化床锅炉内脱硫实施在线监测确认的新增削减量

2007 年认定减排量（万吨）	安装在线监测装置后有效运行月份数（月）	核算期在线装置的实测累计排放量（万吨）	上报减排量（万吨）	认定减排量（万吨）	备注

脱硫设施提高运行效率新增削减量

2007 年环统 SO_2 排放量（万吨）	核查期煤炭消耗量（万吨）	核查期煤炭平均硫分（%）	核查期 SO_2 产生量（万吨）	提高前综合脱硫效率（%）	在线监测得出的综合脱硫效率（%）	上报减排量（万吨）	认定减排量（万吨）	备注

SO$_2$-表 35-分机组 SO$_2$ 排放量校核-

序号	地区	电厂名称	机组标号	投产时间	装机容量（MW）	脱硫设施通过168 小时运行的时间	当年发电量（亿千瓦时）	当年供热量（万百万千焦）	发电标准煤耗（克标煤/千瓦时）	当年煤炭消耗量（万吨）
合计										
1										

SO$_2$-表 36-分机组 SO$_2$ 排放量校核-

序号	地区	电厂名称	机组标号	投产时间	装机容量（MW）	脱硫设施通过 168 小时运行的时间	脱硫工艺	综合脱硫效率（%）	当年发电量（亿千瓦时）	当年供热量（万百万千焦）
合计										
1										

SO$_2$-表 37-分机组 SO$_2$ 排放量校核-

序号	地区	电厂名称	机组标号	投产时间	装机容量（MW）	脱硫设施通过168 小时运行的时间	脱硫工艺	通过 168 小时移交后运行的月数 m_{FGD}（月）	综合脱硫效率 η（%）	当年发电量（亿千瓦时）
合计										
1										

无脱硫-（3-37）（3-38）

燃料平均硫分（%）	同一台机组上年煤炭消耗量 $G_{上年}$（万吨）	同一台机组当年煤炭消耗量 $G_{当年}$（万吨）	上年 SO_2 排放量 $E_{上年}$（万吨）	当年 SO_2 排放量（万吨）第一选择（3-37）	当年 SO_2 排放量（万吨）第二选择（3-38）	备注

脱硫上年投运-（3-39）

发电标准煤耗(克标煤/千瓦时)	当年发电煤炭消耗量(万吨)	当年供热煤炭消耗量(万吨)	当年煤炭消耗量（万吨）	燃料平均硫分（%）	上年 SO_2 排放量（万吨）	当年 SO_2 排放量（万吨）	备注

脱硫当年投运-（3-40）

当年供热量（万百万千焦）	发电标准煤耗（克标煤/千瓦时）	当年发电煤炭消耗量（万吨）	当年供热煤炭消耗量 $G_{当年}$（万吨）	当年煤炭消耗量 $G_{当年}$（万吨）	燃料平均硫分 S（%）	上年 SO_2 排放量（万吨）	当年 SO_2 排放量（万吨）	备注

SO_2-表 38-分机组 SO_2 排放量校核-

序号	地区	电厂名称	机组标号	投产时间	装机容量（MW）	脱硫设施通过168小时运行的时间	脱硫工艺	发电机组全年运行的月数 m_{ON}（月）	通过168小时移交后运行的月数 m_{FGD}（月）	综合脱硫效率 η（%）
合计										
1										

SO_2-表 39-分机组 SO_2 排放量校核-

序号	地区	电厂名称	机组标号	投产时间	装机容量（MW）	脱硫设施通过168小时运行的时间	脱硫工艺	综合脱硫效率（%）	当年发电量（亿千瓦时）	当年供热量(万百万千焦)
合计										
1										

SO_2-表 40-分机组 SO_2 排放量校核-

序号	地区	电厂名称	机组标号	投产时间	装机容量（MW）	当年发电量（亿千瓦时）	发电标准煤耗（克标煤/千瓦时）
合计							
1							

SO_2-表 41-分机组 SO_2 排放量校核-

序号	地区	电厂名称	机组标号	投产时间	装机容量（MW）	当年发电量（亿千瓦时）	当年供热量（万百万千焦）	发电标准煤耗（克标煤/千瓦时）
合计								
1								

机组&脱硫当年-脱硫滞后-（3-41）

当年发电量（亿千瓦时）	当年供热量（万百万千焦）	发电标准煤耗（克标煤/千瓦时）	当年发电煤炭消耗量（万吨）	当年供热煤炭消耗量 $G_{当年}$(万吨)	当年煤炭消耗量 $G_{当年}$(万吨)	燃料平均硫分（%）	上年 SO_2 排放量(万吨)	当年 SO_2 排放量(万吨)	备注

机组&脱硫当年同步投运-（3-42）

发电标准煤耗（克标煤/千瓦时）	当年发电煤炭消耗量（万吨）	当年供热煤炭消耗量（万吨）	当年煤炭消耗量（万吨）	燃料平均硫分（%）	上年 SO_2 排放量（万吨）	当年 SO_2 排放量（万吨）	备注

当年关闭小火电-纯发电-（3-37）

燃料平均硫分（%）	同一台机组上年煤炭消耗量 $G_{上年}$（万吨）	同一台机组当年煤炭消耗量 $G_{当年}$（万吨）	上年 SO_2 排放量 $E_{上年}$（万吨）	当年 SO_2 排放量（万吨）	备注

当年关闭小火电-保留供热-（3-38）

当年煤炭消耗量（万吨）	燃料平均硫分（%）	同一台机组当年煤炭消耗量 $G_{当年}$（万吨）	上年 SO_2 排放量 $E_{上年}$（万吨）	当年 SO_2 排放量（万吨）	备注

第五篇

附　　录

"十一五"主要污染物总量减排核查办法（试行）

第一章 总则

第一条 为加强和规范"十一五"期间全国主要污染物总量减排核查工作，确保完成"十一五"全国主要污染物总量减排目标，依据《节能减排综合性工作方案》和国家环保总局与各省、自治区、直辖市人民政府签订的《"十一五"主要污染物总量削减目标责任书》的有关规定，制定本办法。

第二条 本办法所称主要污染物排放量，是指《国民经济和社会发展第十一个五年规划纲要》确定的实施排放总量控制的两项污染物，即化学需氧量（COD）和二氧化硫（SO_2）的排放量。

第三条 本办法适用于国家对各省、自治区、直辖市"十一五"期间主要污染物总量减排（以下简称"污染减排"）年度计划完成情况的核查。

各省、自治区、直辖市对本行政区域的污染减排核查可参照本办法执行。

第四条 污染减排核查的内容包括：各省、自治区、直辖市污染减排工作开展情况，年度污染减排计划制定情况、采取的各项工程措施及减排计划完成情况。污染减排核查的重点是治理工程减排项目、结构调整和监督管理减排措施的落实情况。

第五条 污染减排核查的目的是：通过对各省、自治区、直辖市上报的年度主要污染物削减量相关数据真实性和一致性的审核、检查，为国家考核提供依据，促进各地完成年度污染减排计划和实现"十一五"主要污染物总量减排目标。

第六条 国家环保总局华北环境保护督查中心、东北环境保护督查中心、华东环境保护督查中心、华南环境保护督查中心、西南环境保护督查中心和西北环境保护督查中心（以下简称"总局各督查中心"），分别负责监管范围内污染减排的核查工作。

第七条 污染减排核查坚持实事求是、客观公正的原则，采用资料审核与现场核查相结合的方式。

第八条 污染减排核查包括日常督查和定期核查。定期核查分为半年核查和年度核查。

第九条 总局各督查中心开展污染减排核查工作所需经费列入本部门预算。

第二章 日常督查

第十条 污染减排的日常督查是指总局各督查中心对各省、自治区、直辖市制定的减排措施的落实及其计划的完成情况所进行的日常督促检查。

第十一条 日常督查的重点是：监管范围内治理工程减排项目（城市污水处理厂、企事业单位污染治理工程、燃煤电厂脱硫工程、非电企业脱硫工程）的建设和运行情况；结构调整减排项目（按照国家产业政策和有关规定取缔关停的企业、生产线、设施等）的实施情况；监督管理减排措施（主要是企业清洁生产方案、污染物排放稳定达标）的落实情况。

第十二条 日常督查采用明查与暗查相结合的方式，由总局各督查中心会同有关省、自治区、直辖市环保部门联合开展，或者由总局各督查中心独立开展。

第十三条 总局各督查中心与有关省、自治区、直辖市环保部门联合开展的日常督查，每上、下半年至少各进行一次。对核查期内新建和上年度接转已运行的城市污水处理厂和燃煤电厂脱硫工程建设及运行情况的检查率应为 100%，对现有城市污水处理厂和燃煤电厂脱硫工程运行情况的检查率不低于 20%，对其他企事业单位的工业废水、二氧化硫废气治理工程检查率不低于 30%，对取缔关停企业、生产线、设施的检查率不低于 20%。

联合督查的具体时间和安排由总局各督查中心商有关省、自治区、直辖市环保部门共同确定。

第十四条 总局各督查中心独立开展的日常督查采用明查与暗查相结合以暗查为主的方式进行。对核查期内新建和上年度接转已运行的城市污水处理厂和燃煤电厂脱硫工程建设及运行情况的检查率不低于 30%，对已有城市污水处理厂和燃煤电厂脱硫工程运行情况的检查率不低于 10%，对其他企事业单位的工业废水、二氧化硫废气治理检查率不低于 15%，对取缔关停企业、生产线、设施的检查率不低于 10%。

第十五条 日常督查中，对城市污水处理厂、燃煤电厂脱硫工程、企事业单位污染减排工程建设及运行情况和取缔关停企业、生产线、设施情况应作出现场督查记录，并作为确定监察系数的主要依据之一。

第十六条 总局各督查中心分别于每年 6 月 30 日前和 12 月 31 日前向国家环保总局报送半年和年度日常督查情况报告。

第三章 定期核查

第十七条 定期核查是指总局各督查中心对各省、自治区、直辖市上报的半年或年度污染减排计划执行情况及治理工程减排项目、结构调整减排项目和监督管理减排措施的实施情况与完成的 COD 和 SO_2 削减量数据的真实性和一致性所进行的检查与核实。

第十八条 各省、自治区、直辖市环保部门应于每年 7 月 10 日前和次年 1 月 15 日前，向国家环保总局报送辖区半年和年度污染物减排工作报告，并抄送所在区域的督查中心。

第十九条 各省、自治区、直辖市污染减排工作报告的内容应包括：

（一）政府污染减排工作组织领导情况；

（二）环保部门组织实施污染减排工作情况；

（三）政府的相关职能部门组织实施污染减排工作情况；

（四）相关企事业单位开展污染减排工作的典型事例；

（五）制定年度减排计划情况（含新增量、存量、减排量之间的平衡分析，应该完成的削减量及其测算依据），核查期内减排计划的完成情况；

（六）治理工程减排项目、结构调整减排项目和监督管理减排措施的项目清单及其实施效果。各地报送的减排项目清单超过第十八条规定期限的，不计入本核查期减排量；

（七）按照总量减排调度规定应当报告的其他有关数据和资料。

第二十条 总局各督查中心按照国家环保总局的统一部署，组织对相关省、自治区、直辖市的污染减排工作进行全面核查，确保在15个工作日内完成核查任务，并向国家环保总局报送对监管范围内各省、自治区、直辖市的核查报告。

第二十一条 总局各督查中心定期核查的重点是：省、自治区、直辖市上报的减排措施在核查期内对COD和二氧化硫的实际削减量及其相关数据的真实性和一致性。

第二十二条 定期核查采用资料审核和现场抽查相结合的方式进行。

资料审核主要是对各省、自治区、直辖市提交的减排措施项目清单及其实施效果进行审查，并依据所提供的有关政府和环保部门批准文件、验收报告、试运行许可、自动监测和监督性监测等相关资料进行逐项审核，核实每个项目的实施情况及其实际削减量。

现场抽查采用重点抽查为主，随机抽查为辅的方式进行。对资料审核中发现有问题的企业和项目进行重点抽查；其他减排措施采用随机抽查的方式。抽查结果作为确定监察系数的依据之一，与日常督查结果具有同等效力。

第二十三条 总局各督查中心要建立主要污染物减排措施档案制度。年度内对新增减排措施的书面审核、督查以及核查的累计核查率要达到100%。

第二十四条 总局各督查中心向国家环保总局报送的主要污染物减排核查报告的内容包括：各省、自治区、直辖市主要污染物减排工作开展情况；污染物减排年度计划的制定及完成情况；实施治理工程减排项目、结构调整减排项目和监督管理减排措施情况及其COD和二氧化硫实际削减量的认定结果；污染物减排工作的总体评价、评估及结论。报告应对核查结果进行认真分析说明，并就下一步污染减排工作提出有针对性的意见和建议。

第四章 COD削减量核查（督查）

第二十五条 COD削减量核查（督查）是指对核查期内各省、自治区、直辖市新增的COD实际削减量的核查（督查）。核查期内新增COD削减量主要包括：

（一）城市污水处理厂新增的COD削减量；

（二）企事业单位工业废水治理工程新增的COD削减量；

（三）取缔关停企业、生产线、设施新增的COD削减量；

（四）因执行新的排放标准新增的COD削减量等。

第二十六条 城市污水处理厂新增的COD削减量的核查（督查）包括：

（一）核查（督查）范围：

1. 当年新建并投入运行的城市污水处理厂COD削减量；

2. 上年建成投入运行但运行不满全年的城市污水处理厂当年新增COD削减量；

3. 原有城市污水处理厂通过改建、扩建增加污水处理能力（如新增管网、扩容、污水回用等）和提高治理效果而形成的新增COD削减量。

（二）核查（督查）内容：

1. 核查城市污水处理厂的基本情况，包括设计处理能力、处理工艺、建成投运时间等。需要检查的资料包括项目设计文件、环境影响评价报告及批复、工程竣工环保验收报告等。

2. 核查城市污水处理厂的实际处理情况，包括：

（1）实际运行时间、处理水量和处理效果。需要审核的资料包括污水处理厂自动在线监测的进出口流量和COD浓度数据，并现场随机抽调、查阅10天自动在线监测装置记录的进出口水量和COD浓度，各级环保部门对污水处理厂的日常监督性监测数据和监察报告，污水处理厂内部日常测定的进出口水量和COD浓度数据，查阅生产用电记录、污泥产生量记录，拍摄主要设施照片等。

（2）对实际处理水量和处理效果，按照以下顺序采用数据：自动在线监测的进出口流量和COD浓度数据（必须是与当地环保部门监控平台联网或通过数据有效性校核的数据）；各级环保部门对污水处理厂的日常监督性监测数据和监察报告；污水处理厂日常生产中进出口水量和COD浓度监测的有效记录，以及生产用电记录、污泥产生量记录等辅助说明材料。

（3）对原有城市污水处理厂通过改建、扩建等增加污水处理能力和提高治理效果的，必须提供新增管网长度、扩容能力、污水回用量以及回用工程运行记录等相关文件、资料。

无上述数据和文件资料或者弄虚作假的，视为该污水处理厂不运行，不计COD削减量。

3. 对污水处理厂各处理工序进行现场检查。

4. 制作现场核查（督查）笔录。

（三）核查计算方法：

1. 当年新建投入运行的城市污水处理厂通过调试期后并连续稳定运行的，从其通过调试期的第二个月起，按照实际运行时间、处理水量和处理效率计算COD削减量。

2. 上年建成投入运行但运行不满全年的城市污水处理厂，按照上年未运行时间计算当年同期增加的COD削减量。

3. 原有城市污水处理厂通过改建、扩建增加污水处理能力和提高治理效果的，按照其当年实际新增的COD去除量计算COD削减量。

（四）核查（督查）中发现城市污水处理厂有下列情况之一的，认定为不正常运行：

1．整体不运行或者部分关键设备不运行的；

2．排水污染物浓度或总量超过规定标准30%的；

3．污水处理量达不到应接纳量50%的。

（五）核查（督查）中发现城市污水处理厂不正常运行一次，监察系数取0.8，不正常运行两次，监察系数取0.5，超过两次不正常运行，监察系数取0。情节严重的，当地环保部门应依法予以处罚，并提请当地人民政府责令其整改，追究有关人员的责任。

核查中发现国控重点污染源没有建立直报系统的，在线监测设备使用、运行及记录不正常的，参照以上规定确定监察系数。

第二十七条 企事业单位工业废水治理工程新增COD削减量的核查（督查）：

（一）核查（督查）范围：

1．企事业单位当年新、改、扩建投入运行的污水治理工程COD削减量；

2．企事业单位上年建成投入运行但运行不满全年的污染治理工程新增COD削减量；

3．企事业单位原有污水治理设施经过深度处理、改进工艺和再生水利用等新增COD削减量；

4．企事业单位通过实施清洁生产审核方案达标排放或完成削减污染物排放量协议，并通过省级环保行政主管部门或清洁生产相关行政主管部门评审、验收而形成的新增COD削减量。

（二）核查（督查）内容：

1．核实企事业单位污染治理工程的基本情况，包括设计能力、处理工艺、建成投运时间等。对于实施工艺改进、清洁生产、再生水利用的，还应当了解具体实施情况。需要检查的资料包括设计文件、环境影响评价报告及批复、工程竣工环保验收报告、清洁生产审核报告及生产调度记录、再生水利用设施运行记录等。

2．核查企事业单位污染治理工程实际处理情况，包括：

（1）实际处理时间、处理水量和处理效果。需要审核的资料包括：污染治理设施自动在线监测的污水流量和COD浓度数据，各级环保部门对污染治理工程的日常监督性监测数据和监察报告，企事业单位内部污染治理工程日常运行记录、监测数据和用电记录、主要设施照片等。

（2）对实际处理量和处理效果，按照以下顺序采用数据：自动在线监测的排放口流量和COD浓度数据（必须是与当地环保部门监控平台联网并通过数据有效性校核的）；各级环保部门对污水处理工程的日常监督性监测数据和监察报告；企事业单位内部污水治理工程日常运行和监测的有效记录。还可参考污水治理工程用电记录等。

（3）对企事业单位实施工艺改进、再生水利用的，必须提供相关资料和监测数据等文件资料。

（4）企事业单位实施清洁生产削减COD的，必须提供清洁生产审核报告、方案实施情况说明、达标排放前后情况、削减污染物排放量协议及完成情况，省级环保行政主管部门或清洁生产相关行政主管部门的评审、验收报告。

无上述数据和文件资料或者弄虚作假的，认定该单位污水治理工程不运行，不计 COD 削减量。

3. 对污染治理工程各处理工序进行现场检查。

4. 制作现场核查（督查）笔录。

（三）核查计算方法：

1. 对企事业单位当年新建的污水治理工程和原有污水处理工程进行深度处理通过调试期后并连续稳定运行的，从其通过调试期的第二个月起，按照实际运行时间、处理水量和处理效率计算 COD 削减量。

2. 对企事业单位上年建成投入运行但运行不满全年的污水治理工程，按照上年未运行的时间计算当年同期增加的 COD 削减量。

3. 对企事业单位通过工艺改进、清洁生产等减少 COD 排放的，根据相关部门出具的证明资料，经核实后计算其核查期 COD 削减量。

4. 对企事业单位建设再生水利用工程通过调试期后达到城市杂用水、景观环境用水水质要求并连续稳定运行的，从其通过调试期的第二个月起，按照当年实际运行时间、回用水量和处理效率计算其 COD 削减量。

5. 企事业单位因执行国家和地方新的 COD 排放标准后实际减少的排放量计算其 COD 削减量。

以上未纳入上年度环境统计的与“三同时”项目均不计算其削减量。

（四）核查（督查）中按照国家环保总局《关于“不正常使用”污染物处理设施违法认定和处罚的意见》（环发[2003]177 号）有关规定，认定企事业单位污染治理工程不正常使用的情况。

（五）核查（督查）中发现企事业单位污水处理工程不正常运行一次，监察系数取 0.8，不正常运行两次，监察系数取 0.5，超过两次不正常运行，监察系数取 0，情节严重的，当地环保部门应依法予以处罚，责令其整改，并提请有关部门追究其责任人员的责任。

核查中发现国控重点污染源没有建立直报系统的，在线监测设备使用、运行及记录不正常者参照以上规定确定监察系数。

第二十八条 产业结构调整新增 COD 削减量的核查（督查）包括：

（一）核查（督查）范围：

纳入上年环境统计的核查期年度或上年度已经取缔关停的工业企业、设施等。

（二）核查（督查）内容：

1. 核实取缔关停企业、生产线、设施的基本情况，包括厂址，取缔关停生产设施的规模及其主要设备名称和数量，取缔关停时间，营业执照是否吊销等。

2. 检查企业被取缔关停的相关资料，主要是当地政府取缔关停的文件，工商部门出具的营业执照吊销证明，供电部门下发的停电通知或出具的断电证明，环保部门现场检查取缔关停的记录、照片等。

3．对取缔关停企业、生产线、设施进行现场核查，检查是否拆除主要生产设备，是否断水断电，是否存有生产原料和产品等。

4．制作现场核查（督查）笔录。企业关闭，无法找到相关人员时，可采取行政主管部门或企业上级单位的笔录。

（三）核查计算方法：

对于当年根据国家产业政策和有关规定取缔关停的企业、生产线、设施等，按照上年纳入环境统计的排放量减去当年实际排放量计算其 COD 削减量。

对于上年取缔关停的企业、生产线、设施等不满一年的，根据上年环境统计排放量、关停月份计算其核查期 COD 削减量。

第五章 二氧化硫削减量核查（督查）

第二十九条 二氧化硫削减量核查（督查）是指对核查期内各省、自治区、直辖市新增二氧化硫削减量的核查（督查）。核查期内新增的二氧化硫削减量主要包括：

（一）燃煤电厂脱硫工程新增的二氧化硫削减量（包括新建机组的“三同时”脱硫设施的削减量）；

（二）非电工业企业二氧化硫治理工程新增的二氧化硫削减量（不包括“三同时”项目的削减量）；

（三）产业结构调整新增的二氧化硫削减量。

第三十条 燃煤电厂新增的二氧化硫削减量的核查（督查）。

（一）核查（督查）范围：

1．当年新建投入运行的燃煤电厂脱硫工程二氧化硫削减量；

2．上年建成投入运行但运行不满全年的燃煤电厂脱硫工程当年新增的二氧化硫削减量；

3．当年新建和上年建成燃气机组在核查期内的发电量、燃气量。

（二）核查（督查）内容：

1．核实燃煤电厂基本情况，包括分机组投产日期、核查期实际发电（供热量）、耗煤量、脱硫工程 168 小时的移交记录、煤炭硫分、烟气排放连续监测系统运行记录情况、脱硫电价等。

2．核查燃煤电厂脱硫工程的实际处理情况，包括：

（1）核查期脱硫效率或二氧化硫去除效率、排放浓度、二氧化硫去除量。需要审核的资料包括燃煤电厂脱硫设施进出口烟气量和二氧化硫浓度自动在线监测数据，并现场随机抽调、查阅 10 天的自动在线监测数据，入炉煤质化验单，各级环保部门对燃煤电厂脱硫工程的日常监督性监测数据和监察报告，企业内部日常监测的脱硫装置进出口烟气量和二氧化硫浓度，查阅脱硫系统生产用电用水记录、副产品产量记录、脱硫设施检修记录，以及拍摄主要设施照片等。

（2）实际脱硫效率，重点是脱硫设施的投运率和脱硫效果。按照以下顺序采用数据：进出口烟气量和二氧化硫浓度自动在线监测数据（必须是与当地环保部门监控平台联网并通过数据有效性校核的数据）；各级环保部门对燃煤电厂脱硫工程的日常监督性监测数据和监察报告；燃煤电厂日常生产中进出口烟气量和二氧化硫浓度监测的有效记录以及生产运行记录、发电量、耗煤量、煤的平均含硫量、脱硫工艺及脱硫效率、脱硫剂的使用量、副产品产量等辅助说明材料。

无上述数据和文件资料或者弄虚作假的，视为该脱硫工程不运行，不计二氧化硫削减量。

3．对燃煤电厂脱硫工程各处理工序进行现场检查。

4．制作现场核查（督查）笔录。

（三）核查计算方法：

1．当年投入运行的新建燃煤电厂脱硫工程经过 168 小时连续满负荷运行后并连续稳定运行的，从其经过 168 小时的第二个月起，按照当年实际运行时间和处理效率计算二氧化硫削减量。

2．上年建成投入运行但运行不满全年的燃煤电厂脱硫工程，按照当年处理效率及上年未运行时间计算当年同期增加的二氧化硫削减量。

（四）核查（督查）中发现燃煤电厂脱硫工程有下列情况之一的，认定为不正常运行：

1．生产设施运行期间脱硫设施因故未运行，而未经当地环保部门审批同意的；

2．没有按照工艺要求使用脱硫剂的；

3．使用旁路偷排的。

（五）核查（督查）中发现燃煤电厂脱硫工程不正常运行一次，监察系数取 0.8，不正常运行两次，监察系数取 0.5，超过两次不正常运行，监察系数取 0，情节严重的，当地环保部门应依法予以处罚，责令其整改，并提请有关部门追究相关人员的责任。

核查中发现国控重点污染源没有建立直报系统的、在线监测设备使用、运行及记录不正常者参照以上规定确定监察系数。

第三十一条　非电工业企业新增的二氧化硫削减量的核查（督查）包括：

（一）核查（督查）范围：

1．非电工业企业当年投入运行的新、改、扩二氧化硫废气治理工程，包括钢铁企业烧结机脱硫工程、有色金属冶炼二氧化硫治理工程，其他企业工业锅炉脱硫工程（其中循环流化床脱硫工程必须有自动在线监测装置，且与当地环保部门监控平台联网并通过数据有效性校验），煤改气、煤改电工程等所形成的新增二氧化硫削减量；

2．上年建成投入运行但运行不满全年的非电工业企业二氧化硫废气治理工程当年新增的二氧化硫削减量；

3．非电工业企业实施技术改造、二氧化硫综合利用等形成核查期新增的二氧化硫削减量；

4．企事业单位通过实施清洁生产审核方案达标排放或完成削减污染物排放量协议，并通过省级环保行政主管部门或清洁生产相关行政主管部门评审、验收的，形成的核查期新增二氧化硫削减量。

以上新增的二氧化硫削减量中不包括除尘一体化脱硫、脱硫添加剂、换烧型煤、换烧低硫煤和洗煤等脱硫工程。

（二）核查（督查）内容：

1．核实非电工业企业的基本情况，包括企业名称、设计处理能力、处理工艺、建成投运时间等。需要检查的资料包括脱硫工程试运行批复及环保验收的文件资料、日常的环境监察和监测记录等；对于实施工艺改进、二氧化硫综合利用等工程，需要检查的资料包括技改工程验收报告、生产调度记录、二氧化硫综合利用设施运行记录，工艺改进、二氧化硫综合利用前后二氧化硫去除或吸收效果等；对于实施清洁生产削减二氧化硫的非电工业企业，必须提供清洁生产审核报告、方案实施情况、达标排放前后情况、削减污染物排放量协议及完成情况说明，省级环保行政主管部门或清洁生产相关行政主管部门的评审、验收报告。

2．核查非电工业企业二氧化硫废气治理工程的实际处理情况，包括：

（1）实际二氧化硫削减量和二氧化硫去除率。需要审核的资料包括二氧化硫废气治理装置出口废气量和二氧化硫浓度自动在线监控数据，各级环保部门对非电企业脱硫工程的日常监督性监测数据和监察报告，以及脱硫工程生产用电记录、副产品产量记录等。

（2）二氧化硫去除率，重点是二氧化硫除去设施的投运率和效果。对实际二氧化硫去除效率和削减量，按照以下顺序采用数据：进出口废气量和二氧化硫浓度自动在线监测数据（必须是与当地环保部门监控平台联网并通过数据有效性校核的）；各级环保部门对非电企业脱硫工程的日常监督性监测数据和监察报告；企业内部二氧化硫去除工程日常生产中进出口废气量和二氧化硫浓度监测的有效记录。还可参考企业清洁生产审核验收报告、技术改造验收报告、脱硫工程验收报告；企业的产品产量、耗煤量、煤的平均含硫量、去除率、脱硫剂（吸收剂）的使用量、二氧化硫副产品利用情况等。

无上述数据和文件资料或者弄虚作假的，视为该非电企业脱硫工程、二氧化硫废气治理工程不运行，不计二氧化硫削减量。

3．对非电工业企业二氧化硫废气治理工程的各处理环节进行现场检查。

4．制作现场核查（督查）笔录。企业关闭，无法找到相关人员时，可采取行政主管部门或企业上级单位的笔录。

（三）核查计算方法：

1．新建投入运行的非电工业企业二氧化硫废气治理工程通过调试期后并连续稳定运行的，从其通过调试期的第二个月起，按照当年实际运行时间和处理效率计算二氧化硫削减量。

2．上年建成投入运行但运行不满全年的非电工业企业二氧化硫废气治理工程，按照当年处理效率及上年未运行时间计算当年同期新增的二氧化硫削减量。

3．非电工业企业实施工艺改进、清洁生产、二氧化硫综合利用的，根据相关文件资料，经核实后计算其核查期二氧化硫削减量。

4．因执行国家和地方新的二氧化硫排放标准后实际减少的排放量计算其二氧化硫削减量。

以上未纳入上年度环境统计的与“三同时”项目不计算其削减量。

（四）核查（督查）发现非电工业企业二氧化硫废气治理工程有下列情况之一的，认定为不正常运行：

1．生产设施运行期间脱硫设施因故未运行，而未经当地环保部门审批同意的；

2．没有按照工艺要求使用脱硫剂（吸收剂）的；

3．使用旁路偷排的。

（五）核查（督查）中发现企业二氧化硫废气治理工程不正常运行一次，监察系数取 0.8，不正常运行两次，监察系数取 0.5，超过两次不正常运行，监察系数取 0，情节严重的，当地环保部门应依法予以处罚，责令其整改，并提请有关部门追究相关人员的责任。

核查中发现国控重点污染源没有建立直报系统的、在线监测设备使用、运行及记录不正常者参照以上规定确定监察系数。

第三十二条 产业结构调整项目新增的二氧化硫削减量的核查（督查）包括：

（一）核查（督查）范围：

纳入上年环境统计范围的核查期年度或上年度已经取缔关停的小火电、有烧结机的小钢铁等。

（二）核查（督查）内容：

1．核实取缔关停企业、生产线、设施的基本情况，包括厂址，取缔关停生产设施的规模、主要设备名称和数量，关停时间，营业执照是否吊销等。

2．检查企业被取缔关停的相关资料，主要包括当地政府取缔关停的文件，工商部门出具的营业执照吊销证明，供电部门下发的停电通知或者出具的断电证明，环保部门现场检查取缔关停的记录、照片等。

3．对取缔关停企业、生产线、设施进行现场核查，检查是否拆除主要设备、断水断电，是否存有生产原料和产品等。

4．制作现场核查（督查）笔录。企业关闭，无法找到相关人员时，可采取行政主管部门或企业上级单位的笔录。

（三）核查计算方法：

对于当年取缔关停的企业、生产线、设施等，按照上年纳入环境统计的排放量减去当年实际排放量计算其二氧化硫削减量。

对于上年取缔关停的企业、生产线、设施等不满一年的，根据上年环境统计排放量、关停月份计算其核查期二氧化硫削减量。

关闭小火电、淘汰小钢铁中有烧结机的一律按照上年环境统计排放量单独计算其二氧化硫减排量。

第六章 附则

第三十三条 核查范围内任何单位和个人不得以涉及商业秘密等任何理由拒绝核查（包括拒绝提供相关资料），否则将按照相关法律、法规、规章等进行处罚。核查人员不得弄虚作假、仿造数据，并有义务为相关企事业单位和个人保守商业秘密，否则将按照有关法律、法规、规章等进行处理。

第三十四条 总量减排现场核查（督查）笔录和有关用表详见附表1～附表15。

第三十五条 本办法由国家环保总局负责解释。

第三十六条 本办法自发布之日起施行。

附：

“十一五”主要污染物总量减排现场核查（督查）笔录

被核查单位名称：________________负责人：______________

地址：______________邮编：______________

联系人：_________联系电话：______________

核 查 单 位 （ 或 核 查 人 ）：____________________

核查期间：___年___月至__年__月 核查（督查）日期：__年__月__日

1．COD 或二氧化硫削减工程（或关停生产装置）名称：

2．COD 或二氧化硫削减工程建成投入运行时间（或关停生产装置时间）：

3．COD 或二氧化硫削减工程设计处理能力（或关停生产装置的设计生产能力）：

4．COD 或二氧化硫削减工程实际处理量（或关停生产装置的实际生产量）：

5．COD 或二氧化硫削减工程实际运行时间（或关停生产装置的实际生产时间）：

6．核查期污水或废气排放量：

7．核查期排放口 COD 或二氧化硫浓度：

8．核查期 COD 或二氧化硫排放量：___吨

9．上年同期（__年__月__日至__年__月__日）COD 或二氧化硫排放量：___吨

10．其他有关情况：

核查（督查）初步认定的 COD 或二氧化硫削减量：______吨

被核查单位意见（盖章或签字）：____________

附表 1：

______省（自治区、直辖市）______市
城市污水处理厂污染减排现场核查（督查）表

被核查单位：　　　　　　　　　环保管理机构负责人：　　　　　　　　　联系电话：

被核查单位地址：

被核查单位中心经度：　　°　　′　　″　　　　　　　中心纬度：　　°　　′　　″

分类	序号	督查核查项目	督查核查情况
核查期建设情况	1	企业填报削减量（吨/年）	
	2	国控重点	□是　　　□否
	3	上年环境统计排放量	
	4	污水处理削减类型	□当年建成投运　□上年度建成投运 □已有装置削减能力增加
	5	建成投运时间	年　　月　　日
	6	设计处理工艺	□氧化沟法　□A/O 法　□SBR □生物滤池　□其他
	7	设计能力（万吨/日）	
核查期运行情况	8	实际处理量（万吨/日）	
	9	运行天数（天/年）	
	10	污水处理级别	□一级　□二级　□三级
	11	污水进口水量（万吨/日）	
	12	污水出口水量（万吨/日）	
	13	污水进口 COD 浓度（毫克/升）	
	14	污水出口 COD 浓度（毫克/升）	
	15	污泥产生量（吨/日）	
	16	用电量（千瓦时/日）	
	17	污水进出口监测类型	□自动监测　□手工监测
	18	自动监控装置是否与环保部门监控平台联网并通过有效性审核	□是　　□否
	19	核查当日监测数据记录（　年　月　日）	COD：　　　流量：
	20	日常运行记录情况	

其他有关情况	21	适用的排放标准（COD 浓度、毫克/升）	
	22	新增污水收集管网（公里）	
	23	扩容能力情况	
	24	污水回用工程运行记录情况	
核查期内环保部门监督管理	25	已进行日常监察次数（次）	
	26	日常监察情况	
	27	日常监察发现的不正常运行情况	□整体不运行或者部分设备不运行　次 □排放污水超过规定标准 30%　次 □污水处理量达不到应接纳量　次
	28	已进行日常监督性监测次数（次）	
	29	日常监测数据情况	
	30	监测已发现的超标排放次数（次）	
	31	各处理工序现场检查情况	
结论	32		

备注：1. 以上有关情况均需要相关正式证明文件。

2. 已有装置削减能力增加指：已有污水处理厂改建、扩建增加污水处理能力（如新增管网、扩容、污水回用等）而形成的 COD 削减量。

3. 污泥产生系数　□氧化沟法　□A/O 法　□膜生物法　□生物滤池　□其他

4. 电量消耗系数　□氧化沟法　□A/O 法　□膜生物法　□生物滤池　□其他

核查单位：　　　　　　　　核查人员：　　　　　　　核查时间：

附表 2：

______省（自治区、直辖市）______市

企事业单位工业废水治理 COD 减排现场核查（督查）表

被核查单位：　　　　　　　　环保管理机构负责人：　　　　　　　　联系电话：

被核查单位地址：

被核查单位中心经度：　　°　′　″　　　　　　中心纬度：　　°　′　″

分类	序号	督查核查项目	督查核查情况
所属行业	1	□食品、饮料制造业　□造纸及纸制品业　□纺织业　□化学纤维制作业 □化学原料及化学制品业　□石油化工　□医药业　□其他	
企业基本情况	2	企业填报削减量（吨/年）	
	3	国控重点	□是　□否
	4	上年环境统计	
	5	产品品种及设计生产能力（吨/年）	
	6	实际产量（万吨/年）	
	7	主要原料名称及消耗量（吨/年）	
	8	污水处理设施削减类型（打√选择）	□当年建成投运□上年度建成投运 □已有装置削减能力增加
	9	建成投运时间	年　月　日
运行情况	10	设计处理工艺	□物理处理法　□化学处理法 □物理化学处理法　□生物处理法 □组合工艺处理法　□其他
	11	设计能力（吨/日）	
	12	实际处理量（吨/日）	
	13	运行天数（天/年）	
	14	污水排放量（吨/日）	
	15	污水外排 COD 浓度（毫克/升）	
	16	污泥产生量（吨/日）	
	17	用电量（千瓦时/日）	
	18	排放口监测类型	□自动监测　□手工监测
	19	自动监控装置是否与环保部门监控平台联网并通过有效性审核	□是　□否
	20	核查当日监测数据记录（　年　月　日）	COD：　流量：
	21	日常运行记录情况	
	22	适用的排放标准（COD 浓度、毫克/升）	
	23	污水排放口数量（个）	
	24	污水排放口规范化整治情况	
	25	扩容能力情况	
	26	污水回用工程运行记录情况	

核查期内环保部门监督管理	27	已进行日常监察次数（次）	
	28	日常监察情况	
	29	日常监察发现的不正常运行情况	□整体不运行或者部分设备不运行 次 □排放污水超过规定标准 30% 次 □污水处理量达不到应接纳量 次
	30	已进行日常监督性监测次数（次）	
	31	日常监测数据情况	
	32	监测已发现的超标排放次数（次）	
	33	清洁生产审核及方案实施情况	
	34	各处理工序现场检查情况	
结论	35		

备注：1. 以上有关情况均需要相关正式证明文件。

核查单位：　　　　　　核查人员：　　　　核查时间：

附表 3：

＿＿省（自治区、直辖市）＿＿＿市

取缔关停企业 COD 污染减排现场核查（督查）表

被核查单位：　　　　　　　　环保管理机构负责人：　　　　　　　　联系电话：

被核查单位地址：

被核查单位中心经度：　　°　　′　　″　　　　　　　中心纬度：　°　　′　　″

分类	序号	督查核查项目	督查核查情况
所属行业	1	□食品、饮料制造业　□造纸及纸制品业　□纺织业　□化学纤维制作业 □化学原料及化学制品业　□石油化工　□医药业　□其他	
关停前基本情况	2	企业填报削减量（吨/年）	
	3	国控重点	□是　□否
	4	列入上年环境统计	
	5	关停生产设施所对应的产品品种及产量	
	6	关停主要设备名称及数量（台套）	
	7	产品名称及实际生产量（吨/年）	
	8	相关产品已生产天数（天/年）	
	9	污染物处理工艺	
	10	适用的 COD 浓度排放标准（毫克/升）	
	11	污水排放量（吨/天）	
	12	污水排放口 COD 浓度（毫克/升）	
核查期内环保部门监督管理	13	已进行的日常监察次数（次）	
	14	日常监察情况	
	15	已进行的日常监督性监测次数（次）	
	16	日常监测情况	
	17	日常监测超标情况	
关停情况	18	关停时间	
	19	拆除生产设施情况	
	20	吊销营业执照情况	
	21	清理相关原料/产品	
	22	断水断电	
	23	当地政府关停文件及相关证明材料	
结论	24		

备注：以上有关情况均需要相关正式证明文件。

核查单位：　　　　　　　　　　核查人员：　　　　　　　　　　核查时间：

附表 4：

______省（自治区、直辖市）______市
燃煤电厂二氧化硫减排现场核查（督查）表

被核查单位：　　　　环保管理机构负责人：　　　　联系电话：
被核查单位地址：
被核查单位中心经度：　°　′　″　　中心纬度：　°　′　″

分类	序号	督查核查项目	督查核查情况
核查期基本情况	1	企业填报削减量（吨/年）	
	2	国控重点	□是　□否
	3	列入上年环境统计	
	4	发电机组规模及台数	
	5	实际发电量（兆瓦）/供热量（兆焦）	
	6	燃煤消耗量（吨）	
	7	燃煤平均含硫率（%）	
	8	有脱硫设施机组的发电量（兆瓦）/上网电价（元/千瓦时）	
核查期脱硫装置建设情况	9	脱硫装置削减类型	□当年建成投运　□上年度建成投运
	10	竣工验收情况	
	11	建成投运时间	年　月　日
	12	处理工艺	
	13	设计烟气处理能力（万标立方米）	
核查期运行情况	14	SO_2 实际去除量（吨/年）	
	15	运行天数（天/年）	
	16	脱硫装置排放口烟气排放量（万标立方米/天）	
	17	脱硫装置排放口二氧化硫浓度（毫克/立方米）	
	18	脱硫装置用电量（千瓦时/日）	
	19	脱硫烟气排放口监测类型	□自动监测　□手工监测
	20	自动监控装置是否与环保部门监控平台联网并通过有效性审核	□有　□无
	21	核查当日监测数据记录（ 年 月 日）	COD：　流量：
	22	脱硫装置日常运行情况	
核查期内环保部门监督管理	23	已进行的日常监察次数（次）	
	24	日常监察情况	
	25	日常监察发现的不正常运行情况	□设施未运行并未报告　次 □未按工艺要求使用脱硫剂　次 □使用旁路偷排　次
	26	已进行的日常监督性监测次数（次）	
	27	日常监测数据情况	
	28	日常监测已发现的超标排放次数（次）	
结论	29		

备注：以上有关情况均需要相关正式证明文件。

核查单位：　　　　核查人员：　　　　核查时间：

附表 5：

____省（自治区、直辖市）______市
非电企业二氧化硫减排现场核查（督查）表

被核查单位： 环保管理机构负责人： 联系电话：
被核查单位地址：
被核查单位中心经度： ° ′ ″ 中心纬度： ° ′ ″

分类	序号	核查（督查）内容	核查（督查）
所属行业	1	□钢铁行业烧结机	□工业企业自备电厂 □建材行业
	2	□有色金属冶炼	□其他类：
核查期基本情况	3	企业填报削减量（吨/年）	
	4	国控重点	□是 □否
	5	列入上年环境统计	
	6	主要产品名称	
	7	设计生产能力	
	8	实际生产量	
	9	燃煤消耗量（吨）	
	10	燃煤平均含硫率（%）	
核查期二氧化硫削减装置运行情况	11	装置削减类型	□当年建成投运□上年度建成投运 □已有装置削减能力增加
	12	竣工验收材料	
	13	建成投运时间	年 月 日
	14	废气设计处理工艺	
	15	废气设计处理能力（万 Nm^3）	
	16	实际处理量（吨/年）	
	17	运行天数（天/年）	
	18	装置排放口废气排放量（万 Nm^3）	
	19	装置排放口 SO_2 浓度（毫克/立方米）	
	20	装置用电量（千瓦时/日）	
	21	废气排放口监测类型	□自动监测 □手工监测
	22	自动监控装置是否与环保部门监控平台联网并通过有效性审核	□有 □无
	23	核查当日监测数据记录（ 年 月 日）	COD： 流量：
	24	装置日常运行情况	
	25	二氧化硫综合利用情况	
核查期内环保部门监督管理	26	已进行的日常监察次数（次）	
	27	日常监察情况	
	28	日常监察发现的不正常运行情况	□设施未运行并未报告 次 □未按工艺要求使用脱硫剂 次 □使用旁路偷排 次
	29	日常监督性监测频次（次）	
	30	日常监测数据情况	
	31	日常监测已发现的超标排放次数（次）	
	32	清洁生产审核及方案实施情况	
结论	33		

备注：1. 以上有关情况均需要相关正式证明文件。
2. 已有装置削减能力增加指：通过改建、扩建增加处理能力，提高治理效率，提高排放标准等对应的污染物排放削减。

核查单位： 核查人员： 核查时间：

附表6:

________省（自治区、直辖市）______市

取缔关停企业二氧化硫污染减排现场核查（督查）表

被核查单位:　　　　　　　环保管理机构负责人:　　　　　　　联系电话:

被核查单位地址:

被核查单位中心经度:　　°　′　″　　　　　中心纬度:　°　′　″

分类	序号	督查核查项目	督查核查情况
关停前基本情况	1	企业填报削减量（吨/年）	
	2	国控重点	□是　　□否
	3	列入上年环境统计	
	4	二氧化硫处理工艺	
	5	相关产品品种及产量（吨/年）	
	6	相关产品实际生产能力（吨/年）	
	7	相关产品已生产天数（天）	
	8	废气排放量（Nm^3）	
	9	废气排放二氧化硫浓度（毫克/立方米）	
	10	关停生产设施所对应的产品品种及产量（吨/年）	
	11	关停主要设备数量	
	12	适用的二氧化硫排放标准（毫克/立方米）	
核查期内环保部门监督管理	13	已进行的日常监察次数（次）	
	14	日常监察情况	
	15	已进行的日常监督性监测次数（次）	
	16	日常监测数据情况	
	17	日常监测超标情况	
关停情况	18	关停时间	
	19	拆除生产设施情况	
	20	吊销营业执照情况	
	21	清理相关原料/产品	
	22	断水断电	
	23	当地政府关停文件及相关证明材料	
结论	24		

备注：以上有关情况均需要相关正式证明文件。

核查单位:　　　　　　　核查人员:　　　　　　　核查时间:

附表 7：

______省（区、市）______年（上半年）

污染减排核查及计划完成情况一览表

污染物	措施名称	地方报告全年计划削减量（吨）	项目数（个）	地方报告实际削减量（吨）	地方核算完成率（%）	核查项目数		核查削减量*				和地方的差（%）**	核查组认定计划完成率（%）
						数量（个）	现场核查比例（%）	现场核查削减量（吨）	书面审查削减量（吨）	合计	现场核查比例（%）		
COD减排	污水处理厂												
	污染源治理项目												
	结构调整 COD 减排项目												
	管理减排												
	COD 减排合计												
SO_2减排	燃煤发电机组烟气脱硫项目												
	非电力工程减排项目												
	结构调整减排项目												
	管理减排												
	SO_2减排合计												

备注：*现场核查与书面审查合计比例应为 100%。

**（ ）内数字指核查结果比地方报告削减量小。

附表 8:

______省（区、市）______年（上半年）

城市污水处理厂工程项目一览表

序号	市县	污水处理厂名称	处理工艺	设计规模（万吨/日）	实际处理规模（万吨/日）	试运行时间	本期实际处理总水量（万吨）	进水平均浓度	出水平均浓度	地方报送的本期削减量	认定结果（万吨）	核查方式（现场核查注明核查日期）	备注
合计													

附表 9：

______省（区、市）______年（上半年）

企业事业单位工业废水治理 COD 削减项目一览表

序号	地区	企业名称	生产设备名称	设计规模（吨/日）	处理工艺	验收或试运行时间	污染物去除率*	上年度环统量	地方报送削减量（吨）	认定结果（万吨）	核查方式（现场核查注明核查日期）	备注
合计												

备注：*改造工程注明前后去除率或吸收率。

附表 10：

______省（区、市）______年（上半年）结构调整 COD 减排项目一览表

序号	市县	工业企业名称	全厂关闭或关停和淘汰设施、生产线名称	关停规模	关停时间	相关文件或证明材料	上年环境统计排放量（吨）	地方报送的削减量	认定结果（万吨）	核查方式（现场核查注明核查日期）	备注
合计											

附表 11：

______省（区、市）______年（上半年）

燃煤电厂脱硫工程项目一览表

序号	地区	企业名称	机组编号	投运装机（兆瓦）	机组投产日期	脱硫设施稳定运行（168）日期	脱硫方法	脱硫公司	电厂自报核查期实际削减量（万吨）	省报计划削减量（万吨）	核查期发电量（亿度）	核查期煤耗量（万吨）	2006 年环统硫分（%）	核查期平均硫分（%）	核查期平均脱硫效率	核查期 SO_2 去除量（万吨）	认定结果（万吨）	核查方式（现场核查注明核查日期）	备注
合计																			

附表 12：

______省（区、市）______年（上半年）

非电企业二氧化硫废气治理减排工程项目一览表

序号	市县	企业名称	所属行业	设备名称	规模	项目名称	治理技术（详细描述）	投运时间	污染物去除率*	上年度环统排放量	企业自报污染物削减量	省局报污染物计划削减量	核查组核算量（吨）	核查方式（现场核查注明核查日期）	备注
合计															

备注：*改造工程注明前后去除率或吸收率。

附表 13：

______省（区、市）______年（上半年）

关停小火电机组二氧化硫削减项目一览表

序号	市县	企业名称	关闭机组号（1号1行）	规模（兆瓦）	停产时间	上年度环统排放量	企业自报 SO_2 削减量	省局报 SO_2 计划削减量	核查组核算量（吨）	核查方式（现场核查注明核查日期）	备注
合计											

附表 14：

______省（区、市）______年（上半年）

非电企业结构调整二氧化硫减排项目一览表

省份	市县	企业名称	所属行业	全厂关闭或关停和淘汰设施、生产线名称	关停规模	上年度环统排放量	关停日期	相关文件或证明材料	企业自报 SO_2 削减量	省局报 SO_2 计划削减量	核查组核算量（吨）	核查方式（现场核查注明核查日期）	备注
合计													

附表 15：

______省（区、市）______年（上半年）管理减排核查表

序号	市县	企业名称	污染物	上年环统污染物排放量（吨）	上年核查期同期排放达标率（%）	提高稳定达标率方法*	核查期稳定达标率（%）	核查期达标量	是否属于重点源	自动监测装置运行机联网情况	上年度环统量	企业自报削减量	省局报计划削减量	核查组核算量（吨）	核查方式（现场核查注明核查日期）	备注

备注：*实施清洁生产减排者需要附清洁生产审核报告及相关行政主管部门的评审、验收材料。

主要污染物总量减排核算细则（试行）

第一章 总 则

为规范“十一五”期间主要污染物总量核算工作，统一核算范围、计算方法、认定尺度、取值标准，加强对各地污染减排工作的指导，确保完成“十一五”全国主要污染物总量减排目标，依据《国务院关于印发节能减排综合性工作方案的通知》（国发[2007]15 号）、《国务院批转节能减排统计监测及考核实施方案和办法的通知》（国发[2007]36 号）以及《“十一五”主要污染物总量减排核查办法（试行）》（环发[2007]124 号）的有关规定，制定本细则。

一、适用范围

本细则适用于国家对各省、自治区、直辖市核算期（年、半年度）主要污染物新增量、削减量和排放量的核算。主要污染物排放量是指“十一五”期间实施总量控制的两项污染物，即化学需氧量（COD）和二氧化硫（SO_2）的排放量。

各省、自治区、直辖市对本行政区域内 COD 和二氧化硫排放量的核算可参照本细则执行。

二、核算原则

1．坚持实事求是的原则。核算工作要坚持实事求是，反对弄虚作假。要使核算数据准确反映各地区核算期主要污染物排放情况，并且与当地经济发展和污染防治工作实际情况相协调。

2．坚持与环境统计制度相结合的原则。严格按照国家环境统计报表制度的规定，认真做好核算数据与“十一五”统计报表的衔接，确保数据的真实性和可比性。

3．坚持现场核查与资料审核相结合的原则。重点核算各地区核算期主要污染物排放量变化情况。根据当年经济社会发展情况核算新增排放量，以资料审核为重点，结合现场核查，依据明确的核算方法对各地上报的减排工程项目逐一核实削减量，并保持半年、年度之间工程项目和核算数据的连续性。

三、核算方式

主要污染物排放量核算由基础性准备工作、数据核查验证工作、总量审核工作三部分组成。

1．各省、自治区、直辖市环保部门负责协调并督促做好本行政区域内主要污染物排放总量减排核算的基础性工作，包括用于主要污染物新增量核算的基础资料、2005 年以来历年环境统计数据库和减排项目台账、核算期减排工程项目详细清单及相关验证文件等，并对本区域内的主要污染物总量减排情况进行核算，核算结果及其主要参数的取值依据一并上报国家环保总局。

2．环保总局各督查中心（下称督查中心）负责收集主要污染物总量减排核算的相关数据，现场核查重点企业排放达标情况、减排工程建设与运行情况，抽查验证各地新增主要污染物削减量计算结果的真实性与准确性等，并将经审核认定后的减排项目清单、减排数据、核算结果及其主要参数的取值依据等上报国家环保总局。

3．国家环保总局负责各省、自治区、直辖市污染物排放量的最终审核与认定。

第二章　COD 总量减排量的核算

核算期 COD 排放量为上年（半年）度的排放量与本年（半年）度新增排放量之和减去本年（半年）度新增削减量。

计算公式为：

$$E = E_0 + E_1 - R \tag{2-1}$$

式中：E——COD 排放量，万吨；

E_0——上年（半年）COD 排放量，万吨；

E_1——核算期新增 COD 排放量，万吨；

R——核算期新增 COD 削减量，万吨。

第一节　新增COD排放量的核算

新增 COD 排放量是指核算期与上年同期相比，由于工业生产活动和城镇人口增加导致的 COD 排放增加量。

计算公式为：

$$E_1 = E_{工业} + E_{生活} \tag{2-2}$$

式中：E_1—— 核算期新增 COD 排放量，万吨；

$E_{工业}$—— 新增工业 COD 排放量，万吨；

$E_{生活}$—— 新增生活 COD 排放量，万吨。

一、新增工业 COD 排放量的核算

计算公式为：

$$E_{工业}=I_{2005}\times GDP_{上}\times r \quad (2-3)$$

式中：$E_{工业}$—— 新增工业 COD 排放量，万吨；

I_{2005}—— 2005 年 COD 排放强度，万吨/亿元；

$GDP_{上}$—— 上（半年）年 GDP，亿元；

r—— 扣除低 COD 排放行业贡献率和监测与监察系数后的 GDP 增长率，%。

公式（2-3）中各参数来源和计算方法如下：

① I_{2005}＝2005 年工业 COD 排放量（万吨）/2005 年 GDP（亿元）。

② 上（半）年 GDP 数据使用国家统计局公布的数据。

③ r＝[1－（低 COD 排放行业工业增加值的增量（亿元）/GDP 的增量（亿元））]×计算用 GDP 增长率（%）。

数据来源：

a. 低 COD 排放行业包括电力业（火力发电）、黑色金属冶炼业（钢铁）、非金属矿物制品业（建材）、有色金属冶炼业、电器机械及器材制造业、仪器仪表及文化办公用品机械制造业和通讯计算机及其他电子设备制造业 7 个行业。情况特殊的个别省份可以根据排放强度适当调整 1~2 个行业，但行业总数不得超过 7 个。

电力、黑色金属冶炼等 7 个低 COD 排放行业的工业增加值的增量暂时使用当地统计局数据，如无数据，按上年 7 个行业工业增加值增量对上年 GDP 增量的贡献率作为核算年贡献率进行计算。

b. 核算年 GDP 增长率及 GDP 增量暂时使用国家统计局和当地统计局数据，如无数据，取上半年增长率数值进行计算，待国家统计局公布新的数据后，统一调整。

c. 计算用 GDP 增长率＝当年 GDP 增长率－监测与监察系数。

监测与监察系数取决于监测与监察达标率，取值如下：

监测与监察达标率＝监测达标企业数/监测企业总数×0.5＋监察达标企业数/监察企业总数×0.5

监测与监察达标率达到 100%的，监测与监察系数为 2%；达到 90%的为 1.8%；达到 80%的为 1.6%；达到 70%的为 1.4%；达到 60%的为 1.2%；达到 50%的为 1%；低于 50%的为 0。

监测与监察系数按照国家环保总局的有关规定进行确定。

上述增量和增长率均是指核算期与上年同期相比。

有条件的省份可参照以下方法对各市（州、盟）新增工业 COD 量数据进行校核。

计算公式为：

$$E_{工业}=\sum_{i=1}^{n}(X_i\times Y_i) \quad (2-4)$$

式中：X_i—— 第 i 行业上年排放强度（上年第 i 行业 COD 排放量/上年第 i 行业工业增加值），万吨/亿元；

Y_i—— 当年第 i 行业新增工业增加值，亿元；

n—— 行业总个数。

二、新增生活 COD 排放量的核算

新增生活 COD 排放量采用产生系数法计算，根据新增城镇常住人口数计算得到。

计算公式为：

$$E_{生活} = P_N \times e \times d \times 10^{-6} \tag{2-5}$$

式中：$E_{生活}$—— 新增生活 COD 排放量，万吨；

P_N—— 新增城镇常住人口，万人；

e—— 各地人均 COD 产生系数，克/(人・日)；

d—— 计算天数，天；全年核算为 365，半年核算为 183。

其中：新增城镇常住人口数=上年城镇常住人口数×城镇人口增长率。

数据来源及有关说明：

① 城镇人口增长率暂时使用当地统计局数据，待国家统计局公布新数据后统一调整。上年人口统计数为非农业人口的，可仍采用非农业人口数计算。

② 城镇生活 COD 产生系数优先采用各地区实测的 COD 产生系数（实测的 COD 产生系数须经国家相关部门予以认可），没有实测 COD 产生系数的，全国平均取值为 75 克/(人・日)，北方城市平均值为 65 克/(人・日)，北方特大城市为 70 克/(人・日)，北方其他城市为 60 克/(人・日)，南方城市平均值为 90 克/(人・日)。

第二节　新增COD削减量的核算

新增 COD 削减量是指核算期与上年同期相比，通过实施工程减排、结构调整减排和加强监督管理减排等措施，而形成新增的连续稳定的 COD 削减量。

计算公式为：

$$R = R_{工程} + R_{结构} + R_{管理} \tag{2-6}$$

式中：R—— 核算期新增 COD 削减量，万吨；

$R_{工程}$—— 工程减排新增 COD 削减量，万吨；

$R_{结构}$—— 结构调整减排新增 COD 削减量，万吨；

$R_{管理}$—— 监督管理减排新增 COD 削减量，万吨。

一、治理工程新增 COD 削减量的核算

治理工程新增削减量包括工业企业新增治污设施增加的 COD 削减量和建设城镇污水处理设施增加的 COD 削减量。即：

$$R_{工程} = R_{企业} + R_{污水处理厂} \quad (2\text{-}7)$$

式中：$R_{工程}$—— 工程减排新增 COD 削减量，万吨；

$R_{企业}$—— 工业企业新增治污设施增加的 COD 削减量，万吨；

$R_{污水处理厂}$—— 建设污水集中处理设施增加的 COD 削减量，万吨。

（一）工业企业治理工程新增削减量的核算

1. 核算工业企业治理工程新增削减量的原则

（1）纳入上年环境统计重点调查单位名录的工业企业新增治污设施，予以核算新增削减量。计算得出的削减量原则上不能超过该企业上年环境统计排放量与当年实际排放量的差值。

（2）削减量核算按照以下顺序采用数据，第一是与当地环保部门监控平台联网并通过数据有效性校核的自动在线监测数据；第二是各级环保部门对污水处理工程的日常监督性监测数据和监察报告。企业自身监测数据作为参考。

（3）工业企业核算期新建的污水治理工程和原有污水治理工程进行深度处理，通过调试期后并连续稳定运行的，从其通过调试期的第二个月起，按照实际运行时间、处理水量和处理效率核算新增削减量。

（4）下列情况不计新增削减量：

- ❖ 未纳入上年环境统计重点调查单位名录的企业；
- ❖ 自 2007 年起新建项目"三同时"治理工程去除量；
- ❖ 企业废水直接排入城市污水处理厂或工业园区集中处理设施的企业，其新增 COD 削减量在集中处理设施中进行核算。

2. 工业企业治理工程新增削减量的核算

工业企业治理工程新增削减量核算分以下几种情形：

（1）废水排放量没有明显变化的企业，经过深度治理后，新增削减量计算公式为：

$$R_{企业} = WQ_{上年} \times \frac{m_{核查期运} - m_{上年运}}{m_{核查期}} \left[\left(C_{i当年} - C_{o当年} \right) - \left(C_{i上年} - C_{o上年} \right) \right] \times 10^{-6} \quad (2\text{-}8)$$

式中：$R_{企业}$—— 治理工程新增削减量，万吨；

$WQ_{上年}$—— 上年同期污水处理量，万吨；

$C_{i当年}$—— 当年处理设施进水浓度，毫克/升；

$C_{o当年}$—— 当年处理设施出水浓度，毫克/升；

$C_{i上年}$—— 上年同期处理设施进水浓度，毫克/升；

$C_{o上年}$—— 上年同期处理设施出水浓度，毫克/升；

$m_{上年运}$—— 上年处理设施运行月数；

$m_{核查期运}$—— 核查期处理设施运行月数；

$m_{核查期}$—— 核查期月数。

（2）因生产能力提高等导致废水排放量明显增加的工业企业，废水经过深度治理的，计算公式为：

$$R_{企业} = WQ_{当年} \times \frac{m_{核查期运} - m_{上年运}}{m_{核查期}} \times \left(C_{o上年} - C_{o当年}\right) \times 10^{-6} \quad (2\text{-}9)$$

式中：$R_{企业}$—— 治理工程新增削减量，万吨；

$WQ_{当年}$—— 当年污水处理量，万吨；

$C_{o上年}$—— 上年同期处理设施出水浓度，毫克/升；

$C_{o当年}$—— 当年处理设施出水浓度，毫克/升；

$m_{上年运}$—— 上年处理设施运行月数；

$m_{核查期运}$—— 核查期处理设施运行月数；

$m_{核查期}$—— 核查期月数。

（3）因生产能力减少等导致废水排放量明显减少的工业企业，废水经过深度治理，计算公式为：

$$R_{企业} = WQ_{当年} \times \frac{m_{核查期运} - m_{上年运}}{m_{核查期}} \times \left[\left(C_{i当年} - C_{o当年}\right) - \left(C_{i上年} - C_{o上年}\right)\right] \times 10^{-6} \quad (2\text{-}10)$$

式中：$R_{企业}$—— 治理工程新增削减量，万吨；

$WQ_{当年}$—— 当年污水处理量，万吨；

$C_{i当年}$—— 当年处理设施进水浓度，毫克/升；

$C_{o当年}$—— 当年处理设施出水浓度，毫克/升；

$C_{i上年}$—— 上年同期处理设施进水浓度，毫克/升；

$C_{o上年}$—— 上年同期处理设施出水浓度，毫克/升；

$m_{上年运}$—— 上年处理设施运行月数；

$m_{核查期运}$—— 核查期处理设施运行月数；

$m_{核查期}$—— 核查期月数。

（4）经过深度治理，工业企业因用水效率提高，生产能力不变甚至提高，而废水排放量明显减少的，计算公式为：

$$R_{企业} = E_{o} - WQ_{当年} \times C_{o当年} \times 10^{-6} \quad (2\text{-}11)$$

式中：$R_{企业}$—— 治理工程新增削减量，万吨；

E_{o}—— 按照上年同期环统排放量，万吨；

$WQ_{当年}$—— 当年同期污水处理量，万吨；

$C_{o当年}$—— 当年处理设施出水浓度，毫克/升。

（二）城镇污水处理设施新增COD削减量的核算

城镇污水处理设施新增削减量为核算期设施去除量减去上年同期设施去除量。

1. 城镇污水处理设施新增削减量计算原则

（1）城镇污水处理厂和集中处理设施COD削减量核算按照以下原则采用数据：第一是与当地环保部门监控平台联网并通过数据有效性校核的自动在线监测数据；第二是各级环保部门对污水处理工程的日常监督性监测数据和监察报告。企业生产运行台账和自身监测数据作为参考。

（2）原有城市污水处理厂及配套设施通过改、扩建等增加处理水量和提高处理效果的，必须提供新增管网长度、扩容能力等相关文件、资料。

（3）当年新建运行的城市污水处理厂通过调试的，从其通过调试期的第二个月起，按照实际运行时间、处理水量和处理效率核算COD削减量。

（4）城市污水处理厂进水浓度年际波动不能过大。如当年进水浓度与上年相比明显升高并无充分理由的，按照上年环统中相应区域污水浓度数据核算COD削减量。

（5）污水处理后再生利用的削减量计算，要有详实的污水再生利用水量数据资料，包括再生利用水量的深度处理设施运行台账、监测数据、再生水用途、水费收据等证明材料。

（6）城市污水处理设施处理水量超过设计能力导致的新增处理水量，要对水量数据进行详细核实。城镇污水处理设施新增处理水量增长量较大时，也需要对水量数据进行验证。主要采用产泥量、用电量等方法验证新增水量是否准确。其验证方法如下：

① 产泥量验证处理水量：查阅城镇污水处理设施的生产运行台账，通过干泥产生量来反算污水处理设施处理水量。

计算处理水量应为干泥产生量与污泥产生系数之比。

污泥产生系数通常取0.000 1～0.000 12。

② 用电量验证处理水量：查阅城镇污水处理设施的生产运行台账，通过用电量来反算污水处理设施处理水量。

计算处理水量为用电量与单位耗电量之比。

单位处理水量耗电量通常取0.2～0.35度/吨。

③ 管网服务人口验证处理水量：查阅城镇污水处理设施的生产运行台账，通过增加管网来反算污水处理设施处理水量。

计算处理水量为新增管网服务人口与人均综合排水量之积。

人均综合排水量通常取80～180升/日。

2. 城镇污水处理设施新增削减量的核算

城镇污水处理设施新增削减量核算分以下几种情形：

（1）新建污水处理设施削减量的核算

① 生活污水量达到或超过总处理水量90%的，所有污水均视为生活污水进行计算。

计算公式为：

$$R_{污水处理厂} = Q_{当年} \times D \times \left(C_{i当年} - C_{o当年}\right) \times 10^{-6} \tag{2-12}$$

式中：$R_{污水处理厂}$—— 城镇污水处理设施新增 COD 削减量，万吨；

$Q_{当年}$—— 当年城镇污水处理厂日污水处理量，万吨/日；

D—— 污水处理厂实际运行天数，日；

$C_{i当年}$—— 当年污水处理厂进水浓度，毫克/升；

$C_{o当年}$—— 当年污水处理厂出水浓度，毫克/升。

② 生活污水量低于总处理水量 90%，其余为工业废水的，计算公式为：

$$R_{污水处理厂} = R_{生活} + R_{工业} \tag{2-13}$$

式中：$R_{污水处理厂}$—— 城镇污水处理设施新增 COD 削减量，万吨；

$R_{生活}$—— 城镇污水处理厂处理生活污水新增 COD 削减量，万吨；

$R_{工业}$—— 城镇污水处理厂处理工业废水新增 COD 削减量，万吨。

其中：

$$R_{生活} = Q_{当年} \times D \times \left(C_{i当年} - C_{o当年}\right) \times 10^{-6} \tag{2-14}$$

式中：$R_{生活}$—— 城镇污水处理厂处理生活污水 COD 削减量，万吨；

$Q_{当年}$—— 当年城镇污水处理厂日污水处理量，万吨/日；

D—— 当年污水处理厂实际运行天数，日；

$C_{i当年}$—— 当年污水处理厂进水浓度，毫克/升；

$C_{o当年}$—— 当年污水处理厂出水浓度，毫克/升。

$$R_{工业} = \sum_{i=1}^{n} E_{企业i} \times \frac{D}{365} - WQ_{工业} \times C_{o当年} \times 10^{-6} \tag{2-15}$$

式中：$R_{工业}$—— 城镇污水处理厂处理工业废水 COD 削减量，万吨；

$E_{企业i}$—— 进入污水处理厂的第 i 个企业上年环境统计数据库 COD 排放量，万吨；

D—— 污水处理厂实际运行天数，日；

$WQ_{工业}$—— 进入城市污水处理设施中的工业废水量，万吨；

$C_{o当年}$—— 当年污水处理厂出水浓度，毫克/升。

未纳入环境统计重点调查单位名录的企业，不在核算范围。

（2）原有污水处理厂新建设施提高处理水量，进、出水浓度无明显变化的，新增削减量计算公式为：

$$R_{污水处理厂} = Q_{新增} \times D \times \left(C_{i} - C_{o}\right) \times 10^{-6} \tag{2-16}$$

式中：$R_{污水处理厂}$—— 城镇污水处理设施新增 COD 削减量，万吨；

$Q_{新增}$—— 新增日污水处理量，万吨/日；

D—— 当年污水处理厂实际运行天数，日；

C_i—— 当年污水处理厂进水浓度，毫克/升；

C_o—— 当年污水处理厂出水浓度，毫克/升。

（3）原有污水处理厂新建深度治理设施后降低了出口浓度，处理水量变化量小于10%的，新增削减量计算公式为：

$$R_{污水处理厂} = Q_{当年} \times D \times \left[\left(C_{i现} - C_{o现} \right) - \left(C_{i原} - C_{o原} \right) \right] \times 10^{-6} \tag{2-17}$$

式中：$R_{污水处理厂}$—— 城镇污水处理设施新增COD削减量，万吨；

$Q_{当年}$—— 城镇污水处理厂当年日处理污水量，万吨/日；

D—— 新建深度治理设施后污水处理厂实际运行天数，日；

$C_{i现}$—— 新建深度治理设施后进水浓度，毫克/升；

$C_{o现}$—— 新建深度治理设施后出水浓度，毫克/升；

$C_{i原}$—— 新建深度治理设施前进水浓度，毫克/升；

$C_{o原}$—— 新建深度治理设施前出水浓度，毫克/升。

（4）原有污水处理厂新建再生水回用工程，新增削减量计算公式为：

$$R_{污水处理厂} = WQ_{中水} \times C_o \times 10^{-6} \tag{2-18}$$

式中：$R_{污水处理厂}$—— 城镇污水处理设施新增COD削减量，万吨；

$WQ_{中水}$—— 污水处理厂较上年新增再生水回用量，万吨；

C_o—— 污水处理厂外排水出口浓度，毫克/升。

（5）原有污水处理设施处理水量和进出水浓度都发生变化，且处理的污水由工业废水与生活污水共同构成，其计算公式为：

$$R_{污水处理厂} = \left(Q_{当年} - Q'_{当年} \right) \times D_{当年} \times \left(C_{i当年} - C_{o当年} \right) \times 10^{-6} - Q_{上年} \times D_{上年} \times \left(C_{i上年} - C_{o上年} \right) \times 10^{-6} - \sum_{j=1}^{n} \left[WQ_j \times \left(C_{oj当年} - C_{oj上年} \right) \times 10^{-6} \right] \tag{2-19}$$

式中：$R_{污水处理厂}$—— 城镇污水处理设施新增COD削减量，万吨；

$Q_{当年}$—— 当年城镇污水处理厂日污水处理量，万吨/日；

$Q'_{当年}$—— 当年非环统重点企业新增的日排入污水处理厂污水量，万吨/日；

$D_{当年}$—— 当年污水处理厂实际运行天数，天；

$C_{i当年}$—— 当年污水处理厂进水浓度，毫克/升；

$C_{o当年}$—— 当年污水处理厂出水浓度，毫克/升；

$Q_{上年}$—— 上年同期城镇污水处理厂日污水处理量，万吨/日；

$D_{上年}$——上年同期污水处理厂实际运行天数，日；

$C_{i上年}$——上年同期污水处理厂进水浓度，毫克/升；

$C_{o上年}$——上年同期污水处理厂出水浓度，毫克/升；

WQ_j——第 j 个企业排入污水处理厂水量，万吨；

$C_{oj当年}$——第 j 个企业当年排入污水处理厂的污水浓度，毫克/升；

$C_{oj上年}$——第 j 个企业上年环统废水排放浓度，毫克/升，当年新建企业按上年环统该类企业平均排放浓度计算。

（6）集中处理设施新增削减量的核算

主要针对工业园区内若干家企业共用 1 个或多个污水集中处理设施的情况。分为两种情况，一是新建工业企业排入新建污水集中处理设施，二是原有企业排入新建污水集中处理设施。

① 新建工业企业排入新建污水集中处理设施，新增削减量计算公式为：

$$R_{污水处理厂}=Q\times D\times\left(\overline{C}_{o工业}-C_o\right)\times10^{-6} \tag{2-20}$$

式中：$R_{污水处理厂}$——集中处理设施新增 COD 削减量，万吨；

Q——日污水处理量，万吨/日；

D——污水处理厂实际运行天数，日；

$\overline{C}_{o工业}$——当年工业平均排放浓度，毫克/升；

C_o——污水处理厂出水 COD 浓度，毫克/升。

② 原有企业排入新建污水集中处理设施，新增削减量的计算公式为：

$$R_{污水处理厂}=\sum_{j=1}^{n}\left[WQ_j\times\left(C_{oj上年}-C_o\right)\times10^{-6}\right] \tag{2-21}$$

式中：$R_{污水处理厂}$——集中处理设施新增 COD 削减量，万吨；

WQ_j——第 j 个企业排入污水处理厂水量，万吨；

$C_{oj上年}$——第 j 个企业上年环统废水排放浓度，毫克/升；

C_o——污水处理设施出水浓度，毫克/升。

未纳入上年环境统计重点调查企业的废水排放量不能计入削减量。

二、结构调整新增 COD 削减量的核算

结构调整削减量主要是指关停工业企业或其生产设施形成的削减量。分为两种类型，第一类是纳入上年环境统计重点调查单位名录的企业，第二类是环境统计非重点调查单位。

（一）结构减排新增削减量核算原则

1．淘汰、取缔、关停企业或设施（含破产企业）的认定要有实证性的证明材料，表明企业工艺和设备必须是永久性关停并有具体关停时间（如停止工业用水、工业用电，提供相应具

有法律效应的文件如当地政府的关闭文件、破产文件、吊销营业执照文件、环境监察部门的监察记录、关停前后照片等）。

2．自然关停企业，不能等同于淘汰关闭企业核算削减量，如无明确的能够认定企业无法恢复生产的有效证据（如主要生产设备拆除、缺失、淹没等），不计算其COD削减量。

3．实施停产治理、限期治理的企业一律不计算COD削减量，待企业完成治理恢复正常生产后再根据治理设施运行情况，按照治理工程核算新增COD削减量。

（二）关停环境统计重点调查企业新增削减量的核算

关停环境统计重点调查企业削减量是指淘汰、取缔、关停纳入上年环境统计重点调查单位名录的企业或设施而减少的COD排放量。

关停环境统计重点调查企业形成的削减量按上年环境统计数据库中的排放量，从实际关停的第二个月起计算。

1．关停重点调查企业削减量的核算原则

（1）关停导致的当年削减量须小于或等于该企业上年环统排放量；核算期当年关停的，按照上年同期纳入环境统计的排放量减去当年核算期实际排放量计算其COD削减量；核算期上年关停但不满一年的，COD削减量为上年同期环境统计排放量。

（2）关停部分生产线、淘汰部分生产设备的企业新增削减量的核算，不能将企业上年环境统计排放量视为关停部分生产线的削减量。应按照物料衡算或产生系数法单独计算削减量，但不能超过企业上年环统排放量。

（3）原来纳入环境统计中的企业群或者畜禽养殖群的淘汰关停，不能笼统计算整个企业群的关停削减量，应分别对每个单独企业的COD削减量进行核算。如无法分开计算，可按照等比例估算的方法计算削减量。

2．关停重点调查企业削减量的核算

关停环境统计重点调查企业（设施）而形成的削减量按以下两种情形进行核算：

（1）在环统中且为上年关停的企业削减量核算

某企业当年新增削减量按上年环境统计库中COD排放量取值。

（2）在环统中且为当年关停的企业削减量的核算方法

当年削减量按上年环境统计库中COD排放量与月份折算。计算公式如下：

$$R_{结构}=(12-m_{关})/12\times E_{上年} \tag{2-22}$$

式中：$R_{结构}$—— 当年削减量，万吨；

$m_{关}$—— 核查期关停的月份；

$E_{上年}$—— 上年环境统计数据库中的COD排放量，万吨。

（三）环境统计非重点调查企业新增削减量的核算

为鼓励各地加快推进产业结构调整，加大重污染小企业关闭淘汰力度，对环境统计非重点调查企业的关停核算部分削减量。对于此类取缔关停企业、设施，其 COD 实际排放量按照监测数据、物料衡算、产污系数等方法进行核算。但该类企业削减量合计不能高于本地区上年度非重点污染源排放量（按照工业 COD 排放量的 15%计）的 20%。

三、加强监督管理新增 COD 削减量的核算

纳入上年度环境统计重点调查单位名录的企业，通过加强对原有治污设施的监督管理新增削减量的计算公式参照工程减排计算，但不得重复计算。

加强监督管理新增削减量计算原则为：

1．采用当地环境监测部门对该企业每月环境监测数据，取平均值计算核算期该企业的废水排放浓度。

2.加强监督管理减排考虑提高排放标准或排放水平、实施清洁生产等情况下企业新增 COD 削减量，对其他情况不予认定。

3．清洁生产形成的减排部分，仅包括因实施清洁生产审核报告中提出的中高费方案而形成的稳定减排能力。其原材料消耗、废水处理量、进出口浓度、效率等主要参数，采用清洁生产审核方案实施前后的差值。各项参数取值以省级环保部门或清洁生产相关行政主管部门的评审、验收报告为依据，强制性清洁生产审核部分以达标排放为核算依据，并按照《“十一五”主要污染物总量减排核查办法（试行）》的程序现场核查后的数据为准。

4.企业提高排放标准的COD减排项目只包括上年环境统计范围内执行旧排放标准的企业，新建企业不计算新增削减量。

第三章　二氧化硫总量减排量的核算

核算期二氧化硫排放量为上年（半年）度的排放量与本年（半年）度新增排放量之和减去本年（半年）度新增削减量。

核算公式为：

$$E=E_0+E_1-R \tag{3-1}$$

式中：E—— 核算期二氧化硫排放量，万吨；

E_0—— 上年（半年）二氧化硫排放量，万吨；

E_1—— 核算期新增二氧化硫排放量，万吨，包括脱硫设施不正常运行的新增排放量，万吨；

R—— 核算期新增二氧化硫削减量，万吨。

第一节　新增二氧化硫排放量的核算

新增二氧化硫排放量指核算期与上年同期相比，由于工业生产活动和居民生活导致二氧化

硫排放的增加量，核算方法为：

$$E_{新}=E_{电}+E_{非电} \tag{3-2}$$

式中：$E_{新}$—— 核算期新增二氧化硫排放量，万吨；

$E_{电}$—— 新增火电二氧化硫排放量，万吨；

$E_{非电}$—— 新增非电二氧化硫排放量，万吨。

一、新增火电二氧化硫排放量

新增火电二氧化硫排放量指由于发电量、供热量增加导致二氧化硫排放增加的量，核算公式为：

$$E_{电}=E_{产}-R_{脱硫}=M_{煤}\times S\times\alpha\times10^{-2}-\sum_{i=1}^{n}M_i\times S_i\times\alpha\times\eta_i\times10^{-2} \tag{3-3}$$

式中：$E_{产}$—— 新增火力发电量、供热量导致的二氧化硫产生量，万吨；

$R_{脱硫}$—— 当年新投产和上年投运接转燃煤机组配套脱硫设施新增二氧化硫削减量，万吨；

$M_{煤}$—— 发电（供热）新增煤炭消耗量，万吨，按照统计数据取值，如果没有统计数据，按以下公式核算：

$$M_{煤}=M_{电}+M_{热}=(P_{火}-P_{气})\times g\times\beta\times10^{-2}+\Delta H\times40\times\beta\times10^{-3} \tag{3-4}$$

式中：$M_{电}$—— 新增火力发电用煤消耗量，万吨；

$M_{热}$—— 新增供热量用煤消耗量，万吨；

$P_{火}$—— 新增火力发电量，亿千瓦时；

$P_{气}$—— 新增燃气发电量，亿千瓦时；必须提供新增燃料气体消耗量；

g—— 新增火力发电量对应的发电标准煤耗，克标煤/千瓦时；原则上取 320 克标煤/千瓦时。核算期内，没有新投运和上年接转燃煤发电机组的地区，按照当年该地区全口径火力发电厂平均发电煤耗取值；

β—— 燃料与标煤转换系数，除个别省外，原煤与标煤转换系数β取 1.4，燃料油与标煤β取 0.7；

ΔH—— 新增供热量，万百万千焦；如果无法提供新增供热量，按火力发电量增长速度与上（半）年供热量之积估算；

α—— 二氧化硫释放系数，燃煤机组取 1.6，燃油机组取 2.0；

S—— 新增发电、供热用煤平均硫分，%，计算公式为：

$$S=\sum_{i=1}^{n}(M_i\times S_i)\Big/\sum_{i=1}^{n}M_i \tag{3-5}$$

式中：M_i—— 当年新投产第 i 个燃煤机组脱硫设施通过 168 小时移交后的第二个月算起的煤炭

消耗量，万吨；对于上年接转并在当年满负荷运行的燃煤机组，M_i为第 i 个燃煤机组脱硫设施通过 168 小时移交后的第二个月算起的煤炭消耗量差额，即核算期煤炭消耗量与上年同期脱硫设施已运行期间的煤炭消耗量的差额，煤炭消耗量为现场核查实际数据，如无法获得，则按照公式（3-4）核算。上述数据均无法获得时，可按月份近似计算。

S_i—— 当年新投产和上年接转第 i 个燃煤脱硫机组煤炭平均硫分，%；以电厂提供并经现场核查确认的分批次入炉煤质数据为准，并通过现场一个月以上的烟气在线监测脱硫系统入口二氧化硫浓度和脱硫设施设计煤质参数加以核对。如果无法提供有效数据，按环境影响评价批复文件中的设计和校核煤种平均硫分的大者取值。如果各脱硫机组的数据无法提供或不全或失实，则按照上年环境统计数据库中所有火力发电厂的加权平均硫分取值。

η_i—— 当年新投产和上年接转第 i 个燃煤脱硫机组的综合脱硫效率，%；为脱硫设施投运率和烟气在线监测脱硫效率之积。脱硫设施投运率指脱硫设施年（半年）运行时间与脱硫设施建成后发电机组年（半年）运行时间之比，须通过现场核查烟气在线监测系统储存数据、脱硫设施运行记录和上报环保部门停运时间确认。如无法提供有效数据，原则上各种脱硫工艺的综合脱硫效率按下列规定取值。石灰/石膏法、烟塔合一法、海水烟气脱硫设施等湿法为 80%～85%，烟气循环流化床、炉内喷钙炉外活化增湿等干（半干）法为 70%～80%，简易脱硫（石灰/石膏半干法、喷雾干燥法等）为 70%，氨法、氧化镁法和双碱法为 60%～70%。单机装机容量大于 20 万千瓦（含）或享受脱硫电价的其他规模循环流化床锅炉（炉内加石灰石脱硫工艺）为 70%～80%，其他循环流化床锅炉已与省级以上环保部门联网，且提供在线监测数据，按在线监测结果确定脱硫效率，否则脱硫效率为 0。其他脱硫工艺，必须与省级环保部门联网，脱硫效率以在线监测数据为准。水膜除尘器、除尘脱硫一体化、换烧低硫煤等无法连续稳定去除二氧化硫的工艺，其脱硫效率为 0。

二、新增非电二氧化硫排放量

新增非电二氧化硫排放量，采取排放强度方法核算，并用主要耗能产品（粗钢、有色金属、水泥、焦炭等）的排放系数校核，核算公式为：

$$E_{非电} = q_{非电} \times (M_{总} - M_{电} - M_{上非电}) \tag{3-6}$$

式中：$E_{非电}$—— 新增非电二氧化硫排放量，万吨；

$q_{非电}$—— 上年非电排放强度，吨二氧化硫/吨煤；核算公式为：

上年非电排放强度＝上年非电二氧化硫排放量/（上年全社会耗煤量－上年电力煤耗量）。其中，上年非电二氧化硫排放量取上年环境统计数据，上年全社会耗煤量取国家统计局公布的各省、自治区、直辖市煤炭消费量，上年电力煤耗量按照各省上年度电力行业经济指标以及燃料消耗情况取值（参照附表 3 和附表 4），并用国家统计局数据校核；

$M_{总}$——核算期全社会煤炭消耗量，万吨；根据统计部门公布数据的数据取值。如果无法按时提供数据，按下列公式估算：

$$M_{总} = EN_{上} \times (1-\lambda) \times GDP \times \kappa \times 1.4 \tag{3-7}$$

式中：$EN_{上}$—— 上年度同期万元 GDP 能耗，吨标煤/万元；按照国家统计局等有关部门公布的上年度各地区万元 GDP 能耗取值；

λ—— 核算期各地预期的或政府已经公布的万元 GDP 能耗下降比例；

GDP—— 各地公布的核算期国民生产总值快报数据，亿元；

κ—— 上年度各地一次能源消费结构中煤炭占的比例，%；数据来源于各地统计年鉴；

$M_{电}$—— 核算期全口径电力煤炭消耗量，万吨；包括当年运行的常规燃煤电厂、自备电厂、煤矸石电厂和热电联产机组的煤炭消耗量。

原则上，应逐一统计核实辖区内全口径各电厂装机容量、发电量（供热量）、燃料消耗量（热电联产机组包括发电和供热合计燃料消耗量），最终确定辖区内核算期发电煤炭消耗量。各电厂累计的火力装机容量、发电量和增长速度必须与国家统计局公布的快报数据一致，各电厂的发电量应与电力调度部门的数据一致。

如果无法统计辖区内全口径各电厂的有关数据，或者统计后火力装机容量、发电量和增长速度数据与国家统计局快报数据不一致时，燃料消耗量可按下列公式估算：

$$M_{电} = TP_{火} \times \alpha \times 1.4 \times 10^{-2} \tag{3-8}$$

式中：$TP_{火}$—— 核算期火力发电量，亿千瓦时；

α—— 各地区快报公布的当年平均发电煤耗，克标煤/千瓦时；如果无法获得，可取上年平均发电煤耗数据；

$M_{上非电}$—— 上年同期非电煤炭消耗量，万吨；为上年同期全社会耗煤量与上年电力煤耗量之差，上年同期全社会耗煤量和上年电力煤耗量的数据来源于国家统计年鉴。

核算期新增非电二氧化硫排放量须用主要耗能产品（粗钢、有色、水泥、焦炭等）增加（减少）的产量，采用排放系数法核算新增排放量，并与公式（3-6）算出的结果比较，按取大数原则确定非电二氧化硫排放量。

主要耗能产品（粗钢、有色、水泥、焦炭等）增加（减少）的产量按照各地统计部门的数据。原则上，主要耗能产品的二氧化硫排污系数优先采用各地测试的排污系数或新建项目环保验收监测数据反推的排污系数（取值须经国务院环境保护行政主管部门审定）；如无以上数据，则采用先进控制技术对应的二氧化硫排污系数，粗钢二氧化硫排污系数西南地区取 16 千克/吨，东北地区取 2 千克/吨，其他地区取 4 千克/吨；粗铜、铅、锌、原铝、镁和钛的二氧化硫排污系数分别为 45 千克/吨、85 千克/吨、60 千克/吨、15 千克/吨、20 千克/吨和 18 千克/吨；吨氧化铝的二氧化硫排污系数为 2.0 千克/吨；水泥为 0.311 千克/吨；焦炭为 2.7 千克/吨。全国污染源普查结果公布后，吨产品二氧化硫排污系数统一按照分地区的普查数据调整。

核算期内燃料油（重油）消耗量明显增加或下降的地区，按统计口径的消耗量和吨油二氧化硫产生系数调整新增非电二氧化硫排放量。

三、脱硫设施不正常运行的新增二氧化硫排放量

核算期脱硫设施不正常运行时，用监察系数法对该地区新增二氧化硫排放量核算结果进行校正：

$$E_1 = E_{新} + E_{非正常} \tag{3-9}$$

式中：E_1——该地区核算期新增二氧化硫排放量，万吨，包括脱硫设施不正常运行的新增排放量，见公式（3-1）；

$E_{新}$——新增二氧化硫排放量，万吨，见公式（3-2）；

$E_{非正常}$——脱硫设施非正常运行新增排放量，万吨，核算公式为：

$$E_{非正常} = \sum_{i=1}^{n} Q_i \times \eta_i \times 10^{-2} \times (1-\xi_i) \tag{3-10}$$

式中：Q_i——第 i 个非正常运行脱硫设施的年（半年）二氧化硫产生量，万吨，采用物料衡算方法确定。脱硫设施指核查期期间所有投入运行（包括新增脱硫工程和以前运行）的工业企业治理二氧化硫系统，包括燃煤电厂脱硫、燃煤锅炉脱硫、烧结机脱硫、有色冶炼烟气脱硫、焦炉烟气脱硫和其他脱硫设施。

η_i——第 i 个非正常运行脱硫设施，在正常运行情况下的年综合平均脱硫效率，%；同公式（3-3）；

ξ_i——第 i 个非正常企业的监察系数。

发现被检查企业脱硫设施非正常运行一次，监察系数取 0.8，非正常运行两次监察系数取 0.5，超过两次非正常运行，监察系数取 0。

脱硫设施非正常运行定义为生产设施运行期间脱硫设施因故未运行而没有向当地政府环境保护行政主管部门及时报告的，没有按照工艺要求使用脱硫剂、无法稳定达标排放的，使用旁路偷排的，在线监测系统抽调数据不合格率大于 20%的，以及按照国家有关规定认定为“不正常使用”污染物处理设施的其他违法行为。

监察系数按照国家环保总局的有关规定进行确定。

第二节　新增二氧化硫削减量的核算

新增二氧化硫削减量指核算期与上年同期相比，通过实施治理工程、结构调整（淘汰落后产能等）和加强监督管理等减排措施，新增的连续稳定的二氧化硫削减量，核算公式为：

$$R = R_{工程} + R_{结构} + R_{管理} \tag{3-11}$$

式中：$R_{工程}$—— 新增工程削减量，万吨；

$R_{结构}$—— 新增结构调整削减量，万吨；

$R_{管理}$—— 新增监督管理削减量，万吨。

一、治理工程新增二氧化硫削减量

治理工程新增二氧化硫削减量指，老污染源采取的具有连续长期稳定减排二氧化硫效果的烟气治理工程，在核算期多增加的削减量，具体包括电力行业燃煤（油）机组烟气脱硫工程（统称为现役燃煤机组脱硫工程）、工业燃煤锅炉烟气脱硫工程、黑色冶炼行业（钢铁冶炼和铸造业等）烧结机烟气脱硫工程、有色金属行业各种冶炼炉烟气脱硫及硫酸回收工程、石油化工行业脱硫及硫黄回收工程、炼焦行业焦炉煤气脱硫工程、煤改气工程和其他脱硫工程等。治理工程新增二氧化硫削减量核算公式为：

$$R_{工程} = R_{工电} + R_{工钢} + R_{工锅} + R_{工色} + R_{工焦} + R_{工改} + R_{工化} + R_{工其他} \tag{3-12}$$

式中：$R_{工电}$—— 现役燃煤机组脱硫工程新增削减量，万吨；

$R_{工钢}$—— 黑色冶炼行业烧结机等烟气脱硫工程新增削减量，万吨；

$R_{工锅}$—— 工业燃煤锅（窑）炉烟气脱硫工程新增削减量，万吨；

$R_{工色}$—— 有色金属行业各种冶炼炉烟气脱硫（回收）工程新增削减量，万吨；

$R_{工焦}$—— 炼焦行业焦炉煤气脱硫工程新增削减量，万吨；

$R_{工改}$—— 天然气、煤层气、沼气、煤气和高炉煤气等清洁燃料部分或全部替代原有燃煤（油）设施而新增的削减量，万吨；

$R_{工化}$—— 石化行业脱硫及硫黄回收工程新增削减量；

$R_{工其他}$—— 其他脱硫工程（如玻璃、硫酸生产、石灰等窑炉）新增削减量，万吨。

（一）现役燃煤（油）机组烟气脱硫工程新增削减量

1. 核算新增削减量的原则

（1）2005 年 12 月 31 日前投产并纳入 2005 年环境统计重点调查单位名录企业的燃煤（油）机组均为现役机组，包括常规燃煤（油）电厂、自备电厂、煤矸石电厂和热电联产机组。机组没有纳入环境统计数据库，但其所在企业纳入环境统计重点调查单位名录的，在“十一五”期间建成脱硫设施并运行的均计算削减量。

（2）核算期新增削减量包括当年新投产和上年接转的现役机组烟气脱硫工程，及已经投入运行的现役脱硫机组发电量、脱硫设施效率变化形成的削减量。

（3）2006 年 1 月 1 日后投运的燃煤机组不作为现役机组，其隔年建成脱硫设施形成的新增削减量，可纳入公式（3-3）计算。

（4）新增削减量不能大于 2005 年环境统计数据库中企业的排放量。一个电厂有多台机组且没有分机组纳入 2005 年环境统计数据库时，应按安装脱硫设施的燃煤机组发电量或煤炭消耗量或煤电装机容量在该企业所占份额与 2005 年度环境统计排放量之积折算该机组环统排放量。企业排放量由多种污染源组成（如钢铁厂的自备燃煤机组、炼焦炉和烧结机等）时，按照物料衡算或排污系数法计算该机组所占排放份额与 2005 年度环境统计排放量之积折算该设备排放量。新增削减量不能大于该设施治理前的排放量。

（5）脱硫机组由于检修、调峰等而导致发电量减少带来的排放量变化的不计削减量。

（6）未安装脱硫设施的现役机组由于煤炭硫分降低、发电量（供热量）减少（增加）等因素而引起的排放量的变化，不计算新增削减量。

2. 新增削减量核算公式

$$R_{工电}=R_{电新}+R_{电转}+R_{电增}+R_{电改}+R_{电替} \tag{3-13}$$

式中：$R_{电新}$—— 核算期新投运现役机组脱硫设施新增削减量，万吨；

$R_{电转}$—— 上（半）年现役机组脱硫设施投运而在核算期满负荷运行情况新增削减量，万吨；

$R_{电增}$—— 脱硫设施已运行满一年的机组而在核算期发电量稳定增加而形成的新增削减量，万吨；

$R_{电改}$—— 已运行满一年的脱硫设施改造扩容或提高效率在核算期形成的新增削减量，万吨；

$R_{电替}$—— 现役机组气体燃料替代煤炭在核算期新增削减量，万吨。

（1）核算期新投运现役机组脱硫设施新增削减量 $R_{电新}$

$$R_{电新}=\sum_{i=1}^{n}M_i\times S_i\times \eta_i\times 1.6\times 10^{-2} \tag{3-14}$$

式中：M_i—— 核算期新投运第 i 个现役机组脱硫设施通过 168 小时移交后第二个月算起的煤炭消耗量，万吨；煤炭消耗量优先采用现场核查实际数据，并使用分月发电量校验，如无法获得以上数据，则按脱硫设施投运月数比与机组在核算期煤炭消耗量进行折算；

η_i—— 综合脱硫效率，为核算期新投运第 i 个现役机组脱硫设施综合脱硫效率，%；各脱硫工艺的综合脱硫效率按照公式（3-3）的规定取值；

S_i—— 煤炭平均硫分，为核算期新投运第 i 个现役燃煤脱硫机组 2005 年环境统计数据库中煤炭平均硫分，%；

n—— 新增现役发电机组建成并投运脱硫设施个数。

（2）上年接转现役机组脱硫设施新增削减量 $R_{电转}$

$$R_{电转}=\sum_{j=1}^{m}M_j\times S_j\times \eta_j\times 1.6\times 10^{-2} \tag{3-15}$$

式中：M_j——上（半）年第 j 个现役机组脱硫设施投运而在核算期满负荷运行情况下的煤炭消耗量差额；煤炭消耗差额为现场核查实际数据，应使用分月发电量校验，如无法获得以上数据，则按月份折算；

η_j——综合脱硫效率，为核算期上年接转第 j 个现役机组脱硫设施的综合脱硫效率，%；各脱硫工艺的综合脱硫效率按照公式（3-3）的规定取值；

S_j——煤炭平均硫分，为上年接转第 j 个现役燃煤脱硫机组 2005 年环境统计数据库中煤炭平均硫分，%；

m——上年接转现役发电机组脱硫设施个数。

（3）因发电量增加而形成的新增削减量 $R_{电增}$

$$R_{电增}=\sum_{k=1}^{l}\Delta M_k\times S_k\times\eta_k\times1.6\times10^{-2} \tag{3-16}$$

式中：ΔM_k——已运行满一年的脱硫机组（包括现役和“十一五”期间投运的脱硫机组），由于新政策实施原因导致煤炭消耗稳定增加（减少）量，如节能环保电量调度、电量交易等导致发电小时数增加，发电量稳定增加（减少）；煤炭消耗增加（减少）量为现场核查实际数据，应有相应政府相关部门文件支持；

η_k——综合脱硫效率，为发电量有变化的第 k 个脱硫机组的综合脱硫效率，%；各脱硫工艺的综合脱硫效率按照公式（3-3）的规定取值；

S_k——煤炭平均硫分，发电量有变化的第 k 个脱硫机组的上年环境统计中煤炭平均硫分，%；

l——核查期已运行满一年且发电量有所增加的脱硫机组个数。

（4）脱硫设施改造新增削减量 $R_{电改}$

脱硫设施技术改造新增削减量主要包括已运行的脱硫设施经过工艺改变（如由原低效简易脱硫和 NID 工艺改造为高效湿法工艺等）、增加高效脱硫设施（如炉内脱硫的循环流化床锅炉增加尾部脱硫装置等）和因设计或煤炭硫分大幅度变化导致原脱硫设施不能稳定达标排放而改造为达标排放，由部分烟气脱硫改为全烟气脱硫等措施，核算公式为：

$$R_{电改}=\sum_{x=1}^{p}\left(M_x\times S_x\times\eta_x\times1.6\times10^{-2}-R_x\right) \tag{3-17}$$

式中：R_x——上（半）年环境统计数据库中第 x 台机组脱硫设施的二氧化硫削减量，万吨，包括核查期以前所有投运的机组脱硫设施。上年环境统计数据库中没有削减量的，按产生量与排放量之差计算。

M_x——核算期新改造投运第 x 个燃煤脱硫机组通过 168 小时移交后第二个月算起的核算期内煤炭消耗量，万吨；煤炭消耗量取值参照公式（3-14）、式（3-15）和式（3-16）。

η_x——综合脱硫效率，为核算期新改造投运第 x 个机组脱硫设施综合脱硫效率，%。各脱硫工艺的综合脱硫效率按照公式（3-3）的规定取值。

S_x—— 煤炭平均硫分，为核算期新改造投运第 x 个燃煤脱硫机组上年环境统计数据库中煤炭平均硫分，%。

p—— 核查期新改造投运的脱硫机组个数。

（5）燃气替代煤炭新增削减量 $R_{电替}$

燃气替代煤炭新增削减量主要指用气体燃料替代发电（供热）锅炉全部或部分用煤（或重油）等方法而减少的二氧化硫排放量。其中包括所有未安装脱硫设施的燃煤（油）发电机组，不包括燃气发电机组。核算公式为：

$$R_{电替}=\sum_{y=1}^{q}\left(M_y\times S_{y煤}\times 1.6-Q_y\times S_{y气}\times 2\right)\times 10^{-2} \tag{3-18}$$

式中：M_y—— 第 y 台锅炉被气体燃料替代的煤炭（重油）消耗量，万吨；煤炭消耗量取值参照公式（3-14）、式（3-15）和式（3-16），原则上，被替代的煤炭（重油）消耗量以统计数据为准，并按照燃气量等热值替代原煤量（重油）的方法校核。校核公式为：

$$M_y=Q_y\times H_{y气}\times 1.4\times 10^{-3} \tag{3-19}$$

式中：Q_y—— 第 y 台锅炉替代用燃气量，万立方米；

$H_{y气}$—— 第 y 台锅炉替代气体燃料发热值，千克标煤/立方米，以实测为准；无法提供的，取附表 6 中各种燃料的平均热值；

$S_{y煤}$—— 第 y 台锅炉燃用煤炭的平均硫分，以上年环境统计数据库中的硫分为准；

$S_{y气}$—— 第 y 台锅炉替代气体燃料硫分，原则上，取值为 0，但使用未脱硫的焦炉煤气或高炉煤气替代时，应考虑硫化氢浓度和转换为二氧化硫系数；

q—— 燃气替代的锅炉个数。

3．应特别注意的问题

（1）原则上，现役燃煤机组安装脱硫设施新增二氧化硫削减量以 2005 年环境统计数据库中该机组所在电厂平均硫分为准，没有硫分数据的（如企业自备电厂），以现场核查煤炭硫分为准。现场核查时，通过分批次入炉煤质、脱硫系统设计煤质和烟气在线监测系统入口二氧化硫浓度数据分析，确定实际煤炭硫分。

（2）若现场核查某新增脱硫设施的实际煤炭硫分与 2005 年环境统计数据库中平均硫分差别在 20%以上的，新增削减量以 2005 年环境统计数据库中硫分对应的产生量与实际硫分对应的脱硫后排放量的差为准。

（3）2005 年当年建成投运但没有统计二氧化硫排放量或排放量明显低于满负荷运行时排放量的现役机组，核查期建成并运行脱硫设施后，核算新增二氧化硫削减量时可以以核算期上年环境统计数据库数据为准。

（二）烧结机等烟气脱硫工程新增削减量

1．核算新增削减量的原则

（1）纳入上年环境统计重点调查单位名录的黑色冶炼企业的生产工艺采取烟气脱硫工程的，包括炼钢（铁）企业的烧结机和球团炉（链篦机-回转窑、竖炉和带式炉）烟气脱硫、机械铸造企业烧结机烟气脱硫，均核算二氧化硫削减量。削减量自环境保护验收合格的第二个月开始核算。

（2）烧结机烟气脱硫工程应连续稳定运行，新增削减量计算参数以市级以上环保部门监督性监测结果为准，没有监测数据的，按照脱硫系统设计参数核算新增削减量。新增削减量须用烧结矿产量、脱硫设施的用电量、所用药剂的使用量、脱硫副产品的产量等来校核，烧结矿二氧化硫产污系数取 2～16 千克/吨烧结矿。

（3）原则上，新增削减量应小于上年环境统计数据库中企业的排放量。企业有多台烧结机的，应按安装脱硫设施烧结机的生产规模（或烧结机面积）在该企业总生产规模（或总烧结机面积）所占份额与上年度环境统计排放量之积折算。单台烧结机二氧化硫治理工程的新增削减量不能大于治理前的排放量。

（4）烧结机（球团炉）产量变化、原料变化等原因导致烟气二氧化硫排放量增加（减少），不计新增（减）削减量。

2．新增削减量的核算公式

$$R_{工钢}=\sum_{i=1}^{n}(C_{入i}V_{入i}-C_{出i}V_{出i})\times(m_{i当}-m_{i上})\times10^{-10} \qquad (3\text{-}20)$$

式中：$C_{入i}$——第 i 台烧结机烟气脱硫系统入口二氧化硫浓度，mg/Nm³；二氧化硫浓度一般在 300～3 000 mg/Nm³ 之间，某些地区以国产矿为主要烧结原料的二氧化硫浓度在 2 000～5 000 mg/Nm³ 之间；

$V_{入i}$——第 i 台烧结机脱硫系统入口烟气量，Nm³/小时；每生产 1 吨烧结矿，烟气量约为 3 000～4 300 m³，按烧结面积计，则为 70～95 立方米/（分钟•平方米）。脱硫系统只处理部分烟气的，$V_{入}$应以环保部门监测结果为准；

$C_{出i}$——第 i 台烧结机烟气脱硫系统出口二氧化硫浓度，mg/Nm³；$C_{出}$应以环保部门监测结果为准；脱硫效率需有经验数据验证；

$V_{出i}$——第 i 台烧结机脱硫系统出口烟气量，Nm³；原则上，$V_{出i}=V_{入i}$；

$m_{i上}$——核查期上年同期第 i 台烧结机脱硫设施运行时间，小时；

$m_{i当}$——核查期第 i 台烧结机脱硫设施运行时间，小时。

（三）工业燃煤锅（窑）炉烟气脱硫工程新增削减量

1．核算新增削减量的原则

（1）2005 年 12 月 31 日前投产并纳入 2005 年环境统计重点调查单位名录的企业，工业燃煤锅炉建设并运行烟气脱硫工程的，必须安装烟气自动在线监测系统并与市级以上环境保护部门联网，自环保部门验收合格的第二个月开始核算二氧化硫新增削减量。

（2）工业燃煤锅炉烟气脱硫工艺包括石灰石/石膏法、双碱法、氨法、氧化镁法、半干法和列入《国家先进污染防治技术示范名录》和《国家鼓励发展的环境保护技术目录》及其他国家推荐的脱硫技术。换烧低硫煤、燃煤量减少等不计二氧化硫削减量。

2．新增削减量的公式

$$R_{\text{工锅}}=(\sum_{i=1}^{n}M_i\times S_i\times\eta_i+\sum_{j=1}^{m}M_j\times S_j\times\eta_j)\times 1.6\times 10^{-2} \quad (3\text{-}21)$$

式中各个参数选取同公式（3-14）和式（3-15）。按照此公式核算新增二氧化硫削减量必须经市级以上环保部门提供的烟气在线监测数据校核。

（四）有色金属冶炼炉烟气脱硫工程新增削减量

1．核算新增削减量的原则

（1）2005 年 12 月 31 日前投产并纳入到 2005 年环境统计重点调查单位名录的有色金属企业的各种冶炼炉实施烟气脱硫工程的，自环保部门验收合格的第二个月开始核算二氧化硫新增减排量。

（2）铜、铝、铅、锌、镍、锡、锑、镁、钛、汞十种有色金属的各种冶炼炉（闪速炉、电炉、反射炉、白银炉、鼓风炉等）烟气脱硫工艺必须具有连续稳定的脱硫效果。原有回收硫酸工艺采取一转一吸系统改为两转两吸系统，根据改造设计参数和监督性监测数据，核算新增削减量。

（3）2005 年 12 月 31 日前投产的生产设施与“十一五”期间投产的生产设施（包括原有设施扩能和新建设施）采取烟气混合，而进入同一个脱硫设施处理后排放时，仅核算原有生产线新增二氧化硫削减量。新增削减量应使用副产品（硫酸或亚硫酸钠等）增加的产量校核。

（4）新增削减量应小于环境统计数据库中企业的排放量。企业有多台冶炼炉且没有单台炉环境统计排放数据的，原则上，按实测单台冶炼炉的排放量为准，若无法提供，各冶炼炉的二氧化硫排放量按上年金属产量和产污系数法折算，产污系数按附表 5 取值，单台二氧化硫治理工程的新增削减量不能大于按产污系数法折算出的环境统计排放量。

（5）企业金属产量变化、原料变化等原因导致烟气二氧化硫排放量变化的，不计算新增削减量。

2．核算新增削减量公式

$$R_{\text{工色}}=\sum_{i=1}^{n}(C_{\text{入}i}V_{\text{入}i}-C_{\text{出}i}V_{\text{出}i})\times(m_{i\text{当}}-m_{i\text{上}})\times 10^{-10} \quad (3\text{-}22)$$

式中各参数符号的选取同公式（3-20）。

（五）炼焦炉煤气脱硫工程新增削减量

1．核算新增削减量的原则

（1）2005 年 12 月 31 日前投产并纳入 2005 年环境统计重点调查单位名录炼焦企业实施焦炉煤气脱硫的，自脱硫设施经市级以上环保部门验收合格日的第二个月开始核算二氧化硫新增削减量。

（2）炼焦炉煤气脱硫工艺包括 HPF 法、PDS 法、AS 法、改良 A.D.A 法、塔-希法、FRC 法、真空碳酸盐法等方法。其脱硫效率按照环保部门实际监测数据为准。

（3）新增削减量应小于 2005 年环境统计数据库中企业的排放量。企业有多座炼焦炉且没有单台炉环境统计排放数据的，各炼焦炉的二氧化硫排放量按焦炭产量和产污系数法折算，产污系数按 4.7 千克二氧化硫/吨焦取值；单座炼焦炉脱硫工程的新增削减量不能大于根据环境统计，按产污系数法折算出的排放量。

（4）企业焦炭产量变化、原料变化等原因导致二氧化硫排放量变化的，不核算新增削减量。

（5）热装热出清洁型焦炉余热锅炉烟气脱硫工程新增减排量核算可参照锅炉烟气脱硫设施核算方法实施。新增削减量包括核算期新投产和上年接转的脱硫设施形成的削减量。

2．核算新增削减量公式

$$R_{工焦} = R_{焦新} + R_{焦转} \tag{3-23}$$

式中：$R_{焦新}$—— 核算期新投运炼焦炉煤气脱硫设施新增削减量，万吨；

$R_{焦转}$—— 上（半）年炼焦炉煤气脱硫设施投运而在核算期满负荷运行情况新增削减量，万吨。

（1）新投运炼焦炉煤气脱硫设施新增削减量 $R_{焦新}$

$$R_{焦新} = \sum_{i=1}^{n} M_i \times S_i \times \eta_i \times 0.6 \times 10^{-2} \tag{3-24}$$

式中：M_i—— 核算期新投运第 i 个炼焦炉煤气脱硫设施通过市级以上环保部门验收合格后第二个月算起的入炉煤消耗量，万吨；入炉煤消耗量优先采用现场核查实际数据并根据焦炭产量校核：入炉煤消耗量一般为焦炭产量乘 1.33，应有分月入炉煤消耗量和焦炭产量支持；

η_i—— 综合脱硫效率，为核算期新投运第 i 个煤气脱硫设施综合脱硫效率，η_i=95%；

S_i—— 入炉煤平均硫分，为核算期现场核查入炉煤的平均加权硫分，%；并提供入炉煤的洗煤厂名单；

n—— 新增脱硫设施个数。

（2）接转炼焦炉煤气脱硫设施新增削减量 $R_{焦转}$

$$R_{焦转} = \sum_{j=1}^{m} M_j \times S_j \times \eta_j \times 0.6 \times 10^{-2} \tag{3-25}$$

式中：M_j—— 上（半）年第 j 个炼焦炉煤气脱硫设施投运而在核算期满负荷运行情况下的入炉煤消耗量差额，即核算期满负荷运行情况下的入炉煤消耗量与上年同期脱硫设施运行期间的入炉煤消耗量的差额，万吨；入炉煤消耗差额为现场核查实际数据，并根据焦炭产量校核：入炉煤消耗量为焦炭产量乘 1.33，应有上年和当年分月入炉煤消耗量和焦炭产量支持。

η_j、S_j—— 同公式（3-24）；

m —— 上年接转炼焦炉煤气脱硫设施个数。

（3）新增削减量的校核

炼焦炉新增煤气脱硫设施（包括当年投运和上年接转）新增削减量在现场核查时应通过下列公式校核。

$$R_{\text{工焦}i}=(C_{\text{入}i}V_{\text{入}i}-C_{\text{出}i}V_{\text{出}i})\times(\gamma_i-\gamma_{i\text{上}})\times\frac{64}{34}\times10^{-9} \quad (3\text{-}26)$$

式中：$C_{\text{入}i}$—— 第 i 座焦炉煤气脱硫系统入口 H_2S 浓度，毫克/标准立方米；

$V_{\text{入}i}$—— 第 i 座焦炉煤气脱硫系统入口煤气流量，标准立方米/小时；

$C_{\text{出}i}$—— 第 i 座焦炉煤气脱硫系统出口 H_2S 浓度，毫克/标准立方米；

$V_{\text{出}i}$—— 第 i 座焦炉煤气脱硫系统出口煤气流量，标准立方米/小时；

γ_i—— 第 i 座焦炉煤气脱硫设施核算期运行小时数，小时/年；

$\gamma_{i\text{上}}$—— 第 i 座焦炉煤气脱硫设施上年同期运行小时数，小时/年。

H_2S 浓度主要来自环保部门的验收报告；煤气流量以焦炉煤气流量计显示结果为准，并参考物料平衡参数进行复核（每生产 1 吨干焦炭约产生煤气量 400～500 m^3）；运行小时数以焦炉煤气脱硫设施岗位实际运行记录为准，并参考脱硫设施耗电量进行复核。

公式（3-26）与式（3-24）和式（3-25）的计算结果有差异时，按取小值原则取值作为单套煤气脱硫设施的新增削减量。

（六）非电煤改气工程新增削减量

1．核算新增削减量原则

天然气、煤层气、沼气、炼厂干气、煤气和高炉煤气等清洁燃料部分或全部替代原有燃煤（油）设施而新增的削减量，核算原则为：

（1）按照新增清洁燃料消耗量等热值原则核算替代原煤量。各地清洁燃料发热值优先采用测试数据，没有测试数据按附表 6 热值取值。

（2）被替代的原煤硫分按照所在城市或企业煤炭平均硫分取值。

（3）2005 年以前投产并纳入环境统计重点调查单位名录的原油炼制和炼焦企业，煤气安装脱硫设施并替代原煤的，既核算煤气脱硫新增削减量，也核算替代原煤而导致的新增削减量。“十一五”期间投产企业（包括原有企业扩能和新建企业）脱硫措施部分不核算其新增削减量，只核算替代原煤新增削减量。

2．核算新增削减量公式

清洁燃料替代燃煤（油）设施而新增的削减量核算公式为：

$$R_{工改} = \sum_{i=1}^{m} M_{煤i} \times S_i \times 1.6 \times 10^{-2} \quad (3\text{-}27)$$

式中：$M_{煤i}$—— 第 i 个燃煤设施燃气替代的煤炭量，万吨；

S_i—— 第 i 个燃煤设施燃气替代的煤炭平均硫分，若企业内部替代，其硫分按 2005 年环境统计数据库中企业燃料煤硫分取值，没有环境统计数据的按地区平均硫分取值。

（七）石化企业产品脱硫及硫黄回收工程新增削减量

1．核算新增削减量的原则

石化行业脱硫及硫黄回收工程新增削减量指由于石油、化工企业的炼化装置实施脱硫和硫黄回收工程，降低了重油和石油焦等产品的硫分，使该企业内部以其新产品为燃料的设施二氧化硫排放量的减少量。按照以下原则核算：

（1）2005 年 12 月 31 日前投产并纳入环境统计重点调查单位名录的石油化工企业的生产装置实施脱硫和硫黄回收工程的，核算新增二氧化硫削减量。“十一五”期间投产企业（包括原有企业扩能和新建企业）采取脱硫和硫黄回收工程减少的二氧化硫排放量不核算新增削减量。

（2）核算用参数原则上以在线监测数据为准，核算结果须用物料衡算法进行校核。

（3）新增削减量应小于 2005 年环境统计数据库中企业的排放量。

2．核算新增削减量公式

$$R_{工炼} = M \times \Delta S \times \alpha \times (1-\eta) \times 10^{-2} \quad (3\text{-}28)$$

式中：M—— 脱硫及硫黄回收工程后的重油和石油焦用于替代本厂燃煤（重油、石油焦）的量，万吨；

ΔS—— 脱硫及硫黄回收工程前后重油和石油焦硫分差，%；

α—— 重油和石油焦中硫转化为二氧化硫释放系数，1.9～2.0；

η—— 厂内原设施已运行的脱硫设施脱硫效率。

实施脱硫和硫黄回收工程的企业须提交相应资料在省级环保部门逐一审查和督查中心现场核查基础上，报送国家环保总局最终审定。

（八）其他工程新增削减量

其他生产过程（如玻璃、硫酸生产、石灰等窑炉）脱硫的新增削减量，根据不同情况分别处理。应提交脱硫系统设计书、市级以上环保部门的监测报告。

二、结构调整新增二氧化硫削减量

结构调整新增削减量，主要是指在核算期企业关停排放二氧化硫的生产线、工艺和设备形成的削减量。

1．核算新增削减量的原则

（1）淘汰、关闭企业及生产设施（含破产企业）的认定要提供相应具有法律效力的文件，如当地政府的关闭文件、关停小火电确认书、企业破产文件、吊销营业执照文件、环境监察部门的监查记录等实证性的证明材料。表明企业工艺和设备必须是永久性关停并有具体关停时间，必须停止工业用水、工业用电，应当提供有关照片。原则上，各级政府颁布的关停计划中提出的拟议淘汰关停时间不作为关停与否和具体关停时间确认的主要依据。

（2）纳入上年环境统计重点调查单位名录的企业，按环境统计排放量核算新增削减量。关停部分生产线和生产设备没有环境统计数据的，根据整个企业环境统计排放量通过物料衡算法按排污系数和上年产品产量折算新增削减量。

（3）核算期当年关停的，从实际关停的第二个月起按关停月数和上年环境统计排放量核算新增削减量；核算期上年关停但不满一年的，按未关停的月数核算新增削减量。政府或相关管理部门下发的文件中企业淘汰关停时间或地方上报材料的关停时间与核查不一致时，以核查确定的实际关停时间为准。

（4）“十一五”期间投产（包括原有企业扩能和新建），后又被取缔关停的企业、设施，不核算新增削减量。

（5）自然停产或减产的企业，如无明确的能够认定企业无法恢复生产的有效证明文件，不核算其新增削减量；处于停产治理、限期治理期间的企业一律不核算新增削减量，待企业完成治理恢复正常生产后再根据治理设施运行情况，按照治理工程减排核算方法核算新增削减量。

（6）关停主要涉水行业的企业、生产工艺、设备（如小造纸、小化工、小印染等），同步关停的燃煤设施，根据设施实际排放强度与该地区平均排放强度之差计算削减量，并一次性结清。

（7）没有纳入上年环境统计重点调查单位名录的企业，按排污系数法核算新增削减量（详见附表5）。各关停项目新增削减量一律按实际削减量的50%核算，但核算期关停项目削减量合计不能高于本地区上年度非重点污染源排放量的10%。核算期当年关停和上年关停的，应列出名单、投产时间、生产能力和上年产量。凡经确认在核算期关停的，新增削减量一次性结清，不做跨年度核算（上年度关停的不再核算新增削减量）。

（8）凡在核算期已经确认的取缔关停企业、设施全部进入减排项目数据库并公布，企业通过更换名称、关停后再生产或没有该企业的、重复关停的等。经群众举报、新闻媒体曝光，现场核查被查出时，予以通报批评，并按照相关规定进行处理。

2．新增削减量核算公式

$$R_{结构}=R_{结电}+R_{交易}+R_{结钢}+R_{同关}+R_{结其他} \tag{3-29}$$

式中：$R_{结电}$——关停小煤电机组新增削减量，万吨；

$R_{交易}$——小机组与大机组电量交易新增削减量，万吨；

$R_{结钢}$——关停有烧结机的小钢铁新增削减量，万吨；

$R_{同关}$—— 同步关停涉水行业燃煤锅炉新增削减量，万吨；

$R_{结其他}$—— 关停其他落后产能（如有色冶炼、建材、炼油等）新增削减量，万吨。

（一）关停小火电机组新增削减量

淘汰小火电机组，是指永久关闭的机组及动力装置，以国家发展改革委员会公布的关停机组的名称、装机容量和日期为准。因调峰、检修等原因导致二氧化硫排放量自然减少的不核算新增削减量；对于热电联产机组，发电机组关闭但仍然供热的，不核算新增削减量。关停燃气和柴油机组不核算新增削减量。

永久关闭的小火电机组，依当年发电量或耗煤量与上年的变化确定当年该机组新增削减量，单台小火电机组关停全年新增量核算公式为：

$$R_{结电} = (G_{上年} - G_{当年})/G_{上年} \times E_{上年} \tag{3-30}$$

或：

$$R_{结电} = (12 - m_{关})/12 \times E_{上年} \tag{3-31}$$

式中：$m_{关}$—— 关停小火电的月份；

$E_{上年}$—— 关停小火电机组上年环境统计数据库中的二氧化硫排放量，万吨；

$G_{当年}$、$G_{上年}$—— 分别为关停机组核算期当年和上年的燃料消耗量，万吨；如果没有燃料消耗量数据，则用发电量折算。发电厂有多台发电机组而无法逐台分开排放量、燃料消耗量和发电量的，关停小火电机组的排放量按下列公式估算：

$$E_{上年} = Cap \times h_{上年} \times \gamma \times 1.4 \times S \times 1.6 \times 10^{-9} \tag{3-32}$$

式中：Cap—— 关停小火电机组装机容量，兆瓦；

$h_{上年}$—— 关停小火电机组上年同期发电小时数，小时；上年已关停的，用隔年发电小时数；

γ—— 关停小火电机组的平均发电煤耗，克标煤/千瓦时；

S—— 2005 年环境统计数据库中全厂煤炭平均硫分，%。

（二）发电量交易新增削减量

因发电量交易导致小火电机组发电量减少，核算新增二氧化硫削减量。

核算时需要提供小机组与大机组进行电量交易的电厂名称、机组号、电量交易额度、实施日期和政府批准文件。如在公式（3-16）已经核算的，不再核算新增量。

新增 SO_2 削减量核算公式为：

$$\begin{aligned} R_{交易} &= E_{小机} - E_{大机} \\ &= [G_{交易} \times \gamma_{小} \times S_{小} - G_{交易} \times \gamma_{大} \times S_{大} \times (1-\eta_{大})] \times 1.4 \times 1.6 \times 10^{-4} \end{aligned} \tag{3-33}$$

式中：$R_{交易}$—— 小机组与大机组电量交易新增削减量，万吨；

$E_{小机}$—— 小机组交易出电量对应的二氧化硫排放量，万吨；

$E_{大机}$—— 大机组接收同等电量对应的二氧化硫排放量，万吨；

$G_{交易}$—— 大机组与小机组交易的发电量，亿千瓦时；

$\gamma_{小}$、$\gamma_{大}$—— 分别为小火电机组和大机组的平均发电煤耗，克标煤/千瓦时；

$S_{小}$、$S_{大}$—— 分别为小火电机组和大机组 2005 年环境统计数据库中全厂煤炭平均硫分，%；如果小火电机组电量交易到当年新投产燃煤机组中，大机组的煤炭硫分按公式（3-3）取值；

$\eta_{大}$—— 大机组的平均脱硫效率，按公式（3-3）取值。如果发电量交易到没有脱硫设施的大机组中，$\eta_{大}$按 100%取值。

（三）关停小钢铁新增削减量

关停、淘汰小钢铁，包括关闭小炼铁、小铸铁和小炼钢炉等。关闭小钢铁，凡烧结机、炼焦炉并同步关停的，核算新增削减量；只淘汰烧结机、炼焦炉，而不关闭高炉和炼钢炉的，也核算新增削减量。只关闭小高炉、熔铸炉、炼钢炉（转炉和电炉）的，不核算新增削减量。

关停小钢铁依当年粗铁产量或烧结料产量与上年同期的变化和排污系数确定当年新增削减量，关停小钢铁全年新增量核算公式为：

$$R_{结钢} = (G_{上年} - G_{当年}) / G_{上年} \times E_{上年} \tag{3-34}$$

式中：$E_{上年}$—— 上年同期关停小钢铁环境统计数据库的二氧化硫排放量，万吨；钢铁厂（铸造厂）有多个烧结机而无法逐台分开排放量的，关停烧结机的排放量按烧结机规模（产量），按附表 5 排污系数取值；

$G_{当年}$、$G_{上年}$—— 分别为当年和上年关停烧结机核算期的烧结料产量，万吨；烧结料须用粗铁产量校核，1 吨粗铁约需要 1.5～2.0 吨烧结料。

在核算上年同期关停的小钢铁在当年新增削减量，按月份折算。

（四）关停涉水企业同步拆毁燃煤设施新增削减量

关停主要涉水行业的企业、生产工艺、设备（如小造纸、小化工、小印染等），同步关停的燃煤设施，按照第二章确认的名单核算新增削减量，削减量按该设施的二氧化硫排放系数与该地区非电平均排放强度之差计算削减量，并一次性结清。

$$R_{同关} = (q_{工锅} - q_{非电}) / q_{工锅} \times E_{上年} \tag{3-35}$$

式中：$R_{同关}$—— 同步关停涉水企业燃煤设施新增削减量，万吨；

$q_{非电}$—— 上年关停企业所在地区的非电排放强度，吨二氧化硫/吨煤；按公式（3-6）的原则取值；

$q_{工锅}$—— 同步关停涉水企业燃煤设施的排放系数，吨二氧化硫/吨煤；

$E_{上年}$——同步关停涉水企业上年环境统计数据库中二氧化硫排放量，万吨。

（五）淘汰其他落后产能新增削减量

淘汰其他落后产能，包括炼焦炉、水泥窑、有色金属冶炼炉等，新增削减量按公式（3-34）核算。企业有多个炉窑关停，各炉窑关停新增削减量按产量排污系数法及企业环境统计排放量进行折算，排污系数按附表5取值。全国污染源普查结果公布后，排污系数统一调整。

三、加强监督管理新增二氧化硫削减量

通过加强监督管理新增削减量。包括循环流化床锅炉内脱硫增加在线监测、提高脱硫设施运行率、清洁生产审核并实施其方案等方法新增的削减量。

原则上需按总局要求，完成全省（区、市）国控重点污染源在线安装任务，并与环保部门联网，方予确认管理减排量。

（一）循环流化床锅炉内脱硫实施在线监测确认的新增削减量

纳入2005年环境统计重点调查单位名录企业的循环流化床发电机组，“十一五”期间安装在线监测系统并与省级环保部门联网的，核算新增削减量，新增削减量按照在线监测数据和2005年环境统计数据库中二氧化硫排放量的差值计算削减量。其计算公式为：

$$R_{流化床} = E_{2005} \times m_{运行} / 12 - E_{在线} \quad (3\text{-}36)$$

式中：$R_{流化床}$——实施在线监测确认的削减量；

E_{2005}——循环流化床锅炉2005年环境统计排放量，万吨，一个电厂中包括循环流化床锅炉发电机组和其他机组的，按装机容量比与全厂2005年环境统计排放量之积确定；

$m_{运行}$——安装在线装置第二个月起的运行月份数；

$E_{在线}$——核算期在线装置的实测累计排放量，万吨。

（二）脱硫设施提高运行率新增削减量

安装烟气在线监控装置并与省级环保部门联网，通过提高脱硫设施的全烟气运行率，核算其新增削减量，其核算方法参照治理工程新增二氧化硫削减量的核算，其中脱硫效率按在线监测数据得出的脱硫效率和公式（3-3）的脱硫效率之差计算。

以上结果必须在省级环保部门监控系统能够查证，并有旁路烟气流量监测数据、能够确认稳定提高整体脱硫效率。

（三）进行清洁生产审核并实施其方案形成的新增削减量

清洁生产形成的减排部分，仅包括因实施清洁生产审核报告中提出的中高费方案而形成的稳定减排能力。

其核算方法参照治理工程新增二氧化硫削减量的核算，但其原材料消耗、进出口浓度、吸

收率等主要参数，采用清洁生产审核方案实施前后的差值。两者不得重复计算。

各项参数取值以省级环保部门或清洁生产相关行政主管部门的评审、验收报告为依据，强制性清洁生产审核部分以达标排放为核算依据，并按照《“十一五”主要污染物总量减排核查办法（试行）》的程序现场核查后的数据为准。

第三节 火电行业二氧化硫排放量的校核

《国务院关于“十一五”期间全国主要污染物排放总量控制计划的批复》（国函[2006]70号）已经明确要求火电行业二氧化硫排放总量到2010年控制在951.7万吨，火电行业完成削减任务是实现全国“十一五”二氧化硫总量削减10%目标的关键。“十五”期间，燃煤机组大规模安装脱硫设施，小火电机组大量关闭，机组电量交易和节能发电调度开始实行以及安装烟气在线监控系统等一系列措施，将确保火电行业二氧化硫排放总量达到控制目标。同时，分机组二氧化硫排放量将发生大幅度变化。

为达到火电行业二氧化硫排放总量的宏观核算方法与微观统计方法结合，明确电厂排放量的增加或降低，达到两种方法交叉印证的目的，各省（自治区、直辖市）应建立火电行业分机组二氧化硫排放数据库。核算期火电行业新增二氧化硫削减量，用当年与上年同期分机组二氧化硫排放数据校核。校核结果优先作为火电行业核算新增二氧化硫削减量。

一、分机组二氧化硫排放量校核原则

1．火电行业包括当年运行全口径火力（燃煤、油、气）发电企业，包括常规电厂、自备电厂、煤矸石电厂和热电联产电厂。全口径火力发电企业分机组二氧化硫排放数据应参照环年基表1-2（火电企业污染排放及处理利用情况），必须明确各电厂名称、机组标号、投产年月、装机容量、发电量（供热量）、发电标准煤耗、燃料消耗量（热电联产机组包括发电和供热合计的燃料消耗量）、燃料硫分、脱硫工艺、脱硫设施通过168小时移交的月份和二氧化硫排放量。

2．辖区内当年和上年各机组累计的火力装机容量、发电量（供热量）和增长速度须与统计部门公布当年火力装机容量、发电量（供热量）和增长速度相同，否则核算二氧化硫削减量仍采用宏观核算方法。火力装机容量包括当年运行和备用燃煤、燃油和燃气发电机组的装机容量，重点是燃煤机组，关停机组在当年有发电量的纳入统计，数据主要来源电力生产主管部门；火力发电量数据主要来源于电厂的生产报表和电力调度部门统计数据。

3．原则上，2005年环境统计数据库中燃煤机组已经有的二氧化硫削减量，在计算当年该机组的排放量时，其削减量保持不变。

4．发电机组煤炭硫分原则上应与上年环境统计数据库中电厂的硫分保持一致，当年与上年煤炭硫分差别超过20%以上的，应有分批次入炉煤质资料验证。当年新建成投运和上年接转的燃煤脱硫机组煤炭硫分取值原则参照公式（3-3）和公式（3-13）。同一发电厂内各机组的煤炭硫分相同。若发现有人为调低煤炭硫分的电厂，则该地区核算二氧化硫削减量仍采用宏观核

算方法。

5．脱硫设施不正常运行增加的二氧化硫排放量按公式（3-10）计算。

6．同一发电厂有不同类型的发电机组（燃煤、燃油、燃气并存）和不同规格的机组（装机容量不同）时，无法提供分机组的发电量、煤炭消耗量和二氧化硫排放量的，按各机组发电装机容量与全厂总装机容量比折算。

二、分机组二氧化硫排放量校核公式

1．无脱硫设施的发电（供热）机组

依当年发电量（供热量）或耗煤量与上年同期的发电量（供热量）或耗煤量变化情况，确定当年该机组二氧化硫排放量公式为：

$$E_{当年}=G_{当年}/G_{上年}\times E_{上年} \tag{3-37}$$

式中：$E_{当年}$、$E_{上年}$——无脱硫设施发电（供热）机组在当年和上年的二氧化硫排放量，万吨；

$G_{当年}$、$G_{上年}$——同一台发电机组当年和上年的煤炭消耗量（万吨）或发电量（亿千瓦时），热电联产机组须用煤炭消耗量。

没有上年煤炭消耗量或发电量的发电机组（包括发电主体设备当年投产但脱硫设施滞后下年投运的机组），确定当年该机组二氧化硫排放量公式为：

$$E_{当年}=G_{当年}\times S\times 1.6 \tag{3-38}$$

式中：S——当年的煤炭平均硫分；

1.6——煤炭硫分转化为二氧化硫的系数，全国污染源普查结果公布后，按统一的转换系数调整。

2．脱硫设施上年已经运行的机组

当年二氧化硫排放量公式为：

$$E_{当年}=G_{当年}\times S\times 1.6\times(1-\eta) \tag{3-39}$$

式中：$E_{当年}$——脱硫机组当年的二氧化硫排放量，万吨；

$G_{当年}$——脱硫机组当年的煤炭消耗量（包括发电和供热两部分煤炭消耗量），万吨；

S 和 η——分别为脱硫机组在当年的煤炭平均硫分和综合脱硫效率，取值原则参照公式（3-3）和式（3-13）。

3．脱硫设施当年投运的机组

（1）脱硫设施当年投运的现役机组，当年二氧化硫排放量公式为：

$$E_{当年}=G_{当年}\times S\times 1.6\times(1-\eta)\times\frac{m_{FGD}}{12}+G_{当年}\times S\times 1.6\times\frac{12-m_{FGD}}{12} \tag{3-40}$$

式中：m_{FGD}——机组脱硫设施通过 168 小时移交后运行的月数；如果能提供分月份的发电量或

煤炭消耗量，则分月计算二氧化硫排放量，而不用 m_{FGD} 参数。其他参数同公式（3-39）。

（2）发电主体设备和脱硫设施均当年投产但脱硫滞后的机组，当年二氧化硫排放量公式为：

$$E_{当年}=G_{当年}\times S\times 1.6\times(1-\eta)\times\frac{m_{FGD}}{m_{ON}}+G_{当年}\times S\times 1.6\times\frac{m_{ON}-m_{FGD}}{m_{ON}} \quad (3\text{-}41)$$

式中：m_{ON}——发电机组全年运行的月数，其他参数同公式（3-38）。

（3）脱硫设施与发电机组同步运行的机组，当年二氧化硫排放量公式为：

$$E_{当年}=G_{当年}\times S\times 1.6\times(1-\eta) \quad (3\text{-}42)$$

参数同公式（3-39）。

4．炉内脱硫的循环流化床发电机组

2005 年环境统计数据库中已经有二氧化硫削减量循环流化床发电机组，在计算当年该机组的排放量时，其削减量保持不变。“十一五”期间新投产的循环流化床发电机组，单机装机容量大于 20 万千瓦（含）或享受脱硫电价的其他规模循环流化床锅炉（炉内加石灰石脱硫工艺）为 70%～80%，按公式（3-42）确定当年二氧化硫排放量；其他循环流化床锅炉已与省级以上环保部门联网，且提供在线监测数据，按在线监测结果确定数据确定二氧化硫排放量，否则按产生量统计排放量，按公式（3-36）确定当年二氧化硫排放量。

5．当年关闭的小火电机组

当年关闭的纯发电机组，按公式（3-37）确定当年二氧化硫排放量；当年关闭发电设施但仍供热的热电联产机组，按公式（3-38）确定当年二氧化硫排放量；当年关闭有脱硫设施的机组，按上年环境统计数据库的排放量折算。

附表 1：

各省、自治区、直辖市 2005 年工业 COD 排放量等有关参数

序号	地区	2005 年工业增加值（亿元）	2005 年 GDP（亿元）	2005 年工业 COD 排放量（吨）
1	北　京	1 707.04	6 886	10 979.4
2	天　津	1 885.04	3 698	59 090.5
3	河　北	4 665.21	10 096	389 338.4
4	山　西	2 117.68	4 180	168 160.2
5	内蒙古	1 477.88	3 896	154 760.0
6	辽　宁	3 489.58	8 009	268 192.3
7	吉　林	1 363.94	3 620	161 302.1
8	黑龙江	2 696.3	5 512	136 797.9
9	上　海	4 129.52	9 154	36 610.3
10	江　苏	9 334.69	18 306	337 777.6
11	浙　江	6 349.34	13 438	289 573.8
12	安　徽	1 818.45	5 375	136 492.2
13	福　建	2 842.43	6 569	99 410.8
14	江　西	1 455.5	4 057	111 437.6
15	山　东	9 568.58	18 517	356 649.6
16	河　南	4 896.01	10 587	342 606.3
17	湖　北	2 436.55	6 520	176 733.0
18	湖　南	2 189.91	6 511	293 765.0
19	广　东	10 482.03	22 367	291 598.5
20	广　西	1 264.84	4 076	664 388.3
21	海　南	156.16	895	11 766.4
22	重　庆	1 023.35	3 070	118 864.6
23	四　川	2 527.08	7 385	297 712.6
24	贵　州	714.24	1 979	22 440.1
25	云　南	1 180.83	3 473	106 941.2
26	西　藏	17.48	251	1 071.6
27	陕　西	1 553.6	3 676	149 342.3
28	甘　肃	685.8	1 934	58 831.9
29	青　海	203.94	543	33 863.5
30	宁　夏	229.07	606	107 548.8
31	新　疆	961.61	2 604	153 286.4

附表 2:

主要工业行业 COD 排放系数参考表

行业名称	产品名称	工艺名称	计量单位（污染物/产品）	产污系数		
				平均值	变化幅度	
					低值	高值
轻工	碱法制浆	本色木浆	kg/t 浆	257.5		
		漂白木浆	kg/t 浆	333.8		
		漂白草浆	kg/t 浆	1 461.9		
	纸	纸袋纸	kg/t 浆	29.1	25	40
		新闻纸	kg/t 浆	93.7	80	100
		书写纸	kg/t 浆	60.0	30	80
	酒精	薯　类	kg/t 酒精	914.1	836.5	939.2
		玉　米	kg/t 酒精	971.7	925.7	1 002.5
	制革	猪盐湿皮	kg/t 原皮	247.4	115.95	525.56
		牛干皮	kg/t 原皮	301.0	223.7	365
		羊干皮	kg/t 原皮	341.0	239.8	500
纺织	棉机织	印　染	kg/百米	2.05	0.86	4.53
		漂　染	kg/百米	1.89	1.16	3.22
	棉针织	印染和漂染	kg/百米	0.51	0.71	2.90
	毛粗纺织产品		kg/百米	12.6	7.40	17.60
	毛精纺织产品		kg/百米	5.54	1.44	12.00
	绒线产品		kg/t 产品	21.3	7.60	48.00
	丝织产品		kg/百米	0.78	0.41	1.02
	麻纺产品	脱胶工艺	kg/kg 麻	1.07	0.48	1.49
化工	合成氨	煤头合成氨	kg/t 氨	32.11	3.88	39.90
		油头合成氨	kg/t 氨	1.13	0.57	2.44
		气头合成氨	kg/t 氨	5.17	2.91	18.57
	尿素	二氧化碳汽提法	kg/t 尿素	0.17	0.14	0.25
		水溶液全循环法	kg/t 尿素	1.59	0.046	3.01
		氨气提法	kg/t 尿素	0.07		

附表 3:

2005 年分省电力行业经济指标以及燃料消耗情况

项目	装机容量（万千瓦）		发电量（亿千瓦时）		供热量（10^{10}千焦）	发电燃料消耗量（煤和油为万吨，气为亿 m^3）			供热燃料消耗量（煤为万吨，气为亿 m^3）		发电供热燃料消耗量（煤和油为万吨，气为亿 m^3）		
	合计	火电	合计	火电	热电联产	原煤量	燃油量	燃气量	原煤量	燃气量	原煤量	燃油量	燃气量
全国	51 718	39 137	24 146	19 857	192 549	100 907	1 277	1 242.7	11 746	234.5	112 653	1 364	1 477.2
北京	491	383	209	201	6 086	858	17	3.7	241	0.7	1 099	46	4.4
天津	618	617	366	366	5 716	1 682	1	0.1	323		2 005	1	0.1
河北	2 317	2 233	1 324	1 318	13 810	6 788	4	14.5	825	9.9	7 613	5	24.4
山西	2 307	2 229	1 273	1 253	5 311	6 752	13	99.3	301	2.6	7 053	13	101.9
内蒙古	1 995	1 917	1 069	1 054	5 291	5 828	4	0.3	423	0.1	6 251	4	0.4
辽宁	1 754	1 600	904	847	20 919	4 869	29	24.4	1 338	33.2	6 207	63	57.6
吉林	1 016	636	412	338	10 130	2 545	4	18.2	736	4.6	3 281	5	22.8
黑龙江	1 247	1 158	596	576	9 984	3 662	5	1.3	757	0.6	4 419	5	1.9
上海	1 337	1 311	729	729	5 208	2 847	61	148.8	248	0.3	3 095	72	149.1
江苏	4 271	4 251	1 790	1 787	29 759	9 245	39	721.5	1 544	93.8	10 789	39	815.3
浙江	3 774	2 768	1 353	1 037	23 323	4 762	97	14.1	1 259	2.4	6 021	98	16.5
安徽	1 225	1 151	646	635	2 080	2 991	1	25.7	112	5.2	3 103	1	30.9
福建	1 762	935	778	487	2 121	2 024	9		139		2 163	10	
江西	893	591	349	304	0	1 720	2				1 720	2	
山东	3 743	3 734	2 002	1 926	26 681	9 060	10		1 996		11 056	10	
河南	2 881	2 627	1 420	1 347	4 043	7 092	7	3.3	260	0	7 352	7	3.3
湖北	2 742	953	1 257	448	434	2 253	5	5.3	31	0.7	2 284	5	6.0
湖南	1 506	721	630	402	4 794	2 164	3	104.8	221	49.1	2 385	7	153.9

项目	装机容量（万千瓦）		发电量（亿千瓦时）		供热量（10^{10}千焦）	发电燃料消耗量（煤和油为万吨，气为亿 m^3）			供热燃料消耗量（煤为万吨，气为亿 m^3）		发电供热燃料消耗量（煤和油为万吨，气为亿 m^3）		
	合计	火电	合计	火电	热电联产	原煤量	燃油量	燃气量	原煤量	燃气量	原煤量	燃油量	燃气量
广东	4 808	3 518	2 163	1 725	4 519	6 176	948	2.6	237		6 413	950	2.6
广西	1 102	493	417	238	0	1 250	3				1 250	3	
海南	211	153	82	72	0	219	1	6.6			219	1	6.6
重庆	568	374	234	182	1 045	1 133	2	6.0	92	0.1	1 225	2	6.1
四川	2 245	750	958	341	2 717	2 689	2	24.8	136	26.6	2 825	2	51.4
贵州	1 687	963	787	570	0	3 184	4				3 184	4	
云南	1 275	475	579	275	0	2 052	2				2 052	2	
西藏	48	3	13	0	0						0	0	
陕西	1 166	964	505	458	1 383	2 263	3	0.8	98		2 361	3	0.8
甘肃	986	571	485	340	3 699	1 547	1	7.1	178	2.5	1 725	1	9.6
青海	571	89	213	56	0	298	0	1.3			298	0	1.3
宁夏	518	464	313	295	203	1 492	1		11		1 503	1	
新疆	654	505	290	253	3 292	1 463		8.1	240	2.2	1 703	1	10.3
备注	装机容量和发电量来源于国家统计局，供热量和燃料消耗量来源于中国电力企业联合会												

附表 4:

2006 年分省电力行业经济指标以及燃料消耗情况

	装机容量（万千瓦）		发电量（亿千瓦时）		供热量（10^{10} 千焦）	发电燃料消耗量（煤和油为万吨，气为亿 m^3）			供热燃料耗量（煤为万吨，气为亿 m^3）		发电供热燃料消耗量（煤和油为万吨，气为亿 m^3）		
	合计	火电	合计	火电	热电联产	原煤量	燃油量	燃气量	原煤量	燃气量	原煤量	燃油量	燃气量
全国	62 200	48 405	27 557	23 189	227 566	118 241	994	714	13 157	200.3	131 398	994	914.3
北京	506	398	199	192	6 070	756	14	7	244	1.6	1 000	14	8.6
天津	654	651	359	359	5 838	1 670	1	0	312	0.0	1 982	1	0
河北	2 682	2 595	1 452	1 439	13 600	7 367	3	154	843	10.6	8 210	3	164.6
山西	2 729	2 658	1 467	1 444	5 512	7 467	6	78	319	3.8	7 786	6	81.8
内蒙古	2 900	2 808	1 416	1 396	5 709	8 098	4	5	462	1.1	8 560	4	6.1
辽宁	1 887	1 725	1 013	963	20 938	5 491	19	52	1 317	35.3	6 808	19	87.3
吉林	1 124	706	442	359	11 494	2 877	2	6	820	5.6	3 697	2	11.6
黑龙江	1 341	1 247	632	619	11 100	3 916	5	1	790	1.1	4 706	5	2.1
上海	1 478	1 453	711	711	5 616	2 734	53	89	244	1.7	3 978	53	90.7
江苏	5 320	5 190	2 216	2 214	38 118	10 796	9	65	2 111	48.2	12 907	9	113.2
浙江	4 703	3 564	1 662	1 351	31 365	5 815	56	22	1 636	2.2	7 451	56	24.2
安徽	1 503	1 403	729	716	4 160	3 359	2	27	245	8.5	3 604	2	35.5
福建	2 201	1 297	904	556	2 431	2 309	6	0	153	0.0	2 462	6	0
江西	1 042	713	404	344	0	2 034	1	0	0	0.0	2 034	1	0
山东	5 000	4 934	2 314	2 309	35 637	13 197	7	5	2 037	3.8	15 234	7	8.8
河南	3 515	3 261	1 590	1 512	5 089	7 619	7	17	278	0.0	7 897	7	17
湖北	2 990	1 161	1 296	548	349	2 491	2	5	23	0.3	2 514	2	5.3
湖南	1 915	1 065	701	464	4 271	2 252	2	5	215	25.8	2 467	2	30.8

	装机容量（万千瓦）		发电量（亿千瓦时）		供热量（10^{10}千焦）	发电燃料消耗量（煤和油为万吨，气为亿 m^3）			供热燃料耗量（煤为万吨，气为亿 m^3）		发电供热燃料消耗量（煤和油为万吨，气为亿 m^3）		
	合计	火电	合计	火电	热电联产	原煤量	燃油量	燃气量	原煤量	燃气量	原煤量	燃油量	燃气量
广东	5 403	4 083	2 358	1 884	4 786	7 119	770	4	238	0.0	7 357	770	4
广西	1 320	567	475	262	0	1 324	1	0	0	0.0	1 324	1	0
海南	266	207	95	85	0	256	0	7	0	0.0	256	0	7
重庆	715	525	275	234	2 327	1 408	2	13	93	0.1	1 501	2	13.1
四川	2 665	974	1 063	424	3 646	3 197	3	19	169	48.2	3 366	3	67.2
贵州	2 128	1 375	975	760	0	4 043	3	0	0	0.0	4 043	3	0
云南	1 813	842	692	398	0	2 541	2	0	0	0.0	2 541	2	0
西藏	48	3	15	0	0				0	0.0	0	0	0
陕西	1 255	1 027	577	541	1 543	2 497	1	1	102	0.0	2 599	1	1
甘肃	1 101	658	526	357	3 819	1 648	1	7	271	2.2	1 919	1	9.2
青海	653	122	277	72	0	1 648	1	1	0	0.0	1 648	1	1
宁夏	655	600	388	367	352	1 921	1	0	21	0.0	1 942	1	0
新疆	789	594	331	281	3 794	1 658	0	9	214	0.4	1 872	0	9.4
备注	装机容量和发电量来源于国家统计局，供热量和燃料消耗量来源于中国电力企业联合会												

附表 5：

淘汰落后工业设施的二氧化硫排放系数表

行业名称	产品名称	工艺名称	计量单位（污染物/产品）	产污系数		
				平均值	变化幅度	
					低值	高值
有色金属：铜	粗铜	闪速炉	kg/t 粗铜	2 916.0		3 240
		电炉	kg/t 粗铜	1 175.0		1 469
		反射炉	kg/t 粗铜	826.4		1 132
		白银炉	kg/t 粗铜	1 480.04		2 027
		鼓风炉	kg/t 粗铜	2 446.8	2 182	3 287
有色金属：铅、锌行业	粗铅	密闭鼓风炉	kg/t 粗铅	1 408.53	1 416	1 394
		鼓风炉	kg/t 粗铅	496.53	402	607
	粗锌	湿法炼锌	kg/t 粗锌	733.95	0	1 064
		密闭鼓风炉	kg/t 粗锌	1 408.53	1 394	1 416
		竖罐炼锌	kg/t 粗锌	1 681.49	1 088	1 879
	镍	矿热电炉熔炼硫化镍隔膜电解	kg/t 电镍	4 882.70	3 706	5 516
电力行业	电	中低压机组	kg/万 kW·h	146.58	76	438
		高压机组	kg/万 kW·h	115.26	60	319
		超高压机组	kg/万 kW·h	97.35	53	224
		亚临界、超临界压力机组	kg/万 kW·h	74.84	51	106
化工	硫酸	一转一吸	kg/t 硫酸	26.07	19	43
		一转一吸加尾气治理	kg/t 硫酸	30.58	25	43
		两转两吸	kg/t 硫酸	3.42	2	5
		冶炼气制酸	kg/t 硫酸	45.13	25	64
钢铁	烧结	热矿烧结和冷矿烧结	kg/t 烧结矿	3.3	2	15
建材	水泥	窑外分解窑	kg/t 熟料	0.311	0	0
		预热器窑	kg/t 熟料	0.514		
		干法中空带余热发电窑	kg/t 熟料	3.449		
		立波尔窑	kg/t 熟料	0.379		
		湿法窑	kg/t 熟料	2.638		
		立窑	kg/t 熟料	0.635		

附表6:

几种常见煤改气燃料的热值

燃料名称	热　值	备　注
天然气	1.33 千克标煤/立方米	
炼厂干气	1.57 千克标煤/千克	
煤层气	0.92 千克标煤/立方米	
发生炉煤气	0.18 千克标煤/立方米	
重油催化裂解燃气	0.66 千克标煤/立方米	
重油热裂解煤气	1.21 千克标煤/立方米	
焦炭制气煤气	0.56 千克标煤/立方米	
压力气化煤气	0.51 千克标煤/立方米	
水煤气	0.36 千克标煤/立方米	
沼气	0.53 千克标煤/立方米	
其他		计量部门实测

图书在版编目（CIP）数据

主要污染物总量减排核查核算参考手册／赵华林主编．北京：中国环境科学出版社，2008.12

ISBN 978-7-80209-907-4

Ⅰ．主…　Ⅱ．赵…　Ⅲ．污染物－总排污量控制－中国－手册　Ⅳ．X506-62

中国版本图书馆 CIP 数据核字（2008）第 206964 号

责任编辑　丁枚

出版发行　中国环境科学出版社
（100062　北京崇文区广渠门内大街 16 号）
网　　址：http://www.cesp.cn
联系电话：010-67112765（总编室）
发行热线：010-67125803
印　　刷　北京画中画印刷有限公司
经　　销　各地新华书店
版　　次　2008 年 12 月第 1 版
印　　次　2008 年 12 月第 1 次印刷
开　　本　787×960　1/16
印　　张　23
字　　数　380 千字
定　　价　65.00 元（附光盘）